高职高专“工学结合”特色教材

主　编　陈兴和　周益军

机械制造工艺与专用夹具设计

江苏大学出版社
JIANGSU UNIVERSITY PRESS
镇　江

图书在版编目(CIP)数据

机械制造工艺与专用夹具设计 / 陈兴和，周益军主编. —镇江：江苏大学出版社，2014.2(2024.1 重印)
ISBN 978-7-81130-549-4

Ⅰ.①机… Ⅱ.①陈… ②周… Ⅲ.①机械制造工艺－高等职业教育－教材 ②机床夹具－设计－高等职业教育－教材 Ⅳ.①TH16 ②TG750.2

中国版本图书馆 CIP 数据核字(2014)第 012623 号

机械制造工艺与专用夹具设计

Jixie Zhizao Gongyi yu Zhuanyong Jiaju Sheji

主　　编/陈兴和　周益军
责任编辑/李菊萍
出版发行/江苏大学出版社
地　　址/江苏省镇江市京口区学府路 301 号(邮编：212013)
电　　话/0511-84446464(传真)
网　　址/http://press.ujs.edu.cn
排　　版/镇江文苑制版印刷有限责任公司
印　　刷/镇江文苑制版印刷有限责任公司
开　　本/787 mm×1 092 mm　1/16
印　　张/17.5
字　　数/448 千字
版　　次/2014 年 2 月第 1 版
印　　次/2024 年 1 月第 5 次印刷
书　　号/ISBN 978-7-81130-549-4
定　　价/52.00 元

如有印装质量问题请与本社营销部联系(电话：0511-84440882)

Contents

目　录

机械制造工艺的基础知识

0.0 引　言

机械制造工艺的学习涉及两大对象:一是制造什么;二是怎么制造。

(1) 制造什么?制造什么由市场决定,市场需求什么机器、设备或装置,就应制造相应的机器、设备或装置。机器、设备或装置由若干零件组成,只要将这些零件制造出来,然后将它们按照一定要求装配在一起,就可以形成所需要的机器、设备或装置。因此机械制造工艺的学习涉及零件制造与产品装配这两大内容。

(2) 怎么制造?如何制造零件和如何装配产品是本课程主要介绍的内容,涉及 3 方面的要求:① 质量;② 效率;③ 经济性。即要求在满足产品质量的前提下,用最高的效率、最经济的成本将产品制造出来。学习所涉及的具体内容如图 0-1 所示。由图可以看出,固态金属材料加工过程中的质量减少工艺可以采用的类型有整体成型、一维成型、二维成型和自由成型。

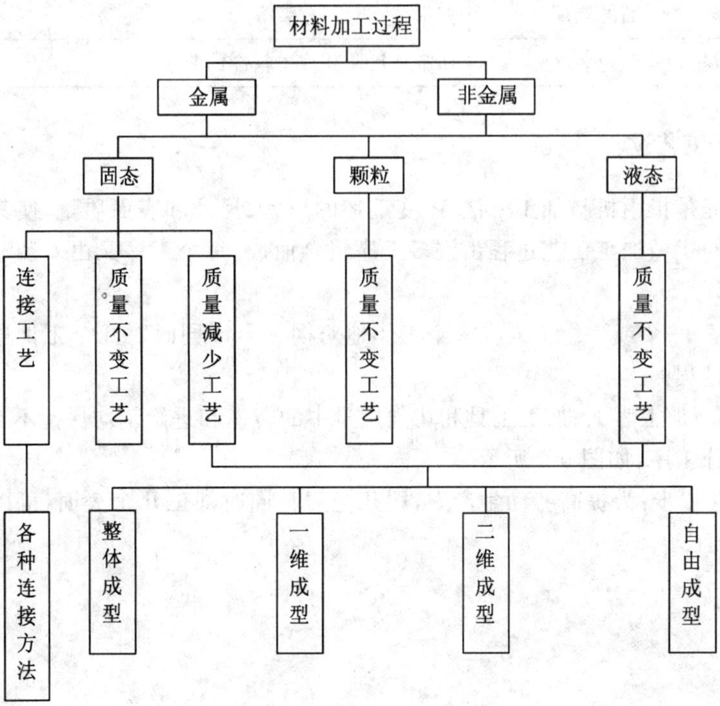

图 0-1　材料加工过程

0.1 基本概念

由于不同零件的结构形状、几何特征、精度、技术条件和生产数量等要求不同，一个零件往往要经过一定的加工过程才能将其由毛坯按照图样最终制成成品零件。因此，机械加工工艺设计人员只有从工厂现有的生产条件和零件的生产数量出发，根据零件的具体要求，在保证加工质量、提高生产效率和降低生产成本的前提下，对零件的各加工表面选择合适的加工方法，合理地安排加工顺序，科学地拟定加工工艺过程，才能获得合格的机械零件。下面介绍在确定零件加工过程时应掌握的一些基本概念。

0.1.1 生产过程

生产过程是指根据设计信息将原材料和半成品转变为产品的过程。机器的生产过程包括原材料的运输保管和准备、技术生产的准备、毛坯的制造、零件的加工、部件和产品的装配、质量检验和包装等工作，见表 0-1。

表 0-1 生产过程

序 号	内 容	举 例
1	原材料的运输保管和准备	
2	技术生产的准备	如产品的开发和设计、工艺规程的编制、专用工装设备的设计和制造、各种生产资料的准备和生产组织方面的工作等
3	毛坯的制造	如铸造、锻造、冲压各种材料的棒料等
4	零件的加工	如机械加工、焊接、铆接和热处理等
5	部件和产品的装配	如部装、调试、总装等
6	质量检验和包装	如各种尺寸和位置精度的要求等

0.1.2 工艺过程

工艺过程是指用机械加工方法，改变毛坯的形状、尺寸和表面质量，使其成为零件的过程。零件的机械加工工艺过程由许多工序组合而成，每个工序又由安装、工位、工步和走刀组成。

(1) 工序：一个或一组工人在一个工作地对同一个或同时对几个工件连续完成的那一部分工艺过程。

(2) 工步：加工表面、加工工具和切削用量中的转速和进给量均保持不变的情况下完成的那一部分工序，如图 0-2 所示。

(3) 复合工步：为提高劳动生产率，用几把刀具同时加工几个表面，可以看作一个工步，称为复合工步。

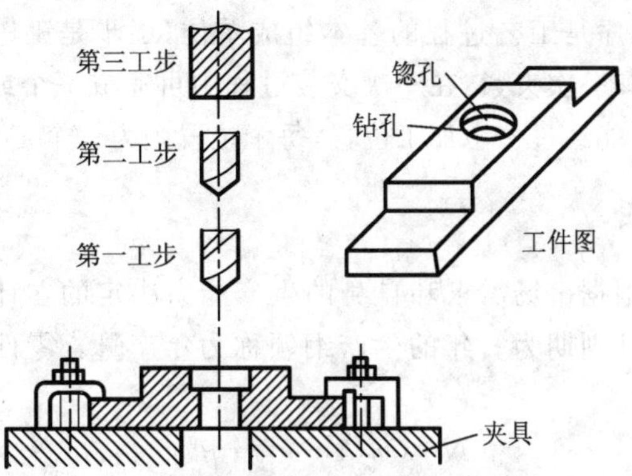

图 0-2 底座零件底孔加工工序

(4) 走刀:在一个工步内,有些表面由于加工余量太大或由于其他原因,需用同一把刀具以及同一切削用量对同一表面进行多次切削。这样刀具对工件的每一次切削就称为一次走刀。以棒料加工阶梯轴如图 0-3 所示。

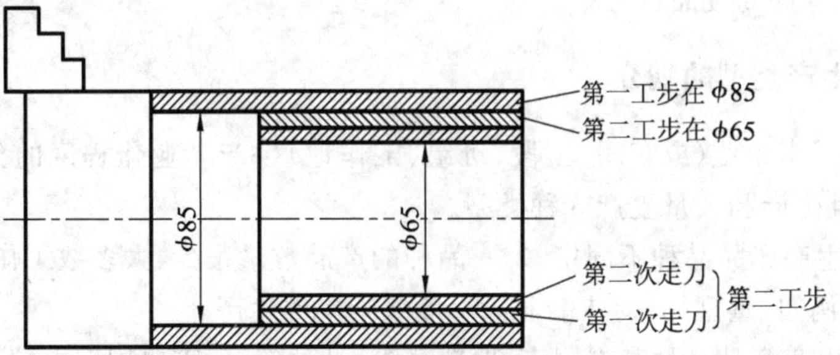

图 0-3 以棒料加工阶梯轴

(5) 定位:使工件相对于机床或夹具占有一正确位置。

(6) 夹紧:保持工件已经占有一正确位置。

(7) 安装:工件经一次装夹(定位和夹紧)后所完成的那一部分工序。

(8) 工位:为了完成一定的工序部分,一次装夹工件后,工件与夹具相对刀具或设备的固定部分所占据的每一个位置,如图 0-4 所示。

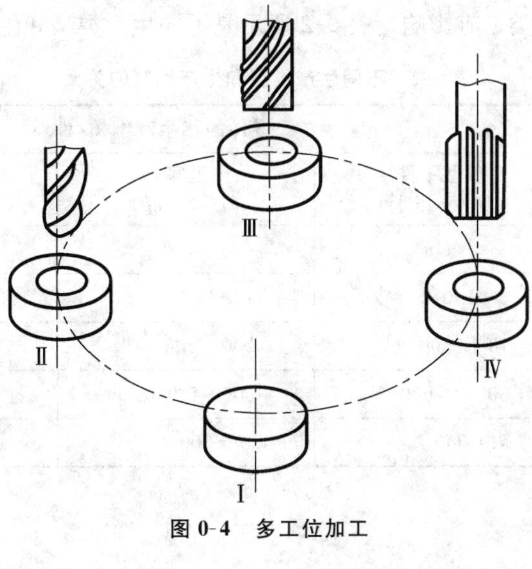

图 0-4 多工位加工

由此不难看出，工序是工艺过程的基本组成单位，工步是工序的基本组成单位。一次安装包含一次定位和一次夹紧，在一次安装过程中可完成一个或多个加工工序。在一个工序中，每个工件可能经过多个加工位置，每个位置则为一个工位。

0.1.3 生产纲领

生产纲领是企业根据市场需求和自身的生产能力决定的在计划生产期内应当生产的产量和进度计划。计划期为一年的生产纲领称为年产量。零件的年生产纲领按以下公式计算：

$$N=Qn(1+\alpha\%+\beta\%) \tag{0-1}$$

式中：N——零件的生产纲领，件/年；

Q——产品的年产量，台/年；

n——每台产品中所含该零件的数量，件/台；

$\alpha\%$——零件的备品百分率；

$\beta\%$——零件的废品百分率。

0.1.4 生产类型的划分

生产类型是指企业（或车间、工段、班组、工作地）生产专业化程度的分类，一般分为单件生产、成批生产和大量生产 3 种类型。

(1) 单件生产产品品种不固定，每一品种的产品数量很少，大多数工作地点的加工对象经常改变。例如，重型机械、造船业等一般属于单件生产。

(2) 成批生产产品品种基本固定，但数量少，品种较多，需要周期性地轮换生产，大多数工作地点的加工对象周期性变换。在成批生产中，根据批量大小可分为小批、中批和大批生产。小批生产的特点接近于单件生产，大批生产的特点接近于大量生产，中批生产的特点介于单件和大量生产之间。因此，生产类型可分为单件小批生产、大批大量生产和中批生产。

(3) 大量生产产品品种固定，每种产品数量很大，大多数工作地点的加工对象固定不变。例如，汽车、轴承制造等一般属于大量生产。在企业中，生产纲领决定了生产类型，但产品大小也对生产类型有影响。表 0-2 所示是不同生产类型和生产纲领的关系。

表 0-2 不同生产类型和生产纲领的关系

生产类型	零件的年生产纲领/件		
	重型零件（30 kg 以上）	中型零件（4～30 kg）	轻型零件（4 kg 以下）
单件生产	≤5	≤10	≤100
小批量生产	5～100	10～200	100～500
中批量生产	100～300	200～500	500～5 000
大批量生产	300～1 000	500～5 000	5 000～50 000
大量生产	≥1 000	≥5 000	≥50 000

0.1.5 生产类型的工艺特征

生产类型不同，产品制造的工艺方法、所采用的设备和工艺装备以及生产的组织形式等均不同，各种生产类型的工艺特征详见表 0-3。

表 0-3 各种生产类型的工艺特点

项 目	单件小批量生产	中批生产	大批大量生产
加工对象	不固定、经常更换	周期性变换	固定不变
机床设备和布置	采用通用设备，按机群式布置	采用通用设备，按工艺路线呈流水线布置或机群式布置	广泛采用专用设备，全按流水线布置，广泛采用自动线
夹具	非必要时不采用专用设备	广泛使用专用夹具	广泛使用高效能的专用夹具
刀具和量具	通用刀具和量具	广泛使用专用刀、量具	广泛使用高效专用刀、量具
毛坯情况	用木模手工制造、自由锻，精度低	金属模、模锻，精度中等	金属模机器造型、精密铸造、模锻，精度高
安装方法	广泛采用划线找正等方法	保持一部分划线找正，广泛使用夹具	不需划线找正，一律用夹具
尺寸获得方法	试切法	试切法、调整法	用调整法、自动化加工
零件互换性	广泛使用配刮	一般不用配刮	全部互换，可进行选配
工艺文件形式	过程卡	工序卡	操作卡及调整卡
操作工人平均技术水平	高	中等	低
生产率	低	中等	高
成本	高	中等	低

0.2 结构工艺性分析

零件结构的工艺性是指所设计的零件在满足要求的前提下，制造的可行性和经济性。良好的结构工艺性是指在现有工艺条件下既能方便制造，又有较低的制造成本。对零件进行工艺分析的目的，一是形成有关零件的全面深入的认识和工艺过程的初步轮廓，做到心中有数；二是从工艺的角度审视零件，扫除工艺上的障碍，为后续各项程序确定工艺方案奠定基础。

零件结构工艺性的分析，包括零件尺寸和公差的标注、零件的组成要素和整体结构等方面的分析。

0.2.1 零件分析

应用场合和使用要求的不同决定了各种零件在结构特征上的差异。通过零件图可了解零件的结构特点、尺寸大小与技术要求，必要时还应研究产品装配图以及查看产品质量验收标准，借以熟悉产品的用途、性能和工作条件，明确零件在产品（或部件）中的功用及各零件间的相互装配关系等。

（1）分析零件的结构。首先，分析组成零件各表面的几何形状和加工零件的过程，实质上是分析形成各种表面的过程，表面不同，其典型的工艺方法不同；其次，分析组成零件的基本表面和特形表面的组合情况。

（2）分析零件的技术要求。零件的技术要求一般包括：各加工表面的加工精度和表面质量、热处理要求，以及动平衡、去磁等其他技术要求。分析零件的技术要求应首先区分零件的主要表面和次要表面。主要表面是指零件与其他零件相配合的表面或直接参与机器工作过程的表面，其余表面则称为次要表面。分析零件的技术要求还要结合零件在产品中的作用、装配关系、结构特点，审查技术要求是否合理。过高的技术要求会使工艺过程复杂，加工困难，影响加工的生产率和经济性。如果发现不妥甚至遗漏或错误之处，应提出修改建议，与设计人员协商解决；如果要求合理，但现有生产条件难以实现，则应提出解决方法。

（3）分析零件的材料。材料不同，工作性能、工艺性能也就不同，这会影响毛坯制造和机械加工工艺过程。如图 0-5 所示的方头销，其上有一孔 ϕ2H7，要求在装配时配作，零件材料为 T8A，要求头部淬火硬度 HRC55～60。而零件长度只有 15 mm，方头长 4 mm，局部淬火时，全长均被淬硬，配作时，ϕ2H7 孔无法加工。若建议材料改用 20Cr，进行渗碳淬火，便能解决问题。

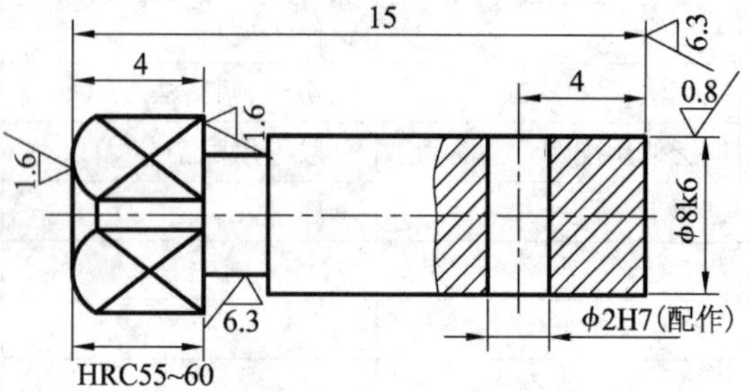

图 0-5　方头销

0.2.2　分析零件的结构工艺性

切削加工对零件结构工艺性总的要求是使零件安装、加工和测量方便，提高切削效率，减少加工量并易于保证加工质量。表 0-4 和表 0-5 对照列出最常见的零件切削加工工艺性的优劣，可供分析时参考。

表 0-4　便于安装的零件结构工艺性分析示例

设计准则	结构简图		说明
	改进前	改进后	
改变结构	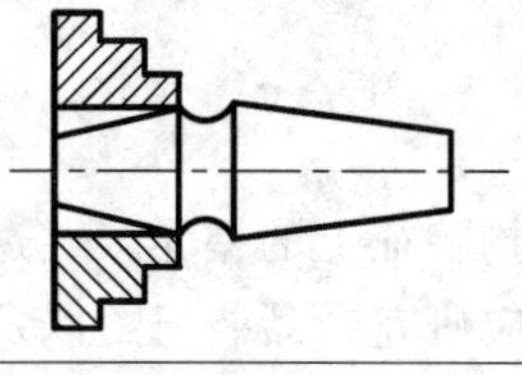	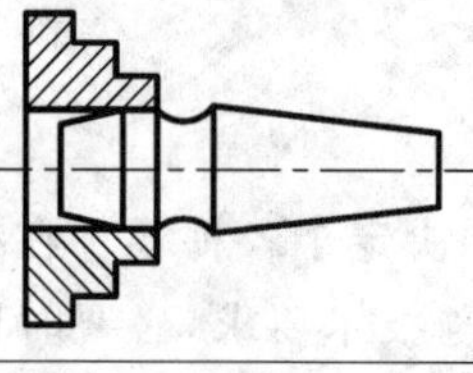	工件安装在卡盘上车削圆锥面，若用锥面装夹，工件与卡盘呈点接触，无法夹准；改用圆柱面后，定位、夹紧都可靠

续表

设计准则	结构简图		说明
	改进前	改进后	
改变结构	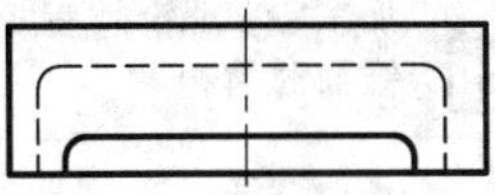	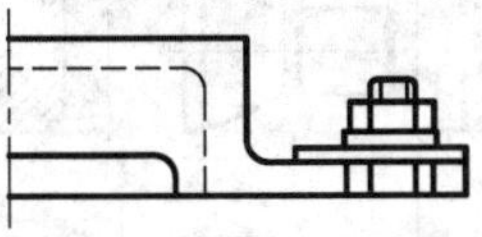	加工大平板顶面，在两侧设置装夹用的凸缘和孔，既便于用压板及T型螺栓将其固定在机床工作台上，又便于吊装和搬运
增设方便安装的定位基准	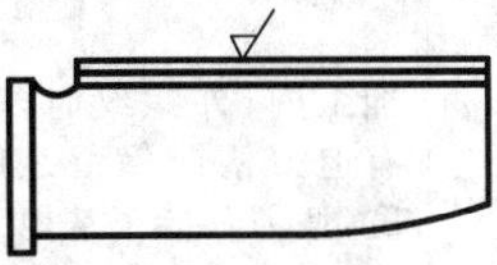	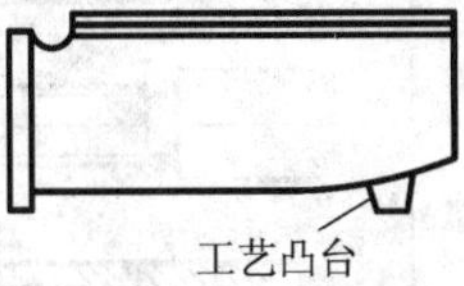	受机床床身结构限制或考虑外形美观，加工导轨时不好定位。为满足工艺要求，可在毛坯上增设工艺凸台，精加工后再将其切除
	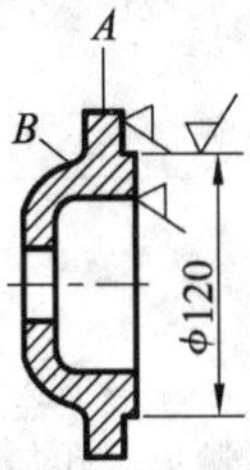	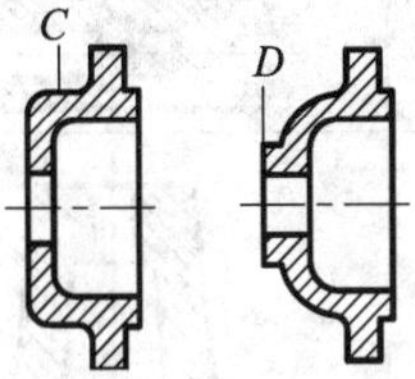	车削轴承盖上ϕ120 mm外圆及端面，将毛坯B面构形改为C面或增加工艺凸台D，使定位准确，夹紧稳固
	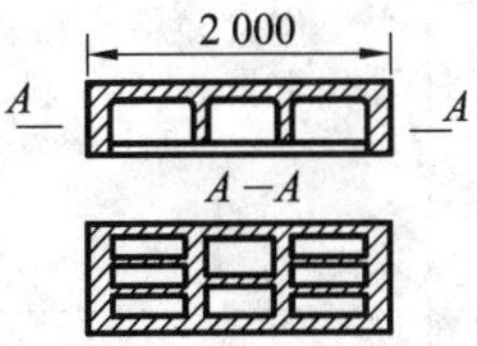	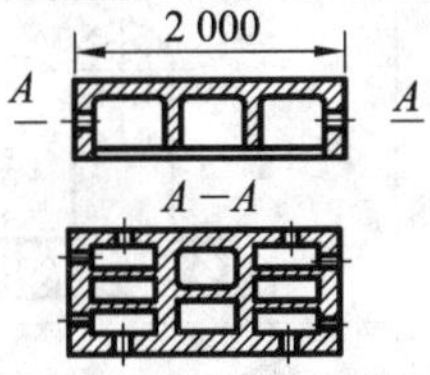	在划线平板的4个侧面上各增加两个孔，以便加工顶面时直接用压板及螺栓压紧，且方便吊装起运
减少安装次数	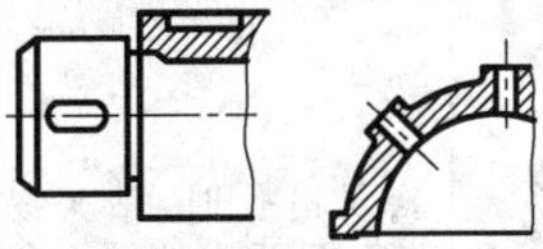	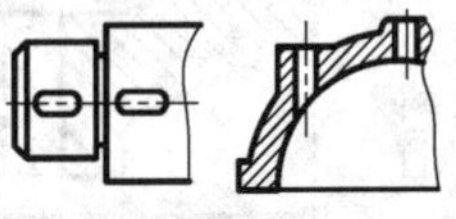	键槽或孔的尺寸、方位应尽量一致，便于在一次走刀中铣出全部键槽或在一次安装中钻出全部孔
	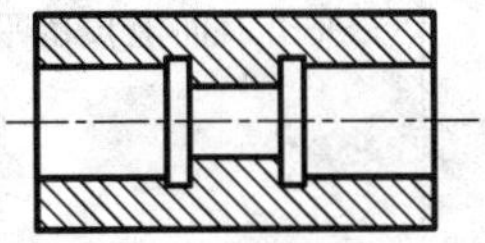	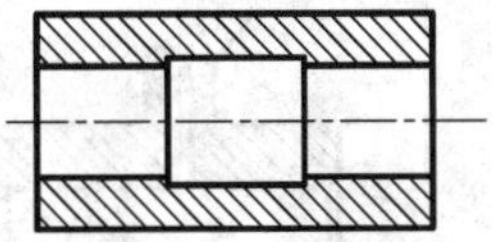	轴套两端轴承座孔有较高的相互位置精度要求，最好能在一次装夹中加工出来
有足够的刚性	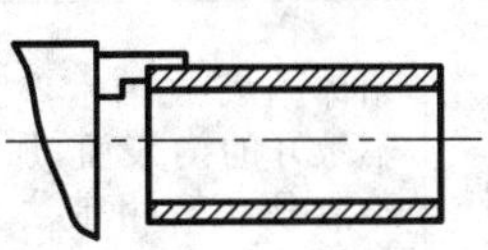	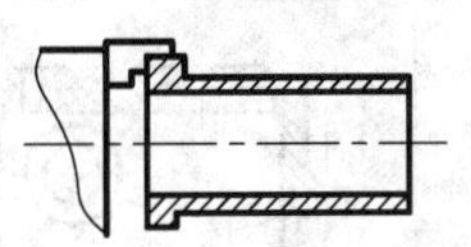	薄壁套筒夹紧时易变形，若一端加凸缘，可增加零件的刚性，保证加工精度；而且较大的刚性允许采用较大的切削用量进行加工，利于提高生产率
减轻重量	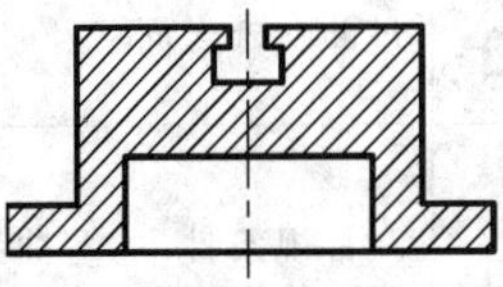	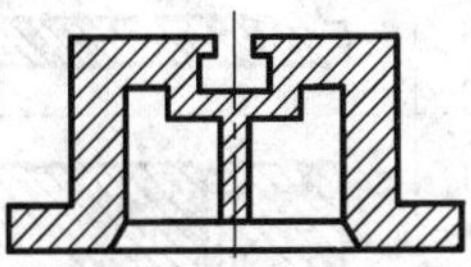	在满足强度、刚度和使用性能的前提下，零件从结构上应减少壁厚，力求体积小、重量轻，减轻装卸劳动量。必要时可在空心处布置加强筋

表 0-5 便于加工和测量的零件结构工艺性分析示例

设计准则	结构简图		说明
	改进前	改进后	
易于进刀和退刀	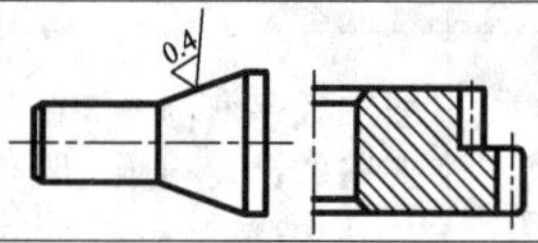	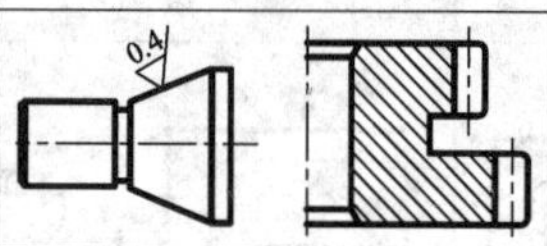	留出退刀空间，小齿轮可以插齿加工；有砂轮越程槽，方便磨削锥面时清根
	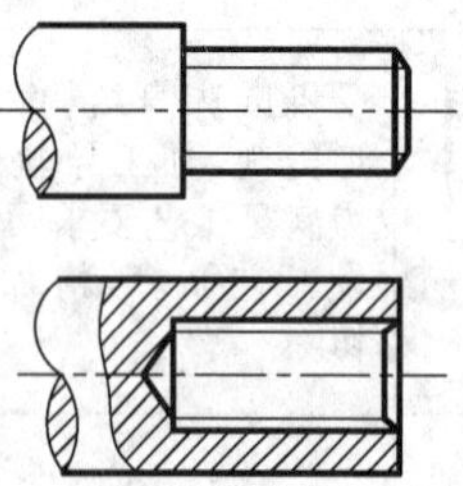	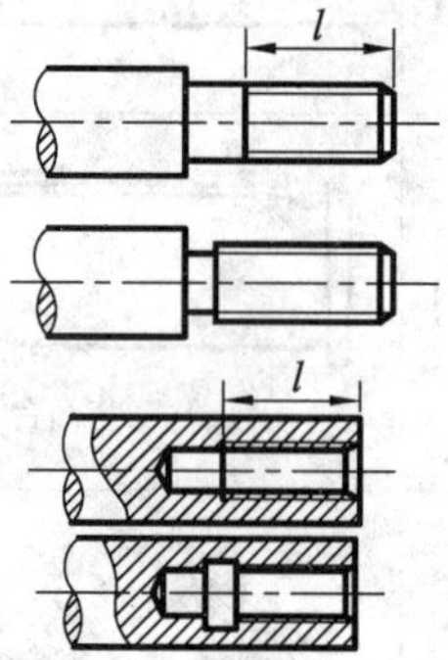	加工内、外螺纹时，其根部应留有退刀槽或保留足够的退刀长度，使刀具能正常地工作
降低加工时的困难程度	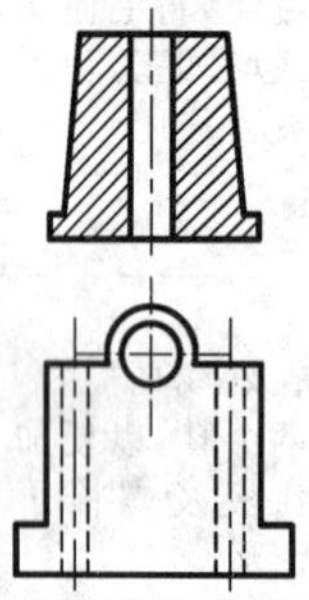	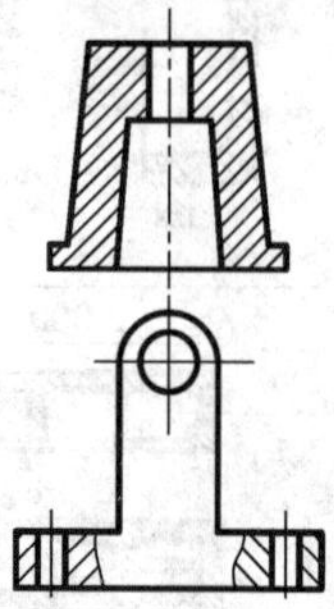	钻孔一端留空刀或减小孔深，既可避免深孔加工和钻头偏斜，减少工作量和钻头损耗，又能减轻零件重量，节省材料
	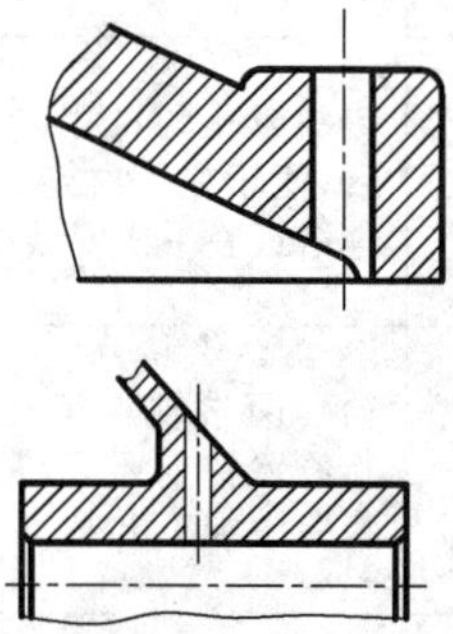	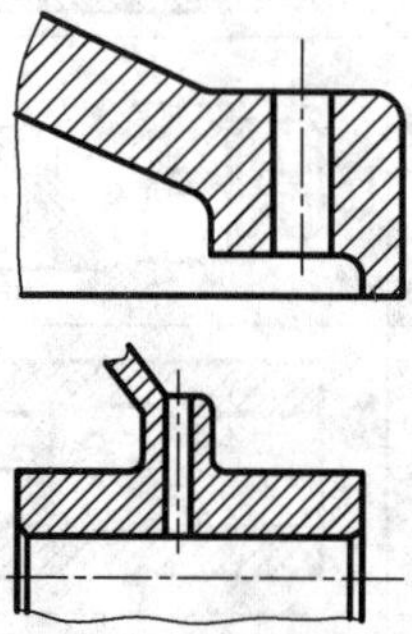	斜面钻孔时，钻头易引偏和折断。只要零件结构允许，应在钻头进出表面上预留平台
	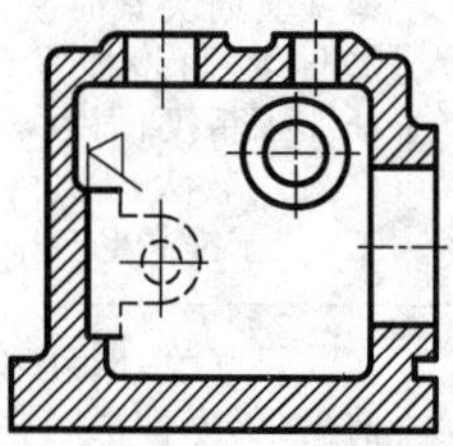	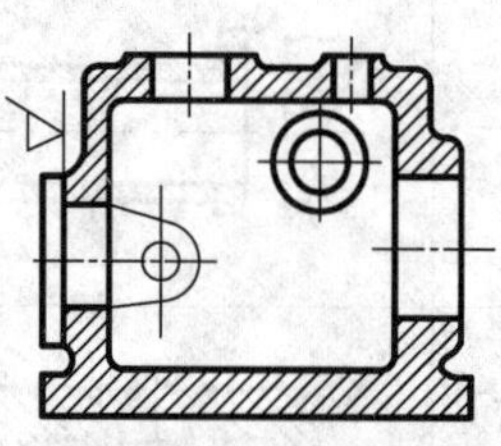	箱体内安放轴承座的凸台面属不敞开的内表面，加工和测量均不方便。改用带法兰的轴承座与箱体外部的凸台连接，则加工时，刀具易进入、退出和顺利通过凸台外表面
	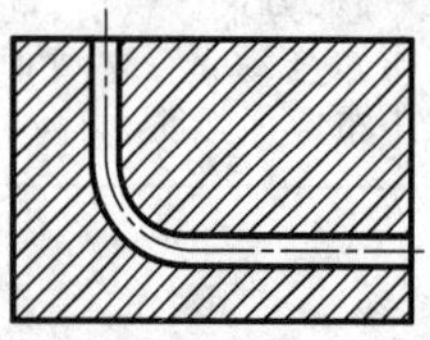	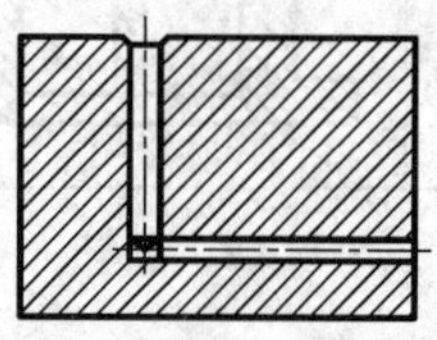	在常规条件下，弯曲孔的加工是不可能实现的，应改为几段直孔相接而成

续表

<table>
<tr><th rowspan="2">设计准则</th><th colspan="2">结构简图</th><th rowspan="2">说　明</th></tr>
<tr><th>改进前</th><th>改进后</th></tr>
<tr><td>减少加工表面面积</td><td>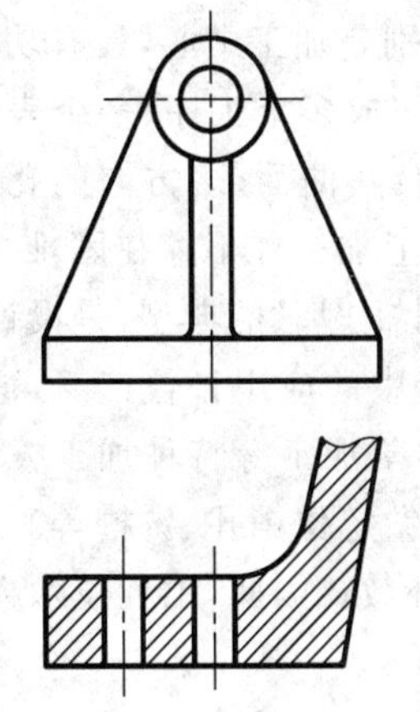</td><td>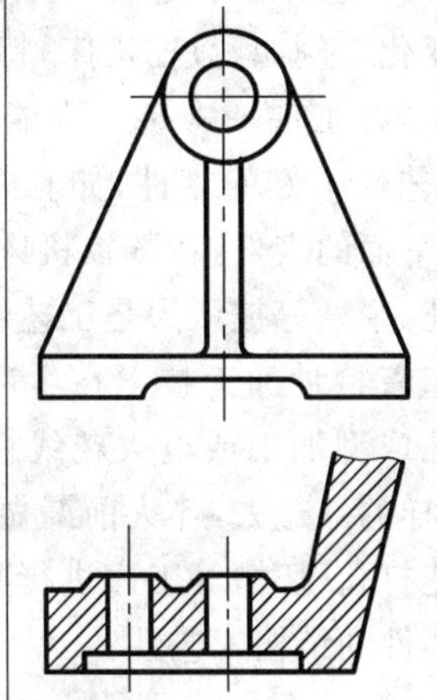</td><td>加工面与非加工面应明显分开，加工面之间也应明显分开，以尽量减少加工面积，并保证工作稳定可靠</td></tr>
<tr><td rowspan="3">便于采用标准刀具</td><td>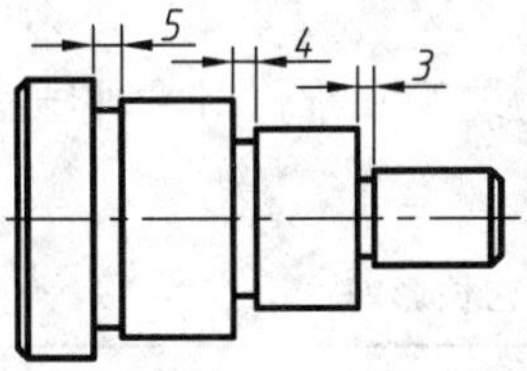</td><td>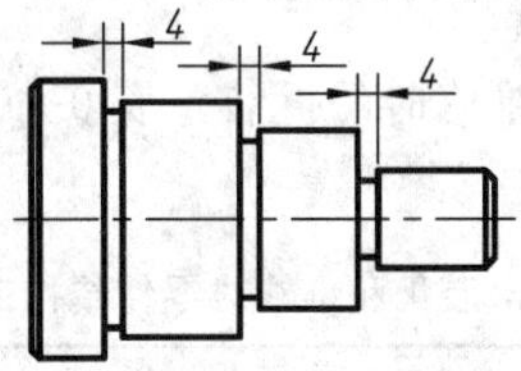</td><td>各结构要素的尺寸规格相差不大时，应尽量采取统一数值并标准化，以减少刀具种类和换刀时间，及便于采用标准刀具进行加工和数控加工</td></tr>
<tr><td>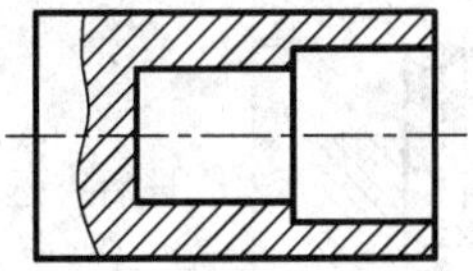</td><td>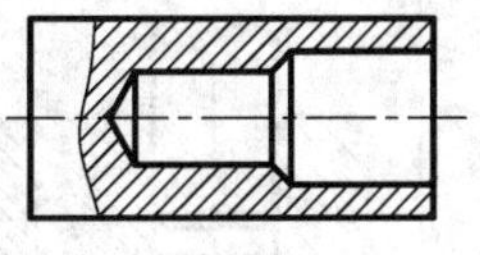</td><td>加工表面的结构形状尽量与标准刀具的结构形状相适应，使加工表面在加工中自然形成，减少专用刀具的设计和制造工作量</td></tr>
<tr><td>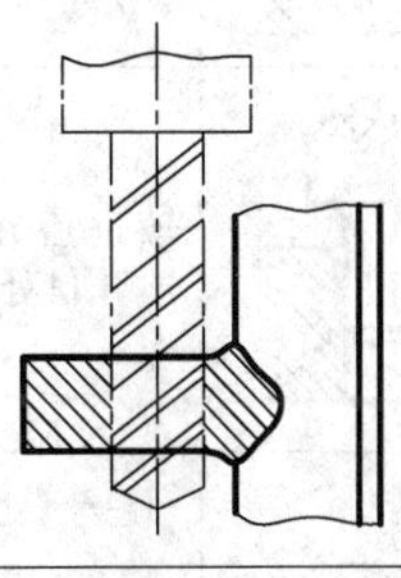</td><td>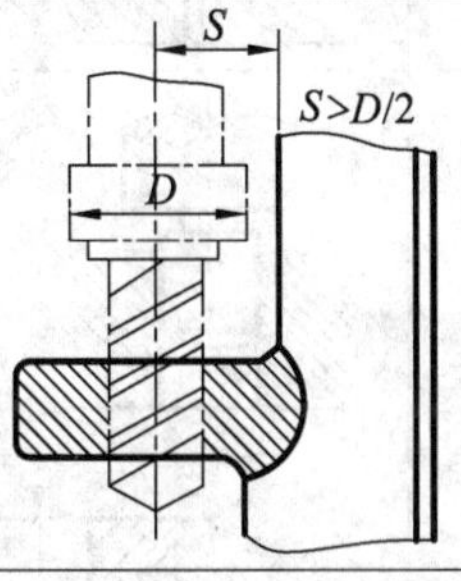</td><td>凸缘上的孔要留出足够的加工空间，当孔的轴线与侧壁面距离 S 小于钻夹头外径的一半时，难以采用标准刀具进行加工</td></tr>
<tr><td>减少对刀次数</td><td>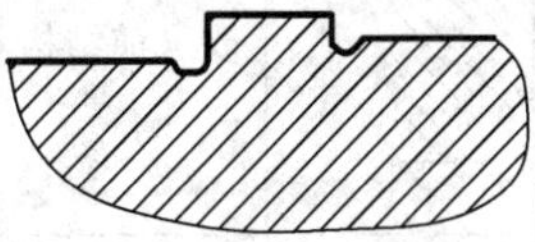</td><td>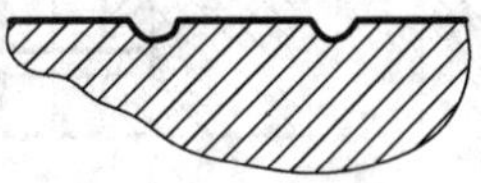</td><td>所有凸台面尽可能布置在同一平面上或同一轴线上，以便一次对刀即可完成加工</td></tr>
<tr><td>力求加工表面几何形状简单</td><td>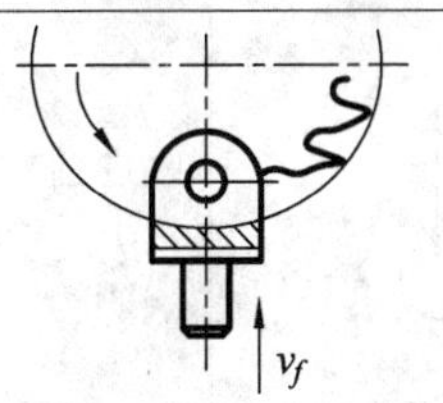</td><td>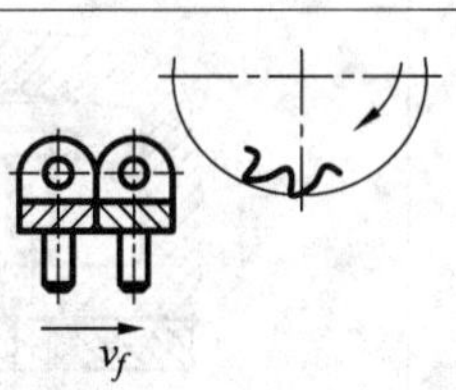</td><td>拨叉的沟槽底部若为圆弧形，铣刀直径必须与圆弧直径一致，且只能单个地进行加工；若改成平面，则可选任意直径的铣刀并多件串联起来同时加工，提高生产率</td></tr>
</table>

在对零件进行工艺性分析时若发现问题，如图样上的视图、尺寸标注、技术要求不尽合理甚至有错误或遗漏，或结构工艺性不好，工艺人员可以提出修改意见，在征得设计人员的同意后，经一定的试验和审批程序进行修改。

零件的结构工艺性与先进的工艺方法相适应，特别是数控加工和特种加工的发展应用，使零件工艺性发生了许多变化。例如，数控机床，特别是加工中心，具有功能多、柔性大的优点，能实现工序高度集中，在工件一次装夹中能完成多个工序、多个表面加工，而且加工精度高。原先被认为工艺性不好的零件，如有曲线、曲面、多方向的孔和平面，或者有位置精度要求很高的孔和平面的零件，在数控机床上加工并不存在困难。对于常规切削加工而言，方孔、小孔、弯孔、窄缝等被认为是工艺性很“坏”的典型，是设计人员非常忌讳的，有的甚至是“禁区”。随着特种加工技术在生产中的应用日益广泛，这种现象已经发生了改变，采用电火花穿孔成型加工或电火花线切割加工等特种加工方法，加工方孔和加工圆孔的难易程度是一样的。过去，淬火前漏做钻定位销孔、铣槽等工序，淬火后即成废品，而现在可安排电火花打孔、切槽等工序进行补救。因此，工程技术人员应注意及时进行知识更新，据实衡量零件的结构工艺性。

0.2.3 装配和维修的零件结构工艺性

零件的结构应便于装配和维修时的拆装。表 0-6 为装配和维修对零件结构工艺性影响的示例。

表 0-6 装配和维修对零件结构工艺性影响

序 号	改进前	改进后	说 明
1	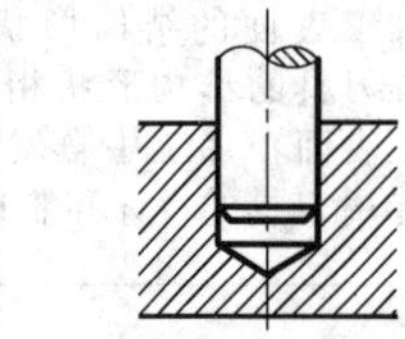	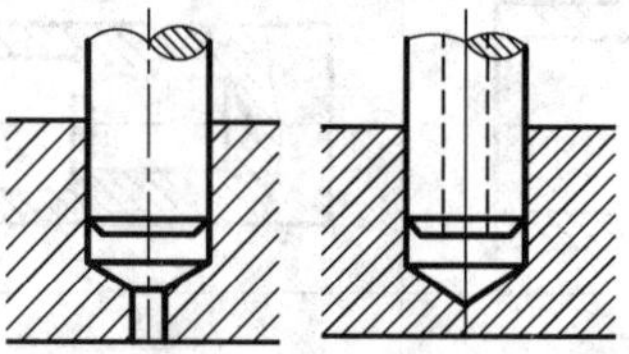	改进后有透气孔
2	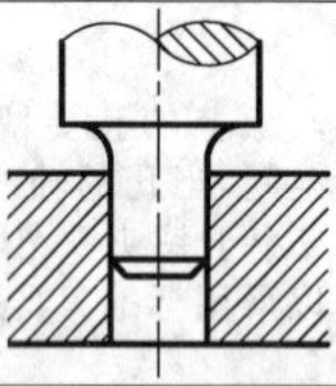	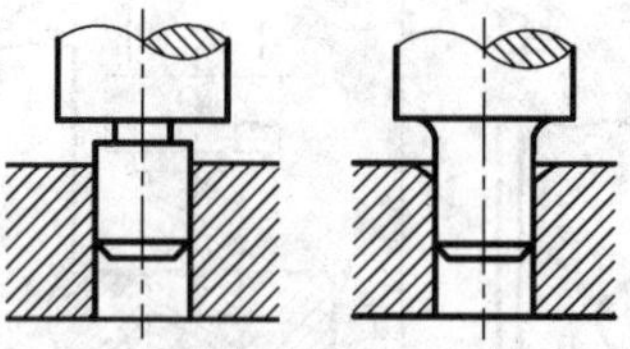	改进后在轴肩处切槽或孔口处倒角
3	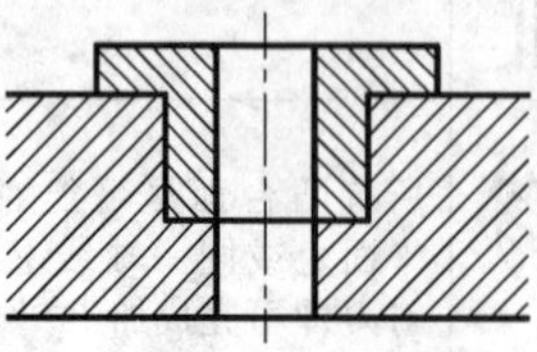	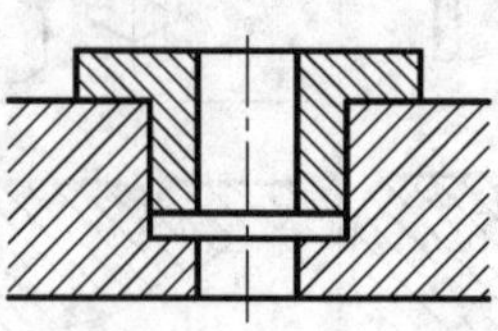	改进前结构不合理
4	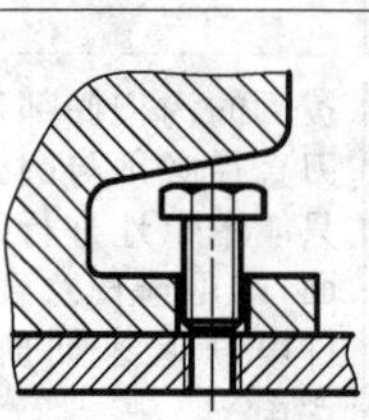	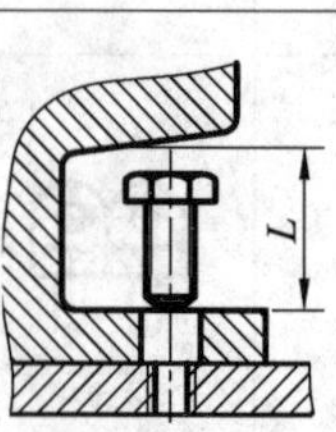	改进前螺钉装配空间太小，螺钉装不进

0.3 基准的定义和分类

0.3.1 基准的定义

基准是指用来确定零件上其他点、线、面之间几何关系的那些点、线、面。

0.3.2 基准的分类

基准按其作用不同，可以分为设计基准和工艺基准。工艺基准又可分为定位基准、工序基准、测量基准和装配基准。

1. 设计基准

设计基准是设计人员根据零件功能的需要而选定的用来确定其他点、线、面位置的基准。如图 0-6 所示的钻套零件，轴心线 $O-O$ 是各外圆和内孔的设计基准，也是两项跳动误差的设计基准，端面 A 是端面 B 和端面 C 的设计基准。

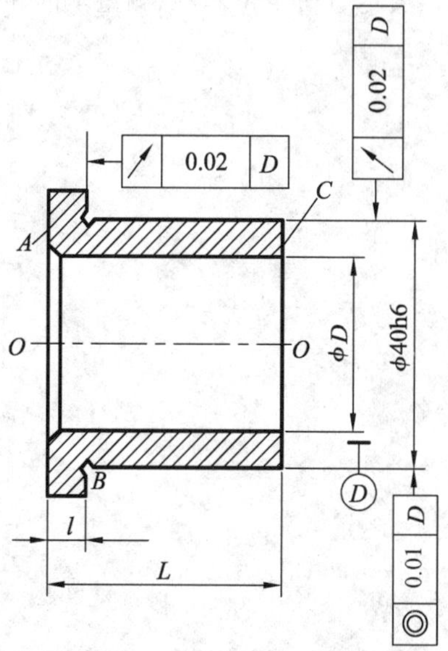

图 0-6 钻套的设计基准

2. 工艺基准

工艺基准是在工艺过程中所使用的基准。工艺过程是一个复杂的过程，按用途不同工艺基准又可分为定位基准、工序基准、测量基准和装配基准。

工艺基准是在加工、测量和装配时所使用的，必须是实在的。然而作为基准的点、线、面，有时并不一定具体存在(如孔和外圆的中心线、两平面的对称中心面等)，往往需要通过具体的表面来体现，用以体现基准的表面称为基面。如图 0-6 所示钻套的中心线是通过内孔表面来体现的，内孔表面就是基面。

(1) 定位基准

在加工时，用以确定工件在机床上或夹具中正确位置所采用的基准，称为定位基准。如图 0-6 所示的钻套，用内孔装在心轴上磨削 ϕ40h6 外圆表面时，内孔表面是定位基面，孔的中心线就是定位基准。定位基准又分为粗基准和精基准。粗基准、精基准的定义和选择原则将在模块三中叙述。

(2) 工序基准

在工序图上,用来确定本工序所加工表面加工后的尺寸、形状、位置所采用的基准,称为工序基准。

(3) 测量基准

用以测量工件各表面的相互位置、形状和尺寸所采用的基准,称为测量基准。如图0-6所示,钻套以内孔套在心轴上测量外圆的径向圆跳动,则内孔表面是测量基面,孔的中心线就是外圆的测量基准;用卡尺测量尺寸 l 和 L,表面 A 是表面 B,C 的测量基准。

(4) 装配基准

装配时用来确定零件或部件在产品中的相对位置所采用的基准,称为装配基准。如图0-6所示的钻套,ϕ40h6 外圆及端面 B 即为装配基准。

在实际生产中,应尽量使以上各种基准重合,以消除基准不重合误差。

① 设计零件时应尽量以装配基准作为设计基准,以便保证装配技术要求。

② 在制定加工工艺路线时,应尽量以设计基准作为工序基准,以保证零件加工精度。

③ 在加工和测量零件时,要尽量使定位基准、测量基准和工序基准重合,以减少加工误差和测量误差。

模 块 1 轴套类零件机械加工工艺编制

导引

【工作场景】

某企业生产的产品中有一个零件是传动轴，材料为 45 钢，生产类型为中批，如图 1-1 所示，试编制该零件的工艺规程。

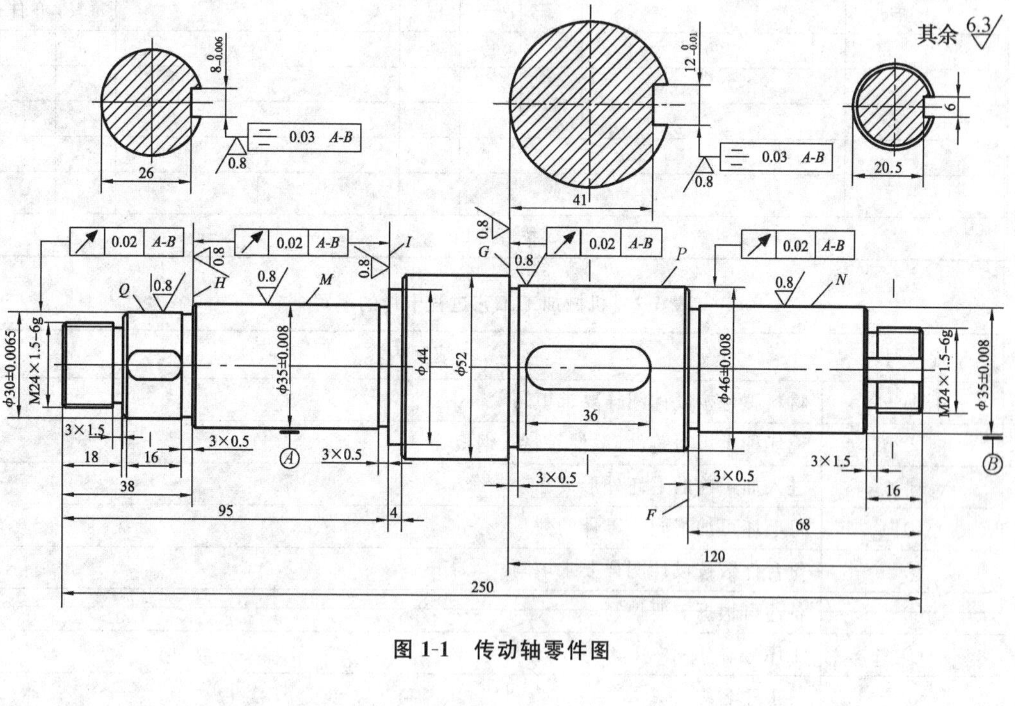

图 1-1 传动轴零件图

【工作步骤】

（1）审查传动轴零件图样的结构工艺性。

该零件结构简单，便于加工，结构工艺性好。

（2）选择传动轴的毛坯类型。

轴类零件的毛坯一般有型材、锻件和铸件，该零件材料是 45 钢，一般选型材、锻件。若零件的技术要求低，选型材；若零件的技术要求高，选锻件；若生产批量小，选型材；若生产批量大，选锻件。

（3）根据中批量生产和结构特点要求，确定零件加工顺序。

轴套类零件的加工顺序：先加工零件一头的端面、外圆或内孔，再加工另一头的端面、外圆或内孔；先进行粗加工，再进行半精加工，然后进行精加工。

（4）编制传动轴零件的机械加工工艺，填写机械加工工艺过程卡、机械加工工序卡。

工艺规程的常见形式有机械加工工艺过程卡片和机械加工工序卡片。从毛坯到产品，工艺过程卡中对应若干个工序，每个工序对应一张机械加工工序卡片。在单件小批生产中，通常只用比较简单的机械加工（或装配）工艺过程卡（见表 1-1，其各项填写内容见表 1-2）；对于大批量生产，除了较详细的工艺过程卡外，还要编制机械加工（或装配）工序卡（见表 1-3，其各项填写内容见表 1-4）。目前，生产中用来说明工艺规程的几种工艺文件，其需包含的内容和具体格式已经标准化（见 JB/Z 187.3—82）。

表 1-1　机械加工工艺过程卡片（格式 1）

<table>
<tr><td colspan="2"></td><td colspan="3">机械加工工艺过程卡片</td><td colspan="7">[按格式 2]</td></tr>
<tr><td colspan="2">材料牌号</td><td>①</td><td>毛坯种类</td><td>②</td><td>毛坯外形尺寸</td><td>③</td><td>每毛坯件数</td><td>④</td><td>每台件数</td><td>⑤</td><td>备注</td><td>⑥</td></tr>
<tr><td rowspan="2">工序号</td><td rowspan="2">工序名称</td><td rowspan="2">工序内容</td><td rowspan="2">车间</td><td rowspan="2">工段</td><td rowspan="2">设备</td><td rowspan="2">工艺装备</td><td colspan="2">工时</td></tr>
<tr><td>准终</td><td>单件</td></tr>
<tr><td>⑦</td><td>⑧</td><td>⑨</td><td>⑩</td><td>⑪</td><td>⑫</td><td>⑬</td><td></td><td></td></tr>
<tr><td></td><td></td><td></td><td></td><td></td><td></td><td></td><td></td><td></td></tr>
<tr><td></td><td></td><td></td><td></td><td></td><td></td><td></td><td></td><td></td></tr>
<tr><td></td><td></td><td></td><td></td><td></td><td></td><td></td><td></td><td></td></tr>
<tr><td></td><td></td><td></td><td></td><td></td><td></td><td></td><td></td><td></td></tr>
<tr><td colspan="9">[按格式 1]</td></tr>
</table>

表 1-2　机械加工工艺过程卡片的填写

序　号	填写内容
①	材料牌号按设计图样要求填写
②	毛坯种类填写铸件、锻件、钢条、钢板等
③	进入加工前的毛坯外形尺寸
④	每毛坯可加工同一零件的数量
⑤	每台件数按设计图样要求填写
⑥	备注可根据需要填写
⑦	工序号
⑧	各工序名称
⑨	各工序和工步、加工内容和主要技术要求。工序中的外协工序也要填写，但只写工序名称和主要技术要求，如热处理的硬度和变形要求、电镀层的厚度等。设计图样标有配做配钻时，或根据工艺需要装配配做配钻时，应在配做前的最后工序另起一行注明，如“××孔与××件装配时配钻”、“××部位与××件装配后加工”等
⑩⑪	分别填写加工车间和工段的代号或简称
⑫	填写设备的型号或名称，必要时还填写设备编号
⑬	填写编号（专用的）或规格、精度、名称（标准的）

表 1-3　机械加工工序卡片格式(格式 2)

<table>
<tr><td></td><td>机械加工工序卡片</td><td colspan="5">[按格式 2]</td></tr>
<tr><td colspan="2" rowspan="11">工序简图</td><td>车间</td><td>工序号</td><td>工序名称</td><td colspan="2">材料牌号</td></tr>
<tr><td>①</td><td>②</td><td>③</td><td colspan="2">④</td></tr>
<tr><td>毛坯种类</td><td>毛坯外形尺寸</td><td>每坯件数</td><td colspan="2">每台件数</td></tr>
<tr><td>⑤</td><td>⑥</td><td>⑦</td><td colspan="2">⑧</td></tr>
<tr><td>设备名称</td><td>设备型号</td><td>设备编号</td><td colspan="2">同时加工数</td></tr>
<tr><td>⑨</td><td>⑩</td><td>⑪</td><td colspan="2">⑫</td></tr>
<tr><td>夹具编号</td><td>夹具名称</td><td>切削液</td><td colspan="2"></td></tr>
<tr><td>⑬</td><td>⑭</td><td>⑮</td><td colspan="2"></td></tr>
<tr><td></td><td colspan="2"></td><td colspan="2">工序工时</td></tr>
<tr><td></td><td colspan="2"></td><td>准终</td><td>单件</td></tr>
<tr><td></td><td colspan="2"></td><td>⑯</td><td>⑰</td></tr>
</table>

<table>
<tr><td rowspan="2">工步号</td><td rowspan="2">工步内容</td><td rowspan="2">工作装备</td><td rowspan="2">主轴转速
(r/min)</td><td rowspan="2">切削速度
(m/min)</td><td rowspan="2">进给量
(r/mm)</td><td rowspan="2">切削深度
(mm)</td><td rowspan="2">进给次数</td><td colspan="2">工时定额</td></tr>
<tr><td>机动</td><td>辅助</td></tr>
<tr><td>⑱</td><td>⑲</td><td>⑳</td><td>㉑</td><td>㉒</td><td>㉓</td><td>㉔</td><td>㉕</td><td>㉖</td><td>㉗</td></tr>
<tr><td colspan="10">[按格式 2]</td></tr>
</table>

表 1-4　机械加工工序卡片的填写

序　号	填写内容
①	执行该工序的车间名称或代号
②-⑧	按表 1-2 中的相应项目填写
⑨-⑪	填写该工序所用设备的型号、名称,必要时填写设备编号
⑫	在机床上同时加工的件数
⑬-⑭	该工序需使用的各种夹具名称和编号
⑮	机床所用切削液的名称和牌号
⑱	工步号
⑲	各工步名称、加工内容和主要技术要求
⑳	各工步所需用的辅具、刀具、量具,专用的填编号,标准的填规格、精度、名称
㉑-㉕	加工规范,一般工序可不填,重要工序可根据需要填写

1.1　轴类零件的工艺路线拟定

1.1.1　实心轴的工艺路线拟定

1. 零件的工艺分析

图 1-1 所示零件是减速器中的传动轴,该零件中批生产。它属于台阶轴类零件,由圆柱面、轴肩、螺纹、螺尾退刀槽、砂轮越程槽和键槽等组成。轴肩一般用来确定安装在轴上零件的轴向位置;各环槽的作用是使零件装配时有一个正确的位置,并使加工中磨削外圆

或车螺纹时退刀方便;键槽用于安装键,以传递转矩;螺纹用于安装各种锁紧螺母和调整螺母。根据工作性能与条件,该传动轴图样规定了主要轴颈 M,N,外圆 P,Q 以及轴肩 G,H,I 有较高的尺寸、位置精度和较小的表面粗糙度值,并有热处理要求,这些技术要求必须在加工中给予保证。因此,该传动轴的关键工序是轴颈 M,N 和外圆 P,Q 的加工。

2. 毛坯的选择

该传动轴属于一般传动轴,故选 45 钢可满足其要求。本例传动轴属于中、小传动轴,并且各外圆直径尺寸相差不大,故选择 ϕ60 mm 的热轧圆钢作毛坯。

3. 定位基准的选择

合理地选择定位基准,对于保证零件的尺寸和位置精度有着决定性的作用。由于该传动轴的几个主要配合表面(Q,P,N,M)及轴肩面(H,G)对基准轴线 $A-B$ 均有径向圆跳动和端面圆跳动的要求,它又是实心轴,所以应选择两端中心孔作为基准,采用双顶尖装夹方法,以保证零件的技术要求。

粗基准采用热轧圆钢的毛坯外圆。中心孔加工采用三爪自定心卡盘装夹热轧圆钢的毛坯外圆,车端面,钻中心孔。但必须注意,一般不能用毛坯外圆装夹两次钻两端的中心孔,而应以毛坯外圆作粗基准,先加工一个端面,钻中心孔,车出一端外圆;然后以已车过的外圆作基准,用三爪自定心卡盘装夹(有时在上工步已车外圆处搭中心架),车另一端面,钻中心孔。如此加工中心孔,才能保证两中心孔同轴。

4. 工艺路线的拟定

(1) 各表面加工方法的选择

传动轴大都是回转表面,主要采用车削与外圆磨削成形。由于该传动轴的主要表面 M,N,P,Q 的公差等级(IT6)较高,表面粗糙度 Ra 值($Ra=0.8\ \mu$m)较小,故车削后还需磨削。外圆表面的加工方案为粗车→半精车→磨削。

(2) 加工顺序的确定

对精度要求较高的零件,其粗、精加工应分开,以保证零件的质量。该传动轴加工划分为 3 个阶段:粗车(粗车外圆、钻中心孔等)、半精车(半精车各处外圆、台阶和修研中心孔及次要表面等)和粗、精磨(粗、精磨各处外圆)。各阶段划分大致以热处理为界。

轴的热处理要根据其材料和使用要求确定。对于传动轴,正火、调质和表面淬火用得较多。该轴要求调质处理,并安排在粗车各外圆之后,半精车各外圆之前。

综合上述分析,确定传动轴的工艺路线如下:下料→车两端面,钻中心孔→粗车各外圆→调质→修研中心孔→半精车各外圆,车槽,倒角→车螺纹→划键槽加工线→铣键槽→修研中心孔→磨削→检验。

定位精基准面中心孔应在粗加工之前加工,在调质之后和磨削之前各需安排一次修研中心孔的工序。调质之后修研中心孔为消除中心孔的热处理变形和氧化皮,磨削之前修研中心孔是为了提高定位精基准面的精度和减小锥面的表面粗糙度值。拟定传动轴的工艺过程时,在考虑主要表面加工的同时,还要考虑次要表面的加工。在半精加工 ϕ52 mm,ϕ44 mm 及 M24 mm 外圆时,应车至图样规定的尺寸,同时加工出各退刀槽、倒角和螺纹;3 个键槽应在半精车后以及磨削之前铣削加工出来,这样可保证铣键槽时有较精确的定位基准,又可避免在精磨后铣键槽时破坏已精加工的外圆表面。在拟定工艺过程时,应考虑检验工序的安排、检查项目及检验方法的确定。

综上所述,最终确定的该传动轴加工工艺过程见表 1-5。

表 1-5 传动轴机械加工工艺过程卡

机械加工工艺过程卡				产品名称	减速器	图 号			
				零件名称	传动轴	共1页	第1页		
毛坯种类		圆 钢	材料牌号	45钢		毛坯尺寸	ϕ60 mm×265 mm		
序 号	工种	工步	工 序 内 容			设备	工具		
							夹具	刃具	量具
1	下料		ϕ60 mm×265 mm						
2	车		三爪自定心卡盘夹持工件毛坯外圆						
		1	车端面见平						
		2	钻中心孔						
			用尾座顶尖顶住中心孔						
		3	粗车ϕ46 mm外圆至ϕ48 mm,长118 mm						
		4	粗车ϕ35 mm外圆至ϕ37 mm,长66 mm						
		5	粗车M24 mm外圆至ϕ26 mm,长14 mm						
			调头,三爪自定心卡盘夹持ϕ48 mm处						
			(ϕ44 mm外圆)						
		6	车另一端面,保证总长250 mm						
		7	钻中心孔						
			用尾座顶尖顶住中心孔						
		8	粗车ϕ52 mm外圆至ϕ54 mm						
		9	粗车ϕ35 mm外圆至ϕ37 mm,长93 mm						
		10	粗车ϕ30 mm外圆至ϕ32 mm,长36 mm						
		11	粗车M24 mm外圆至ϕ26 mm,长16 mm						
		12	检验						
3	热		调质处理220~240HBS						
4	钳		修研两端中心孔						
5	车		双顶尖装夹						
		1	半精车ϕ46 mm外圆至ϕ46.5 mm,长120 mm						
		2	半精车ϕ35 mm外圆至ϕ35.5 mm,长68 mm						
		3	半精车M24 mm外圆至ϕ24 mm,长16 mm						
		4	半精车3 mm×0.5 mm环槽,2处						
		5	半精车3 mm×1.5 mm环槽,2处						
		6	倒外角1 mm×45°,3处						
			调头,双顶尖装夹						
		7	半精车ϕ35 mm外圆至ϕ35.5 mm,长95 mm						
		8	半精车ϕ30 mm外圆至ϕ35.5 mm,长38 mm						
		9	半精M24 mm外圆至长18 mm						
		10	半精车ϕ44 mm至尺寸,长4 mm						
		11	车3 mm×0.5 mm环槽,2处						

续表

序　号	工种	工步	工 序 内 容	设备	工具		
					夹具	刃具	量具
		12	半精车 3 mm×1.5 mm 环槽,1 处				
		13	倒外角 1 mm×45°,4 处				
		14	检验				
6	车		双顶尖装夹				
		1	车 M24 mm×1.5 mm-6 g 至尺寸				
			调头,双顶尖装夹				
		2	车 M24 mm×1.5 mm-6 g 至尺寸				
		3	检验				
7	钳		划两个键槽及一个止动垫圈槽加工线				
8	铣		用 V 形虎钳装夹,按线找正				
		1	铣键槽 12 mm×36 mm,保证尺寸 41～41.25 mm				
		2	铣键槽 8 mm×16 mm,保证尺寸 26～26.25 mm				
		3	铣止动垫圈槽 6 mm×16 mm,保证尺寸 20.5 mm				
		4	检验				
9	钳		修研两端中心孔				
10	磨	1	磨外圆 M 至尺寸				
		2	磨轴肩面 I				
		3	磨外圆 Q 至尺寸				
		4	磨轴肩面 H				
			调头,双顶尖装夹				
		5	磨外圆 P 至尺寸				
		6	磨轴肩面 G				
		7	磨外圆 N 至尺寸				
		8	磨轴肩面 F				
		9	检验				

1.1.2 空心轴的工艺路线拟定

1. 主轴加工工艺过程分析

(1) 主轴毛坯的制造方法及热处理

已知机床主轴如图 1-2 所示,现确定以下各项:批量为大批;材料为 45 钢;毛坯为模锻件 。

① 材料

在单件小批生产中,轴类零件的毛坯往往使用热轧棒料。对于直径差较大的阶梯轴,为了节约材料和减少机械加工的劳动量,则往往采用锻件。单件小批生产的阶梯轴一般采用自由锻,在大批大量生产时则采用模锻。

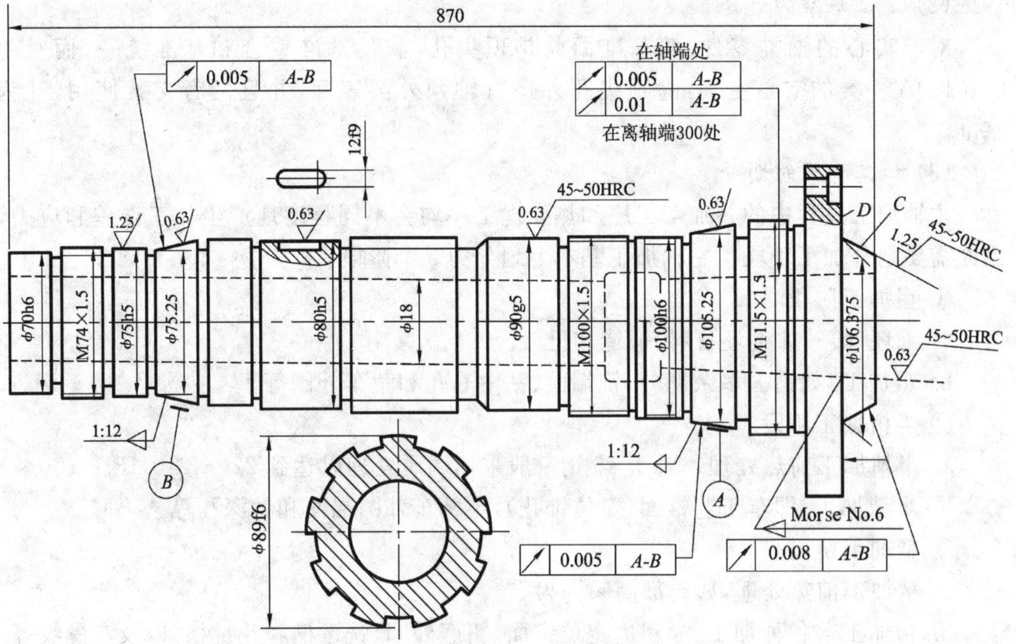

图 1-2 机床主轴

② 热处理

45 钢在调质处理(235HBS)之后，再经局部高频淬火，可使局部硬度达到 HRC62～65，再经适当的回火处理，即可降到需要的硬度(例如，CA6140 主轴规定硬度为 HRC52)。

9Mn2V 是一种含碳约 0.9%的锰钒合金工具钢，淬透性、机械强度和硬度均比 45 钢好。经过适当的热处理之后，可满足高精度机床主轴的尺寸精度和稳定性要求。例如，万能外圆磨床 M1432A 头架和砂轮主轴采用的就是这种材料。

38CrMoAl 是一种中碳合金氮化钢，由于氮化温度一般比淬火温度低 540～550 ℃，变形更小，硬度也很高(HRC>65，中心硬度 HRC>28)，并有优良的耐疲劳性能，故高精度半自动外圆磨床 MBG1432 的头架轴和砂轮轴均采用这种钢材。

此外，对于精度中等而转速较高的轴类零件，多选用 40Cr 等合金结构钢，这类钢料经调质和高频淬火后，具有较高的综合机械性能，能满足使用要求。有的轴件也选用滚珠轴承钢(如 GCr15)和弹簧钢(如 65Mn)等材料。这些钢材经调质和表面淬火后，具有极高的耐磨性和耐疲劳性能。要求在高速和重载条件下工作的轴类零件，可选用 18CrMnTi，20Mn2B 等低碳合金钢，这些钢料经渗碳淬火后具有较高的表面硬度、冲击韧性和心部强度，但热处理所引起的变形比 38CrMoAl 大。

凡要求局部高频淬火的主轴，须在前道工序中安排调质处理(有的钢材则用正火)，当毛坯余量较大时(如锻件)，调质放在粗车之后、半精车之前，以便因粗车产生的内应力得以在调质时消除；当毛坯余量较小时(如棒料)，调质可放在粗车(相当于锻件的半精车)之前进行。高频淬火处理一般放在半精车之后，由于主轴只需要局部淬硬，故精度有一定要求而不需淬硬部分的加工，如车螺纹、铣键槽等工序，均安排在局部淬火和粗磨之后。对于精度较高的主轴在局部淬火及粗磨之后还需进行低温时效处理，从而使主轴的金相组织和应力状态保持稳定。

(2) 定位基准的选择

对于实心的轴类零件,精基准面就是顶尖孔,满足基准重合和基准统一,而对于CA6140A一类的空心主轴,除顶尖孔外还有轴颈外圆表面,并且两者交替使用,互为基准。

(3) 加工阶段的划分

主轴加工过程中的各加工工序和热处理工序均会不同程度地产生加工误差和应力,因此需要划分加工阶段。主轴加工基本上划分为3个阶段。

① 粗加工阶段

a. 毛坯处理,如毛坯备料、锻造和正火。

b. 粗加工,如锯去多余部分,铣端面、钻中心孔和荒车外圆等。

② 半精加工阶段

a. 半精加工前热处理。对于45钢一般采用调质处理以达到220~240HBS。

b. 半精加工,即车工艺锥面(定位锥孔),半精车外圆端面和钻深孔等。

③ 精加工阶段

a. 精加工前热处理,如局部高频淬火。

b. 精加工前各种加工,如粗磨定位锥面、粗磨外圆、铣键槽和花键槽,以及车螺纹等。

c. 精加工,如精磨外圆和内外锥面,以保证主轴最重要表面的精度。

(4) 加工顺序的安排和工序的确定

具有空心和内锥特点的轴类零件,支承轴颈、一般轴颈和内锥等主要表面的加工顺序大致有以下几种方案:

① 外表面粗加工→钻深孔→外表面精加工→锥孔粗加工→锥孔精加工。

② 外表面粗加工→钻深孔→锥孔粗加工→锥孔精加工→外表面精加工。

③ 外表面粗加工→钻深孔→锥孔粗加工→外表面精加工→锥孔精加工。

针对CA6140车床主轴的加工顺序来说,可做这样的分析比较:

方案①:在锥孔粗加工时,由于要用已精加工过的外圆表面作精基准面,这会破坏外圆表面的精度和粗糙度,故此方案不宜采用。

方案②:在精加工外圆表面时,还要再插上锥堵,这样会破坏锥孔精度。另外,在加工锥孔时不可避免地会有加工误差(锥孔的磨削条件比外圆磨削条件差,加上锥堵本身的误差等,会造成外圆表面和内锥面的不同轴),故此方案也不宜采用。

方案③:在锥孔精加工时,虽然也要用已精加工过的外圆表面作为精基准面,但由于锥面精加工的加工余量已很小,磨削力不大,同时锥孔的精加工已处于轴加工的最终阶段,对外圆表面的精度影响不大,且这一方案的加工顺序,可以采用外圆表面和锥孔互为基准,交替使用的方法,能逐步提高同轴度。

经过比较可知,像CA6140主轴这类的轴件加工顺序,以方案③为佳。

通过方案的分析比较也可看出,轴类零件各表面先后加工顺序在很大程度上与定位基准的转换有关。当零件加工用的粗、精基准选定后,加工顺序就大致可以确定了。因为各阶段开始总是先加工定位基准面,即先行工序必须为后面的工序准备好所用的定位基准。例如CA6140主轴工艺过程,一开始就铣端面、打中心孔,这是为粗车和半精车外圆准备定位基准,半精车外圆又为深孔加工准备了定位基准,半精车外圆也为前后的锥孔加工准备了定位基准。反过来,前后锥孔装上锥堵后的顶尖孔又为此后的半精加工和精加工外圆准备了定位基准，而最后磨锥孔的定位基准则又是上工序磨好的轴颈表面。

工序的确定要按加工顺序进行，并掌握以下两个原则：

① 工序中的定位基准面要安排在该工序之前加工。例如，深孔加工之所以安排在外圆表面粗车之后，是为了有较精确的轴颈作为定位基准面，以保证深孔加工时壁厚均匀。

② 对各表面的加工要粗、精分开，先粗后精，多次加工，以逐步提高其精度和粗糙度；主要表面的精加工应安排在最后。

为了改善金属组织和加工性能而安排的热处理工序，如退火、正火等，一般应安排在机械加工之前。

为了提高零件的机械性能和消除内应力而安排的热处理工序，如调质、时效处理等，一般应安排在粗加工之后、精加工之前。

(5) 大批生产和小批生产工艺过程的比较

① 定位基准的选择。不同生产类型下主轴加工定位基准的选择见表1-6。

表1-6 不同生产类型下主轴加工定位基准的选择

工序名称	定位基准面	
	大批生产	小批生产
加工顶尖孔	毛坯外圆	划线
粗车外圆	顶尖孔	顶尖孔
钻深孔	粗车后的支承轴颈	夹一端，托另一端
半精车和精车	两端锥堵的顶尖孔	夹一端，顶另一端
粗、精磨外锥	两端锥堵的顶尖孔	两端锥堵的顶尖孔
粗、精磨外圆	两端锥堵的顶尖孔	两端锥堵的顶尖孔
粗、精磨锥孔	两支承轴颈外表面或靠近两支承轴颈的外圆表面	夹小端，托大端

② 轴端两顶尖孔的加工。在单件小批生产时，多在车床或钻床上通过划线找正加工。在成批生产时，可在中心孔钻床上加工。专用机床可在同一工序中铣出两端面并打好顶尖孔。

③ 外圆表面的加工。在单件小批生产时，多在普通车床上进行。在大批大量生产时，则广泛采用高生产率的多刀半自动车床或液压仿形车床等设备。

④ 深孔加工。在单件小批生产时，通常在车床上用麻花钻头进行加工。在大批大量生产中，可采用锻造的无缝钢管作为毛坯，从而免去深孔加工工序。若是实心毛坯，可用深孔钻头在深孔钻床上进行加工，如果孔径较大，还可采用套料的先进工艺。

⑤ 花键轴加工。在单件小批生产时，常在卧式铣床上用分度头分度，以圆盘铣刀铣削。在成批生产(甚至小批生产)时，广泛采用花键滚刀在专用花键轴铣床上加工。

⑥ 前后支承轴颈以及与其有较严格的位置精度要求的表面精加工。在单件小批生产时，多在普通外圆磨床上加工。在成批大量生产中，多采用高效的组合磨床加工。

2. 主轴加工中的几个工艺问题

(1) 锥堵和锥堵心轴的使用

对于空心的轴类零件，若轴的通孔直径较小，可直接在孔口倒出宽度不大于2 mm

的 60°锥面，代替中心孔。而当通孔直径较大时，则不宜用倒角锥面代之，一般采用锥堵或锥堵心轴的顶尖孔作为定位基准。

使用锥堵或锥堵心轴时应注意以下两点：

① 一般不中途更换或拆装，以免增加安装误差。

② 锥堵心轴要求两个锥面应同轴，否则拧紧螺母后会使工件变形。

(2) 顶尖孔的研磨

因热处理、切削力、重力等的影响，顶尖孔的精度常常会遭到破坏，所以在热处理工序之后和磨削加工之前应对顶尖孔要进行研磨，以消除误差。常用的研磨方法有：① 用铸铁顶尖研磨；② 用油石或橡胶轮研磨；③ 用硬质合金顶尖刮研；④ 用中心孔磨床磨削。

(3) 外圆加工方法

外圆加工方法前已述及，此处不再介绍。

(4) 深孔加工

一般而言，孔的深度与孔径之比 $l/d>5$，称为深孔。CA6140 主轴内孔 $l/d=18$，属深孔加工。

① 加工方式

加工深孔时，工件和刀具的相对运动方式有 3 种。

a. 工件不动，刀具转动并送进。这时如果刀具的回转中心线对工件的中心线有偏移或倾斜，加工出的孔轴心线必然是偏移或倾斜的。因此，除笨重或外形复杂而不便于转动的大型工件外，一般不采用这种运动方式。

b. 工件转动，刀具作轴向送进运动。这种方式钻出的孔轴心线与工件的回转中心线能达到一致。如果钻头偏斜，则钻出的孔有锥度；如果钻头中心线与工件回转中心线在空间斜交，则钻出的孔的轴向截面是双曲线，但不论如何，孔的轴心线与工件的回转中心线仍是一致的，故轴的深孔加工采用这种方式。

c. 工件转动，同时刀具转动并送进。由于工件与刀具的回转方向相反，所以相对切削速度大，生产率高，加工出来的孔的精度也较高。但对机床和刀杆的刚度要求较高，同时机床的结构也较复杂，因此应用不很广泛。

② 深孔加工的冷却与排屑

在单件小批生产中，加工深孔时常用接长的麻花钻头，以普通的冷却润滑方式在改装过的普通车床上进行加工。为了排屑，每加工一定长度之后，须把钻头退出。这种加工方法不需要特殊的设备和工具。由于钻头有横刃，轴向力较大，两边切削刃又不容易磨得对称，因此加工时钻头容易偏斜，且此法的生产率很低。

在批量生产中，深孔加工常采用专门的深孔钻床和专用刀具，以保证质量和生产率。这些刀具的冷却和切屑的排出，很大程度上决定于刀具结构特点和冷却液的输入方法。

目前普遍应用的冷却与排屑的方法有两种。

a. 内冷却外排屑法。即加工时冷却液从钻头的内部输入，从钻头外部排出。高压冷却液直接喷射到切削区，对钻头起冷却润滑作用，并且带着切屑从刀杆和孔壁之间的空间排出。

b. 外冷却内排屑法。即冷却液从钻头外部输入，有一定压力的冷却液经刀杆与孔壁之间的通道进入切削区，起冷却润滑作用，然后经钻头和刀杆内孔带着大量切屑排出。

本例传动轴主轴工艺路线见表 1-7。

表 1-7 主轴工艺路线

序 号	工序名称	工 序 简 图	加工设备
1	备料		
2	精锻		立式槽锻机
3	热处理	正火	
4	锯头		
5	铣端面和钻中心孔		专用机床
6	荒车	车各外圆面	卧式车床
7	热处理	调质 220～240HBS	
8	车大端各部	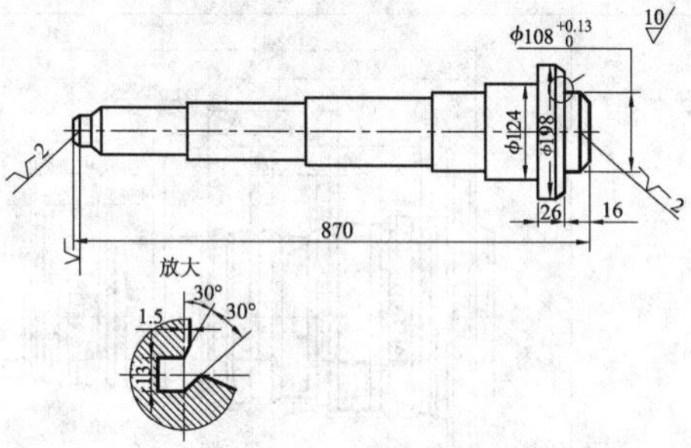	卧式车床 C620B
9	仿形车小端各部	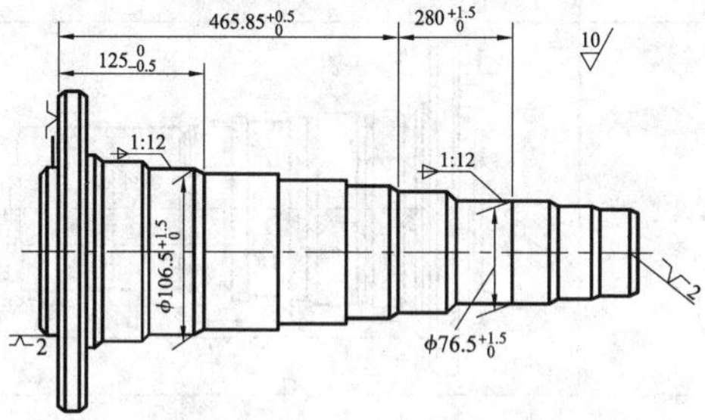	仿车车床 CE712C
10	钻深孔	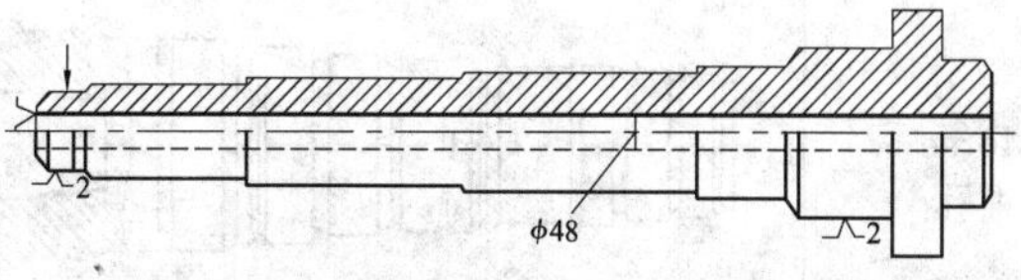	专用深孔钻床
11	车小端内键孔 （配 1：20 锥堵）	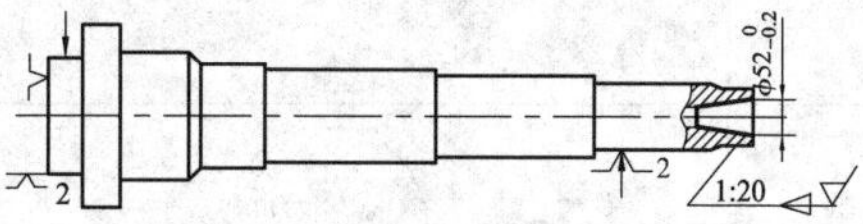	卧式车床 C620B
12	车大端锥孔 （配 Morse No. 6 锥堵）； 车前端圆锥面及端面	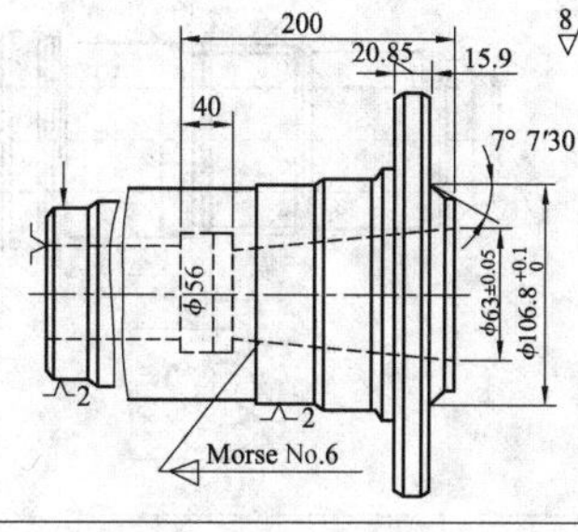	卧式车床 C620B

续表

序　号	工序名称	工 序 简 图	加工设备
13	钻大端端面各孔	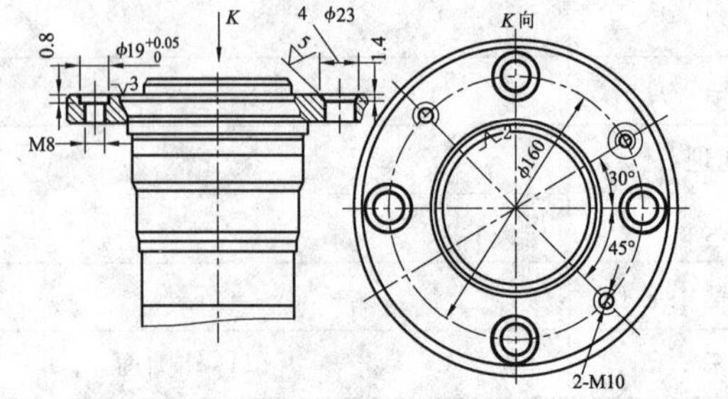	钻模，Z55 钻床
14	热处理	高频淬火 ϕ90g 6 mm，短锥及 Morse No. 6 锥孔，45～50HRC	
15	精车各外圆并车槽	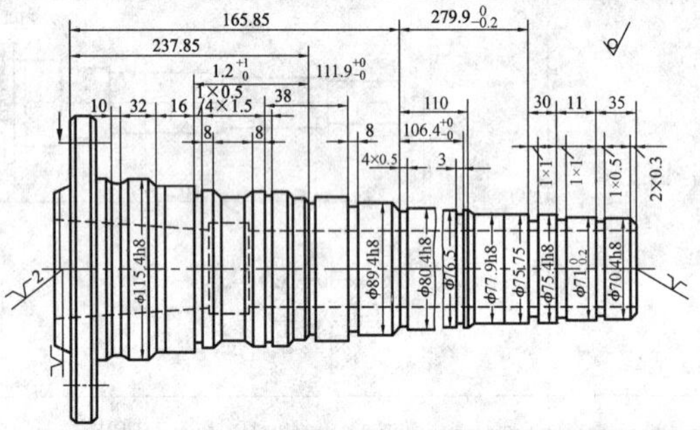	数控车床 CSK6163
16	粗磨外圆二段	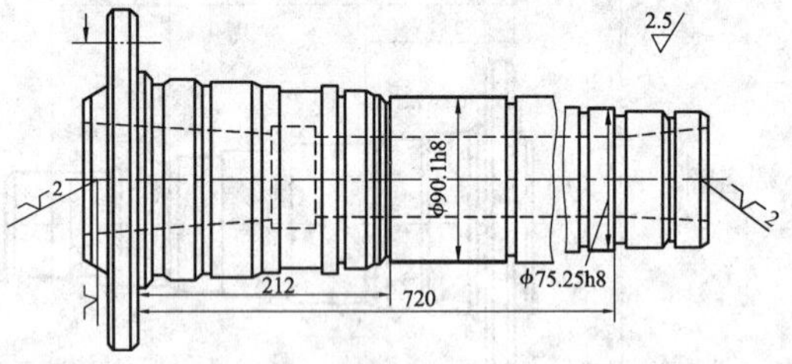	万能外圆磨床 M1432
17	粗磨 Morse No. 6 锥孔	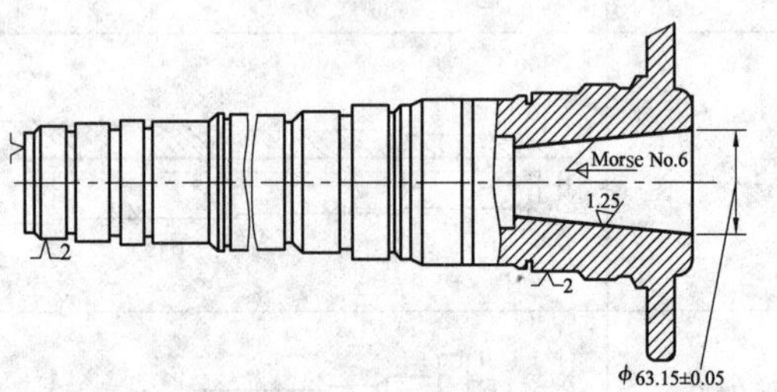	内圆磨床 M2120
18	粗精铣花键	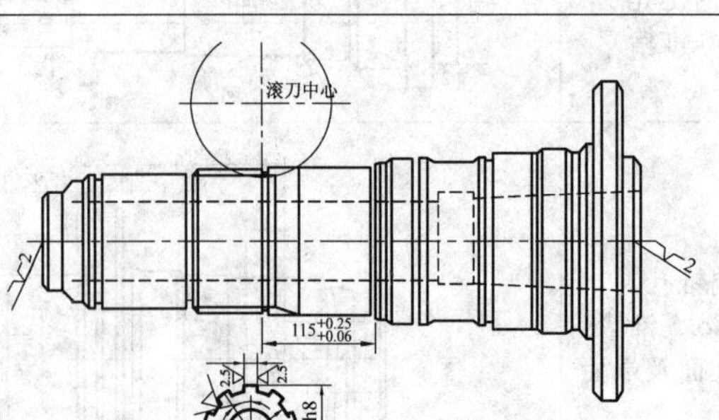	花键铣床 YB6016

续表

序　号	工序名称	工 序 简 图	加工设备
19	铣键槽	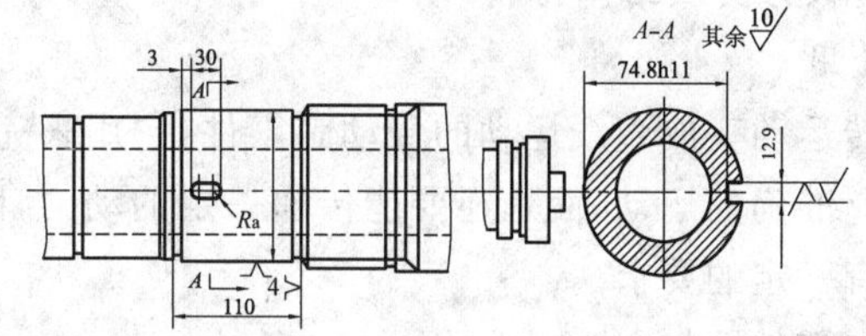	铣床 X52
20	车大端内侧面及三段螺纹（配螺母）	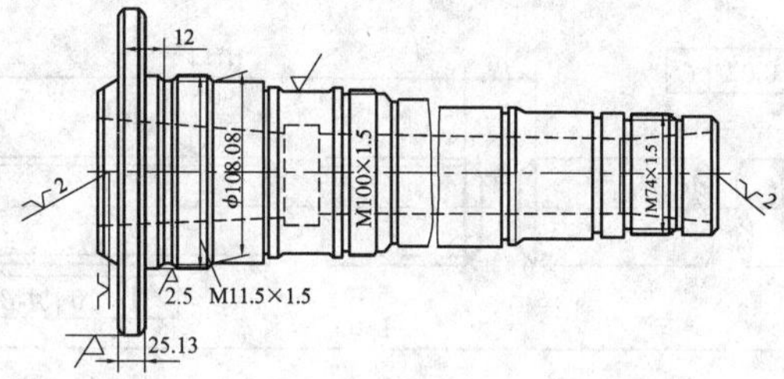	卧式车床 CA6110
21	粗精磨各外圆及 *E*,*F* 两端面	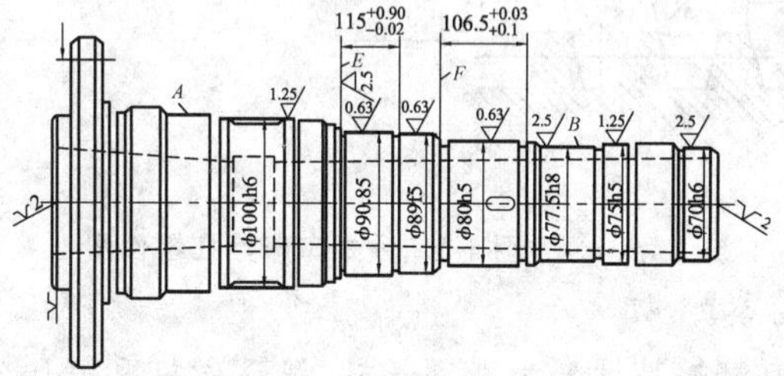	万能外圆磨床 M1432A
22	粗精磨圆锥面（组合磨三圆锥面及短锥端面）	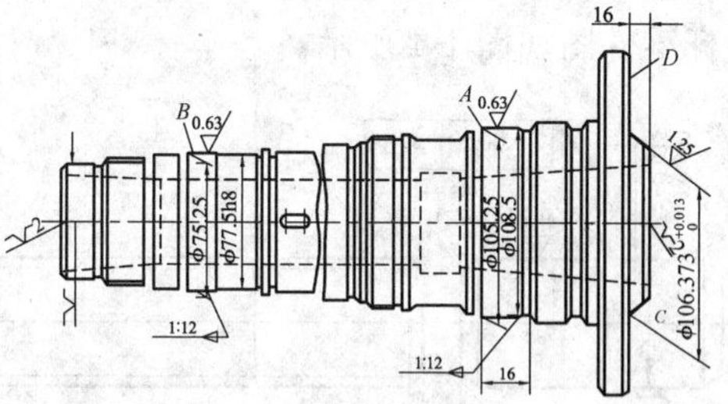	专用组合磨床
23	精磨 Morse No. 6 内锥孔	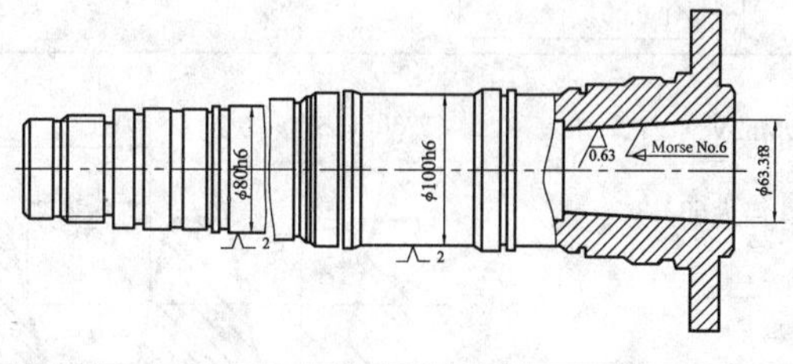	主轴锥孔磨床
24	检查	按图样技术要求项目检查	

1.1.3 丝杆加工

1. 丝杠的功用、分类及结构特点

（1）丝杠的功用

丝杠是将旋转运动变成直线运动的传动副零件，它用来完成机床的进给运动。机床丝杠不仅要能传递准确的运动，而且还要能传递一定的动力，因此它在精度、强度以及耐磨性各个方面都有一定的要求。

卧式车床丝杠零件图如图 1-3 所示。

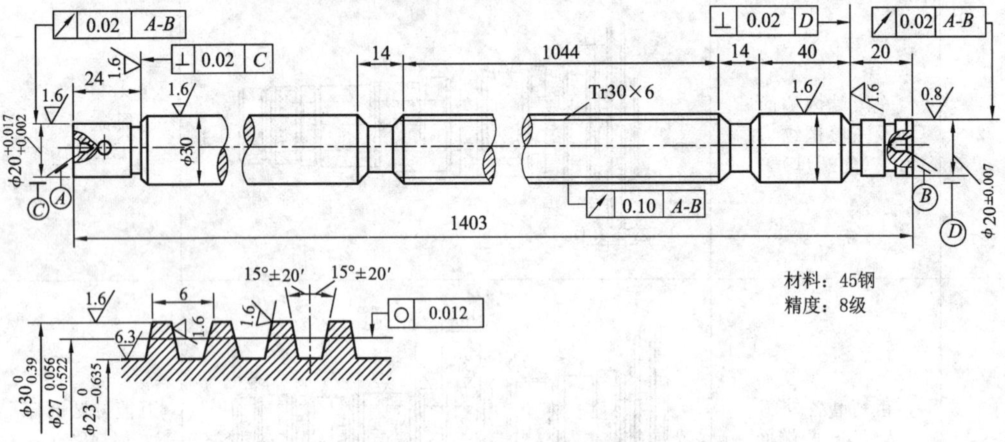

图 1-3　卧式车床丝杠零件图

（2）丝杠的分类

机床丝杠按其摩擦特性分为滑动丝杠、滚珠丝杠和静压丝杠；按其使用性能要求分为不淬硬丝杠和淬硬丝杠；按其精度要求分为普通丝杠和精密丝杠。

万能螺纹磨床丝杆零件图如图 1-4 所示。

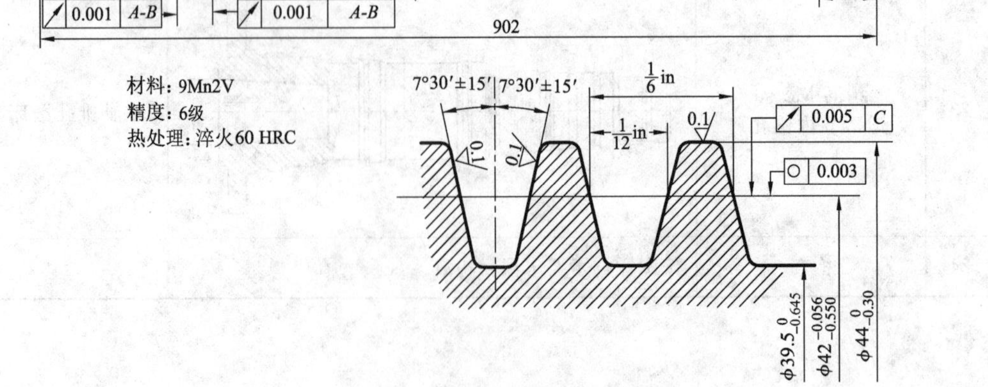

图 1-4　万能螺纹磨床丝杆零件图

(3) 丝杠结构的工艺特点

丝杠是细而长的柔性轴，它的长径比往往很大，一般在 20～50，刚度很差。此外，由于其结构形状比较复杂，有要求很高的螺纹表面，又有阶梯及沟槽，因此，在加工过程中很容易产生变形。这是丝杠加工中影响精度的一个主要因素。

2. 丝杠的精度要求

丝杠的精度等级按丝杠的螺纹精度标准划分，国家制定了相关标准，具体指标有：① 单个螺距公差；② 中径圆度公差；③ 外径相等性公差；④ 外径跳动公差；⑤ 牙形半角公差；⑥ 中径尺寸公差；⑦ 外径尺寸公差；⑧ 内径尺寸公差。

3. 丝杆加工的基本工艺路线

(1) 不淬硬丝杠基本工艺路线

毛坯(热处理)—校直—车端面、打中心孔—外圆粗加工—校直、热处理—重打中心孔(修正)—外圆半精加工—加工螺纹—校直、低温时效处理—修正中心孔—外圆、螺纹精加工。

(2) 淬硬丝杠基本工艺路线

毛坯(热处理)—校直—车端面、打中心孔—外圆粗加工—校直、热处理—重打中心孔(修正)—外圆半精加工、加工螺纹—淬火、回火—探伤—修正中心孔—外圆、螺纹半精磨加工—探伤—修正中心孔—外圆、螺纹精磨加工。

4. 丝杠加工工艺主要问题分析

(1) 丝杠的校直及热处理

丝杠工艺除毛坯工序外，在粗加工及半精加工阶段都安排了校直及热处理工序。校直的目的是为了减少工件的弯曲度，使机械加工余量均匀。时效热处理是为了消除工件的残余应力，保证工件加工精度的稳定性。一般情况下，校直及热处理需安排 3 次。一次是校直及高温时效，安排在粗车外圆以后，还有两次是校直及低温时效，分别安排在螺纹的粗加工及半精加工以后。

(2) 定位基准面的加工

丝杠两端的中心孔是定位基准面，在安排工艺路线时，应首先将它加工出来。中心孔的精度对加工质量有很大影响，丝杠多选用带有 120°。保护锥的中心孔。此外，在热处理后，最后精车螺纹以前，还应适当修整中心孔以保持其精度。

丝杠加工的定位基准面除中心孔外，还要用丝杠外圆表面作为辅助基准面，以便在加工中采用跟刀架，增加刚度。

(3) 螺纹的粗、精加工

粗车螺纹工序一般安排在精车外圆以后，半精车及精车螺纹工序则分别安排在粗磨及精磨外圆以后。对于不淬硬丝杠一般采用车削工艺，经多次加工，逐渐减少切削力和内应力；对于淬硬丝杠，则采用“先车后磨”或“全磨”两种不同的工艺。后者是从淬硬后的光杠上直接用单线或多线砂轮粗磨出螺纹，然后用单线砂轮精磨螺纹。

(4) 重钻中心孔

工件热处理后会产生变形，其外圆面需要增加加工余量。为减少其加工余量，可采用重钻中心孔的方法。在重钻中心孔之前，先找出工件上径向圆跳动为最大值的一半的两点，以这两点作为定位基准面，用切端面的方法切去原来的中心孔，重新钻中心孔。当使用新的中心孔定位时，工件所必须切除的额外的加工余量将减少到原有值。

丝杠工艺路线见表1-8。

表1-8 丝杠工艺路线

零件名称	卧式车床母丝杠（不淬硬丝杠）	万能螺纹磨床母丝杠（淬硬丝杠）
精度等级	8级	6级
工艺过程	1. 下料 2. 正火，校直（径向圆跳动≤1.5 mm） 3. 切端面，钻中心孔 4. 粗车两端及外圆 5. 校直（径向圆跳动≤0.6 mm） 6. 高温时效（径向圆跳动≤1 mm） 7. 取总长，钻中心孔 8. 半精车两端及外圆 9. 无心磨粗磨外圆 10. 旋风切螺纹 11. 校直，低温时效（$t=170$ ℃，12 h）（径向圆跳动≤0.1 mm） 12. 无心磨精磨外圆 13. 修研中心孔 14. 车两端轴颈（车前在车床上检查性校直） 15. 精车螺纹至图样尺寸（车后在车床上检查性校直）	1. 锻造 2. 球化退火 3. 车端面，钻中心孔 4. 粗车外圆 5. 高温时效 6. 车端面，钻中心孔 7. 半精车外圆 8. 粗磨外圆 9. 淬火，中温回火 10. 研磨两中心孔 11. 粗磨外圆 12. 粗磨出螺纹槽 13. 低温时效 14. 研磨两中心孔 15. 半精磨外圆 16. 半精磨螺纹 17. 低温时效 18. 研磨两中心孔 19. 精磨外圆，检查 20. 精磨螺纹（磨出小径） 21. 研磨两中心孔 22. 终磨螺纹，检查 23. 终磨外圆，检查 24. 研磨止推端面，检查

1.2 套类零件的工艺路线拟定

1.2.1 概 述

套类零件是旋转体零件，主要起支承、导向作用，主要加工表面为同轴度要求较高的内、外圆表面，圆锥面等。零件壁厚较薄，长度大于直径。

常见的套类零件有轴承衬套、钻套、液压油缸等，如图1-5所示。液压油缸的零件图如图1-6所示。

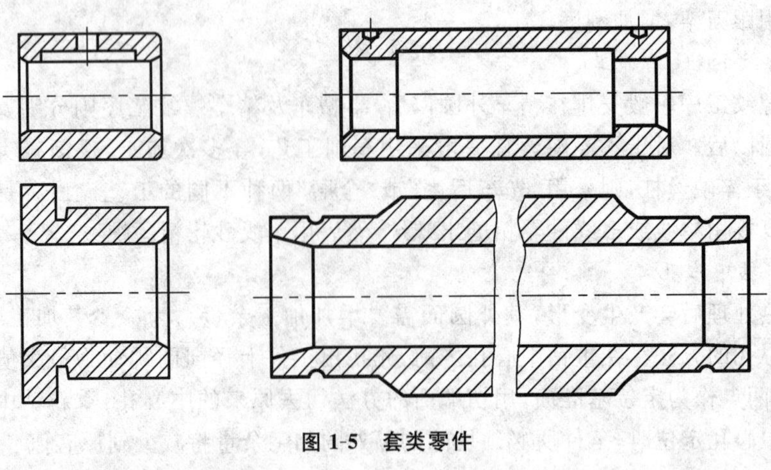

图1-5 套类零件

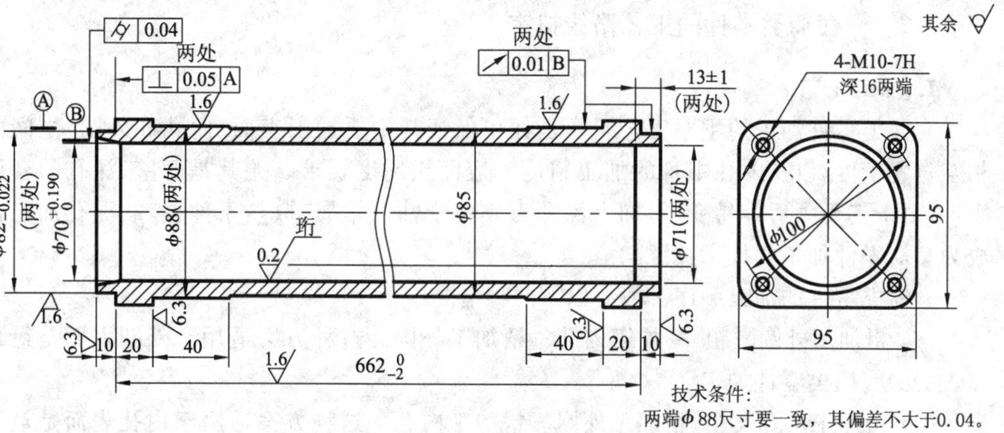

图 1-6 液压油缸

1. 技术要求

(1) 孔的技术要求

孔可使套筒零件与回转轴颈，刀具或移动活塞相配合，起支承或导向作用，孔的直径尺寸一般为IT7，精密轴套为IT6，气缸液压缸为IT9，形状精度在尺寸公差内，精密轴套控制在1/2～1/3$T_{工件}$，长套筒有圆柱度要求，表面粗糙度Ra1.6～0.16 μm，高的可达Ra0.4 μm。

(2) 外圆表面要求

外圆一般以过盈或过渡配合与机座或箱体上的孔相连接，它是套筒零件的支承表面。外圆的尺寸精度一般为IT6～IT7，形状尺寸精度控制在外径公差范围内，表面粗糙度为Ra3.2～0.63 μm。

(3) 孔与外圆的同轴度

当孔的终加工是在套筒装入机座后进行的，要求较低，最终加工是在装配前完成的，一般同轴度为0.01～0.05。

(4) 轴线与端面的垂直度要求

端面(包括凸缘端面)若在工作中受轴向或作为定位基准(装配基准)时，其垂直度为0.01～0.05。

2. 材料与毛坯

(1) 材料

套类零件的材料有钢、铸铁、青铜、黄铜或双金属结构(如滑动轴承以离心铸造法浇注巴氏合金)等。

(2) 毛坯

孔径小的套类零件，毛坯用热轧或冷拉棒料，也可用实心铸件；孔径大的，用无缝钢管或带孔铸件、锻件。大量生产时采用冷挤压或粉末冶金。

1.2.2 套筒类零件的工艺路线拟定

1. 加工工艺

套筒类零件加工的主要工艺问题是如何保证其主要加工表面(内孔和外圆)之间的相互位置精度,以及内孔本身的加工精度和表面粗糙度要求。尤其是薄壁、深孔的套筒零件,由于其受力后容易变形,加上深孔刀具的刚性及排屑、散热条件差,故深孔加工常成为套筒零件加工的技术关键。

套筒类零件的加工顺序一般有以下两种情况:

(1) 粗加工外圆—粗、精加工内孔—精加工外圆。这种方案适用于外圆表面是最重要表面的套筒类零件加工。

(2) 粗加工内孔—粗、精加工外圆—精加工内孔。这种方案适用于内孔表面是最重要表面的套筒类零件加工。

根据精度要求,套筒类零件的外圆表面加工方法可选择车削和磨削。内表面加工方法的选择则需考虑零件的结构特点、孔径大小、长径比、材料、技术要求及生产类型等多种因素。

2. 套筒类零件的内孔加工

内孔是套筒类零件的主要加工表面,加工方法需根据孔的大小、深度、精度、结构形状等面定。

(1) 孔径较小($<\phi$50 mm)时,宜采用钻、扩、铰的加工方法。

(2) 孔径较大时,采用钻孔后镗或直接镗孔的加工方法。

(3) 箱体上孔多采用精镗、浮动镗,缸筒件用精镗、珩磨、滚压等加工方法。

(4) 淬硬套筒宜采用磨孔的加工方法。

(5) 精密孔采用高精度磨削、研磨、珩磨或抛光等加工方法。

3. 套筒类零件加工工艺分析

套筒类零件由于其功用、结构形状、尺寸、材料及热处理等不同,工艺差别也很大。下面分析图 1-6 所示液压筒零件的加工工艺。

液压筒材料为 HT200,其内孔是重要表面,主要技术要求如下:

(1) 内孔圆柱度误差不大于 0.04 mm。

(2) ϕ88,ϕ82 外圆对内孔的径向跳动误差不大于 0.01 mm。

(3) 凸台面对ϕ82 外圆面的垂直度误差不大于 0.05 mm。

对于液压筒这类长套筒零件,为保证内外圆同轴度,加工外圆时装夹方式有两种:① 用顶尖顶住两端孔口的倒角;② 一头夹紧外圆另一头用中心架支承(一夹一托),或一头夹紧外圆另一头用后顶尖顶住(一夹一顶)。加工内孔时,一般采用夹一头、另一头用中心架支承外圆方法。粗加工孔采用镗削,半精加工和精加工孔多用浮动铰孔方式。若内孔表面要求粗糙度值较小,还须进行珩磨或滚压加工。这里采用一夹一托的方式加工外圆;采用托两端外圆的方式加工内孔。内孔经珩磨加工,以保证达到图纸规定的要求。其加工工艺过程见表 1-9。

表1-9 液压筒加工工艺过程

机械加工工艺过程				
工序号	工序名称	安装	工作内容	定位及夹紧
1	铸		铸造，热处理，清砂	
2	车		粗车外圆 ϕ88 mm 两处，留加工余量 3 mm，车法兰两内端面	孔(梅花顶尖)
3	车	1	车端面，粗车外圆 $\phi 82_{-0.022}^{0}$ mm，留加工余量 3 mm，车法兰盘一外端面	夹一端，托一端
		2	调头：车端面至全长，车外圆 $\phi 82_{-0.022}^{0}$ mm，留加工余量 3 mm，车法兰盘一外端面	夹一端，托一端
4	镗		粗、精镗孔 $\phi 70_{0}^{+0.190}$ mm，铰孔至尺寸，表面粗糙度 *Ra* 值为 1.6 μm	托两端
5	车		半精车外圆 ϕ88 mm 两处，留加工余量 1.1 mm，车法兰盘两内端面	孔
6	车	1	半精车外圆 $\phi 82_{-0.022}^{0}$ mm，留加工余量 1.1 mm，车法兰盘一外端面	夹一端，托一端
		2	调头：半精车外圆 $\phi 82_{-0.022}^{0}$ mm，留加工余量 1.1 mm，车法兰盘一外端面	夹一端，托一端
7	珩		粗、精珩孔至尺寸 $\phi 70_{0}^{+0.100}$ mm，表面粗糙度 *Ra* 值为 0.20 μm	托两端 ϕ88 mm 孔
8	车		精车外圆 ϕ88 mm 两处至图纸要求	
9	车	1	精车外圆 $\phi 82_{-0.022}^{0}$ mm 至图纸要求，车法兰盘一外端面，表面粗糙度 *Ra*1.6 μm，车锥度至尺寸 ϕ71 mm，$13_{0.1}^{+0.1}$ mm	夹一端，托一端
		2	调头：精车外圆 $\phi 82_{-0.022}^{0}$ mm 至图纸要求，车法兰盘一外端面，保证尺寸 $662_{-0.2}^{0}$ mm，表面粗糙度 *Ra* 值为 1.6 μm，车锥度至尺寸 ϕ71 mm，$13_{-0.1}^{+0.1}$ mm	夹一端，托一端
10	钻		钻、攻两端面上的 4-M10-7H 深 16 mm 螺孔	$\phi 70_{0}^{+0.190}$ mm 孔
11	钳		去毛刺，清理内孔	
12	检验		按图纸检验，并将内孔测得尺寸记录在 ϕ88 mm 外圆上	

1.3 曲轴的工艺路线拟定

1.3.1 曲轴概述

1. 曲轴的作用

曲轴是汽车发动机中的重要零件，它与连杆配合将作用在活塞上的气体压力变为旋转的动力，传给底盘的传动机构，同时驱动配气机构和其他辅助装置。

曲轴在工作时，受气体压力、惯性力及惯性力矩的作用，受力大而且复杂，同时曲轴又是高速旋转件，因此要求其具有足够的刚度和强度，以及良好的承受冲击载荷的能力，耐磨损且润滑良好。

2. 曲轴的结构及特点

曲轴一般由主轴颈、连杆轴颈、曲柄、平衡块、前端和后端组成。一个主轴颈、一个连杆轴颈和一个曲柄组成了一个曲拐。直列式发动机曲轴的曲拐数目等于气缸数；V 型发动机曲轴的曲拐数等于气缸数的一半。

主轴颈是曲轴的支承部分，通过主轴承支承在曲轴箱的主轴承座中。主轴承的数目不仅与发动机气缸数目有关，还取决于曲轴的支承方式。

连杆轴颈是曲轴与连杆的连接部分，在连接处用圆弧过渡，以减少应力集中。

曲柄是主轴颈和连杆轴颈的连接部分，断面为椭圆形，为了平衡惯性力，曲柄处铸有(或紧固有)平衡重块。平衡重块用来平衡发动机不平衡的离心力矩，有时还用来平衡一部分往复惯性力，从而使曲轴旋转平稳。

曲轴前端装有齿轮、驱动风扇和水泵的皮带轮以及起动爪等。为了防止机油沿曲轴轴颈外漏，在曲轴前端装有一个甩油盘，在齿轮室盖上装有油封。曲轴的后端用来安装飞轮，在后轴颈与飞轮凸缘之间制成挡油凸缘与回油螺纹，以阻止机油向后窜漏。

3. 曲轴的主要技术要求分析

(1) 主轴颈、连杆轴颈本身的精度。尺寸公差等级为 IT6，表面粗糙度 Ra 值为 1.25～0.63 μm，轴颈长度公差等级为 IT9～IT10。轴颈的形状公差，如圆度、圆柱度控制在尺寸公差的 1/2。

(2) 位置精度。主轴颈与连杆轴颈的平行度一般为 100 mm 之内不大于 0.02 mm；曲轴各主轴颈的同轴度：小型高速曲轴为 0.025 mm，中大型低速曲轴为 0.03～0.08 mm。

(3) 多缸机的各连杆轴颈的位置度不大于±20′。三拐曲轴如图 1-7 所示。

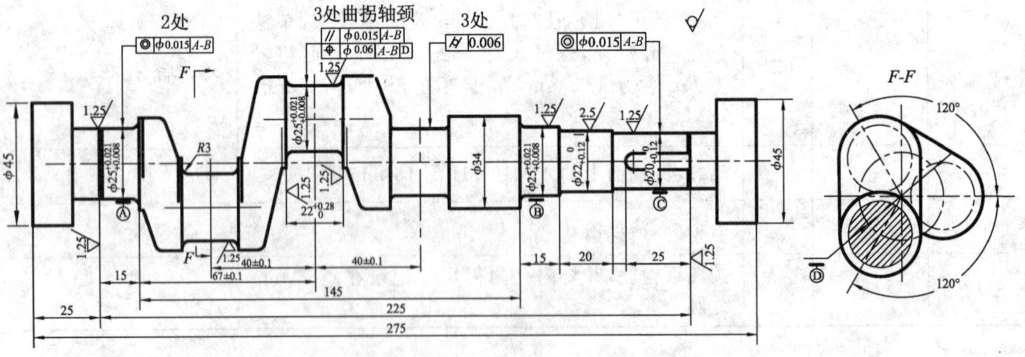

图 1-7 三拐曲轴

4. 曲轴的材料和毛坯的确定

曲轴工作时要承受很大的转矩及交变的弯曲应力，容易产生扭振、折断及轴颈磨损，因此要求用材有较高的强度、冲击韧度、疲劳强度和耐磨性。一般曲轴常用材料为 35，40，45 钢或球墨铸铁 QT600-2；对于高速、重载曲轴，可采用 40Cr，42Mn2V 等材料。

1.3.2 曲轴的机械加工工艺过程分析

1. 单轴曲轴的机械加工工艺特点分析

如图1-7所示的单轴曲轴除了具有轴的一般加工规律外，还有一些其他的工艺特点，如形状复杂、刚性差及技术要求高。针对上述特点应采取如下相应的措施。

(1) 该零件是单拐小型曲轴，生产批量不大，故选用中心孔定位，它是辅助基准，装夹方便，既节省找正时间，又能保证连杆轴颈的位置精度。但轴两端的轴颈和连杆轴颈不在同一圆周上，故不能直接在轴端面上钻两对中心孔。于是，在曲轴毛坯制造时，有的生产厂家预先铸造两端的工艺搭子，这样就可以在工艺搭子上钻出两对中心孔，达到利用中心孔定位的目的。本例没有预先铸造两端的工艺搭子，而是采用专用偏心夹具加工连杆轴颈。

(2) 该零件刚性较差，应按先粗后精的原则安排加工顺序，逐步提高加工精度。主轴颈与连杆轴颈的加工顺序是，先加工连杆轴颈，再加工主轴颈及其他各处的外圆。这样安排可以避免一开始就降低工件刚度，减少受力变形，有利于提高曲轴加工精度。

2. 曲轴主要加工工序分析

(1) 铣曲轴两端面，钻中心孔

多拐曲轴的铣曲轴两端面、钻中心孔工序一般在钻铣车组合机床上完成，主要保证曲轴总长及中心孔的质量。若端面不平，则中心钻上的两切削刃的受力不均，钻头可能引偏而折断，因此采取先面后孔的原则。中心孔除影响曲轴质量分布外，还直接影响曲轴加工精度(它是曲轴加工的重要基准并贯穿整个曲轴加工始终)。在该例工艺设计中因考虑设备因素，采用找出曲轴的几何中心代替质量中心的方式打中心孔。打中心孔以毛坯的外表面作为基准，因而毛坯外表面质量直接影响孔的位置误差。

(2) 曲轴主轴颈的车削

由于曲轴年产量不大，主轴颈加工采用车削，在刚度较强的普通车床上进行。在曲轴的粗加工和半精加工过程中，一般一端用卡盘夹住，另一端用顶尖顶住，用硬质合金车刀完成主轴颈的车削。由于加工余量大且不均匀，旋转不平衡，加工时会产生冲击，因此工件要夹牢固。车床、刀具、夹具要有足够的刚性。主轴颈车削顺序是先精车一端主轴颈及轴肩，然后以车好的主轴颈定位，另一侧用顶尖以中心孔定位，车另一端主轴颈、肩及各个轴颈。半精车及精车都按此顺序进行，逐渐提高主轴颈及其他轴颈的加工精度。

(3) 曲轴连杆轴颈的机械加工

主轴颈及其他外圆车好后，以主轴颈作为加工连杆轴颈的基准，采用专用的车夹具车削连杆轴颈，车削同样在普通车床上进行。车削连杆轴颈需要解决的是角度定位(多拐曲轴)以及曲轴旋转的不平衡问题。这些都通过专用夹具来保证，夹具体由一对用以定位的V型块组成，装在接盘上。

曲轴车削工艺采用低速、宽刃、大走刀量的方法加工轴颈。因此，在加工过程中，曲轴承受较大的切削力，致使工件弯曲，直接影响曲轴加工的精度，甚至影响曲轴的可靠性，降低其使用寿命，使工件过早地老化。使用这种工艺的车床，曲轴车床通用性低，对于加工的部件要求比较苛刻，加工主轴颈和连杆轴颈的设备不可互为替换，因而曲轴加工的经济性能不佳。曲轴车削工艺的柔性较差，特别是靠模式曲轴车床，这种车床只能适用单一品种的曲轴加工。曲轴车削工艺要用的成形车刀材料为高速钢,致使其刀具使用寿命短,机床的利用率低,加工自动化的程度也低。这些因素的存在使得曲轴加工的精度难以提高。

为了避免曲轴车削工艺缺陷,有的曲轴专业生产厂家采用曲轴铣削工艺。曲轴铣削工艺相比曲轴车削工艺在方法上有了显著的改善。曲轴铣削加工的过程中克服了车削加工中工件承受较大的切削力,以及易产生弯曲和扭曲变形的缺点。此工艺采用的是窄刀,小走刀量,进而实现了小切削截面、小切削力,提高了效率。曲轴铣床铣削的工件在低速转动中,离心作用力小,切削力也小,其工件的精密度明显高于车削工艺。曲轴铣床铣削用机夹不重磨式合金刀头,刀具使用的寿命长。

在内刃式曲轴铣床上加工曲轴除了具有上述优点外,还有其他一些优势,如内铣的稳定性比外铣高,啮合性比外铣好,刀具的使用寿命也比外铣时使用寿命长。内铣具有广泛的通用性,稍加调整便可以加工品种各异的曲轴主轴颈和连杆轴颈,具有较好的加工柔韧性,提高了劳动生产率。

曲轴铣削工艺也有不足之处:① 铣床的铣刀在铣削过程中自始至终都在工作,使加工部件和精度受到了限制;② 对铣床的操作有较高的技术要求。

(4) 键槽加工

键槽主要用于飞轮,加工此键槽应安排在主轴颈精车工序之后,这样能保证定位精度并控制键槽的深度及对称度。键槽加工是以两主轴颈定位,同样用专用夹具在普通铣床上进行。

(5) 轴颈的磨削

由于主轴颈及连杆轴颈精度较高,尺寸精度为 IT6 级,表面粗糙度 Ra 为 1.6～0.8 μm,并且具有较高的形状精度及位置精度。因此主轴颈与连杆轴颈精车后要进行磨削,以提高精度及表面粗糙度。

在工艺设计中,首先磨主轴颈然后磨连杆轴颈,中间主轴颈磨好后才能磨其余轴颈。磨主轴颈和连杆轴颈的安装方法基本上与车轴颈相同。磨主轴颈是以中心孔定位,在外圆磨床上进行;磨连杆轴颈则以经过精磨的两端主轴颈定位,以保证与主轴颈的轴线距离及平行度要求,磨连杆轴颈是在曲轴磨床上进行的。

由于轴颈宽度不大,采用横向进给磨削法,生产率较高。磨轮的外形需仔细地修整,因为它直接影响轴颈与圆角的形状。磨削余量根据车削后的精度而定,粗磨余量值每边 0.2～0.3 mm,精磨余量控制在 0.10～0.15 mm。在横向进给磨削中,磨轮对工件的压力很大,为避免曲轴弯曲,采用可以调节的中心架等工艺装备。磨削主轴颈时应把两顶尖孔倒角处抹干净,去砂粒及油泥,确保加工基准——中心孔的精度。磨削工序之前必须修研中心孔。

1.3.3　曲轴机械加工工艺过程

曲轴机械加工工艺过程见表1-10。

表1-10　曲轴机械加工工艺过程

<table>
<tr><th colspan="4">机械加工工艺过程</th><th rowspan="2">说　明</th></tr>
<tr><th>工序号</th><th>工序名称</th><th>工　序　内　容</th><th>定位及夹紧</th></tr>
<tr><td>1</td><td>铸</td><td>铸造,处理</td><td></td><td rowspan="4">1. 单轨曲轴加工连杆轴颈 $\phi110^{-0.036}_{-0.071}$ 时,使用专用偏心夹具来保证偏心量120±0.1 mm尺寸</td></tr>
<tr><td>2</td><td>热处理</td><td>正火</td><td></td></tr>
<tr><td>3</td><td>刨</td><td>粗刨 $140^{+0.022}_{+0.008}$ 左右侧面和270 mm上下面及倒角,留加工余量5 mm</td><td>$140^{+0.022}_{+0.008}$ 侧面</td></tr>
<tr><td>4</td><td>检验</td><td>超声波检验</td><td></td></tr>
<tr><td>5</td><td>钳</td><td>划左端顶尖孔线,兼顾 $140^{+0.0022}_{+0.008}$ 左右侧面和两端主轴颈 $\phi110^{+0.025}_{+0.003}$ 的加工余量均匀</td><td></td><td rowspan="17">2. 工艺过程的粗加工和半精加工,用一夹一顶或一托一夹的安装方法,虽增加了零件的刚度,但也增加了安装找正时间。另一种加工方法,可以先钻两端顶尖孔,用顶尖孔定位,这样安装方便,且基准统一。因为零件重量大,故采用前一种方案。
3. 工序中,两端主轴颈至 $\phi113^{0}_{-0.003}$,提高第7工序尺寸精度,在下道工序使用偏心夹具车连杆轴颈时,保证零件的安装精度。
4. 车两主轴颈时,用两顶尖装夹,因工件轴向刚度差,为防止变形,在曲拐中间安放螺钉支撑,但是要注意支撑力的大小。
5. 削主轴颈时,配装平衡铁,使工件旋转平衡,保证磨削精度。
6. 轴是压缩机或发动机重要零件,对其机械性能要求严格,故安排工序4,18,21对毛坯及成品做严格检验</td></tr>
<tr><td>6</td><td>钻</td><td>钻左端顶尖孔</td><td></td></tr>
<tr><td>7</td><td>车</td><td>两端主轴颈($\phi110^{+0.025}_{+0.003}$)车至 $\phi113^{0}_{-0.003}$,表面粗糙度 Ra 值为3.2 μm(工艺用)</td><td>夹右端,顶左段</td></tr>
<tr><td>8</td><td>车</td><td>粗、精车连杆轴颈 $\phi110^{-0.036}_{-0.071}$,留加工余量0.6 mm,车连杆轴颈内侧面 $164_{0}^{+0.53}$ 至尺寸要求(专用偏心夹具)</td><td>两主轴颈外圆</td></tr>
<tr><td>9</td><td>车</td><td>精车两主轴颈 $\phi110^{+0.025}_{+0.003}$,留加工余量0.6 mm</td><td>夹右端,顶左段</td></tr>
<tr><td>10</td><td>车</td><td>精车左端面,钻 $\phi20$ mm和 $\phi32$ mm,倒角,锪60°棱边</td><td>夹右端,托左段</td></tr>
<tr><td>11</td><td>车</td><td>精车1∶10锥体,车端面,倒角,钻右端顶尖孔</td><td>夹左端,托右段</td></tr>
<tr><td>12</td><td>刨</td><td>精刨 $140^{+0.022}_{+0.008}$ 左右侧面和270 mm上下面至图纸要求</td><td>两主轴颈外圆</td></tr>
<tr><td>13</td><td>钳</td><td>划线,划键槽、螺孔、油孔各处</td><td>两主轴颈外圆</td></tr>
<tr><td>14</td><td>钻</td><td>钻各处油孔和螺纹孔内径(按线加工)</td><td></td></tr>
<tr><td>15</td><td>磨</td><td>磨两 $\phi110^{+0.025}_{+0.003}$(主轴颈和 $\phi105^{-0.24}_{-0.40}$)轴颈至图纸要求</td><td>两顶尖孔</td></tr>
<tr><td>16</td><td>磨</td><td>磨连杆 $\phi110^{-0.036}_{-0.071}$ 轴颈(偏心夹具)</td><td>两顶尖孔</td></tr>
<tr><td>17</td><td>磨</td><td>磨1∶10锥颈至图纸要求</td><td>两顶尖孔</td></tr>
<tr><td>18</td><td>检验</td><td>磁粉探伤</td><td></td></tr>
<tr><td>19</td><td>铣</td><td>铣键槽</td><td>两主轴外圆</td></tr>
<tr><td>20</td><td>钳</td><td>攻3处螺纹,修连杆轴颈上 $\phi10$ mm油孔孔口,刨边倒钝</td><td></td></tr>
<tr><td>21</td><td>检验</td><td></td><td></td></tr>
</table>

对于多拐曲轴，特别是有特殊要求的曲轴，如表面渗 N 要求，在加工过程中还需要在渗 N 后安排校直工序。为消除残余应力引起的变形，需多次安排以中心孔定位的校直工序，可见几何中心孔在大批量曲轴加工中的作用与地位。此外，在精加工后应安排动平衡工序。在动平衡工序中一般采用去重平衡方法。

1.3.4 采用车-车拉数控加工的曲轴加工工艺

20 世纪 80 年代，美国用直线刀具车拉加工曲轴轴颈取得成功。德国、英国、日本等国先后研制出曲轴车-拉机床。这样曲轴加工和精加工合二为一，极大地提高了曲轴的加工精度和效率。曲轴车-拉工艺的优点如下：

（1）精度高。这是因为在曲轴轴颈的加工中在任意的时间范围内，仅有一片刀具与工件相接触，使工件承受的切削力比车削和铣削都小。较小的弯曲使加工精度得到提高。再者，车-拉的刀具本身就分粗、细刀齿，每一切仅参与较短的切削时间，所以车-拉后的工件精度提高，表面粗糙度好，弯曲和扭曲都小。

（2）延长了刀具的使用寿命。因为在切削中每一刀齿与工件只有短暂的接触，使该刀具的寿命延长至铣刀的 5 倍之多。

（3）增强了柔性。车-拉工艺仅需要对夹具、刀具等略作调整便能较好适应不同批量和不同品种的工件加工。

（4）提高了加工效率。车-拉加工比车削、铣削的切削速度高得多。

（5）经济适用，技术全面。因为车-拉是集粗、细活于一身的加工工艺，节省了粗磨的工序过程。

20 世纪末，德国又在曲轴铣削的工艺上有了新的发展，使数控车削和车-车拉曲轴加工艺上了一个台阶，开发了更先进的车-车拉曲轴加工工艺。它是将前曲轴铣削、车-拉和数控(CNC)工艺融于一体的一种先进机床，这种机床是目前曲轴加工中的新工艺。表 1-11 是某型号多拐曲轴的车-车拉数控加工工艺流程。

表 1-11 多拐曲轴的车-车拉数控加工工艺流程

序 号	内 容	设 备
1	曲轴端面加工	铣端面打中心孔机床
2	曲轴质量定心及打中心孔	质量定心机床
3	曲轴的大端及相邻主轴颈粗加工	数控车床
4	曲轴的小端及相邻主轴颈粗加工	数控车床
5	曲轴其余主轴颈及连杆颈铣削加工	内铣机床
6	曲轴校直	
7	曲轴轴承室粗加工及打中心孔	曲轴轴承室专用数控车床
8	曲轴主轴颈精加工	车-车拉数控车床
9	曲轴连杆颈精加工	车-车拉数控车床
10	曲轴油孔加工	曲轴油孔专用机床
11	曲轴的热处理	

续表

序　号	内　　容	设　　备
12	曲轴主轴颈磨削加工	曲轴主轴颈磨床
13	曲轴连杆轴颈磨削加工	曲轴连杆轴颈磨床
14	曲轴的轴承室精加工	曲轴轴承室专用机床
15	曲轴法兰端面孔加工	曲轴法兰端面孔加工专用机床
16	曲轴主轴颈珩磨	珩磨机床
17	曲轴连杆轴颈珩磨	珩磨机床

采用车—车拉数控加工方法加工，可以完成曲轴连杆颈外圆、轴肩、止推面、圆角或沉割槽等部位的加工，具有精度高、效率高等优点。

1.4　知识梳理

1.4.1　机械加工工艺规程的作用

1. 机械加工工艺规程是组织车间生产的主要技术文件

机械加工工艺规程是车间中一切从事生产的人员都要严格、认真贯彻执行的工艺技术文件，按照它组织生产，就能做到各工序科学地衔接，实现优质、高产和低耗。

2. 机械加工工艺规程是生产准备和计划调度的主要依据

有了机械加工工艺规程，在产品投入生产之前就可以进行一系列的准备工作，如原材料和毛坯的供应，机床的调整，专用工艺装备(如专用夹具、刀具和量具)的设计与制造，生产作业计划的编制，劳动力的组织，以及生产成本的核算等。根据机械加工工艺规程，就可以制定所生产产品的进度计划和相应的调度计划，使生产均衡、顺利地进行。

3. 机械加工工艺规程是新建或扩建工厂、车间的基本技术文件

在新建或扩建工厂、车间时，只有根据机械加工工艺规程和生产纲领，才能准确确定生产所需机床的种类和数量，工厂或车间的面积，机床的平面布置，生产工人的工种、等级、数量，以及各辅助部门的安排等。

1.4.2　机械加工工艺规程的常见形式

制定机械加工工艺规程是机械制造企业工艺技术人员的一项主要工作内容。机械加工工艺规程的制定与生产实际有着密切的联系，它要求工艺规程制定者具有一定的生产实践知识和专业基础知识。

在实际生产中，由于零件的结构形状、几何精度、技术条件和生产数量等要求不同，一个零件往往要经过一定的加工过程才能将其由图样变成成品零件。因此，机械加工工艺人员只有从工厂现有的生产条件和零件的生产数量出发，根据零件的具体要求，在保证加工质量、提高生产效率和降低生产成本的前提下，对零件上的各加工表面选择适宜的加工方法，合理地安排加工顺序，科学地拟定加工工艺过程，才能获得合格的机械零件。把这些合理的加工方法和加工顺序用文字的形式记录下来的文件就是工艺规程。表1-12、表1-13是工艺过程卡和工序卡的完整格式。

表 1-12 机械加工工艺过程卡

	工艺过程卡	产品型号		零部件图号	TPXJHS-A01	共页
		产品名称		零部件名称		第页

材料牌号		毛坯种类		毛坯外形尺寸		每毛坯件数		每台件数		备注	

工序号	工序名称	工序内容	车间	设备		工艺装备		工时	
				名称	型号、编号	夹具	刀、量具、辅具	准终	单件

										编制	校对	会签	复制
修改标记	处数	文件号	签字	日期	修改标记	处数	文件号	签字	日期				

表 1-13 机械加工工序卡

	机械加工工序卡	产品型号及规格	图 号	名 称	工艺文件编号	共 页
						第 页

	材料牌号及名称		毛坯外形尺寸
	零件毛重	零件净重	硬度
	设备名称		设备型号
	专用工艺装备		
	名 称		代 号
	机动时间	单件工时定额	每合件数
	技术等级		冷却液

工序号	工步号	工序及工步内容	刀 具		量检具		切削用量			
			代号	名称	代号	名称	切削速度（米/分）	切削深度（毫米/转）	进给量（毫米/转）	转速（转/分）

										编制	校对	会签	复制
修改标记	处数	文件号	签字	日期	修改标记	处数	文件号	签字	日期				

1.4.3 机械加工工艺规程的设计步骤

1. 分析被加工零件的工艺性

首先对被加工零件进行结构分析和工艺分析，主要内容如下：

(1) 弄清零件的结构形状，明白哪些表面需要加工，哪些是主要加工表面，分析各加工表面的形状、尺寸、精度、表面粗糙度以及设计基准等。

(2) 明确零件在整个机器上的作用及工作条件。

(3) 明确零件的材质、热处理及零件图上的技术要求。

(4) 分析零件结构的工艺性，对各个加工表面制造的难易程度做到心中有数。

(5) 零件图如有遗漏、错误、工艺性差或不符合标准的地方，应提出修改意见。

2. 根据零件的生产纲领决定生产类型

根据产品大小和零件的年产量，明确生产类型是单件小批量生产、中批生产，还是大批量生产。根据生产类型和生产条件，确定工艺的基本特征，如工序是集中还是分散、是否采用专用机床或数控机床、是否需要用新工艺或特种工艺等。

3. 选择毛坯的种类和制造方法

毛坯分为铸件、锻件、焊接件、型材等，毛坯的选择应该综合考虑生产批量的大小、零件的复杂程度、加工表面及非加工表面的技术要求等几方面。正确地选择毛坯的制造方式，可以使整个工艺过程更加经济合理，故应谨慎对待，其工作步骤如下：

(1) 根据生产类型、零件结构、形状、尺寸、材料等选择毛坯种类和制造方式。

(2) 确定各加工表面的总余量(毛坯余量)及毛坯尺寸公差。

(3) 绘制毛坯图。

4. 选择加工方法，拟订工艺路线

对于比较复杂的零件，可以先考虑几个加工方案，分析比较后从中选出比较合理的一个。在这个过程中需完成以下一些工作。

(1) 选择定位基准

根据零件结构特点、技术要求及毛坯的具体情况，按照粗、精基准的选择原则确定各工序合理的定位基准，当某工序的定位基准与设计基准不相符时，需对它的工序尺寸进行换算。定位基准选择对保证加工精度、确定加工顺序都有重要影响。零件上的定位基准、夹紧部位和加工面三者要互相协调、全面考虑。相关内容可参考2009年出版、由王先逵主编的《机械制造工艺学》第148－151页或其他工艺手册。

(2) 选择表面加工方法

切削加工方法有车、钻、镗、铣、刨、磨、拉等，根据各表面的加工要求，先选定最终的加工方法，再由此向前确定各前序工序的加工方法。确定表面加工方法时还应考虑每种加工方法所能达到的经济加工精度和表面粗糙度，相关内容可参见2009年出版、由王先逵主编的《机械制造工艺学》第155～156页或其他工艺手册。

(3) 安排加工顺序、划分加工阶段、制订工艺路线

机械加工顺序的安排一般为先粗后精，先面后孔，先主后次，基面先行，热处理按段穿插，检验按需安排，同时还需考虑工序的集中与分散等问题。

5. 进行工序设计和工艺计算

(1) 选择机床及工艺装备

机床是加工装备，而工艺装备包括刀具、夹具、量具等，选择的总原则是根据生产类型与加工要求，使所选择的机床及工艺装备既能保证加工质量又经济合理。中批生产条件下，通常采用通用机床加专用工具、夹具；大批量生产条件下，多采用高效专用机床、组合机床流水线、自动线与随行夹具。

设计人员应认真查阅工艺手册或实地调查，将选定的机床或工装的有关参数记录下来，如机床型号、规格、工作台宽、T 型槽尺寸；刀具形式、规格、与机床连接关系；夹具、专用刀具设计要求，与机床连接方式等，为后面填写工艺卡片和夹具设计做好必要准备。

(2) 确定加工余量和工序尺寸

根据工艺路线的安排，逐道工序逐个表面地确定加工余量，其工序间的尺寸公差按经济精度确定。一个表面的总加工余量，则为该表面各工序间加工余量之和。相关内容可参考 2009 年出版、由王先逵主编的《机械制造工艺学》第 165－170 页或其他工艺手册。

(3) 选择各工序切削用量

在单件小批生产中，常不具体规定切削用量，而是由操作工人根据具体情况确定，以简化工艺文件。在成批大量生产中，则应科学地、严格地选择切削用量，以充分发挥高效率设备的潜力和作用。

在机床、刀具、加工余量等已确定的基础上，可通过切削用量书册中查得各工序的切削用量，也可用公式计算工序的切削用量。

(4) 确定时间定额

可查阅工艺手册确定各工序的单件时间定额，也可采用计算法确定。

6. 画工序简图、填写工艺文件

工艺文件有多种，比较常用的是机械加工工艺过程卡片、机械加工工序卡片，格式详见机械行业标准《JB/T 9165.2—1998 工艺规程格式》，读者可上网搜索该标准。阅读本节表 1-1、表 1-2、表 1-3、表 1-4 可看到工艺规程的主要格式。其中，工序卡中工序简图的画法如下：

(1) 根据到本工序结束为止的工件的实体形状，按投影关系画视图。显然，尚未加工的结构不应在工序简图中反映出来。简图也可以只画出与加工部位有关的局部视图，除加工面、定位面、夹紧面、主要轮廓面外，其余线条可省略。对于一条线是否该画，以必须、明了为尺度。

(2) 一般只标注由本工序所形成的尺寸及本工序所加工表面的形状位置公差、表面粗糙度等。与本工序无关的尺寸、参数和技术不予标注。

(3) 加工部位用粗实线，其他部位用细实线。

(4) 工序图上标明定位、夹紧符号。

定位、夹紧符号已有相关标准，在“百度”中输入“机械加工定位、夹紧符号”可查到。这里摘录部分内容见表 1-14。在定位符号旁可注明所限制的自由度数目。

表 1-14 部分定位、夹紧符号

分类 \ 标注位置		独立定位：标注在视图轮廓上	独立定位：标注在视图正面上	联合定位：标注在视图轮廓上	联合定位：标注在视图正面上
定位支承符号	固定式		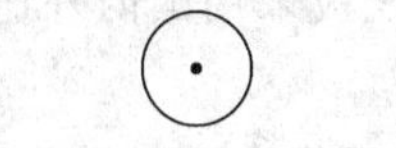	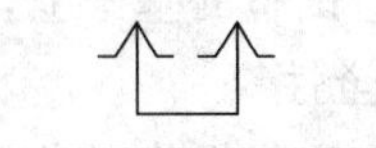	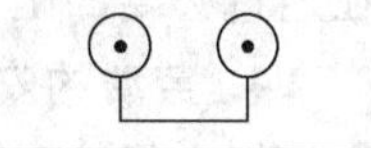
定位支承符号	活动式				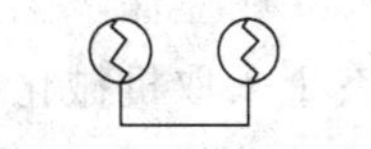
辅助支承符号				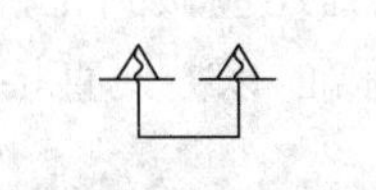	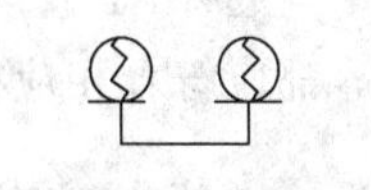
夹紧符号	机械夹紧		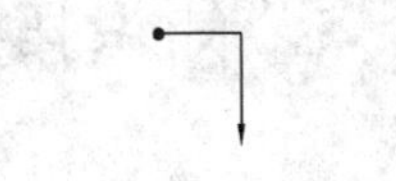	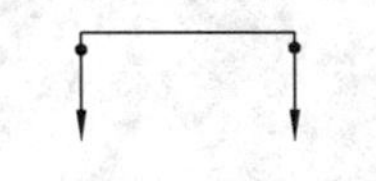	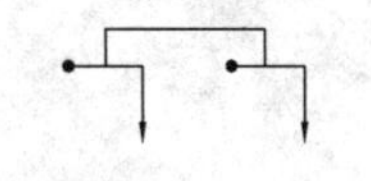
夹紧符号	液压夹紧	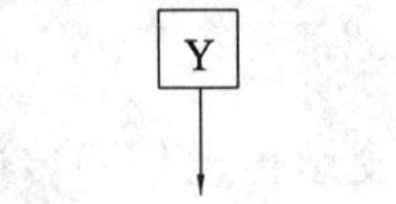 Y	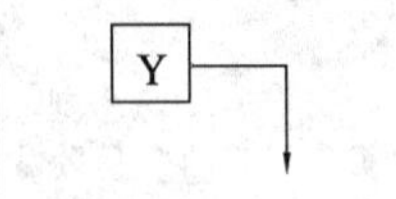 Y	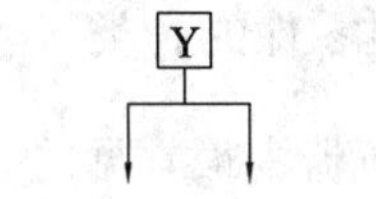 Y	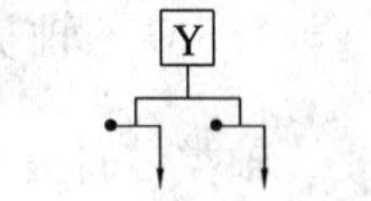 Y
夹紧符号	气动夹紧	 Q	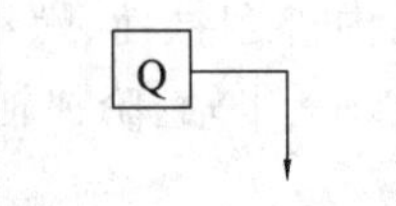 Q	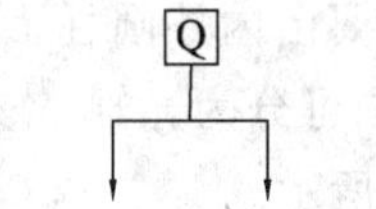 Q	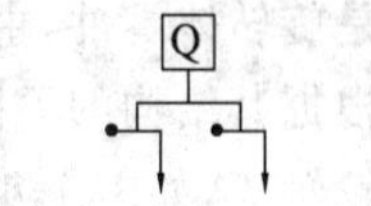 Q
夹紧符号	电动夹紧	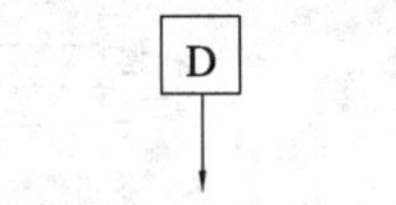 D	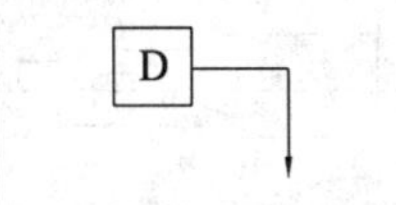 D	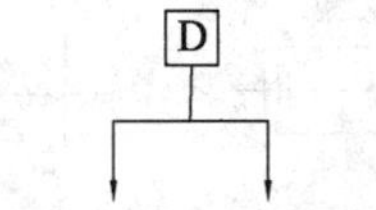 D	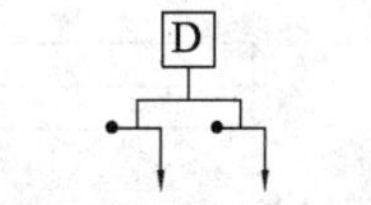 D

工艺文件的格式、内容、要求及工序简图的画法等问题详见2009年出版、由王先逵主编的《机械制造工艺学》第143—145页。

1.4.4 制定机械加工工艺规程的原则

机械加工工艺规程简称为工艺规程，是规定产品或零部件制造工艺过程和操作方法等的工艺文件。在一定的生产条件下，对同样一个零件，可能会有几个不同的工艺过程。合理的工艺设计方案应立足于生产实际，全面考虑，体现各方面要求的协调和统一。在制定工艺规程时必须保证以下4个方面的内容。

1. 目标的科学性

制定工艺规程的首要原则是确保质量，即加工出符合设计图样规定的各项技术要求的零件。"优质、高产、环保、低耗"是制造过程中不懈追求的目标。但质量、生产率和经济性之间经常互相矛盾，可遵循"质量第一、效益优先、效率争先"这一基本法则，统筹兼顾，处理好这些矛盾。在保证质量可靠的前提下，评定不同工艺方案好坏的主要标志是工艺方案的经济性。"效益优先"就是通过成本核算和相互对比，选择经济上最合理的方案，力争减少制造时的材料和能源消耗，降低制造成本。"效率争先"就是争取最大限度地满足生产周期和数量上的要求。

2. 实施的可行性

制定工艺规程时应充分考虑零件的生产纲领和生产类型，充分利用现有生产技术条件，使制定的工艺切实可行，尤其注意不要与国家环境保护明令禁止的工艺手段等要求相抵触,并尽可能做到平衡生产。

3. 技术的先进性

要用可持续发展的观点指导工艺方案的制订,既应符合生产实际,又不能墨守成规,在通过必要的工艺试验的基础上,积极采用国内外适用的先进技术和工艺。

4. 劳动的安全性

树立保障工人实际操作时的人身安全和创造良好文明的劳动条件的思想,在工艺方案上采取机械化或自动化等措施,并体现在工艺规程中,减轻工人的劳动强度。

此外,工艺规程还应做到正确、完整、统一和清晰,所用术语、符号、计量单位和编号等都应符合相应标准,以方便直接指挥现场生产和操作。

1.5 知识拓展

1.5.1 轴类零件的种类

轴类零件是机器中最常见的一类零件,它主要起支承传动件和传递转矩的作用。轴是旋转体零件,主要由内外圆柱面、内外圆锥面、螺纹、花控及横向孔等组成。轴类零件根据其结构的不同可分为光轴、空心轴、半轴、阶梯轴、花链轴、十字轴、偏心轴、曲轴及凸轮轴等,如图 1-8 所示。

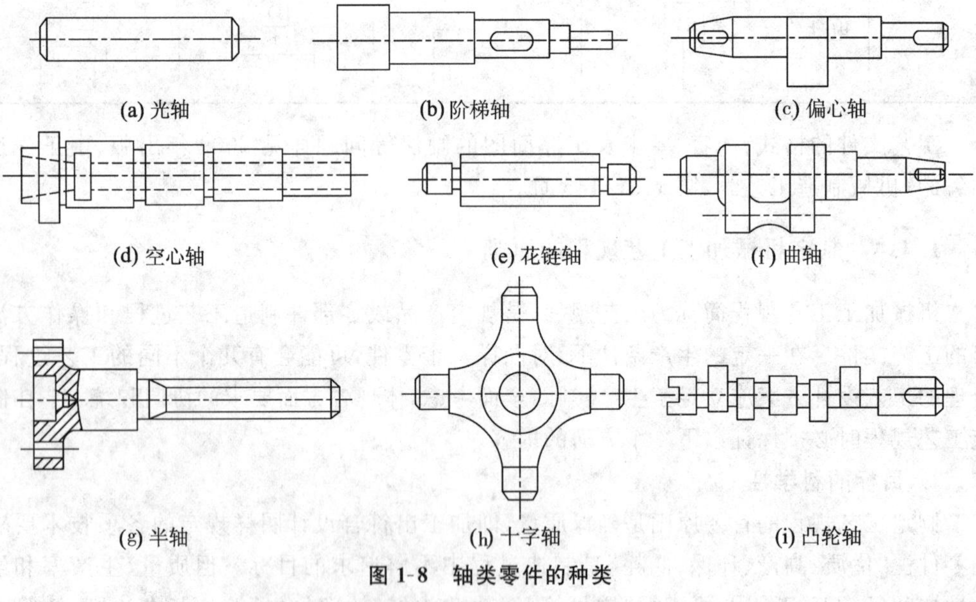

图 1-8 轴类零件的种类

1.5.2 活塞类零件工艺路线拟定方法

【例 1-1】 图 1-9 为一企业生产的活塞,零件材料为硅铝合金,中批生产。

请完成以下工作:

(1) 审查曲轴零件图样的工艺性。

(2) 选择曲轴的毛坯类型。

(3) 根据中批量生产和结构特点要求,确定零件加工顺序。

(4) 编制曲轴零件的机械加工工艺过程卡、机械加工工序卡。

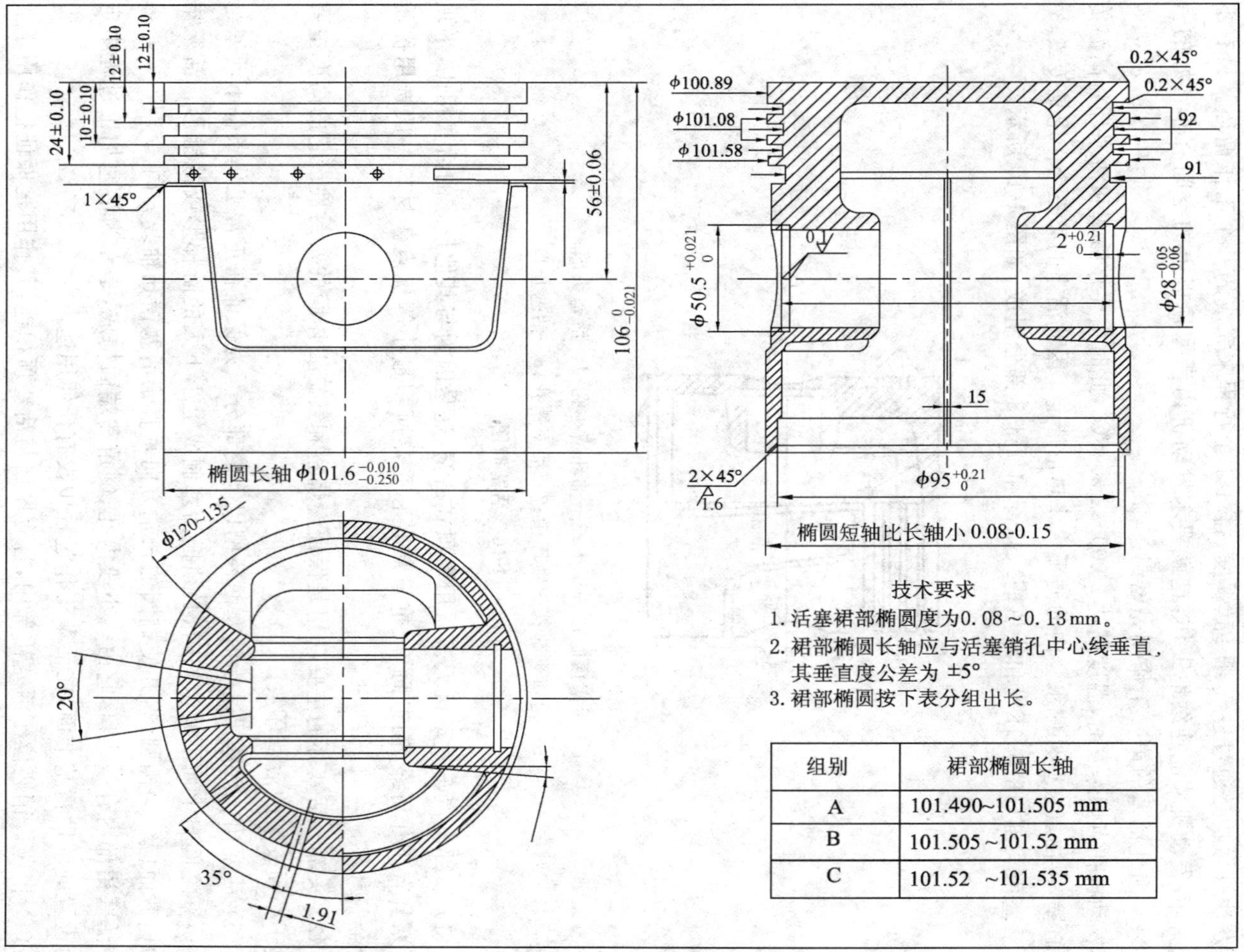

技术要求

1. 活塞裙部椭圆度为0.08～0.13 mm。
2. 裙部椭圆长轴应与活塞销孔中心线垂直，其垂直度公差为 ±5°
3. 裙部椭圆按下表分组出长。

组别	裙部椭圆长轴
A	101.490~101.505 mm
B	101.505 ~101.52 mm
C	101.52 ~101.535 mm

图 1-9 活塞零件图

1. 活塞的功用、结构特点及工作条件

活塞是曲柄连杆机构中的主要零件之一，是发动机的心脏。在活塞压缩行程终了时，燃烧室内的工作混合气被火花塞点燃后爆发，产生强大的压力，推动活塞沿气缸向下运动，并通过连杆使活塞的直线往复运动变为曲柄的旋转运动，这就是发动机动力的来源。因此活塞的第一个作用就是使发动机做功。

发动机做功是通过进气、压缩、爆发、排气 4 个行程来完成的一个工作循环。只有不断地循环，发动机才能连续地工作，这就要求发动机内活塞顶以上的空间有非常好的密封效果。因此活塞的第二个作用是密封。

发动机在点燃爆发时，温度高达 2 000～2 500 ℃，此时主要靠活塞和活塞环将高温传给气缸壁，再由气缸壁外侧水套内的循环水将热量带走。因此活塞的第三个作用是传热。

活塞由头部（环槽、环岸和绝热槽）、裙部和顶部 3 部分组成，如图 1-10 所示。

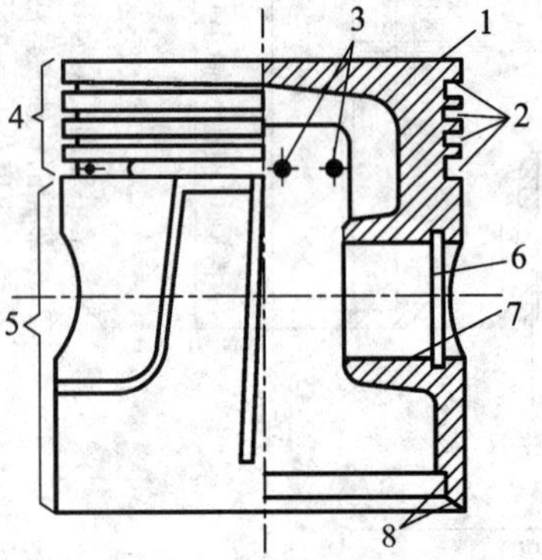

1—活塞顶面；2—环槽；3—油环槽小孔；4—活塞头部；
5—活塞裙部；6—锁环槽；7—活塞销孔；8—活塞止口

1-10 活塞简图

（1）顶部。汽车发动机大多采用平顶式活塞，这是因为与其他形式的活塞相比，平顶式活塞具有工作可靠、制造简单、重量最轻和受热面积最小等优点。材料一般选用优质铝合金。

（2）头部。活塞环的主要功用是保证燃烧室和气缸工作腔的密封性。它的高度主要取决于必须安装的活塞环数。

（3）活塞裙。活塞裙是指活塞油环槽以下的部分。为保证在正常工作条件下活塞与气缸内壁之间自上而下间隙均匀，必须把活塞制成上小下大的阶梯形或截锥形。活塞裙部的横截面应作为椭圆形，并使椭圆的长轴方向垂直于活塞销孔轴线方向。

活塞裙部内有一止口，它由一小段内孔、倒角和端面构成，是专为活塞加工过程中定位而设置的辅助精基准面，在活塞工作过程中没有任何用途。

（4）销座。销座位于活塞裙部内，且有厚筋与活塞顶相连，其作用是保证把作用于活塞上的力可靠地传给活塞销孔。在活塞销座上有一个油孔，用于润滑活塞销与活塞销孔，减少它们的摩擦。

总之，活塞是薄壁零件，它是在高温高压的条件下，在气缸内做高速往复直线运动。由于活塞的结构特殊，无论是受力变形还是热变形，它们都会使原来的圆柱形的裙部变成椭圆形，如图 1-11 的虚线所示。

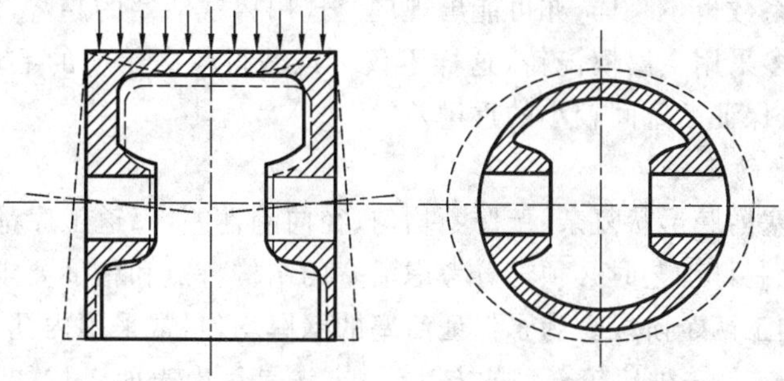

(a) 受力变形　　(b) 受热变形

图 1-11　活塞在工作过程中的变形

椭圆的长轴在活塞销孔的轴心线方向上，这样就必须使活塞与气缸套的间隙不均匀地减少甚至消失，以至发生强烈的磨损甚至咬住。为了补偿上述变形，通常将活塞裙部设计制造成椭圆形，椭圆的长轴在垂直于活塞销孔轴心线的方向上，并在活塞裙部的销孔附近铸造出两块凹坑，增加裙部与气缸套内壁的间隙。椭圆度的大小随活塞的型号不同而不同，在解放牌汽车活塞上椭圆度为 0.08∶0.13 mm。

此外，活塞工作时顶面和高温气体直接接触，热量由头部传到裙部。头部温度高，热膨胀量大；裙部温度低，热膨胀量小。为了补偿这种不均匀的热变形，可将活塞头部的外径设计得比裙部的外径小，同时活塞裙部也设计成上小下大的锥形。解放牌汽车活塞裙部的锥度是 0.03∶0.13 mm。

由于活塞高速运动，为减小活塞在做高速往复运动时的惯性力，一般活塞材料采用铝合金。

2. 活塞的主要加工表面及技术要求

(1) 环岸及环槽底对活塞裙部轴心的径向跳动最大公差为 0.1 mm∶0.15 mm，全部槽底 $Ra3.2\ \mu m$。

(2) 环槽侧面对活塞裙部轴心线垂直度不超过 25∶0.07，环槽侧面对活塞裙部轴心线跳动不超过 0.05 mm，全部槽侧 $Ra0.4\ \mu m$。

(3) 活塞销孔尺寸及精度为 $\phi(28\pm0.075)$ mm；销孔圆柱度为 0.001 25 mm；表面粗糙度为 $Ra0.125\ \mu m$；两销孔同轴度误差，在最大实体状态时为 0；销孔轴心线对裙部轴心线垂直度为 100∶0.035。这些参数超差会使活塞销与活塞孔配合不正常，破坏活塞、活塞销、连杆的正确装配位置，不能保证正常的润滑，并产生不正常磨损。

(4) 裙部保留有宽 0.2 mm，深 0.008 mm∶0.016 mm 的刀痕，以便储存润滑油，使发动机在工作时活塞与缸壁之间形成一层油膜，从而减少活塞与缸壁的摩擦。

(5) 为了改善活塞的机械加工性能，在活塞的制造过程中对销孔尺寸、外圆尺寸和重量分别进行分组，然后按装配工艺要求进行分组装配。

3. 工艺规程设计

(1) 活塞的毛坯材料及制造方法

活塞的材料除少数采用铸铁外，大部分采用导热系数高、热膨胀系数较低的硅铝合金。为了增加其刚性、隔热性和避免环槽早期磨损，也可在其头部或裙部铸上钢护圈、铸铁圈或钢片，这类活塞称为双金属活塞。铝活塞除了导热性能好外，还具有重量轻、易加工等特点，因此目前中小型发动机的活塞大部分采用铝合金材料。铝合金和铸铁材料的不同导致线膨胀系数也不一样,亦可能出现广泛选用铸铁活塞的趋势,用以取代铝活塞。一般的铝活塞大多采用金属模浇铸,这样不仅可以获得较高精度的毛坯,减少机械加工余量,同时还可以保证活塞间较小的重量差。

(2) 定位基准的选择

由于有的活塞内腔形状复杂、壁厚不均匀、径向刚性差,每道工序都会产生夹紧变形而影响精度,因此制订工艺时必须充分考虑活塞的结构特点和精度要求。活塞的整个加工过程分粗、精加工两个阶段。为了保证活塞的壁厚均匀,常采用内孔定位的专用夹具,如图 1-12 所示。这是一种比较合理的方法,该方法是用内表面定位加工止口,使止口与内表面同心,然后用止口定位加工外表面,从而保证活塞有较小的壁厚差。在夹具的前端有支承头,用以确定工件的轴向位置,在夹具体的前后两个圆周上有两排柱塞。前排 4 只,对称分布(避开销孔的内搭子);后排 3 只,均匀分布。当心轴及套筒(用螺纹固定在一起)向前移动时,依靠心轴上的斜面使前排的柱塞向外推,紧撑在活塞内表面上。同时通过弹簧使带斜面的套筒向右移动,把后面一排柱塞紧撑在活塞裙部的内表面上。两排柱塞和支承头使活塞五点定位,并利用柱塞与内表面的摩擦力带动工件转动。这种定位夹紧方式可以同时加工外圆、顶面、环槽、止口、端面,不仅可以提高精度,而且可以提高生产率。必须指出的是,在这种情况下夹紧力必须合适,如果夹紧力过大,很容易引起工件变形,影响加工精度。

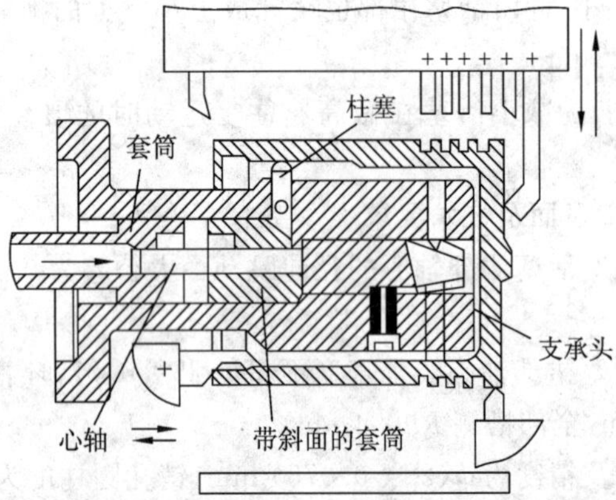

图 1-12 用内孔定位的加工示意图

在精基准选择过程中,为了在加工不同表面时基准统一,从而有效保证活塞的位置精度,生产厂家在进行各主要表面的精加工前,必须对基面再进行一次精加工(精车止口,打中心孔),如图 1-13 所示。因为在粗加工时,金属切除量比较大,切削力也比较大,基面的精度有可能被破坏,基面再进行一次精加工可以提高基面本身的精度,保证以后各工序的加工精度。由于外圆已加工过,且切削用量不大,所以可以用普通的三爪卡盘定位夹紧。在车床空心主轴中装有能轴向移动的反中心钻,用来在精车止口、端面、锥面的同时在顶面的搭子上打中心孔,保证这些表面的位置精度(同轴度和垂宜度)。

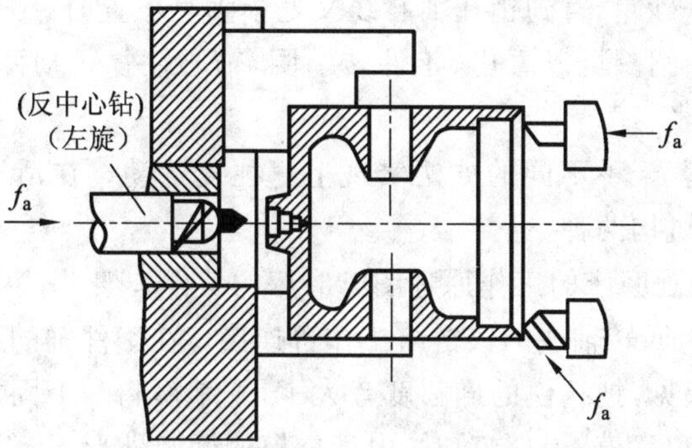

图 1-13　精车止口、打中心孔的加工示意图

(3) 环槽精加工

环槽精加的方法如图 1-14 所示，在前后刀架上分别装上两组切槽刀，以进行半精加工和精加工。环槽的宽度和槽间距离决定于切槽刀的宽度和夹板的厚度。为了提高槽宽和槽间距的精度，切槽刀和夹板的两侧面均需经过磨削，其厚度尺寸公差应限制在 0.005～0.01 mm。为了保证环槽侧面与裙部轴线垂直，切槽刀应与活塞裙部轴线垂直，也就是要使刀架上装夹刀具的基准面与机床主轴轴线垂直。这可在装夹刀具前用千分表找正，使其误差不超过 0.01 mm。切槽刀刃口的表面粗糙度对环槽侧面的表面粗糙度影响很大，因此要求刃口表面粗糙度值为 0.2 μm，并需经过研磨。切削液采用煤油和柴油的混合液。

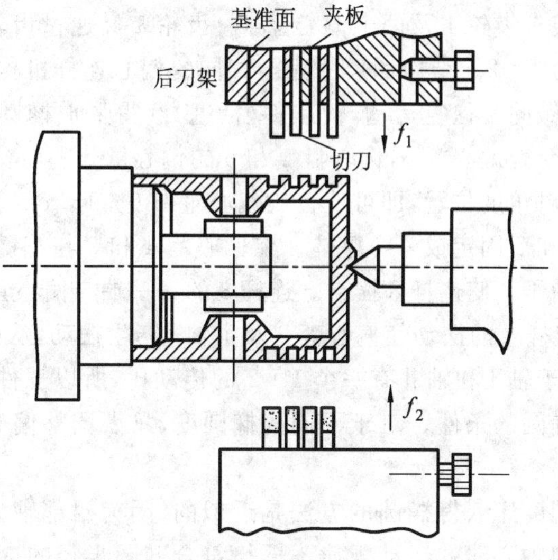

图 1-14　精切活塞环槽加工示意图

(4) 裙部外圆的精加工

对于裙部为椭圆的活塞，裙部外圆的精加工可以是精车和磨削。无论是精车还是磨削，要得到椭圆的表面，都需要工件相对于刀具或砂轮做附加的往复运动。在磨削过程中除了工件和砂轮做旋转运动外，还需要工件相对于砂轮做附加的往复运动。即在活塞销孔轴心线的垂直位置时，工件离砂轮最远，磨出椭圆长轴；当工件继续转动，工件逐渐向砂轮靠近，当活塞销孔轴心线处于水平位置时，工件离砂轮最近，即磨出椭圆短轴。工

件继续旋转，逐渐离开砂轮，直到销孔轴心线又处于垂直位置时，工件离砂轮最远。如此往复循环，即能磨出椭圆。可以看出，工件转一圈，轴心往复移动两次，移动量等于椭圆长轴和短轴之差的一半。

在机床上可以有若干种不同的方法实现上述往复运动。在活塞加工中常用的方法有靠模法和偏心连杆机构两种。

图 1-15 为靠模椭圆磨床的工作原理图。磨床的工件头架、尾架和工件都安装在一块板上，板用两个以 O 为回转轴线的铰链与工作台连接。在工件轴的后端装有一椭圆靠模(在图上为表达清楚起见，把靠模的椭圆度夸大了)。靠模和一个固定在工作台上的滚动轴承相接触。当工件和靠模一起转动时，由于靠模的椭圆外形，使整块板连同工件头架、工件产生摆动，使工件获得上述附加的往复运动。

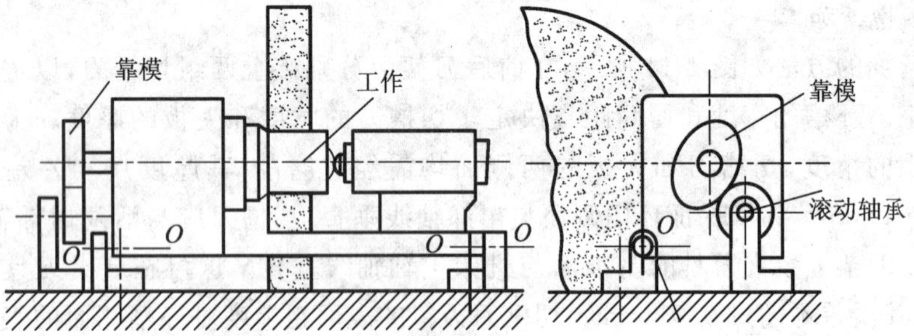

图 1-15 靠模椭圆磨床的工作原理

偏心连杆机构椭圆磨床的工作原理如图 1-16 所示。电动机通过皮带传动使花键轴Ⅱ旋转，在花键轴上装有齿轮 1 及两个偏心盘 4。齿轮 1 又通过齿轮 2 及齿轮 3 使工件主轴旋转，其传动比为 1∶2。结构和尺寸完全相同的偏心连杆机构共有两套，分别带动工件主轴和尾架套筒做同步往复运动，使工件(活塞)获得形成椭圆所必需的附加运动。偏心盘 4 的外面滑套套着偏心盘 5，偏心盘 4 和 5 的偏心量分别为 $a_1=a_2=6.5$ mm。调整偏心盘 4 和 5 的相对角度位置，即可使合成偏心量在 0～13 mm 范围内变化。调整好后用螺钉将偏心盘 4 和 5 固定成一个整体。在偏心盘 4 和 5 与花键轴Ⅱ一起转动时，连杆 6 产生摆动，通过销子 7 使连杆 8 摆动。连杆 8 的另一端与偏心套 9 用键连接，偏心套 9 内是工件主轴Ⅰ。连杆 8 的摆动使偏心套 9 及主轴Ⅰ产生摆动，从而使工件获得所需要的附加往复运动。由于轴Ⅰ和轴Ⅱ有一个 1∶2 的传动比，所以工件转一圈，工件的轴心摆动两次，符合形成椭圆的条件。对于不同的椭圆度，只需调整偏心盘 4 和 5 的相对角度位置即可。

实际上，上述椭圆磨床获得椭圆的方法是近似的，因为裙部轴心线的运动轨迹是圆弧，而不是直线。裙部轴心线的运动规律不严格符合椭圆半径的变化规律，存在加工原理误差，但是由于活塞裙部的椭圆度很小，形状上的微小差别并不影响活塞的工作性能，而且偏心连杆机构椭圆磨床的结构和调整简单，所以得到了广泛应用。

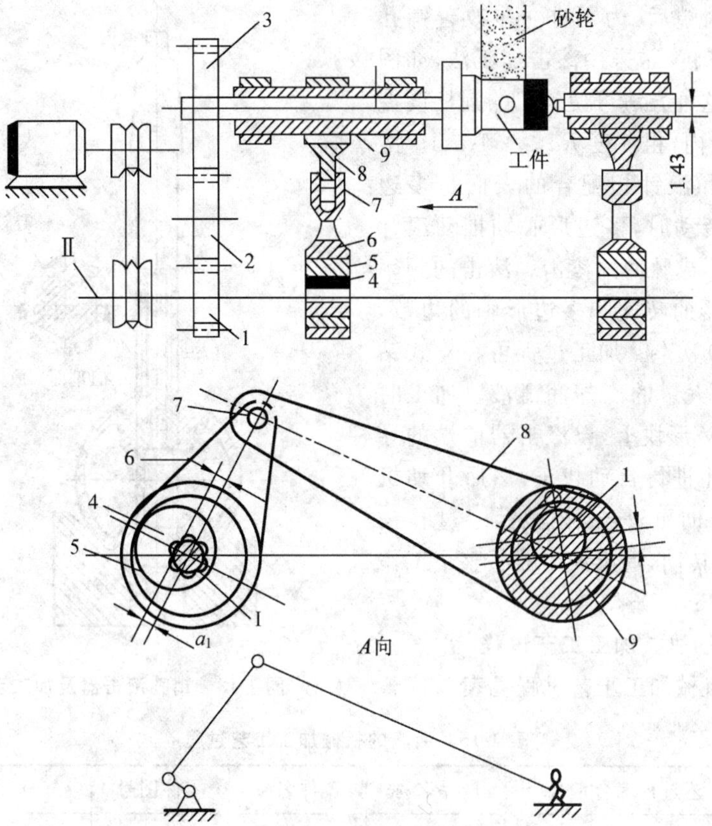

图 1-16　偏心连杆椭圆磨床的工作原理

随着科技的进步,直线电机的出现为数控磨床加工椭圆提供了方便,而机床的结构也更加简单,在磨削活塞椭圆时,工件所需要的附加往复运动由数控系统保证。

为了保证活塞与连杆良好的连接状况和发动机的正常运转,对活塞销孔加工提出了很高的技术要求,即销孔的精度等级为IT6级,表面粗糙度 Ra 为0.8 μm,圆度为0.005。销孔精镗工序是在金刚石镗床上进行的,机床主轴采用静压轴承,刚性好,回转精度高,转速达到2 500 r/min;为了保证镗杆运转的平稳,在镗杆内加入平衡块,以达到较高的加工精度。精镗销孔选用活塞端面、止口及活塞销孔作为定位基准,如图1-17所示。销孔轴线与顶面的距离尺寸通过尺寸链的计算加以保证。为减小夹紧变形,压住活塞的顶面以保证加工精度。

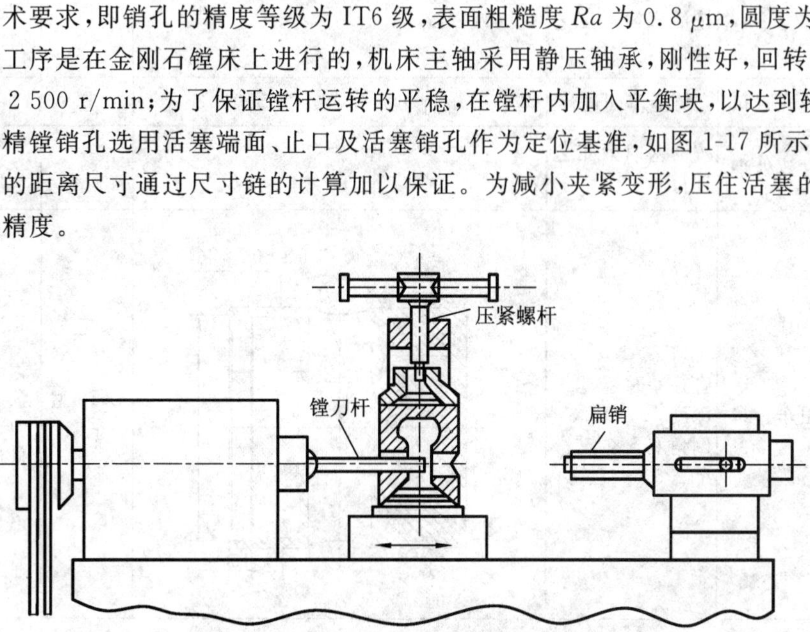

图 1-17　端面和止口定位精镗销孔

在销孔精镗后，为了进一步改善销孔的精度和粗糙度，常采用滚击加工法，如图 1-18 所示。这种方法可使销孔的圆柱度控制在 3 μm 以内，粗糙度 $Ra \leqslant 0.1$ μm。滚击器的心轴和滚针相配合的表面是多边形。当心轴转动时，多边形心轴推动滚针在销孔表面形成脉冲式滚击。滚击的频率取决于滚击器的转速和多边形轴的边数，一般约为 100 次/s。加工过程可在立式钻床进行，需要大量的冷却润滑液。加工时将活塞置于 V 形块上，以滚击器前端的导向套插入销孔进行自动找正，然后开动机床，使滚击器向下进给，在滚针穿过孔销后，停止主轴转动，退出滚击器。整个工作循环约 25～35 s。

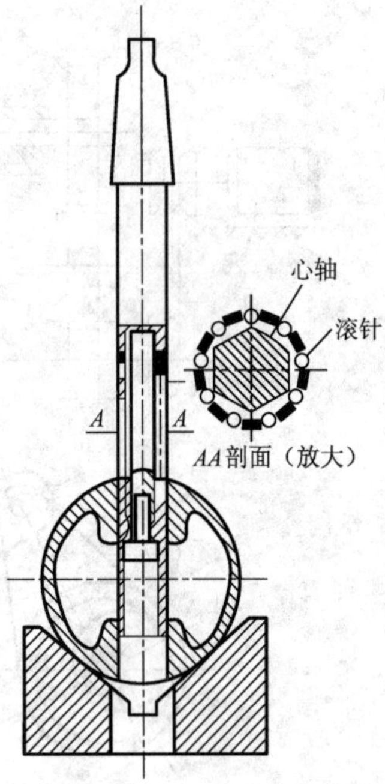

图 1-18　销孔滚击器及加工示意图

4. 活塞的机械加工工艺过程

活塞的机械加工工艺过程见表 1-15。

表 1-15　活塞的机械加工工艺过程

<table>
<tr><td colspan="3">机械加工工艺过程综合卡片</td><td>产品名称</td><td>零件名称</td><td>零件图号</td><td colspan="2">材　料</td></tr>
<tr><td colspan="3">某汽车配件厂</td><td></td><td>活塞</td><td></td><td colspan="2">铝合金 HB95～140</td></tr>
<tr><td colspan="3"></td><td></td><td></td><td></td><td>设备</td><td>工夹具</td></tr>
<tr><td>序号</td><td>工序名称</td><td>技术条件及检查要求</td><td colspan="3">工序简图</td><td></td><td></td></tr>
<tr><td>1</td><td>铸造</td><td>按活塞铸造工艺进行</td><td colspan="3"></td><td></td><td></td></tr>
<tr><td>2</td><td>铣浇冒口</td><td>在铸造车间进行</td><td colspan="3"></td><td></td><td></td></tr>
<tr><td>3</td><td>时效处理</td><td>按活塞时效工艺进行</td><td colspan="3"></td><td></td><td></td></tr>
<tr><td>4</td><td>粗车止口</td><td>止口：
直径 φ94.7，
深度 10，Ra6.3，
倒角 0.5×45°，
R12.5</td><td colspan="3">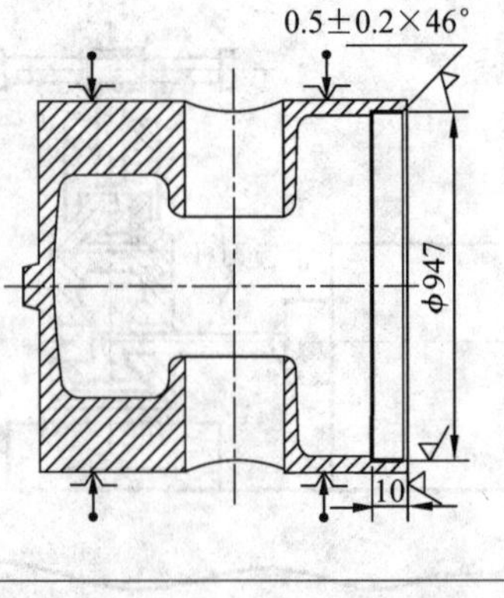</td><td>C618 型车床</td><td>长三爪卡盘，YG8 车刀，毛止口量规</td></tr>
</table>

续表

序号	工序名称	技术条件及检查要求	工序简图		
5	粗镗销孔	销孔直径 ϕ 0.27,销孔上母线到止口端面距离为 63.24±0.05,销孔轴心线与裙部轴心线的对称度不大于 0.2	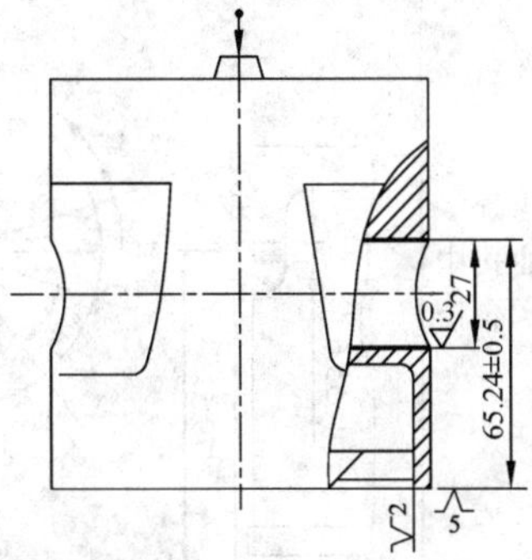	普通车床	YG8 专用镗刀,毛销孔量规,压紧工具,止口座
6	粗车外圆 顶面、环槽	各部分尺寸见工序简图	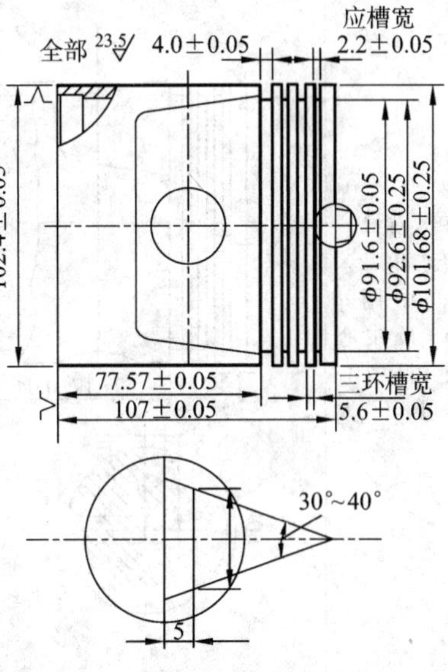	C720 型多刀半自动车床	YG8 毛环槽切刀,环槽到止口端面距离卡规,环槽刀夹
7	铣直横槽	直槽:宽 1.5±0.12,与裙部轴心线倾斜 1°30′±30′,下端至止口端面,距离为 4.2～8.2;横槽:宽 3±0.12,弦长 74.6±0.4	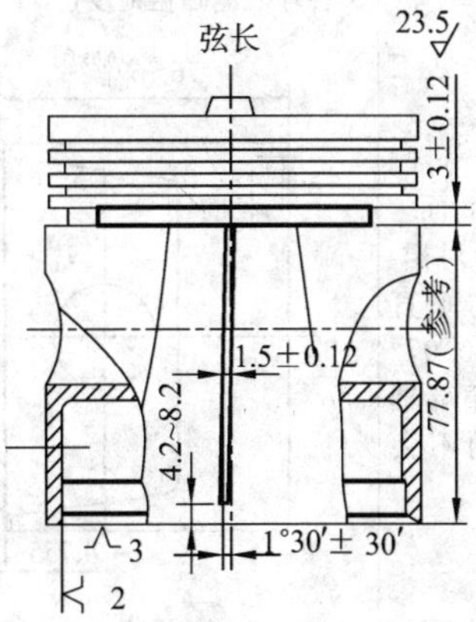	专用铣槽刀	止口地,拉紧工具,片铣刀 ϕ60×1.5,片铣刀 ϕ120～ϕ135×3

续表

序号	工序名称	技术条件及检查要求	工序简图		
8	钻油孔	ϕ3.5 油孔 8 个，去除毛刺，油孔中心必须在环槽中间	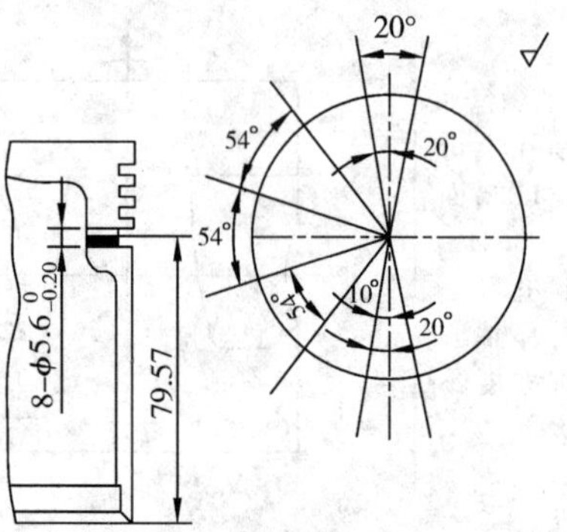	Z12 型台钻	钻油孔夹具，ϕ3.5 钻头
9	精车止口，打中心孔	止口： 直径 ϕ95，深 10，R3.2：倒角 2×45°，*Ra*1.60；用 ϕ2.5～ϕ3 反中心钻（左旋）打中心孔，深度不大于 4.8	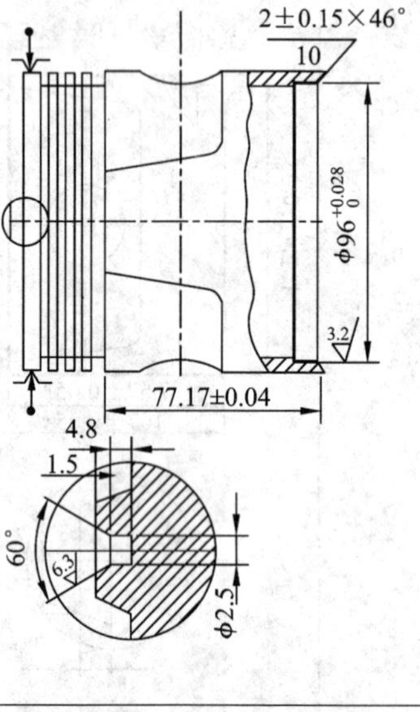	镗孔专用机床	镗夹具
10	精车环槽	各部分尺寸见工序简图。 粗糙度：上下侧面 *Ra*0.40；底面 *Ra*3.2，侧面对裙部轴心线的垂直度不大于 0.07/25；侧面对裙部轴心线圆跳动不大于 0.05	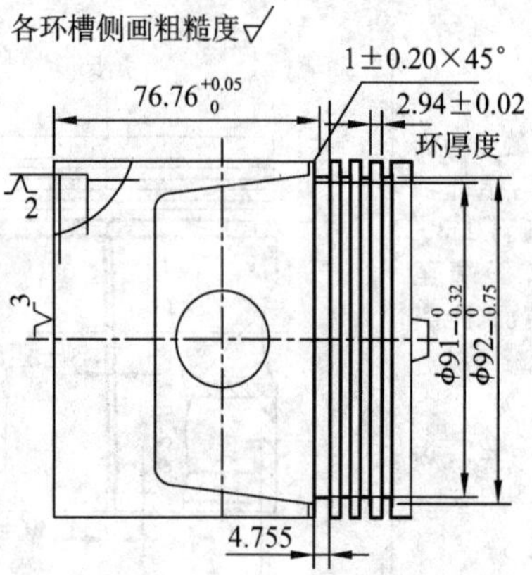		

续表

序号	工序名称	技术条件及检查要求	工序简图		
11	精车外圆	裙部锥度不大于0.04，大端在下，外圆对轴心线的同轴度不大于 ϕ0.1，用镗刀倒各环槽尖角	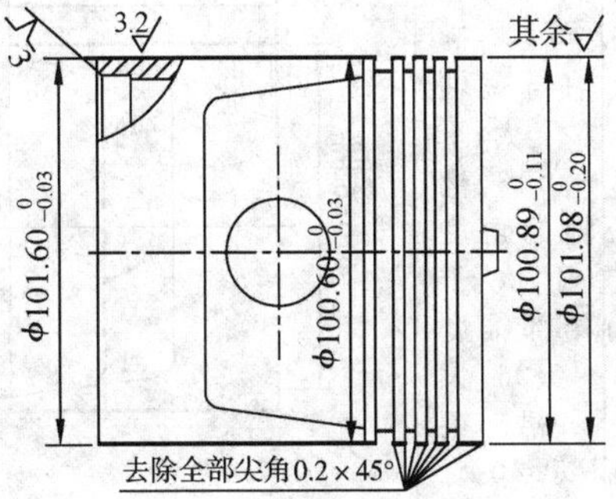	C111D型车床	YG8普通车刀，ϕ100～ϕ125外径千分尺，靠模
12	精镗销孔	销孔：直径 ϕ $28_{-0.00}^{-0.00}$，粗糙度 *Ra*1.60，圆度不大于0.005，素线平行度不大于0.01，销孔上母线到止口端面距离为33.5±0.025，销孔轴心线与裙部轴心线垂直度不大于0.035/100，销孔轴心线与裙部轴心线的对称度不大于0.2	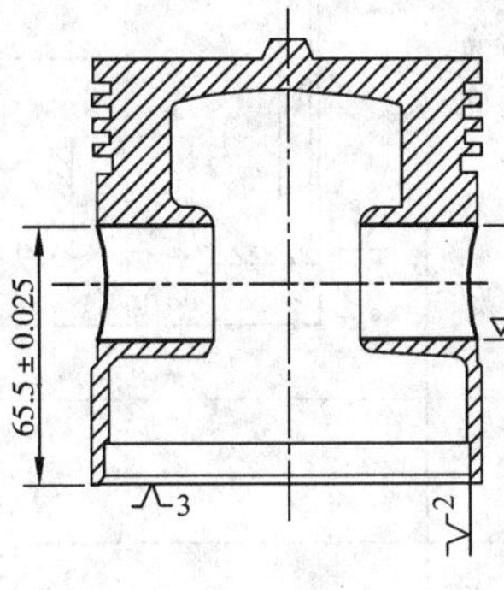	专用镗床	止口座，压紧工具，镗刀杆，YG8专用镗刀，光销孔塞规
13	切锁环槽	槽宽2，底径 ϕ30.5，锁环槽底圆对销孔的同轴度不大于 ϕ0.15	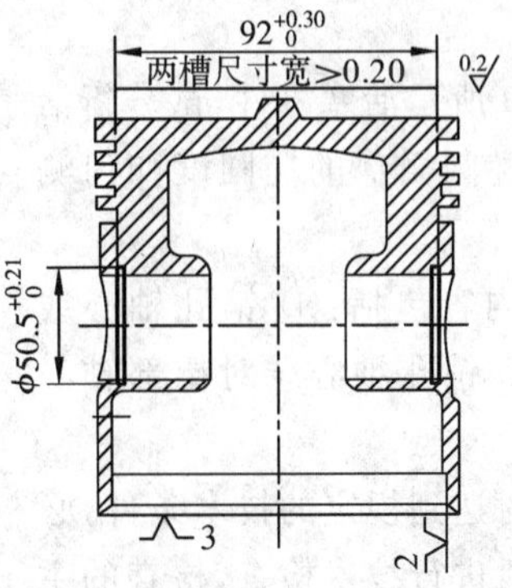	普通车床	专用切槽刀，槽宽塞规

续表

序号	工序名称	技术条件及检查要求	工序简图		
14	精磨外圆	与销孔轴心线垂直之长轴 $\phi 101.6^{-0.01}_{-0.03}$，椭圆长轴与短轴之差不大于 0.08～0.13，椭圆长轴的角度偏差不大于 ±5°；裙部锥度 0.03～0.06，大端在下；裙部粗糙度 Ra0.40	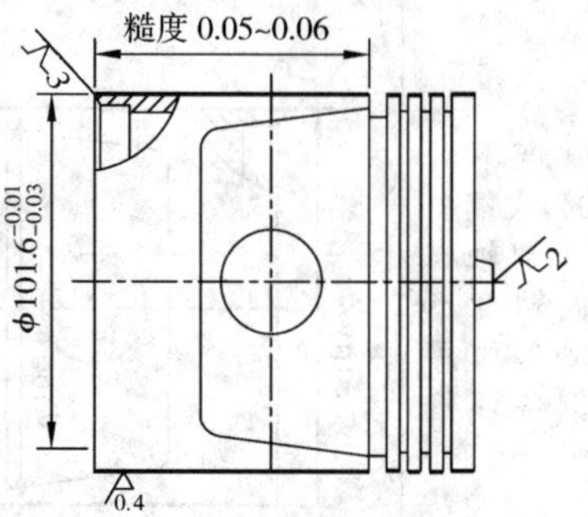	椭圆磨床	碳化硅砂轮，ϕ100～ϕ125 千分尺
15	精车顶面及倒角	保证销孔上母线至顶面距离为 42.032±0.065；顶面平面度不大于 0.02；顶面与上口端面的距离为 $106_{-0.3}^{0}$，平行度不大于 0.025	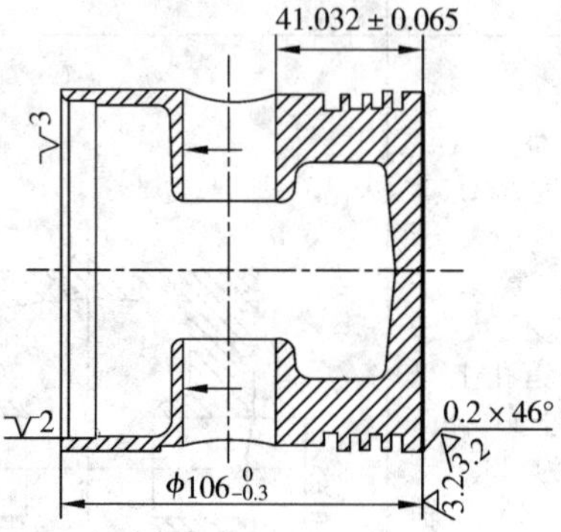	普通车床	YG8 普通车刀，专用测量仪
16	打字	按产品图纸规定打字			
17	成品检验				
18	分组包装				

1.5.3 拓展训练

[例 1.1] 如图 1-9 所示活塞零件，试分析活塞有哪些检验项目？其椭圆裙部的椭圆度如何测量？如何测量形位精度？

[分析] 检验关键内容包括：① 销孔轴心线与裙部轴心线对称度；② 销孔轴心线对裙部轴心线的垂直度。

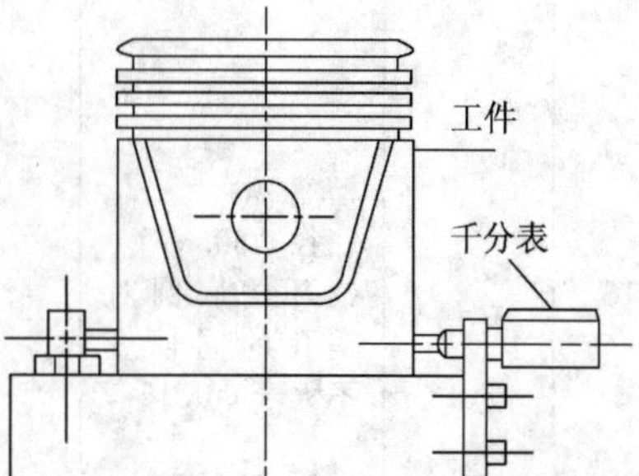

图 1-19 裙部直径和椭圆度的测量

为了使活塞在制造时达到规定的技术条件，必须在加工中及加工完毕后进行技术检查，检查的主要项目如下：① 检查外观的表面粗糙度；② 检查活塞销孔的尺寸及形状偏差；③ 检查裙部的椭圆度和锥度，按裙部椭圆的长轴分组；④ 检查环槽宽度、底径、环槽侧面的垂直度和圆跳动；⑤ 检查销孔轴心线对裙部轴心线的垂直度和对称度，销孔轴心线到顶面的距离；⑥ 称活塞的重量，并按重量分组。

下面介绍活塞主要技术条件的检查方法。

1. 裙部直径和椭圆度的测量方法

裙部直径和椭圆度的测量方法如图 1-19 所示。先用一个直径已知的标准件对好千分表的零位，然后将工件按图示方法安装，读得的最大读数即为工件直径与标准件直径之差。由于标准件的直径是已知的，因此工件的直径也可以得到。测量所得的尺寸即为裙部椭圆的长轴。将工件旋转 90°，再测量一次，即得到裙部椭圆的短轴。两次读数的代数差即为裙部的椭圆度。在最后检查时，按裙部椭圆的长轴将活塞分组。

由于铝合金的热膨胀系数比钢大一倍。所以在测量以铝合金为材料的活塞尺寸时，必须考虑环境温度，不同的环境温度，其测量标准不同。在其他温度时可相对于 20 ℃测量的数值，补偿一个系统误差。

2. 销孔轴心线与裙部轴心线对称度的测量方法

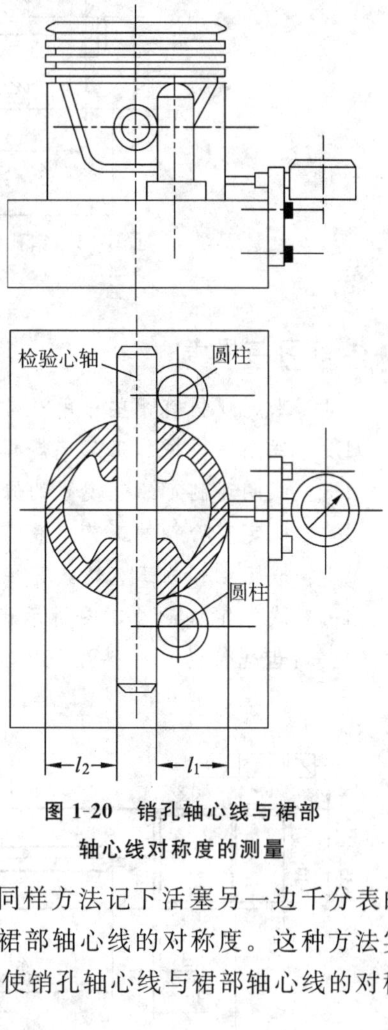

图 1-20　销孔轴心线与裙部轴心线对称度的测量

测量时用如图 1-20 所示的检验夹具。在销孔中插入适当尺寸的检验心轴。将活塞以端面向下放在夹具平板上，并使检验心轴与两根圆柱接触，将活塞连同心轴一起移动，记下千分表的最大读数，然后将活塞及心轴在平面内转过 180°，用同样方法记下活塞另一边千分表的最大读数。两次读数差值的一半就是销孔轴心线与裙部轴心线的对称度。这种方法实际测量的是由轴侧母线至裙部外圆的距离 l_1 和 l_2，并使销孔轴心线与裙部轴心线的对称度等于$(l_1-l_2)/2$。

3. 销孔轴心线对裙部轴心线垂直度的测量

如图 1-21 所示的检具用于销孔轴心线对裙部轴心线垂直度的测量。测量时，在销孔中插入适当尺寸的检验心轴。将活塞以端面向下放在夹具平板上，用千分表在心轴一端读得一最大读数，然后把活塞和心轴在水平面上转过 180°，在心轴的另一端读得另一最大读数，设两次测量点间距离为 L，则两次读数的差即为在距离 L 上的垂直度误差。这种方法实际上是测量心轴上母线在 L 的距离上的高度 H_1 及 H_2，即心轴上母线与活塞端面在 L 距离上的平行度。由于测量基准与设计基准不重合，所以存在基准不重合误差（这将在模块六中介绍）。只有在裙部轴心线与端面垂直，且心轴两端直径相等时，这一数值才能代表销孔轴心线对裙部轴心线垂直度误差。

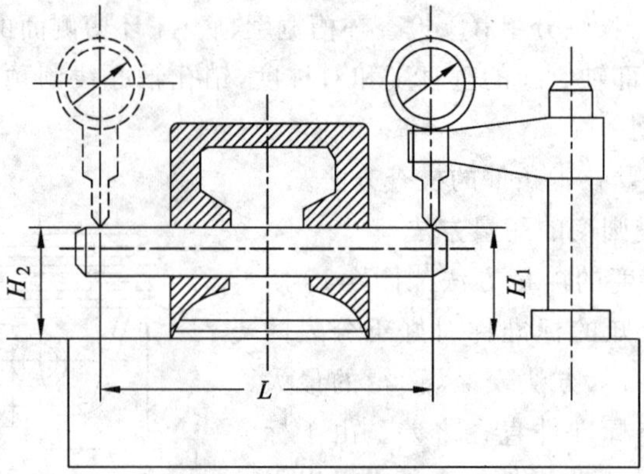

图 1-21 销孔轴心线对裙部轴心线垂直度的测量

练习与思考

1-1 工艺规程有哪些作用？常见形式有哪些？

1-2 试阐述机械加工工艺规程的设计步骤。

1-3 试阐述制定工艺规程的原则。

1-4 拟定空心轴的工艺路线需要注意哪些问题？

1-5 拟定丝杆的工艺路线需要注意哪些问题？

1-6 试拟定如题 1-6 图所示齿轮传动轴的工艺路线，并编制机械加工工艺过程卡片。已知：齿轮传动轴材料为 45 钢，生产类型为中批。

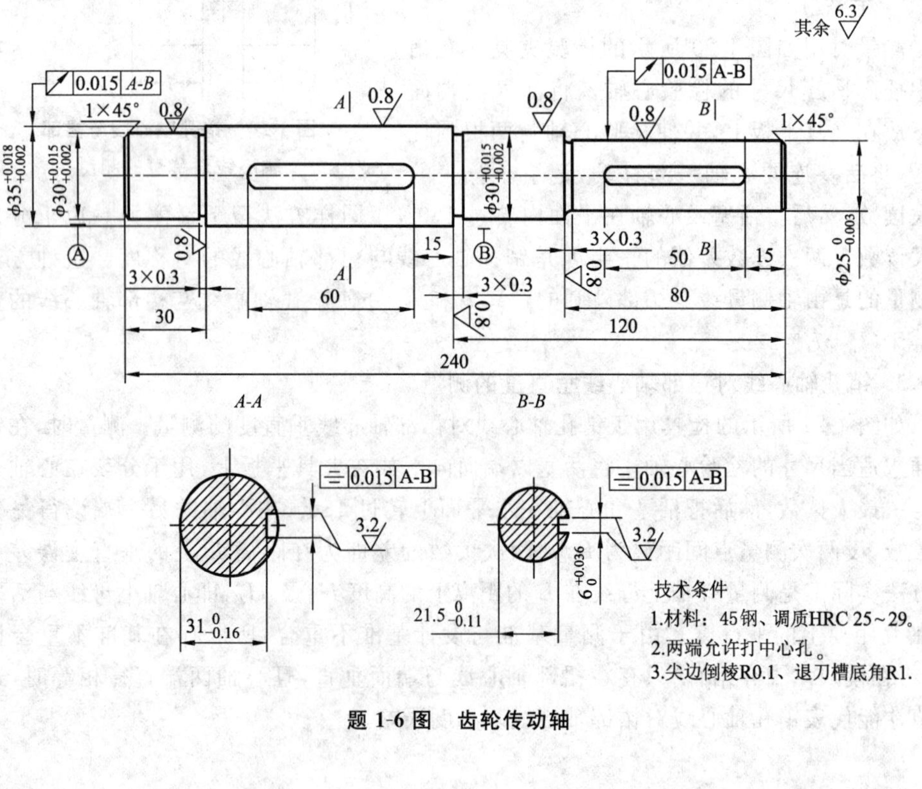

题 1-6 图 齿轮传动轴

1-7 在卧式镗床上镗削箱体孔时,试分析:

(1) 采用刚性镗杆时影响镗杆四转精度的主要因素有哪些?

(2) 采用浮动镗杆和镗模夹具,影响镗杆回转精度的主要因素有哪些?

1-8 在镗削销孔时,如题1-8图所示,可采用(a)顶面和头部外圆定位的方案;(b)用裙部外圆和顶面夹具方案。试对两种定位方案的优缺点进行比较。

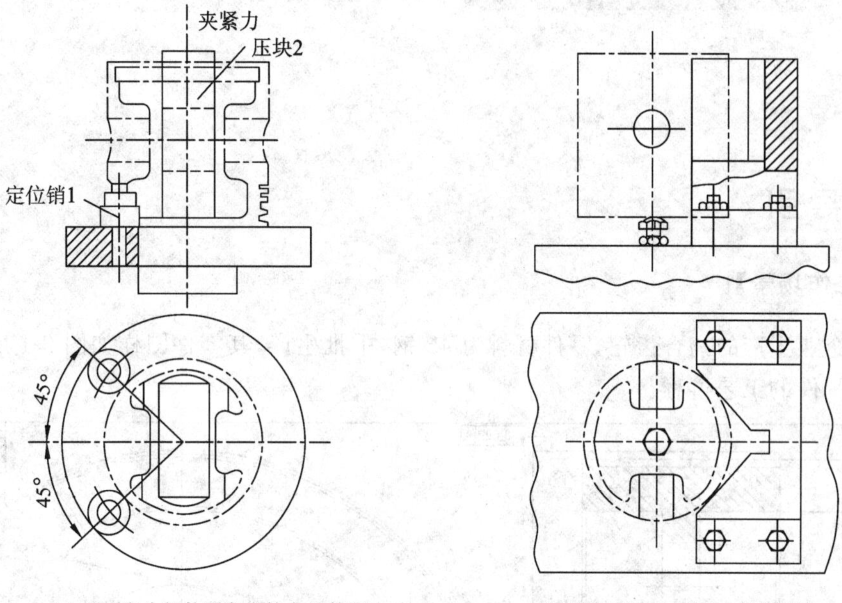

(a) 顶面和头部外圆定位的夹具简图　　(b) 裙部外圆和顶面夹具简图

题1-8图　镗削销孔夹具简图

1-9 在粗加工活塞时,如果采用顶面和毛坯外圆定位来加工活塞止口,如题1-9图所示,用长杆控制止口深度。试分析该夹具定位方案的缺点。

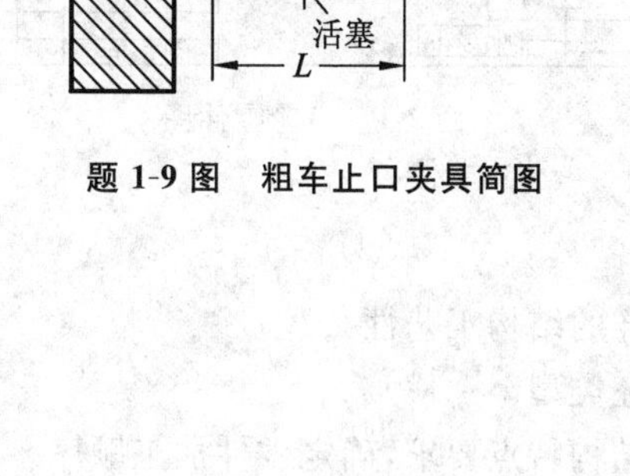

题1-9图　粗车止口夹具简图

模块 2 盘盖类零件机械加工工艺编制

导引

【工作场景】

某企业生产的离合齿轮，零件材料为 45 钢，中批生产，其零件图样如图 2-1 所示，试拟定该零件的工艺过程。

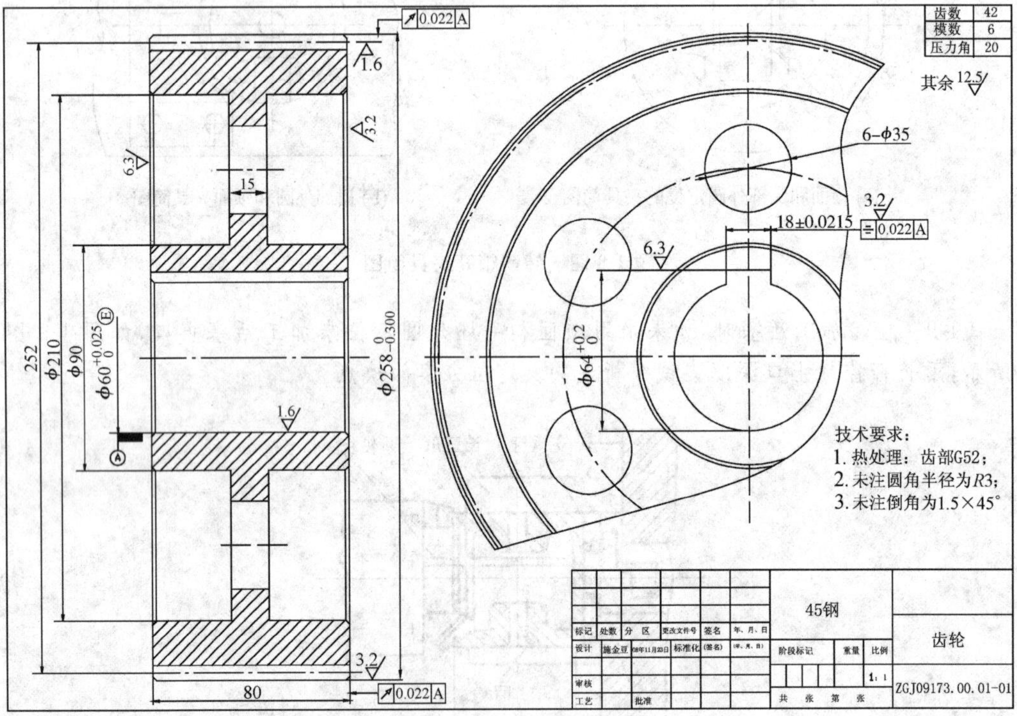

图 2-1 齿轮零件图

【工作步骤】

(1) 审查齿轮零件图样的结构工艺性。

(2) 选择传动轴的毛坯类型。

(3) 根据中批生产和结构特点要求，确定零件加工顺序。

盘盖类零件的加工顺序如下：先加工零件一头的端面、外圆或内孔，再加工另一头的端面、外圆或内孔；先进行粗加工，再进行半精加工，然后进行精加工。

(4) 编制传动轴零件的机械加工工艺，填写机械加工工艺过程卡、机械加工工序卡。

2.1 盘类零件的工艺路线拟定

2.1.1 圆柱齿轮工艺路线拟定

圆柱齿轮是机械传动中使用最广泛的零件之一，其功用是按规定的速比传递运动和动力。齿轮加工工艺一般是：先对齿坯进行粗加工、半精加工，再进行齿形加工，最后对重要表面进行精加工。

对不同精度等级的齿轮，其加工工艺过程如下：

(1) 8级精度以下齿轮。调质齿轮用滚齿或插齿满足要求。对于淬硬齿轮可采用滚(插)齿—齿端加工—淬火—校正孔加工方案，但在淬火前齿形加工精度应提高一级。

(2) 7—6级精度齿轮。对于淬硬齿面的齿轮可采用滚(插)齿—齿端加工—剃齿—表面淬火—校正基准—珩齿加工方案。这种方案生产率高、设备简单、成本较低，适于成批或大批量生产齿轮。

(3) 5级以上精度的齿轮。5级以上精度的齿轮可采用正基准—粗滚齿—精滚齿—齿端加工—淬火—校正基准—粗磨齿—精磨齿加工方案。磨齿精度是目前齿形加工中精度最高、表面粗糙度值最小的加工方法，最高精度可达4—3级。

图2-1所示齿轮的工艺路线见表2-1。

表2-1 圆柱齿轮工艺路线

工序号	工序内容	定位基准
10	毛坯锻造	
20	正火	
30	粗车外形各部，留加工余量2 mm	外圆、端面
40	精车各部，内孔至ϕ59.8H8，总长留余量0.2 mm，其余车至尺寸	外圆
50	滚齿	内孔、端面
60	去毛刺	
70	热处理：齿部G52	
80	插键槽到尺寸A	内孔、端面
90	磨端面	另一端面
100	磨内孔	内孔、端面
110	磨齿	内孔、端面
120	检验	

2.1.2 离合齿轮工艺规程编制

1. 离合齿轮零件工艺性分析

零件的视图正确、完整，尺寸、公差及技术要求齐全，但基准孔ϕ68K7 mm要求$Ra0.8\ \mu m$，有些偏高。一般8级精度的齿轮，其基准孔要求$Ra1.6\ \mu m$即可。离合齿轮零件图如图 2-2 所示。

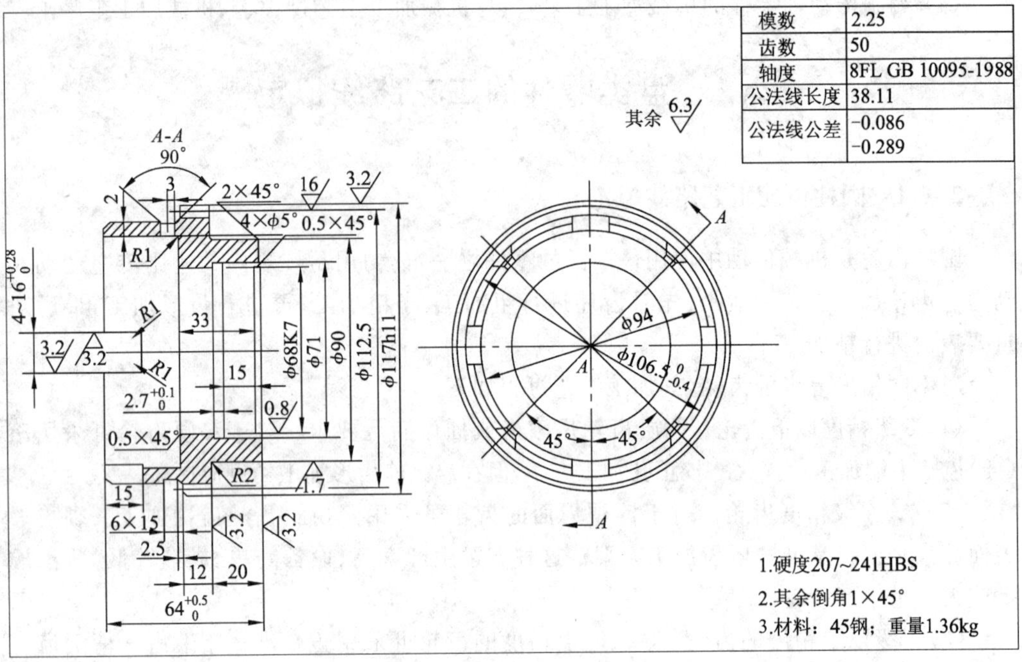

图 2-2　离合齿轮零件图

该零件属盘套类回转体零件，它的所有表面均需切削加工，各表面的加工精度和表面粗糙度都不难获得。4 个 16 mm 槽口相对 ϕ68K7 mm 孔的轴线互成 90°垂直分布，其径向设计基准是 ϕ68K7 mm 孔的轴线，轴向设计基准是 ϕ90 mm 外圆柱的右端平面。4× ϕ5 mm 孔在 6×1.5 mm 沟槽内，孔中心线距沟槽一侧面的距离为 3 mm，由于加工时不能选用沟槽的侧面为定位基准，因此要精确地保证上述要求比较困难。但这些小孔是油孔，位置要求不高，只要钻到沟槽之内接通油路即可，加工不成问题。应该说，这个零件的工艺性较好。

2. 确定离合齿轮零件毛坯

零件年产量 Q=2 000 台/年，n=1 件/台，结合生产实际，备用率 α 和废品率 β 分别取为 10%和 1%。代入公式得该零件的生产纲领为

$$N=Qn(1+10\%)(1+1\%)=2\,000\times1\times(1+10\%)\times(1+1\%)=2\,222\text{ 件/年}$$

零件是机床上的齿轮，质量为 1.36 kg，属轻型零件，查王先逵编《机械制造工艺学》第 12 页可知，生产类型为中批生产。该零件材料为 45 钢，考虑到车床在车削螺纹工作中经常要正、反向旋转，该零件在工作过程中则经常承受交变载荷及冲击性载荷，因此应该选用锻件，以使金属纤维尽量不被切断，保证零件工作可靠。由于零件产量为 2 222 件/年，属批量生产，而且零件的轮廓尺寸不大，故可采用模锻成形。这样既可提高生产率，又能保证加工精度。

3. 制订机械加工工艺路线

齿轮的加工工艺路线一般是先进行齿坯的加工，再进行齿面加工。齿坯加工包括各圆柱表面及端面的加工，并按照先加工基准面及先粗后精的原则进行。该零件加工可按下述工艺路线进行。

工序 20：以 ϕ106.5 mm 处外圆及端面定位，粗车另一端面，粗车外圆 ϕ90 mm 及台阶面，粗车外圆 ϕ117 mm，粗镗孔 ϕ68 mm。

工序 30：以粗车后的 ϕ90 mm 外圆及端面定位，粗车另一端面，粗车外圆 $\phi 106_{-0.4}^{\ 0}$ mm 及台阶面，车 6 mm×1.5 mm 沟槽，粗镗 ϕ94 mm 孔，倒角。

工序 40：以粗车后的 $\phi 106_{-0.4}^{\ 0}$ mm 外圆及端面定位，半精车另一端面，半精车外圆 ϕ90 mm及台阶面，半精车外圆 ϕ117 mm，半精镗孔 ϕ68 mm，倒角。

加工齿面是以孔 ϕ68K7 mm 为定位基准，为了更好地保证它们之间的位置精度，齿面加工之前，先精镗孔。

工序 50：以 ϕ90 mm 外圆及端面定位，精镗 ϕ68K7 mm 孔，镗孔内的沟槽，倒角。

工序 60：以 ϕ68K7 mm 孔及端面定位，滚齿。

4 个沟槽与 4 个小孔为次要表面，其加工应安排在最后。考虑定位方便，应该先铣槽后钻孔。

工序 70：以 ϕ68K7 mm 孔及端面定位，粗铣 4 个槽。

工序 80：以 ϕ68K7 mm 孔、端面及粗铣后的一个槽定位，半精铣 4 个槽。

工序 90：以 ϕ68K7 mm 孔、端面及一个槽定位，钻 4 个小孔。

工序 100：钳工去毛刺。

工序 110：终检。

4. 编制齿轮零件的机械加工工艺过程卡、机械加工工序卡

离合齿轮零件机械加工工艺过程卡见表 2-2，填写好的工艺过程卡见表 2-3。

表 2-2　离合齿轮加工工艺过程

机械加工工艺过程				
工序号	工序名称	安装	工序内容	定位及夹紧
10	锻造		锻造毛坯	
20	车		粗车小端面、外圆 ϕ90 mm、ϕ117 mm 及台阶面，粗镗孔 ϕ68 mm	ϕ106.5 mm 处外圆及端面定位
30	车		粗车大端面、外圆 ϕ106.5 mm 及台阶面、沟槽，粗镗 ϕ94 mm 孔，倒角	粗车后的 ϕ90 mm 外圆及端面定位，夹大端
40	车		半精车小端面、外圆 ϕ91 mm，ϕ117 mm 及台阶面，半精镗孔 ϕ68 mm，倒角	粗车后的 $\phi 106_{0.4}$ mm 外圆及端面定位
50	镗		精镗孔 ϕ68 mm，镗沟槽 ϕ71 mm，倒角 0.5×45°	ϕ90 mm 外圆及端面定位
60	滚齿		滚齿达图样要求	
70	铣		粗铣 4 个槽口	ϕ68K7 mm 孔及端面定位
80	铣		半精铣 4 个槽口	ϕ68K7 mm 孔、端面及粗铣后的一个槽定位
90	钻		钻 4× ϕ5 mm 孔	ϕ68K7 mm 孔、端面及一个槽定位
100	钳		去除全部毛刺	
110	检验		按零件图样要求全面检查	

表 2-3 机械加工工艺过程卡片

机械加工工艺过程卡片		产品型号	CA6140	零(部件)图号			
		产品名称	车床	零(部件)名称	离合齿轮	共 1 页	第 1 页

材料牌号	45 钢	毛坯种类	模锻件	毛坯外形尺寸	ϕ121 mm×68 mm	每毛坯可制件数	1	每台件数	1	备注	

工序号	工序名称	工序内容	车间	工段	设备	工艺设备	工时/s 准终	工时/s 单件
10	锻造	锻造						
20	粗车	粗车小端面、外圆 ϕ90 mm、ϕ117 mm 及台阶面，粗镗孔 ϕ68 mm			C620-1 卧式车床	三爪自定心卡盘		107
30	粗车	粗车大端面、外圆 ϕ106.5 mm 及台阶面、沟槽，粗镗 ϕ94 mm 孔，倒角			C620-1 卧式车床	三爪自定心卡盘		118
40	半精车	半精车小端面、外圆 ϕ91 mm、ϕ117 mm 及台阶面，半精镗孔 ϕ68 mm，倒角			C620-1 卧式车床	三爪自定心卡盘		73
50	精镗	精镗孔 ϕ68 mm，镗沟槽 ϕ71 mm，倒角 0.5×45°			C616A 卧式车床	三爪自定心卡盘		44
60	滚齿	滚齿达图样要求			Y3150 滚齿机	心轴		1191
70	粗铣	粗铣 4 个槽口			X62 卧式铣床	专用夹具		165
80	半精铣	半精铣 4 个槽口			X62 卧式铣床	专用夹具		138
90	钻孔	钻 4× ϕ5 mm 孔			Z518 立式钻床	专用夹具		
100	去毛刺	去除全部毛刺			钳工台			
110	终检	按零件图样要求全面检查						

										设计(日期)	审核(日期)	标准化(日期)	会签(日期)		
标记	处数	更改文件号	签字	日期	标记	处数	更改文件号	签字	日期						

2.2 知识梳理——毛坯类型和余量确定方法

2.2.1 毛坯的种类和选择方法

材料的成形过程是机械制造的重要工艺过程。机器制造中大部分零件是先通过铸造成形、锻压成形、焊接成形或非金属材料成形方法制得毛坯，再经过切削加工制成的。毛坯的选择对机械制造质量、成本、使用性能和产品形象有重要的影响，是机械设计和制造中的关键环节之一。

通常，零件的材料一旦确定，其毛坯成形方法也大致确定了。例如，零件采用 ZL202，HT200，QT600-2 等，其毛坯应选用铸造成形；齿轮零件采用 45 钢等，常采用锻压成形；零件采用 Q235，08 钢等板、带材，一般选用切割、冲压或焊接成形；零件采用塑料，则选用合适的塑料成形方法；零件采用陶瓷，应选用陶瓷成形方法。反之，在选择毛坯成形方法时，除了考虑零件结构工艺性之外，还要考虑材料的工艺性能能否符合要求。

机械加工中常用毛坯的种类、特点及应用见表 2-4。

表 2-4 常用毛坯的种类、特点及应用

毛坯种类	成形方法	对原材料工艺性能要求	适用材料	适宜形状	优点	缺点	应用
铸件	液态成形	流动性好，收缩率小	铸铁、铸钢、有色金属	形状不限，可相当复杂	不受金属种类、零件尺寸、形状和质量的限制，适应性广；毛坯与零件形状相近，切削加工量少，材料利用率高，成本低。砂型铸造生产周期短	铸件组织粗大，力学性能差；砂型铸造生产率低、铸件精度低、表面质量差	灰铸铁件用于受力不大或承压为主的零件，或要求减振、耐磨的零件；球墨铸铁件用于受力较大的零件；铸钢件用于承受重载而形状复杂的大中型零件
锻件	固态塑性变形成形	塑性好，变形抗力小	中碳钢及合金结构钢	自由锻件简单，模锻件可较复杂	锻件组织致密，晶粒细小，力学性能好，使流线沿零件外形轮廓连续分布，可提高锻件使用性能和寿命	材料利用率低，生产成本高，自由锻件精度低，表面较粗糙，模锻件精度中等，表面质量较好，生产周期长	承受重载荷、动载荷及复杂载荷的重要零件，如主轴、传动轴、齿轮、曲轴等
型材	用轧制、拉拔、挤压等方法，使固态金属通过塑性变形成形		碳钢、合金钢、有色金属	简单，一般为圆形或平面	根据零件选合适的型材毛坯可减少加工工时，材料利用率高；组织致密，力学性能好	零件的表面质量取决于切削方法；对性能要求高的零件，若纤维流线不合乎要求，需改用锻件	中、小型简单零件
冲压件	经冷塑性变形成形	塑性好，变形抗力小	低碳钢和有色金属薄板	可较复杂	组织细密，利用冷变形强化，可提高强度和硬度，结构刚性好；冲压件结构轻巧，精度高、表面质量好，材料利用率较高，成本低	冷冲模的制造成本高，生产周期长；取料时注意流线的合理分布	低碳钢、有色金属薄板成形的零件，适于大批大量生产
焊接	利用金属的熔化或原子扩散作用，形成永久性的连接	强度高，塑性好，液态下化学稳定性好	低碳钢和低合金结构钢	形状不受限制	材料利用率高，生产准备周期短；接头力学性能可达到或接近母材	精度较低，接头处表面粗糙；生产率较低	主要用于低碳钢、低合金高强度结构钢、不锈钢及铝合金的各种金属结构件、组合件及修补旧零件
粉末冶金件	通过制粉、压制、烧结等工序生产材料和零件			大小和形状受限制	少无切屑加工，能生产有特殊性能的材料和制品	粉末成本高，模具费用高，制品的强度和韧性较差	大批生产含油轴承、高熔点材料、硬质合金和铁基合金零件等

毛坯选择的原则是应在满足使用要求的前提下，尽可能地降低生产成本，使产品在市场上具有竞争能力。

1. 工艺性原则

零件的使用要求决定了毛坯形状特点，各种不同的使用要求和形状特点，形成了相应的毛坯成形工艺要求。零件的使用要求具体体现在对其形状、尺寸、加工精度、表面粗糙度等外部质量和化学成分、金属组织、力学性能、物理性能和化学性能等内部质量的要求上。

对于不同零件的使用要求，必须根据零件材料的工艺特性（如铸造性能、锻造性能、焊接性能等）来确定毛坯成形的方法。例如，不能采用锻压成形的方法和避免采用焊接成形的方法来制造灰口铸铁零件；避免采用铸造成形方法制造流动性较差的薄壁毛坯；不能采用普通压力铸造的方法成形致密度要求较高或铸后需热处理的毛坯；不能采用锤上模锻的方法锻造铜合金等再结晶速度较低的材料；不能用埋弧自动焊焊接仰焊位置的焊缝；不能采用电阻焊方法焊接铜合金构件；不能采用电渣焊焊接薄壁构件等。选择毛坯成形方法的同时，也要兼顾后续机械加工的可加工性。如对于切削加工余量较大的毛坯，不能采用普通压力铸造成形，否则将暴露铸件表皮下的孔洞；对于需要切削加工的毛坯，尽量避免采用高牌号珠光体球墨铸铁和薄壁灰口铸铁，否则难以切削加工。一些结构复杂，难以采用单种成形方法成形的毛坯，既要考虑各种成形方案结合的可能性，又要考虑这些结合是否会影响机械加工的可加工性。

2. 适应性原则

在毛坯成形方案的选择中，还要考虑适应性原则。即根据零件的结构形状、外形尺寸和工作条件要求，选择适应的毛坯方案。例如，对于阶梯轴类零件，当各台阶直径相差不大时，可用棒料；若各台阶直径相差较大，则宜采用锻造毛坯。

形状复杂和薄壁的毛坯，一般不应采用金属型铸造；尺寸较大的毛坯，通常不采用模锻、压力铸造和熔模铸造，而多数采用自由锻、砂型铸造和焊接等方法制坯。

零件的工作条件不同，选择的毛坯类型也不同。如机床主轴和手柄都是轴类零件，但主轴是机床的关键零件，尺寸形状和加工精度要求很高，受力复杂且在使用过程中只允许发生很微小的变形，因此要选用具有良好综合力学性能的 45 钢或 40Cr，经锻造制坯及严格切削加工和热处理制成；而机床手柄则采用低碳钢圆棒料或普通灰口铸铁件为毛坯，经简单的切削加工即可完成，不需要热处理。再如内燃机曲轴在工作过程中承受很大的拉伸、弯曲和扭转应力，应具有良好的综合力学性能，故高速大功率内燃机曲轴一般采用强度和韧性较好的合金结构钢锻造成形，功率较小时可采用球墨铸铁铸造成形或用中碳钢锻造成形。对于受力不大且为圆形曲面的直轴，可采用圆钢下料直接切削加工成形。

3. 生产条件兼顾原则

毛坯的成形方案要根据现场生产条件选择。现场生产条件主要包括现场毛坯制造的实际工艺水平、设备状况以及外协的可能性和经济性，但同时也要考虑因生产发展而采用较先进的毛坯制造方法的可能。

为此，选择毛坯时应分析本企业现有的生产条件，如设备能力和员工技术水平，尽量利用现有生产条件完成毛坯制造任务。若现有生产条件难以满足要求，则应考虑改变零件材料和（或）毛坯成形方法，也可通过外协加工或外购解决。

2.2.2 毛坯余量的一般确定方法

零件加工工艺路线确定后，在进一步安排各个工序的具体内容时，应正确地确定工序的工序尺寸。为确定工序尺寸，首先应确定加工余量。

1. 加工余量的概念

由于毛坯不能达到零件所要求的精度和表面粗糙度，因此要留有加工余量，以便通过机械加工达到这些要求。

加工余量是指加工过程中从加工表面切除的金属层厚度。加工余量分为工序余量和总余量。

(1) 工序余量

工序余量是指某一表面在一道工序中切除的金属层厚度。

① 工序余量的计算。

工序余量等于相邻两工序的工序尺寸之差。内、外表面工序余量的计算如图 2-3 所示。

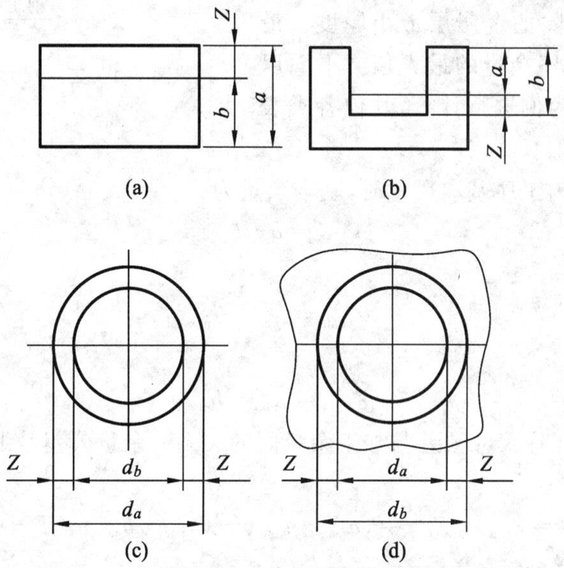

图 2-3 工序余量的计算

对于外表面(见图 2-3 a)

$$Z=a-b \tag{2-1}$$

对于内表面(见图 2-3 b)

$$Z=b-a \tag{2-2}$$

式中：Z——本工序的工序余量，mm；

a——前工序的工序尺寸，mm；

b——本工序的工序尺寸，mm。

上述加工余量均为非对称的单边余量，而旋转表面的加工余量为双边对称余量。

对于轴(见图 2-3c)

$$2Z=d_a-d_b \tag{2-3}$$

对于孔(见图 2-3d)

$$2Z=d_b-d_a \tag{2-4}$$

式中：$2Z$——直径上的加工余量，mm；

d_a——前工序的加工直径，mm；

d_b——本工序的加工直径，mm。

当加工某个表面的工序分几个工步时，则相邻两工步尺寸之差就是工步余量。它是某工步在加工表面上切除的金属层厚度。

② 工序基本余量、最大余量、最小余量及余量公差。

由于毛坯制造和各个工序尺寸都存在着误差，因此加工余量也是个变动值。当工序尺寸用基本尺寸计算时，所得到的加工余量称为基本余量或公称余量。

最小余量 $Z_{b\min}$ 是保证该工序加工表面的精度和质量所需切除的金属层最小厚度。最大余量 $Z_{b\max}$ 是该工序余量的最大值。下面以图 2-4 所示的外圆为例进行计算，其他各类表面的情况与此相类似。

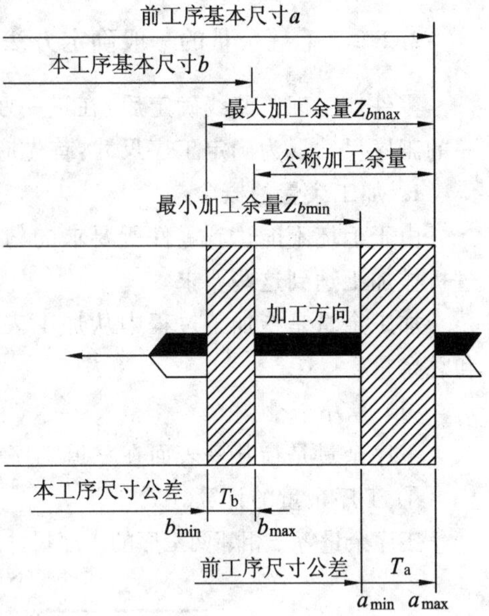

图 2-4　工序尺寸公差与加工余量

当尺寸 a，b 均为工序基本尺寸时，基本余量为

$$Z=a-b \tag{2-5}$$

最小余量为

$$Z_{b\min}=a_{\min}-b_{\max} \tag{2-6}$$

最大余量为

$$Z_{b\max}=a_{\max}-b_{\min} \tag{2-7}$$

图 2-5 表示了工序尺寸公差与加工余量间的关系。余量公差是加工余量间的变动范围，其值

$$T_Z=Z_{b\max}-Z_{b\min}=(a_{\max}-b_{\min})-(a_{\min}-b_{\max})=T_a+T_b \tag{2-8}$$

式中：T_Z——本工序余量公差，mm；

T_a——前工序的工序尺寸公差，mm；

T_b——本工序的工序尺寸公差，mm。

因此，余量公差为前工序与本工序尺寸公差之和。

工序尺寸公差带的分布一般采用"单向入体原则"。即对于被包容面（轴类），基本尺寸取公差带上限，下偏差取负值，工序基本尺寸即为最大尺寸；对于包容面（孔类），基本尺寸为公差带下限，上偏差取正值，工序尺寸即为最小尺寸，但孔中心距及毛坯尺寸公差采用双向对称布置。

(2) 加工总余量

毛坯尺寸与零件图样的设计尺寸之差称为加工总余量。它是从毛坯到成品的过程中从某一表面切除的金属层总厚度，也等于该表面各工序余量之和，即

$$Z_{总}=\sum_{i=1}^{m}Z_i \tag{2-9}$$

式中：Z_i——第 i 道工序的工序余量，mm；

n——该表面总加工的工序数。

加工总余量也是个变动值，其值及公差一般可从相关手册中查得或凭经验确定。图 2-5 是内孔和外圆表面经多次加工时，加工总余量、工序余量与加工尺寸的分布图。

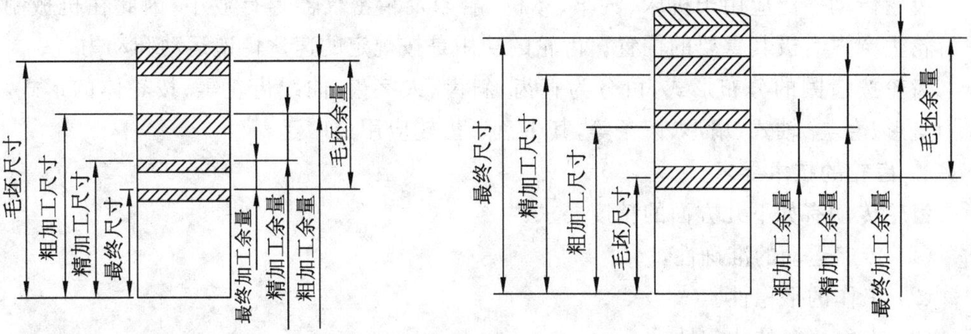

(a) 被包容面（轴）　　(b) 包容面（孔）

图 2-5　加工余量和加工尺寸分布

2. 影响加工余量的因素

影响加工余量的因素如下：

(1) 前工序的表面质量(包括表面粗糙度 H_a 和表面破坏层深度 S_a)。

(2) 前工序的工序尺寸公差 T_a。

(3) 前工序的位置误差 ρ_a，如工件表面在空间的弯曲、偏斜以及空间误差等。

(4) 本工序的安装误差 ε_b。

因此本工序的加工余量必须满足一定的条件：

用于对称余量时，

$$Z \geqslant 2(H_a + S_a) + T_a + 2|\rho_a + \varepsilon_b| \tag{2-10}$$

用于单边余量时，

$$Z \geqslant H_a + S_a + T_a + |\rho_a + \varepsilon_b| \tag{2-11}$$

3. 确定加工余量的方法

加工余量大小，直接影响零件的加工质量和生产率。加工余量过大，不仅增加机械加工劳动量，降低生产率，还使材料、工具和电力的消耗变大，增加成本。加工余量过小，则不能消除前工序的各种误差和表面缺陷，甚至会产生废品。因此，必须合理地确定加工余量。加工余量确定的方法有以下 3 种。

(1) 经验估算法

经验估算法是根据工艺人员的经验来确定加工余量。为避免产生废品，所确定的加工余量一般偏大。该方法适用于单件小批生产。

(2) 查表修正法

此法根据有关手册查得加工余量的数值，然后根据实际情况进行适当修正，是一种广泛使用的方法。

(3) 分析计算法

这是对影响加工余量的各种因素进行分析，然后根据一定的计算式来计算加工余量的方法。此法确定的加工余量较合理，但需要全面的试验资料，计算也较复杂，故很少应用。

2.2.3 齿轮加工中的相关知识

1. 概　述

齿轮传动广泛应用于机床、汽车、飞机、船舶及精密仪器等行业中，因此在机械制造中齿轮生产占有极其重要的位置。齿轮的功用是按规定的速比传递运动和动力。

齿轮按齿圈的分布形式，可分为直齿、斜齿、人字齿、曲线齿轮等；按轮体的形式，可分为盘形、套类、轴式、扇形、齿条等，其中盘形齿轮应用最广泛。

2. 齿轮的技术要求

齿轮传动有如下几方面的精度要求：

(1) 传递运动的准确性。

(2) 工作的平稳性。

(3) 齿面接触的均匀性。

(4) 有一定的齿侧间隙。

在我国 GB/T 10095—2008 标准中规定齿轮传动有 12 个精度等级，由高到低依次为 1 级、2 级、…、12 级。其中常用的精度等级为 6～9 级。7 级精度是基础级，在设计中普遍采用，且在一般条件下用滚、插、剃 3 种切齿方法就能得到该精度等级。

按齿轮各项误差对传动性能的主要影响，标准中将齿轮每个精度等级的各项公差分成 3 个公差组：传递运动的准确性、传动的平稳性、载荷的均匀性。

根据齿轮的精度等级，齿轮的工作齿面和基准面有相应的表面粗糙度要求，见表 2-5。

表 2-5　齿轮孔、齿轮轴和齿面的表面粗糙度　($Ra/\mu m$)

精度等级	5	6	7	8	9
齿轮孔	0.4～0.2	0.8	1.6～0.8	1.6	3.2
齿轮轴	0.2	0.4	0.8	1.6	1.6
齿形面	0.4	0.8～0.4	0.8	3.2	6.3

3. 齿轮的材料、毛坯和热处理

(1) 齿轮的材料

对一般传力齿轮，齿轮材料应具有一定的接触疲劳强度、弯曲疲劳强度和耐磨性要求；受冲击载荷的传动齿轮，其轮齿容易折断，因此要求材料有较大的机械强度和较好的冲击韧性；对高精度齿轮，要求材料淬火时变形小，并具有较好的精度保持性。

此外还应考虑齿轮的结构情况，如大直径齿轮可选用铸钢和铸铁。齿轮材料有中碳钢、中碳合金结构钢、渗碳钢、铸钢、铸铁、胶布胶木、尼龙等类型。

(2) 齿轮的毛坯

① 圆钢。

② 锻件。

③ 铸钢。铸钢一般用于直径较大、形状复杂且受力较大的齿轮，适用直径在 400～600 mm范围。

④ 铸铁。机械强度较差，但加工性能好，成本低，故适用于受力不大、无冲击的低速齿轮。

除上述毛坯外，对于高速轻载齿轮，为减少噪音，可用夹布胶木制造，或用尼龙、塑料压铸成形。

(3) 齿轮的热处理

① 切齿前的预备热处理

切齿前常用的热处理方法如下：

a. 退火。铸铁毛坯应进行退火，以使内部组织均匀，消除内应力并改善切削性能。

b. 正火。铸钢毛坯要正火，其作用与退火相同。低碳钢的锻件毛坯正火主要是为改善材料的切削性能。

c. 调质。中碳钢锻件毛坯调质处理的目的：一是为了提高材料的机械性能，二是对切齿后需淬火的齿轮提供良好的条件。

② 切齿后的热处理

切齿后热处理主要是为了提高齿面硬度。具体方法如下：

a. 高频表面淬火。淬火后轮齿变形较小，齿面硬度较高，芯部韧性好。高频表面淬火是最常用的表面淬火方法。

b. 整体淬火。这种方法简便易行，但淬火后常引起内孔变形、端面翘曲及径向跳动增大。由于齿芯韧性不好，故轮齿容易冲击折断。

c. 化学热处理。对含碳量比较低的齿坯材料，可采用齿面渗碳淬火及渗氮、氰化等处理。这种齿面硬度很高，齿芯韧性较好，可用于高速或有冲击的齿轮。由于表面硬化层较薄，故不宜用于重载齿轮。

4. 齿轮加工的一般工艺路线

齿轮加工过程可大致分为齿坯加工和齿形加工两个阶段。其主要工艺有两个方面：一是齿坯内孔(或轴颈)和基准端面的加工精度，它是齿轮加工、检验和装配的基准，对齿轮质量影响很大；二是齿形加工精度，它直接影响齿轮传动质量，是整个齿轮加工的核心。

(1) 齿坯加工阶段

齿坯加工主要包括毛坯制备、内孔和基准端面加工、圆和其他表面加工等过程。

内孔和基准端面应在一次装夹中加工，以保证基准端面对内孔的垂直度要求，外圆精加工应以内孔在芯轴上定位，以保证外圆对内孔的同轴度要求。

(2) 齿形加工阶段

齿形加工方案的选择，主要取决于齿轮的精度等级、生产批量和热处理方法等。

对于8级及8级以下精度的不淬硬齿轮，用铣齿、滚齿或插齿等方法都可直接达到加工精度要求；对淬硬齿轮，需在淬火前将精度提高一级，以保证淬火后达到预期精度，其加工方案可采用滚(插)齿—齿端加工—齿面淬火—修正内孔。

6～7级精度淬硬齿轮有如下两种加工方案：

① 剃—珩齿方案：滚(插)齿—齿端加工—剃齿—表面淬火—修正基准—珩齿。

② 磨齿方案：滚(插)齿—齿端加工—渗碳淬火—修正基准—磨齿。

剃—珩齿方案生产率高，广泛用于7级精度齿轮的成批生产中。磨齿方案的生产率低，一般用于6级精度以上或淬火后变形较大的齿轮。单件小批生产或5级精度以上的齿轮一般采用磨齿方案。

对于不淬硬的7级精度齿轮，可用滚齿方案。目前一些机床厂和汽车拖拉机厂使用滚(插)齿—冷挤齿的加工方案,此方案可稳定地获得 7 级精度,适用于大批量生产。

5. 齿坯机械加工

齿坯加工工艺主要取决于轮体结构形状和生产批量,对轴类和盘类齿轮其齿坯的加工工艺与一般轴和圆盘零件基本相同,但加工时应重点保证齿形加工基准面的精度要求。轴齿轮的基准面是轴颈,盘形齿轮的基准面是孔和端面。由于齿坯的外圆、端面或内孔常作为齿形加工、测量和装配的基准,这些对齿形的加工有重要的影响。下面以盘形齿轮为例分析齿坯加工的主要过程。

(1) 中、小批生产的齿坯加工

① 以齿坯外圆或凸缘作为粗基准,三爪卡盘装夹在普通车床或转塔车床上,粗加工外圆、端面和内孔。

② 夹紧外圆,精镗内孔和基准端面。

③ 以内孔在芯轴上定位,精车外圆、端面及其他表面。

④ 对花键孔齿坯,其加工方案大致相仿,例如,粗加工外圆、端面和花键底孔—以花键底孔定位,端面支承拉出花键—以花键孔在芯心轴上定位,精车外圆、端面及其他表面。

(2) 大批量生产的齿坯加工

无论是圆柱孔还是花键孔的齿轮,其齿坯均采用高生产率机床加工,如拉床、多轴自动或多刀半自动车床等。其加工方案如下:

① 以外圆为粗基准,粗加工端面和内孔(或花键)底孔。

② 以端面支承拉孔(内孔或花键孔)。

③ 以孔在心轴上定位,在多刀半自动车床上粗车外圆、端面。

④ 不卸下心轴,在另一台车床上继续精车外圆、端面及其他表面。对直径较小的齿坯,可采用棒料在卧式多轴自动或半自动车床上将外圆、基准端面和内孔在一道工序中全部加工完成。

6. 盘类零件的加工工艺分析

回到工作场景,对图 2-2 所示的离合齿轮进行加工工艺分析。

(1) 零件的工艺性分析

该零件属盘套类回转体零件,它的所有表面均需切削加工,各表面的加工精度和表面粗糙度都不难获得。4 个 16 mm 槽口相对 ϕ68K7 mm 孔的轴线互成 90°垂直分布,其径向设计基准是 ϕ68K7 mm 孔的轴线,轴向设计基准是 ϕ90 mm 外圆柱的右端平面。4× ϕ5 mm 孔在 6×1.5 mm 沟槽内,孔中心线距沟槽一侧面的距离为 3 mm,由于加工时不能选用沟槽的侧面作为定位基准,故要精确地保证上述要求则比较困难。但这些小孔为油孔,位置要求不高,只要钻到沟槽之内接通油路即可,加工不成问题。应该说,这个零件的工艺性较好。

(2) 选择毛坯

该零件材料为 45 钢。考虑到车床在车削螺纹工作中经常要正、反向旋转,该零件在工作过程中则经常承受交变载荷及冲击性载荷,因此应该选用锻件,以使金属纤维尽量不被切断,保证零件工作可靠。

(3) 确定机械加工余量

根据锻件质量、零件表面粗糙度、形状复杂系数查阅工艺手册相关内容,可得单边余量在厚度方向为1.7～2.2 mm，水平方向亦为1.7～2.2 mm，即锻件各外径的单面余量为1.7～2.2 mm，各轴向尺寸的单面余量亦为1.7～2.2 mm。锻件中心两孔的单面余量按表查得为2.5 mm。

(4) 确定毛坯余量

分析本零件，除ϕ68K7 mm孔为Ra0.8 μm以外，其余各加工表面为$Ra\geqslant$1.6 μm，因此这些表面的毛坯尺寸只需将零件的尺寸加上所查得的余量值即可(由于有的表面只需粗加工，可取所查数据中的小值；当表面需经粗加工和半精加工时，可取其较大值)。ϕ68K7 mm孔需精加工至Ra0.8 μm，参考磨孔余量(工艺手册相关内容)确定精镗孔单面余量为0.5 mm。

综上所述，确定离合齿轮毛坯尺寸见表2-6。

表2-6 离合齿轮毛坯(锻件)尺寸 mm

零件尺寸	单面加工余量	锻件尺寸	零件尺寸	单面加工余量	锻件尺寸
117h11	2	ϕ121	ϕ64+0.5 0	2及1.7	ϕ67.7
$\phi 106.5^{0}_{-0.4}$	1.75	ϕ110	20	2及2	20
ϕ90	2	ϕ94	12	2及1.7	15.7
ϕ94	2.5	ϕ89	ϕ94孔深31	1.7及1.7	31
ϕ68K7	3	ϕ62			

(5) 定位基准的选择

本零件是带孔的盘状齿轮，孔是其设计基准(亦是装配基准和测量基准)，为避免由于基准不重合而产生的误差，应选孔为定位基准，即遵循"基准重合"的原则。具体而言，即选ϕ68K7 mm孔及一端面作为精基准。由于本齿轮全部表面都需加工，而孔作为精基准应先进行加工，因此应选外圆及一端面为粗基准。最大外圆上有分模面、表面不平整、有飞边等缺陷，定位不可靠，故不能选为粗基准。

(6) 零件表面加工方法的选择

本零件的加工面有外圆、内孔、端面、齿面、槽及小孔等，材料为45钢。以公差等级和表面粗糙度要求，查阅相关工艺手册中加工经济精度与表面粗糙度相关内容，加工方法选择如下：

① ϕ90 mm外圆面为未注公差尺寸，根据GB 1800—79规定其公差等级为IT14，表面粗糙度为Ra 3.2 μm，需进行粗车和半精车。

② 齿圈外圆面公差等级为IT11，表面粗糙度为Ra 3.2 μm，需粗车、半精车。

③ $\phi 106.5^{0}_{-0.4}$ mm外圆面公差等级为IT12，表面粗糙度为Ra6.3 μm，粗车即可。

④ ϕ68K7 mm内孔公差等级为IT7，表面粗糙度为Ra0.8 μm，毛坯孔已锻出，为未淬火钢，可采取粗镗、半精镗之后用精镗、拉孔或磨孔等方法满足加工要求。由于拉孔适用于大批大量生产，磨孔适用于单件小批量生产，故本零件宜采用粗镗、半精镗、精镗。

⑤ ϕ94 mm内孔为未注公差尺寸，公差等级为IT14，表面粗糙度为Ra6.3 μm，毛坯孔已锻出，只需粗镗即可。

⑥ 本零件的端面为回转体端面，尺寸精度要求不高，表面粗糙度为Ra3.2 μm及Ra6.3 μm两种要求。要求Ra3.2 μm的端面可粗车和半精车，要求Ra6.3 μm的端面粗车

即可。

⑦ 齿面。齿轮模数为2.25，齿数为50，精度8FL，表面粗糙度为$Ra1.6\ \mu m$，采用A级单头滚刀滚齿即能达到要求。

⑧ 槽。槽宽和槽深的公差等级分别为IT13和IT14，表面粗糙度分别为$Ra3.2\ \mu m$和$Ra6.3\ \mu m$，需采用三面刃铣刀，粗铣、半精铣。

⑨ $\phi5$ mm小孔采用复合钻头一次钻出即可。

(7) 制定工艺路线

齿轮的加工工艺路线一般是先进行齿坯的加工，再进行齿面加工。齿坯加工包括各圆柱表面及端面的加工。按照先加工基准面及先粗后精的原则，该零件加工工艺路线见表2-2。

2.3 知识链接——工艺尺寸链计算方法

加工过程中，工件的尺寸在不断地变化，由毛坯尺寸到工序尺寸，最后达到设计要求的尺寸。这些尺寸之间存在一定联系，表2-1所示的圆柱齿轮工艺路线中工序80的尺寸A，与工序40和工序100的工序尺寸之间就有内在联系，要想求得工序80的尺寸A，就必须应用尺寸链理论来揭示它们之间的内在关系，掌握它们的变化规律，以合理确定工序尺寸及其公差并计算各种工艺尺寸，同时也为装配尺寸链的分析打好基础。

2.3.1 尺寸链的基本概念

1. 尺寸链的定义

由一组相互联系的尺寸形成的封闭尺寸组合称为尺寸链。在机器装配或零件加工过程中，如图2-6所示台阶零件的零件图样上会标注设计尺寸A_1和A_0。当用调整法最后加工表面B时(其他表面均已加工完成)，为了使工件定位可靠、夹具结构简单，常选A面为定位基准，按尺寸A_2对刀加工B面，间接保证尺寸A_0。这样，在加工过程中尺寸A_1，A_2和A_0就是由相互连接的尺寸形成的封闭尺寸组，称为一个尺寸链。在设计、装配和测量过程中也都会形成类似的封闭尺寸组，形成尺寸链。

2. 尺寸链的组成

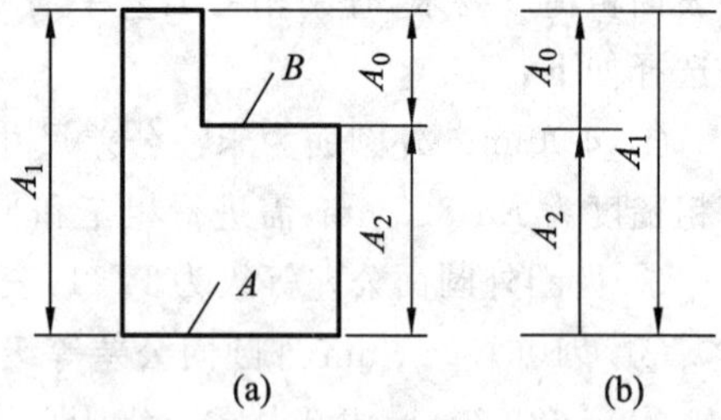

图2-6 零件加工过程中的尺寸链

为了便于分析和计算尺寸链，参照国家标准《尺寸链计算方法》(GB 5847—86)，对尺寸链中各尺寸作如下定义：

(1) 环：列入尺寸链中的每一尺寸。图2-6中的A_1，A_2和A_0都称为尺寸链的环。

(2) 封闭环：尺寸链中在装配过程或加工过程最后间接获得或自然形成的尺寸。图2-6中的A_0是封闭环，封闭环以下角标“0”表示。

(3) 组成环：尺寸链中对封闭环有影响的全部环。这些环中任一环的变动必然引起封闭环的变动。图2-6中的A_1和A_2均是组成环。

① 减环：该环的变动将引起封闭环反向变动。反向变动是指该环增大时封闭环减小，该环减小时封闭环增大。图2-6中的A_2是减环。

② 增环：该环的变动引起封闭环正向变动。图 2-6 中的 A_1 是增环。

减环与增环的简便判断方法——画箭头法。在图 2-6 所示的尺寸链中，按顺时针或逆时针方向在每个尺寸线上画一箭头，组成环尺寸的箭头方向与封闭环尺寸的箭头方向相同的是减环，箭头方向相反的是增环。

3. 尺寸链的特性

(1) 封闭性：由于尺寸链是封闭的尺寸组，因而它是由一个封闭环和若干个相互连接的组成环所构成的封闭图形，具有封闭性。不封闭就不能称为尺寸链，一个尺寸链有一个封闭环。

(2) 关联性：由于尺寸链具有封闭性，所以尺寸链中的各环都相互关联。尺寸链中封闭环随所有组成环的变动而变动，组成环是自变量，封闭环是因变量。

4. 尺寸链图

尺寸链图是将尺寸链中各相应的环按大致比例，用首尾相接的单箭头线顺序画出的尺寸图，如图 2-6b 所示。

2.3.2　尺寸链的分类

(1) 按环的几何特征划分为长度尺寸链和角度尺寸链两种。

(2) 按其应用场合划分为装配尺寸链(全部组成环为不同零件的设计尺寸)、工艺尺寸链(全部组成环为同一零件的工艺尺寸，如图 2-6 所示)、零件尺寸链(全部组成环为同一零件的设计尺寸)和工艺系统尺寸链。设计尺寸是指零件图样上标注的尺寸，工艺尺寸是指工序尺寸、测量尺寸和定位尺寸等。必须注意，零件图样上的尺寸不能注成封闭的，但所空缺的尺寸可以通过尺寸链的计算公式计算出来。

(3) 按各环所处空间位置划分为直线尺寸链、平面尺寸链和空间尺寸链。

尺寸链还可分为基本尺寸链和派生尺寸链(后者指它的封闭环为另一尺寸链组成环的尺寸链)，标量尺寸链和矢量尺寸链等(详见《尺寸链计算方法》(GB 5847—86))。

2.3.3　尺寸链的计算

尺寸链的计算，是指计算封闭环与组成环的基本尺寸、公差及极限偏差之间的关系。计算方法分为极值法和概率法两种。极值法多用于环数少的尺寸链，概率法多用于环数多的尺寸链。在中小批量生产和可靠性要求高的场合，多采用极值法；在大批量生产(如汽车、拖拉机、缝纫机等工业行业)中，可采用概率法。

1. 极值法计算的基本公式

(1) 封闭环的基本尺寸

由图 2-6 可推算出，封闭环的基本尺寸等于所有增环的基本尺寸减去所有减环的基本尺寸。

$$A_{\Sigma} = \sum_{i=1}^{m} \overrightarrow{A_i} - \sum_{j=m+1}^{n-1} \overleftarrow{A_j} \tag{2-12}$$

式中：A_{Σ}——封闭环的基本尺寸；

$\overrightarrow{A_i}$——增环的基本尺寸；

$\overleftarrow{A_j}$——减环的基本尺寸；

m——增环的数目；

n——尺寸链的总环数。

(2) 封闭环的极限尺寸

封闭环的最大尺寸等于所有增环的最大尺寸减去所有减环的最小尺寸。

封闭环的最小尺寸等于所有增环的最小尺寸减去所有减环的最大尺寸。

$$A_{\Sigma\max} = \sum_{i=1}^{m} \overrightarrow{A_{i\max}} - \sum_{j=m+1}^{n-1} \overleftarrow{A_{j\min}} \tag{2-13}$$

$$A_{\Sigma\min} = \sum_{i=1}^{m} \overrightarrow{A_{i\min}} - \sum_{j=m+1}^{n-1} \overleftarrow{A_{j\max}} \tag{2-14}$$

(3) 封闭环偏差

封闭环的上偏差等于所有增环的上偏差减去所有减环下偏差。封闭环的下偏差等于所有增环的下偏差减去所有减环上偏差。

$$ES_{A_\Sigma} = \sum_{i=1}^{m} ES\,\overrightarrow{A_i} - \sum_{j=m+1}^{n-1} EI\,\overleftarrow{A_j} \tag{2-15}$$

$$EI_{A_z} = \sum_{i=1}^{m} EI\,\overrightarrow{A_i} - \sum_{j=m+1}^{n-1} ES\,\overleftarrow{A_j} \tag{2-16}$$

式中：ES——上偏差；EI——下偏差。

(4) 封闭环的公差

封闭环的公差等于所有组成环的公差之和。

$$T_{A_\Sigma} = ES_{A_\Sigma} - EI_z = \sum_{i=1}^{n-1} T_i \tag{2-17}$$

2. 概率法计算的基本公式

(1) 封闭环平均尺寸计算公式

封闭环平均尺寸等于所有增环的平均尺寸减去所有减环的平均尺寸。

$$A_{om} = \sum_{i=1}^{m} \overrightarrow{A_{im}} - \sum_{j=m+1}^{n-1} \overleftarrow{A_{jm}} \tag{2-18}$$

(2) 封闭环的公差

在极值算法中，封闭环的公差大于任一组成环的公差。当封闭环公差一定时，若组成环数目较多，各组成环的公差就会过小，造成工序加工困难。因此，在分析尺寸链时，应使尺寸链的组成环数为最少，即遵循尺寸链最短原则。在大批量生产或封闭环公差较小、组成环较多的情况下，可采用概率算法，其计算公式为

$$T_{A_\Sigma} = \sqrt{\sum_{i=1}^{n-1} T_i^2} \tag{2-19}$$

3. 尺寸链的计算形式

计算尺寸链时，首先根据尺寸链的特征选择计算方法，尺寸链的环数不大于 4 环时选极值法居多，大于 4 环时选概率法居多；封闭环的数值较大时选极值法居多；较小时选概率法居多。具体计算时常见到下列 3 种计算形式，即 3 种题型。

(1) 尺寸链的正算形式

已知各组成环的基本尺寸、公差及极限偏差，求封闭环的基本尺寸、公差及极限偏差。它的计算结果是唯一的，产品设计的校验工作常遇到此形式。

(2) 尺寸链的反算形式

已知封闭环的基本尺寸、公差及极限偏差，求各组成环的基本尺寸、公差及极限偏

差。已知一个封闭环的参数求若干组成环的参数，即有一个已知数，求若干个未知数，从数学中解方程的角度看有无数解，所以反算形式是将封闭环的公差值合理地分配给各组成环，以求得最佳分配方案。机械产品设计工作在结构设计和零部件设计阶段常遇到此形式。因此，合理分配各参数显得尤其重要，具体的分配方法有 3 种。

① 等公差法

即等公差值分配法，将封闭环的公差均匀地分配给各个组成环，并保证

$$T_{A_\Sigma} \geqslant \sum_{i=1}^{n-1} T_i \tag{2-20}$$

这种方法计算简单，但当各环的基本尺寸相差较大或要求不同时，这种方法就不宜使用。

② 等精度法

即等精度等级系数分配法，各组成环取相同的精度等级系数，根据具体尺寸的大小进行分配，并保证

$$T_{A_\Sigma} \geqslant \sum_{i=1}^{n-1} T_i \tag{2-21}$$

这种方法保证了各组成环工序尺寸具有相同的公差等级，使各工序的加工难度基本均衡。但实际加工中，不同加工方法的经济加工精度是不同的，并且各工序尺寸的作用不同，其合理的精度等级也不相同，因而这种方法也有其不完善的一面。

③ 组成环主次分类法

在封闭环公差较小而组成环又较多时，可首先把组成环按重要性进行主次分类，再根据相应加工方法的经济加工精度，合理确定各组成环公差等级，并使各组成环的公差符合式(2-20)的要求。这种方法在实际生产中应用较多，它相当于等公差法的改进型方法。

(3) 尺寸链的中间形式

已知封闭环和部分组成环的基本尺寸、公差及极限偏差，求其余组成环的基本尺寸、公差及极限偏差。若其余组成环数等于 1，则可按照尺寸链计算公式计算出该组成环的基本尺寸、公差及极限偏差；若其余组成环数大于 1，则按照反算形式来计算。工艺尺寸链多属此种计算形式。

2.3.4　设计基准重合时工艺尺寸链的建立和计算

工序尺寸是工件在加工过程中各工序应保证的加工尺寸，其公差即工序尺寸的公差，应按各种加工方法的经济精度选定。制定工艺规程的重要内容之一就是确定工序尺寸及其公差。在确定了工序余量和工序所能达到的经济精度后，便可计算出工序尺寸及其公差。其计算方法分两种情况。

(1) 当加工某一表面的各道工序都采用同一个定位基准，并与设计基准重合(即工序基准、定位基准、测量基准与设计基准重合)时，只需考虑各工序的加工余量，可由最后一道工序开始向前推算表面多次加工应达到的工序尺寸、公差。

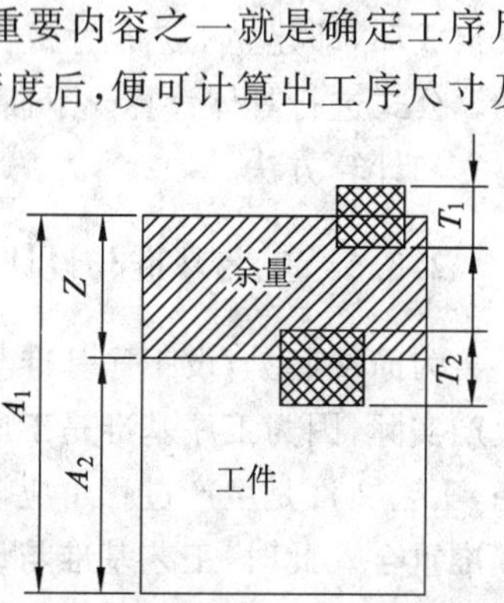

图 2-7　余量为封闭环的尺寸链

如图 2-7 所示，尺寸 A_1，A_2 是本工序控制的工序尺寸，因而它们都是组成环。只有工序基本余量是最后形

成的环，为封闭环。每个工序基本余量都是一个三环工艺尺寸链的封闭环。工艺尺寸链建立后，就可按尺寸链的计算公式计算各尺寸及其公差。本尺寸链是直线尺寸链，因而

$$Z=A_1-A_2$$
$$T_Z=T_1+T_2$$

式中：T_Z——余量公差；

T_1——工序尺寸 A_1的公差；

T_2——工序尺寸 A_2的公差。

由上面两公式可知，工序余量的基本值影响工序尺寸的基本尺寸，工序尺寸的公差则影响工序余量的变化。一般情况下，工序尺寸的公差按经济精度选定后，就可计算最大工序余量和最小工序余量，并验算工序余量是否过大或过小，以便修改工序余量。

(2) 若加工时直接控制工序余量，而不是直接控制工序尺寸，如靠火花磨削，那么工序余量就成为组成环，而本工序的工序尺寸是最后形成的封闭环。

例如，加工某箱体工件上的孔，加工工序为扩孔—粗镗—精镗—精磨。各工序的加工余量及所能达到的经济精度可根据工艺手册结合工厂的实际选定。表 2-7 中列出了各工序尺寸及其公差的计算结果。表中第 2，3 两列为查手册得到的数据，第 4 列为计算所得数据，第 5 列为最终结果。

表 2-7 各工序尺寸及其公差的计算结果

工序名称	工序余量	工序公差	工序基本尺寸	工序尺寸及公差
精磨孔	0.7	IT7 $^{0.03}_{0}$	72.5	72.5 $^{0.03}_{0}$
精镗孔	1.3	IT8 $^{0.046}_{0}$	72.5－0.7＝71.8	71.8 $^{0.046}_{0}$
半精镗孔	2.5	IT11 $^{0.19}_{0}$	71.8－1.3＝70.5	70.5 $^{0.19}_{0}$
粗镗孔	4.0	IT12 $^{0.40}_{0}$	70.5－2.5＝68.0	68.0 $^{0.40}_{0}$
扩孔	5.0	IT13 $^{0.40}_{0}$	68.0－4.0＝64.0	64.0 $^{0.40}_{0}$
毛坯孔		$^{2}_{1}$	64.0－5.0＝59.0	59.0 $^{2}_{1}$

应用工艺尺寸链解决实际问题的关键是找出工艺尺寸之间的内在联系，确定封闭环及组成环，即建立工艺尺寸链。当确定好尺寸链的封闭环及组成环后，就运用尺寸链的计算公式进行具体计算。下面由简到繁，通过几种典型的应用实例，分析工艺尺寸链的建立和计算方法。

2.3.5 工艺基准与设计基准不重合时工艺尺寸链的建立和计算

为简便起见，设工序基准与定位基准或测量基准重合，这一设定符合一般情况下的生产实际，因为工序基准是工序图上所标明的基准，而工序图往往是工艺文件的内容之一，工艺文件是生产过程中应该遵照执行的文件，所以工序基准一般与定位基准或测量基准重合。此时，工艺基准与设计基准不重合，就简化为测量基准或定位基准与设计基准不重合的情况。

1. 定位基准与设计基准不重合时工序尺寸及其公差的换算

如图 2-6 所示，本工序加工 B 面，以 A 面为定位基准，而 B 面的设计基准是上表面，定位基准与设计基准不重合，需要进行尺寸换算，即计算本工序的工序尺寸 A_2 及其偏差。

根据题意，本工序的工序尺寸 A_2 是被加工面 B 面到定位基准面 A 面之间的距离。一般情况下，从定位基准面到被加工面之间的尺寸是直接保证的，故 A_0 是封闭环，A_1 是增环，A_2 是减环，根据尺寸链计算公式即可计算出本工序的工序尺寸 A_2 及其偏差。

2. 测量基准与设计基准不重合时测量尺寸的换算

如图 2-8 所示的套筒零件，设计图样上根据装配要求标注尺寸 $50_{-0.17}^{\ 0}$ 和 $10_{-0.36}^{\ 0}$，大孔深度尺寸未标注。零件上设计尺寸 A_1（$50_{-0.17}^{\ 0}$ mm），A_2（$10_{-0.36}^{\ 0}$ mm）和大孔深度尺寸形成零件尺寸链，如图所示。大孔深度尺寸 A_0 是最后形成的封闭环。

根据计算公式可得 $A_0=40_{-0.17}^{+0.36}$ mm。

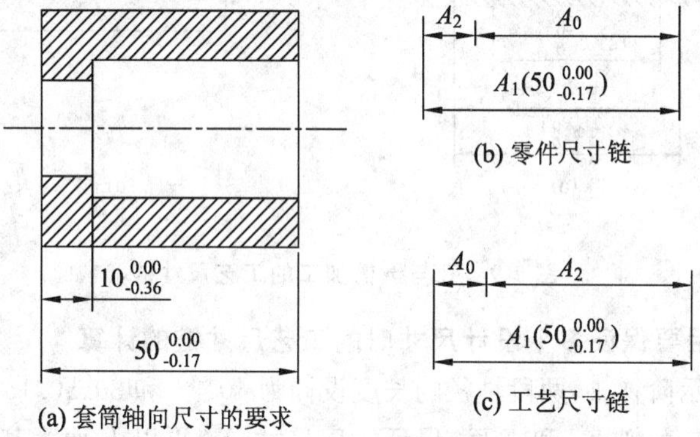

图 2-8　测量尺寸的换算

加工时，由于尺寸 A_0（$10_{-0.36}^{\ 0}$ mm）测量比较困难，改用游标深度尺测量大孔深度，因而 $10_{-0.36}^{\ 0}$ mm 就成为图 2-8c 所示工艺尺寸链的封闭环 A_0。

根据计算公式可得 $A_2=40_{\ 0}^{+0.19}$ mm。

3. 从待加工的设计基准标注工序尺寸时工序尺寸及公差的换算

从待加工的设计基准标注工序尺寸时，因为待加工的设计基准与工序基准两者差一个余量，所以它仍然是设计基准与定位基准不重合。现通过两个实例分析，进一步加深对基准不重合时工艺尺寸链的建立和计算的理解。

［例 2-1］　如图 2-9 所示的一带键槽的齿轮孔，孔淬火后需磨削，故键槽深度的最终尺寸 $33_{\ 0}^{+0.1}$mm 不能直接获得，这样插键槽的深度只能作为加工中的工序尺寸。因此，必须计算出插键槽的工序尺寸及其公差。有关内孔及键槽的加工顺序是：① 镗内孔至 $29.6_{\ 0}^{+0.1}$ mm；② 插键槽至尺寸 A；③ 热处理；④ 磨内孔至 $30_{\ 0}^{+0.025}$ mm，同时间接获得键槽深度 $33_{\ 1}^{+0.1}$ mm。

解　设插键槽的深度为 $A_{\delta_x}^{\delta_s}$。

(1) 画尺寸链。根据图 2-9a 齿轮图，绘制孔与键槽加工的工艺尺寸链如图 2-9b 所示，为方便起见，将键槽孔旋转 90°。

(2) 找封闭环。$33_{\ 0}^{+0.1}$ 是封闭环，尺寸 $A_{\delta_x}^{\delta_s}$ 和 $15_{\ 0}^{+0.0125}$（内孔半径）为增环，$14_{\ 0}^{+0.05}$ 为减环。

(3) 计算工序尺寸及其公差。建立工艺尺寸链后，就可计算工序尺寸 A 及其公差。

本例按“中间计算形式”进行计算。

① 基本尺寸 $33=15+A-14.8$，求得 $A=32.8$ mm；

② 上偏差：$+0.1=+0.0125+\delta_s-0$，求得 $\delta_s=+0.0875$ mm；

③ 下偏差 $0=0+\delta_x-(+0.05)$，求得 $\delta_x=+0.05$ mm。

所以，$A=32.8^{+0.0875}_{+0.05}=32.85^{+0.0375}_{0}$ mm。

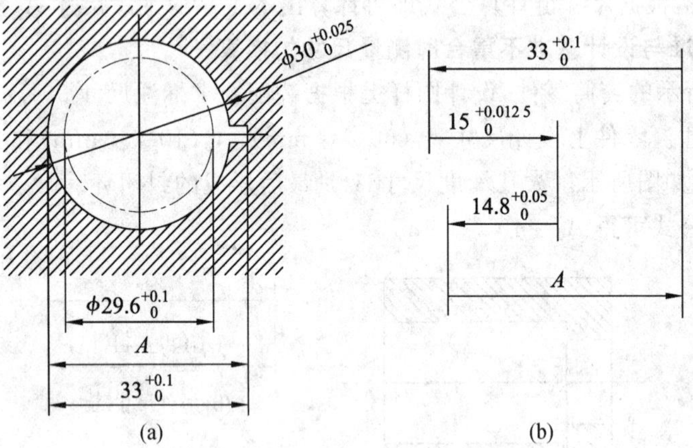

图 2-9 孔与键槽加工的工艺尺寸链

4. 一次加工后要保证多个设计尺寸时的工艺尺寸链的计算

如图 2-10a 所示阶梯轴，两段轴径的长度设计为 $40^{+0.1}_{0}$ 和 80 ± 0.15。加工时，首先以精车后的 A 面为基准，车削 ϕd 和 B 面，保证工序尺寸 A_1，再以 B 面为基准，精车 C 面，保证工序尺寸 A_2；然后磨削 D 外圆和端面 A，保证尺寸 $40^{+0.1}_{0}$，同时间接保证尺寸 80 ± 0.15。

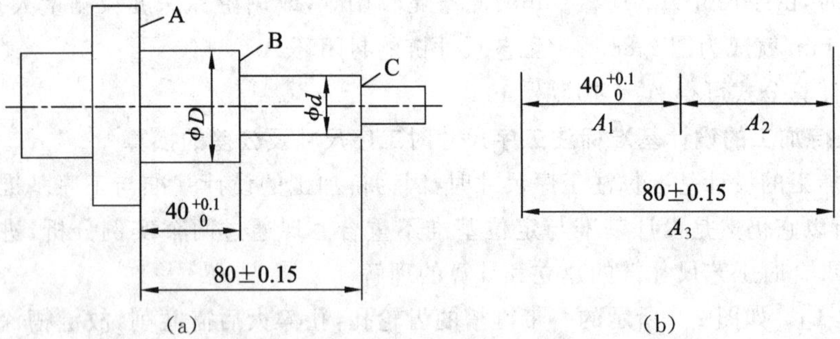

图 2-10 同时保证多个设计尺寸时的工艺尺寸链

显然，工序尺寸 A_2 将影响最终工序对间接获得的尺寸 80 ± 0.15 的保证。分析得工艺尺寸链如图 2-10b 所示，应用尺寸链计算公式可以求得 $A=40^{-0.05}_{-0.15}$ mm。

5. 为保证表面处理(淬火、渗碳、电镀)层深度而进行的工艺尺寸链的计算

如图 2-11a 所示轴的外圆加工顺序为：精车到尺寸 A_1，然后表面渗碳处理，渗层深度为 A_2；最后精磨外圆尺寸到 $40_{-0.016}^{\ 0}$，同时保证渗碳层深度为 0.5～0.8 mm，试求渗碳时的渗碳层厚度。

由加工顺序可以得到图 2-11b 所示的工艺尺寸链，在精磨外圆时渗碳层厚度是间接得到的，A 为封闭环；A_2，A_3 为增环，A_1 为减环。应用尺寸链计算公式可以求得，渗碳时的渗碳层深度为 $A_2=0.7^{+0.025}_{+0.008}$ mm。

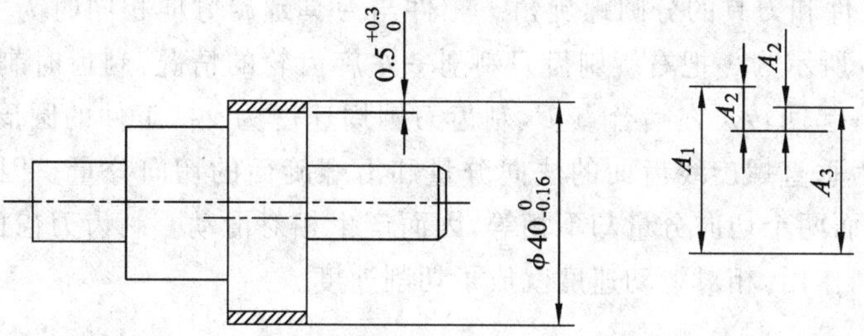

图 2-11　保证渗碳层厚度的工艺尺寸链

2.4　知识拓展

2.4.1　齿轮的其他形式

由于齿轮在机器中的功用不同，其形状和尺寸也各不相同，但总是可以把它们划分为齿圈和轮体两个部分。常见的圆柱齿轮有以下几类：盘类齿轮、套类齿轮、内齿轮、轴类齿轮、扇形齿轮、齿条(即齿圈半径无限大的圆柱齿轮，如图 2-12 所示)。此外，根据齿轮轮齿的形式不同还有直齿、斜齿和圆弧齿齿轮，其中盘类齿轮应用最广。

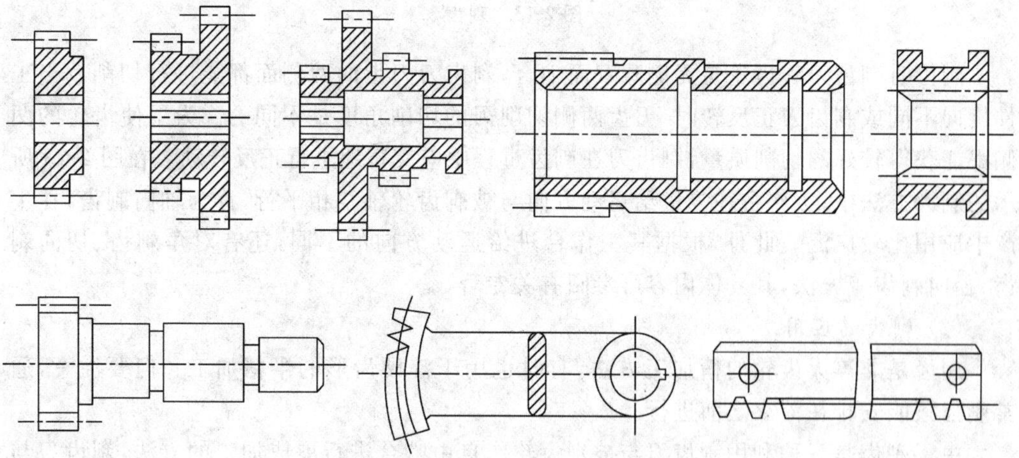

图 2-12　圆柱齿轮的几种形式

2.4.2　齿轮齿表面的精加工方法

齿轮齿形的常见加工方法有滚齿、插齿和铣齿，齿表面的精加工方法有珩齿、剃齿和磨齿。

1. 剃齿

(1) 剃齿原理与方法

剃齿是根据一对轴线交叉的螺旋齿轮啮合时，沿齿向有相对滑动而建立的一种加工方法。剃齿刀实质上是一个高精度的螺旋齿轮，如图 2-13a 所示。在齿面上沿渐开线方向开了很多小槽，以形成切削刃。剃齿刀与工件间有一夹角(轴交角)δ，且

$$\delta=\beta_{工}\pm\beta_{刀}$$

$\beta_{工}$，$\beta_{刀}$分别为工件和刀具的分圆螺旋角。工件与刀具螺旋方向相同时为"＋"，相反时为"－"。图 2-13b 所示为一把右旋剃齿刀剃削一左旋齿轮的情况，剃齿时剃齿刀做高速回转并带动工件一起回转。在啮合点 P，剃齿刀圆周速度为 $v_{刀}$，工件的圆周速度为 $v_{工}$，它们都可以分解为垂直螺旋线齿面的法向分量和沿螺旋面的切向分量。因啮合点的法向分量必须相等，而两个切向分量却不相等，因而产生相对滑动。剃齿刀齿面上开有小槽，因此产生了切削作用，相对滑动速度就成了切削速度。

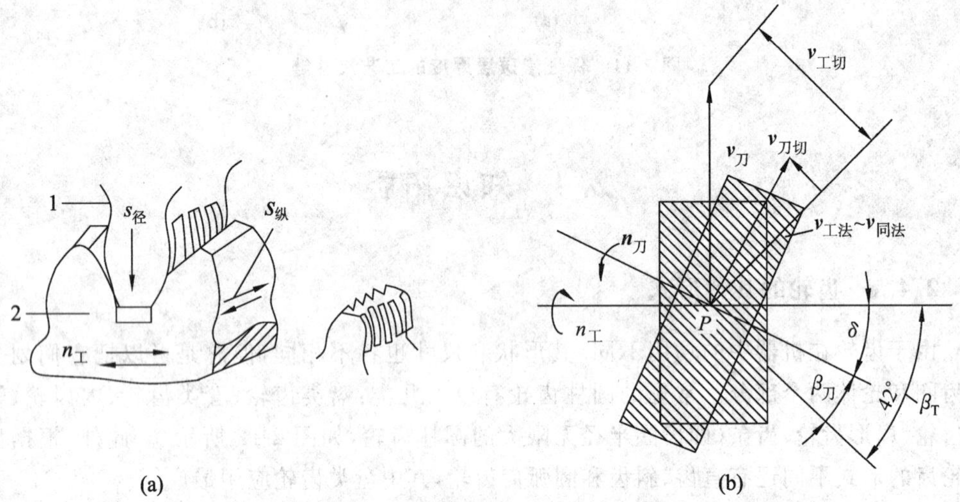

图 2-13 剃齿

剃齿时剃齿刀和齿轮是无侧隙双面啮合，剃齿刀刀齿的两侧面都能进行切削。当工件旋向不同或剃齿刀正反转时，刀齿两侧切削刃的切削角度是不同的。为了使齿轮的两侧都能获得较好的切削质量，剃齿刀在剃齿过程中应交替地进行正反转动。在图 2-13 所示的剃齿方法中，工作台往复进给运动方向与被剃齿轮轴线相平行，称为轴向剃齿，在生产中应用比较广泛。此外，根据其工作台进给运动方向的不同，还有对角剃齿、切向剃齿、径向剃齿等方法，其具体内容可参阅有关专著。

(2) 剃齿的应用

剃齿是非淬火齿轮的精加工方法，有时也用于淬硬齿形的半精加工。但要注意，通常剃齿只能安排在淬火之前进行。

由于剃齿是一种利用剃齿刀与被剃齿轮作自由啮合进行展成加工的方法，剃齿刀与齿轮间没有强制性的啮合运动，所以剃齿后齿轮的运动精度不会明显提高，但工作平稳性精度和接触精度有较大改善，齿轮表面粗糙度值明显减小。

剃齿生产牢高，一般只要 2～4 min 便可加工完一个齿轮，且加工的成本平均要比磨齿低 90%。在大批量生产中加工中等模数 7－6 级精度的非淬硬齿面的齿轮，剃齿是最常用的精加工方法。

(3) 剃齿时要注意的问题

① 齿轮的材料。剃前齿轮硬度在 33～52HRC 范围时，剃齿刀校正误差的能力最好。如果齿轮材质不均匀，含杂质或韧性过大，会引起剃齿刀滑刀或啃刀，最终会影响剃齿的齿形及表面租糙度。

② 齿轮剃齿前的精度。剃齿前的齿轮应有一定的精度。通常剃齿后的精度只能比

剃齿前的精度提高一级。因为剃齿不能修正公法线长度变动，故剃前齿轮的公法线长度值不应低于剃齿后的要求。由于插齿的运动精度比滚齿差，因而凡对公法线长度变动量要求严的齿轮安排滚-剃加工较好。

③ 剃齿余量。剃齿余量的大小，对剃齿质量和生产率均有较大影响。余量不足时，剃前误差及齿面缺陷不能全部去除；余量过大时，剃齿效率低，刀具磨损快，剃齿质量反而下降。选取剃齿余量时可参考表2-8。

表2-8 剃齿余量

模数	1～1.75	2～3	3.25～4	4～5	5.5～6
剃齿余量/mm	0.07	0.08	0.09	0.10	0.11

剃齿时，为了减轻剃齿刀齿顶负荷，避免刀尖折断，剃前余量分布最好如图2-14a所示，即在齿根处挖掉一块。齿顶处最好能有一修缘，这不仅对工作平稳性有利，而且可使剃齿后的工件沿外圆不产生毛刺。图2-14b是相应的剃前剃齿刀的齿形。图2-14c是剃前插齿刀的齿形，它只能挖根不能修缘。如果没有剃前刀具，可将该刀磨出10°～15°的前角，使滚齿后齿形如图2-14d所示。此时虽然剃削余量沿齿高分布不均匀，但可避免刀尖折断。

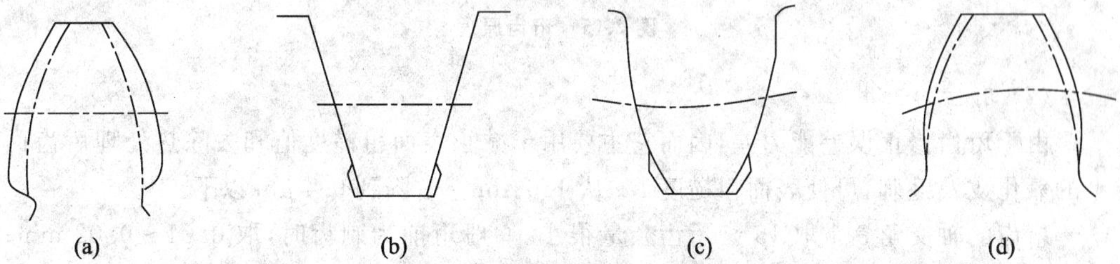

图2-14 剃前余量分布及刀具齿形

2. 珩齿

(1) 珩齿原理及工艺特点

珩齿是一种对热处理后的齿轮进行精整加工的方法。珩齿的运动关系及所用的机床与剃齿相似，不同的是珩齿所用的工具(珩轮)是含有磨料的塑料齿轮(如图2-15a所示)。切削是在珩磨轮与齿轮的"自由啮合"过程中，靠齿面间的压力和相对滑动进行的，如图2-15b所示。

① 珩齿后的齿面表面质量好，珩齿速度一般为1～3 m/s，比普通磨削速度低，磨粒粒度较细，结合剂弹性较大。因此珩齿过程实际上是低速磨削、研磨和抛光的综合过程，齿面不会产生烧伤和裂纹，所以珩齿后的齿面表面质量较好。

② 珩齿修正误差的能力低。珩齿与剃齿的运动关系相似，但珩轮本身有一定的弹性，故不能强行切下误差部分的金属，所以珩齿修正误差的能力不如剃齿，但是珩轮本身的误差也不会全部反映到齿轮上。因此珩轮本身精度一般都不高，但对珩前齿轮的精度则要求高。

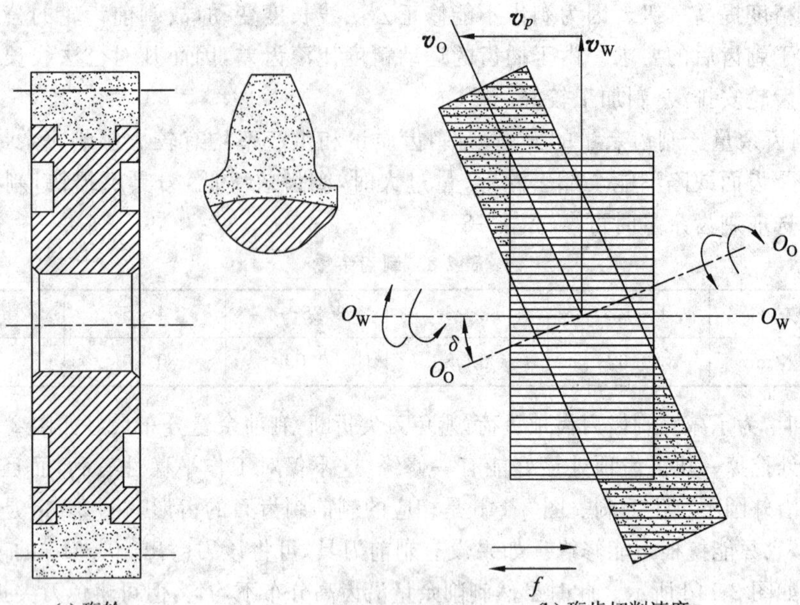

(a) 珩轮　　(b) 珩齿切削速度

图 2-15　珩齿原理

(2) 珩齿的应用

由于珩齿修正误差能力差,因而它主要用于减小表面粗糙度值和去除热处理后齿面上的氧化皮及毛刺,可使表面粗糙度 Ra 从 1.6 μm 左右降到 0.4 μm 以下。

珩齿的轴交角 δ 常取 15°。珩齿余量很小,一般珩前为剃齿时,取 0.01～0.02 mm;珩齿的切削速度一般为 1.2～1.6 m/s,纵向进给量为 0.3 mm/s(工件)。

由于珩齿具有齿面粗糙度值小、效率高、成本低、设备简单、操作方便等优点,因此是一种很好的齿轮光整加工方法,一般可用于加工 7—6 级精度的齿轮。

3. 磨齿

(1) 磨齿的应用

磨齿是精加工淬硬精密(5 级以上)齿轮的重要方法,加工精度高,可达 6—3 级,表面粗糙度可达 Ra0.8～0.2 μm。

磨齿的加工方法不同于剃齿,不采用自由带动的方法,而是用强制性的传动链。因此,它的加工精度不直接决定于毛坯(即磨前齿轮)相度,但加工成本高,生产率低。

(2) 磨齿原理与方法

磨齿方法很多,根据磨齿原理的不同可分为成形法和展成法两类。成形法是用成形砂轮磨齿的方法,目前生产中应用较少,但是磨削内齿轮和特殊齿轮时不得不采用该办法。展成法主要是利用齿轮与齿条啮合原理进行加工的方法,这种方法是将砂轮的工作面构成假想齿条轮齿的单侧或双侧表面,在砂轮与工件的啮合运动中,砂轮的磨削平面包络出齿轮的渐开线齿面。下面介绍展成法磨齿的几种方法。

① 双片碟形砂轮磨齿

由图 2-16 可以看出,两片碟形砂轮倾斜安装,构成假想齿条的两个齿面。磨齿时,砂轮只在原位旋转。展成运动——工件的往复移动 v 和相应的正反转动 ω,通过滑座和由框架、滚圆盘及钢带组成的滚圆盘钢带机构实现。为了磨出全齿宽,工件通过工作台实现轴向的慢速进给运动。当一个齿槽的两侧齿面磨完后，工件快速退离砂轮，经分度机构分齿后，再进入下一个齿槽反向进行磨齿。

由于这种磨齿方法传动环节少，传动链的误差小，加之滚圆盘容易制造精确，所以展成运动精度高，分度机构精确，加工精度可达 5－4 级。但由于碟形砂轮刚性较差，每次进给磨去的余量很少，故生产率很低。

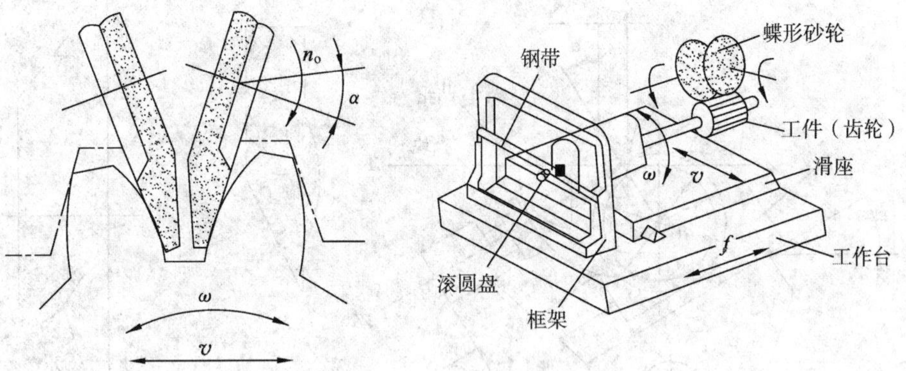

图 2-16　双碟形砂轮磨齿

② 大平面砂轮密齿

这是一种用大平面砂轮端面磨齿的方法，Y7125 磨齿机用的就是这种磨齿方法，如图 2-17 所示。由于砂轮直径较大（ϕ400～ϕ800），磨齿时沿齿槽方向做进给运动。磨齿的展成运动是用精密渐开线凸轮作为靠模，砂轮的工作端面垂直放置，相当于假想齿条的单侧齿面，工件在旋转的同时应沿假想齿条的节线方向移动，使齿轮的节圆在节线上做纯滚动。磨完一个齿后，工件主轴转过分度板上一个齿或几个齿，用定位爪精确定位。在磨完所有齿的一个侧面以后，再把工件调头安装，磨齿的另一侧面。

大平面砂轮磨齿机精度很高。大平面砂轮磨齿机的展成运动、分度运动的传动链短，再加上它没有砂轮与工件间的轴向运动，机床的结构简单，可以磨出 4－3 级精度的齿轮。因为它没有轴向运动，所以只能磨削齿宽较窄的齿轮，常用于磨削各种插齿刀和剃齿刀。

大平面砂轮磨齿机上修磨缘齿和鼓形齿如图 2-18 所示。修磨缘齿只要用样板将平面修成相应的曲线形状（如图 2-18a 所示），修磨鼓形齿只要将砂轮修整成如图 2-18b 所示的内锥面状。

③ 锥面砂轮磨齿

由图 2-19 可以看出，这种磨齿方法所用砂轮的齿形相当于假想齿条的一个齿廓，砂轮一方面高速旋转（n_o），一方面沿齿宽方向做往复移动（v）。校磨齿轮放在假想齿条啮合的位置，一边旋转，一边移动，实现展成运动。磨完一个齿后，工件还需做分度运动，以便开始磨削另一个槽，直至磨完全部轮齿。

采用锥形砂轮磨齿时，形成展成运动的机床传动链较长，结构复杂，故传动误差较大，磨齿精度较低，一般只能达到 6 级。

④ 蜗杆砂轮磨齿

这是一种新发展起来的连续分度密齿方式，如图 2-20 所示，它的加工运动与滚齿相似，只是相当于将滚刀换成蜗杆砂轮。这种密齿方法砂轮转速很高（2 000 r/min），而砂轮转一周，齿轮至少转过一个齿，这样工件转速也很高，而且可以连续磨齿，所以磨齿效率很高，磨一个齿仅需几秒钟。

这种磨齿方法的最大缺点是砂轮修整困难。目前，采用蜗杆砂轮磨齿，可磨削模数为 7 mm，最大外径为 700 mm 的齿轮，砂轮最大直径为 400 mm。

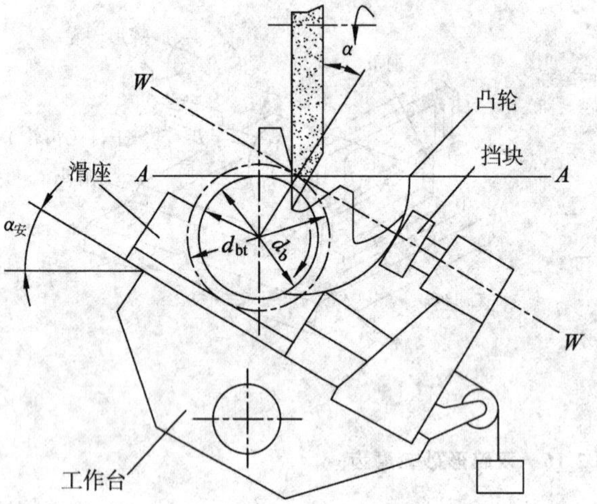

图 2-17　大平面砂轮磨齿原理

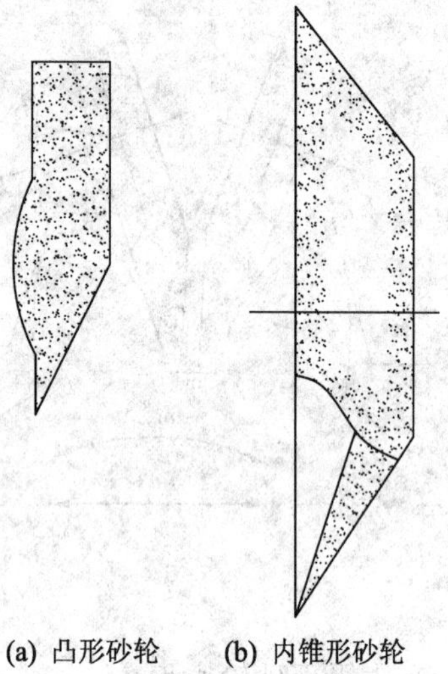

图 2-18　修磨缘齿和鼓形齿

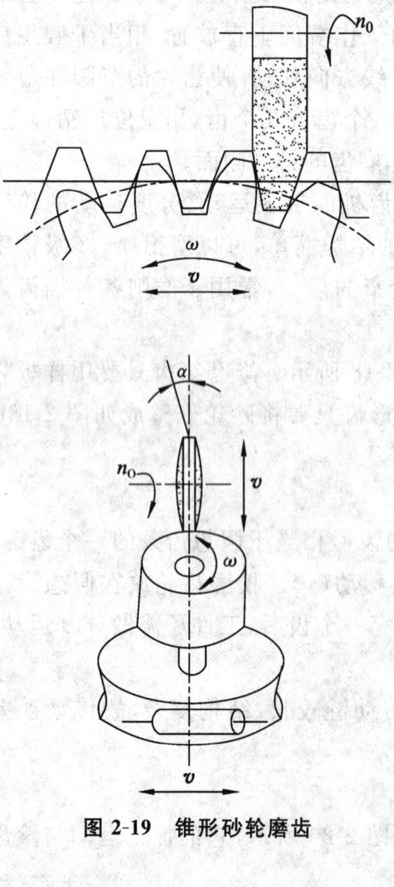

图 2-19　锥形砂轮磨齿

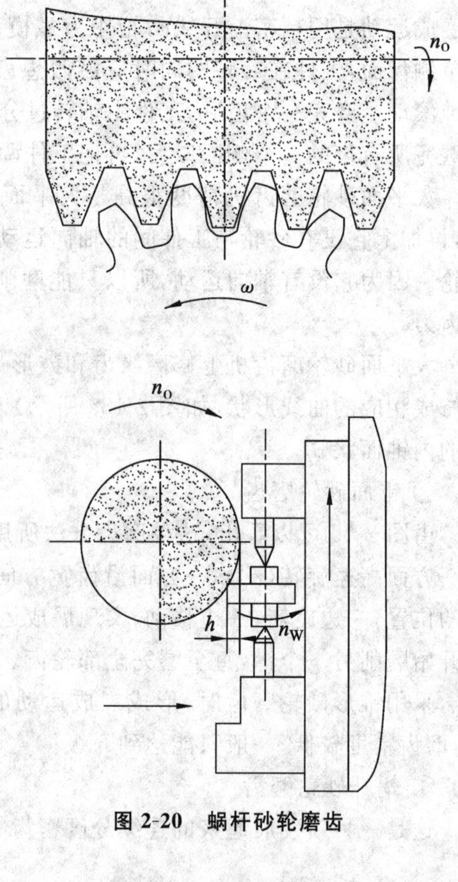

图 2-20　蜗杆砂轮磨齿

4. 挤齿

(1) 挤齿原理

冷挤齿轮是一种齿轮无切屑光整加工新工艺，有些工厂已用它来替代剃齿。齿轮冷挤过程是挤轮与工件之间在一定的压力下做无侧隙啮合的自由对滚过程，是按展成原理的无切屑精加工，如图 2-21 所示。挤轮实质上是一个高精度的圆柱齿轮。有的挤轮还有一定的变位量，挤轮与齿轮轴线平行旋转。挤轮宽度大于被挤齿轮宽度，所以在挤齿过程中，只要径向进给而无需轴向移动。

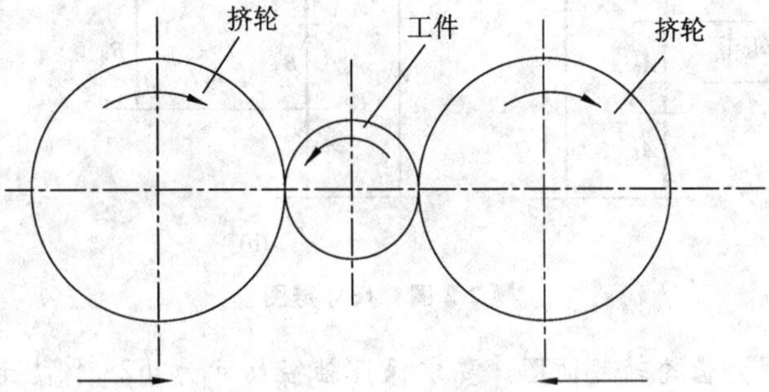

图 2-21　冷挤齿原理

(2) 挤齿特点

挤齿与剃齿一样均为齿轮淬火前的齿形精加工。与剃齿相比，挤齿通常具有下列特点：

① 生产率高。压力足够时，一般只需 5 s 左右就可将齿轮挤到规定尺寸，再精整(停止径向进给)20 s 左右即成成品；而剃齿则需要 2～4 min。挤齿余量比剃齿小，但挤齿前的滚齿或插齿的齿面粗糙度值比剃齿的齿面粗糙度值大，因而可以增大滚齿或插齿的进给量，使生产率提高 30%以上。

② 精度高。挤齿可使齿轮精度达到 6 级，甚至更高。剃齿机的运动部分多，刚性差，机床调整时间长；而挤齿只有单纯的径向进给，机床传动系统简单，刚性好，机床调整方便且精度稳定。

③ 齿面粗糙度值小。挤齿时工件的余量被熨压平整，所以有些表面缺陷和副伤等容易被填平。挤齿的表面租糙度达 $Ra0.1 \sim 0.04\ \mu m$。

④ 挤轮寿命长、成本低。一般挤轮轮齿侧面不开槽，结构简单，成本低，而其寿命却比剃齿刀长很多。通常剃齿刀刃磨一次只能剃几百个齿轮，而挤轮可加工上万个齿轮。

⑤ 被挤齿轮使用寿命长。实践证明，冷挤齿轮比剃齿齿轮强度高，使用寿命长。

⑥ 挤多联齿轮不受限制。因为挤齿是平行轴传动，所以挤多联齿轮可不受限制。

挤齿对齿圈跳动有较好的修正能力，齿向精度也比较好，但目前挤齿齿形稍度还不够稳定，齿面常出现凹、顶凸和根凸等畸变现象，故齿形精度要求高的尚不宜采用挤齿。

练习与思考

2-1 什么是尺寸链？什么是组成环？什么是封闭环？

2-2 如题 2-2 图所示尺寸链中(图中 A_0,B_0,C_0,D_0 是封闭环)，哪些组成环是增环？哪些组成环是减环？

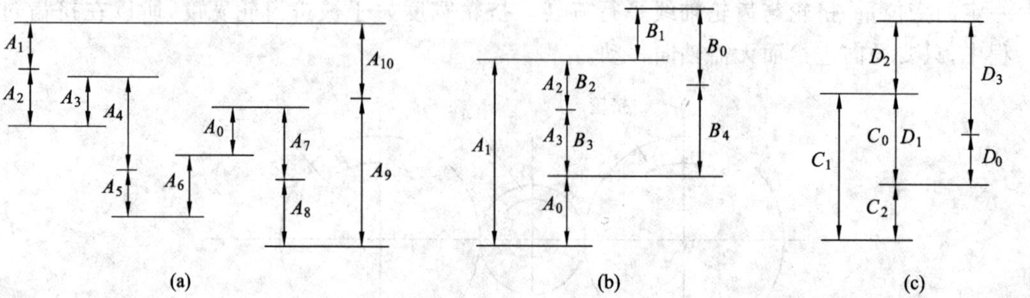

题 2-2 图 尺寸链图

2-3 题 2-3 图为齿轮轴截面图。要求保证轴径尺寸为 $\phi 28^{+0.024}_{+0.008}$ mm 和键槽 $4^{+0.16}_{0}$，其工艺过程如下：(1) 车外圆至 $\phi 28.5^{\ 0}_{-0.1}$ mm；(2) 铣键槽槽深至尺寸 H；(3) 热处理；(4) 磨外圆至尺寸 $\phi 28^{+0.024}_{+0.008}$ mm。

试求工序尺寸 H 及其极限偏差。

2-4 如题 2-4 图所示为轴套零件的轴向尺寸，其外圆、内孔及端面均已加工。试求：当以 A 面定位钻直径为 $\phi 10$ mm 孔时的工序尺寸 A_1 及其偏差。

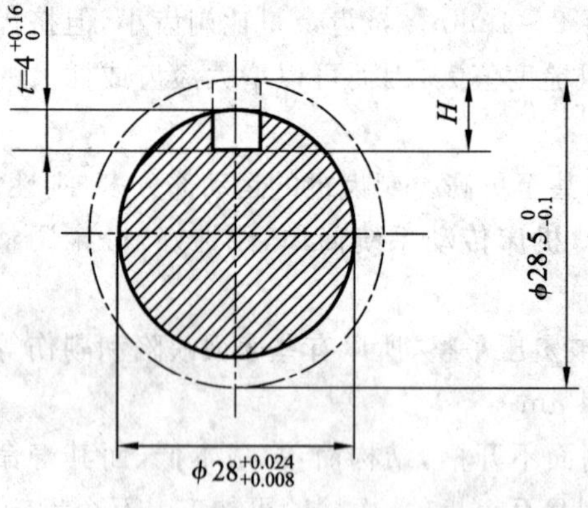

题 2-3 图 齿轮轴截面图

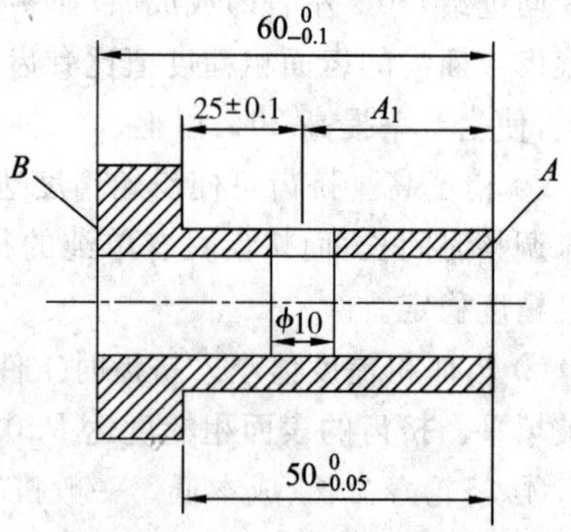

题 2-4 图 轴套零件轴向尺寸图

2-5 如题 2-5a 图所示为一轴套零件图，题 2-5b 图所示为车削工序简图，题 2-5c 图所示为钻孔工序 3 种不同定位方案的工序简图，均需保证题 2-5a 图所规定的位置尺寸 10±0.1 mm的要求。试分别计算工序尺寸 A_1,A_2 与 A_3 的尺寸及公差。为表达清晰起见，只标出了与计算工序尺寸 A_1,A_2,A_3 有关的轴向尺寸。

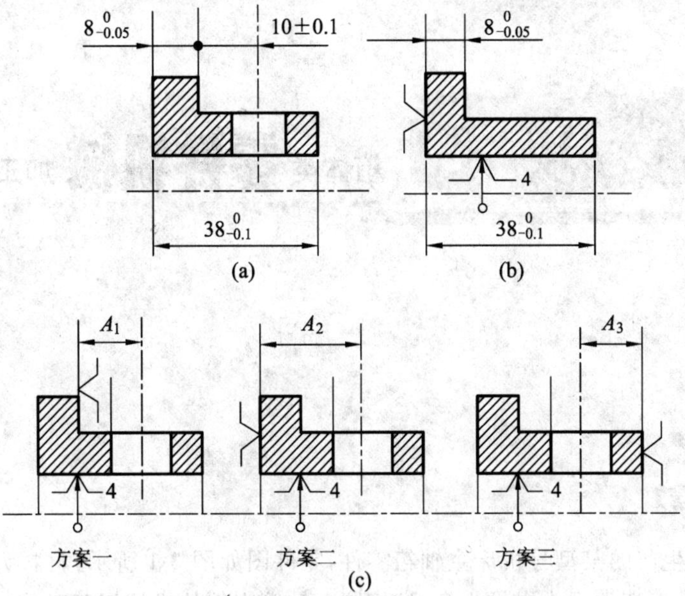

题 2-5 图　轴套零件及钻孔不同定位方案图

模块3 箱体类零件机械加工工艺编制

导引

【工作场景】

某机床厂生产的某型号机床主轴箱零件，零件图如图 3-1 所示，材料为 HT200，毛坯进行时效处理，生产类型为中批生产，试编制主轴箱零件的机械加工工艺。

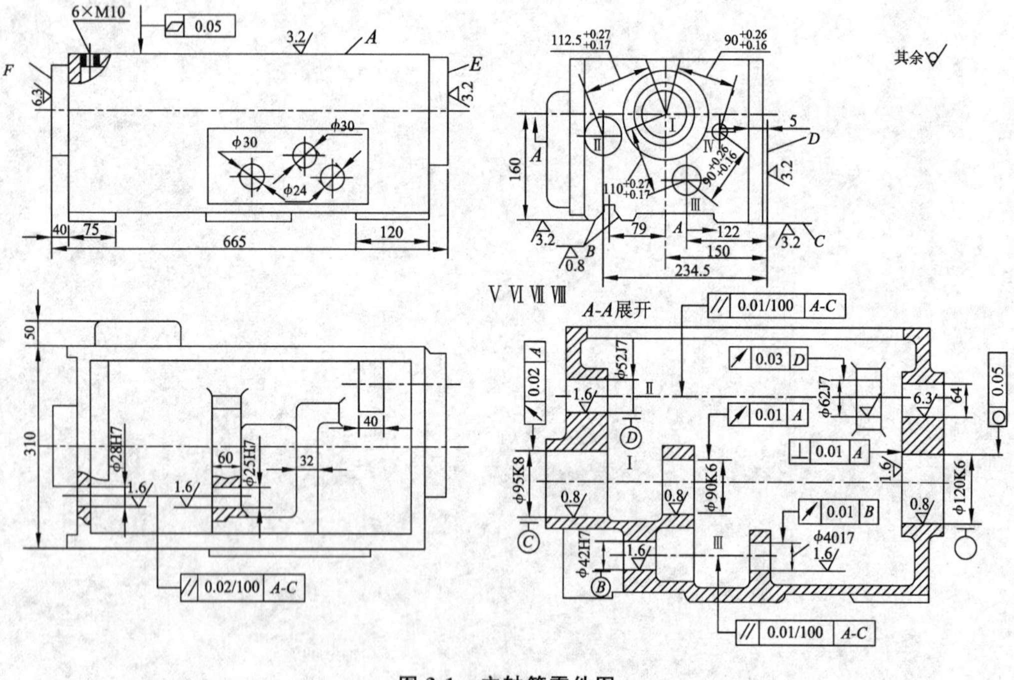

图 3-1　主轴箱零件图

【工作步骤】

(1) 分析零件图，填写零件加工表面情况表(见表 3-1)。

(2) 确定机械加工阶段。

(3) 确定各主要加工表面加工方案。

(4) 确定零件的加工工艺过程及各主要加工表面的精、粗基准。

(5) 填写主轴箱零件的机械加工工艺过程卡、机械加工工序卡。

【注意问题】

(1) 阅读主轴箱零件图,检查零件图的完整性和正确性,根据目前一般企业的实际制造能力分析零件的结构工艺性。

(2) 分析零件的结构、尺寸精度、形位公差、表面粗糙度、材料及热处理等技术要求是否合理。

(3) 毛坯的尺寸如何确定?

(4) 箱体的形位公差如何测量?

(5) 确定箱体主要形位精度检验方法。

3.1 箱体类零件工艺规程编制

虽然各种箱体的工艺过程因箱体的结构、精度要求和生产批量的不同而有较大差异,但亦有共同特点。下面结合实例来分析一般箱体加工中的共性问题。主轴箱是整体式箱体中结构较为复杂、要求又较高的一种箱体,其加工的难度较大,现以如图3-1所示主轴箱为例来介绍箱体的工艺过程。

1. 分析零件图,填写零件加工表面情况表

填写此表时,被加工平面在前,孔在后,主要平面、孔在前,次要平面、孔在后。填写后如表3-1中的左半部分所示。

表3-1 零件加工表面情况表

序 号	被加工表面	精度IT	粗糙度	粗加工	半精加工	精加工	光整加工	备 注
1	顶面 A	自由公差	3.2	√	√			
2	底面 C	自由公差	3.2	√	√			
3	导轨面 B	自由公差	0.8	√	√	√		
4	前面 D	自由公差	3.2	√	√			
5	左面 F	自由公差	6.3	√	√			
6	右面 E	自由公差	3.2	√	√			
7	Ⅰ孔 ϕ120K6/ϕ90K6/ϕ95K8	6/6/8	0.8	√	√	√	√	
8	Ⅱ孔 ϕ62 J7/52J7	7	1.6	√	√	√		
9	Ⅲ孔 ϕ40 I7/42 I7	7	1.6	√	√	√		
10	Ⅳ孔 ϕ25/ϕ28 H7	7	1.6	√	√	√		
11	2-ϕ30(前面)	自由公差	12.5	√				
12	ϕ24(前面)	自由公差	12.5	√				
13	6×M10(顶面 A)	自由公差	12.5	√				

2. 确定各表面所需加工阶段

根据图3-1,表3-1,以及表3-2中常见加工阶段能达到的精度及粗糙度等级,确定各加工表面的所需要的加工阶段,在相应栏目中打"√",如表3-1中右半部分所示。

表 3-2　常见加工阶段能达到的精度及粗糙度等级

项　目	粗加工	半精加工	精加工	光整加工
精度等级 IT	11～13	9～10	7～8	5～6
粗糙度等级 Ra	12.5～50	3.2～6.3	0.8～1.6	0.4 及以下

3. 确定各主要加工表面加工方案

一般平面加工采用铣、刨、磨，小孔加工采用钻、扩、铰，大孔加工采用粗镗、半精镗、精镗、浮动镗。接下来在表 3-1 中打"√"部分填上相应的加工方法，填好后见表 3-3。

表 3-3　填好后的零件加工表面情况表

序　号	被加工表面	精度 IT	粗糙度	粗加工	半精加工	精加工	光整加工	备　注
1	顶面 A	自由公差	3.2	√铣	√铣			
2	底面 C	自由公差	3.2	√铣	√铣			
3	导轨面 B	自由公差	0.8	√铣	√铣	√磨		
4	前面 D	自由公差	3.2	√铣	√铣			
5	左面 F	自由公差	6.3	√铣	√铣			
6	右面 E	自由公差	3.2	√铣	√铣			
7	Ⅰ孔 ϕ120K6/ϕ90K6/ϕ95K8	6/6/8	0.8	√镗	√镗	√镗	√镗	
8	Ⅱ孔 ϕ62 J7/52J7	7	1.6	√镗	√镗	√镗		
9	Ⅲ孔 ϕ40 I7/42 I7	7	1.6	√镗	√镗	√镗		
10	Ⅳ孔 ϕ25/ϕ28 H7	7	1.6	√镗	√镗	√镗		
11	2-ϕ30(前面)	自由公差	12.5	钻扩				
12	ϕ24(前面)	自由公差	12.5	钻扩				
13	6×M10(顶面 A)	自由公差	12.5	钻攻				

4. 确定零件的加工工艺过程及各主要加工表面的精、粗基准

根据表 3-3，按照序号分别填写粗加工各项、半精加工各项、精加工各项和光整加工各项。填好后的工艺过程见表 3-4。

表 3-4　零件加工工艺过程表

序号	加工内容	序号	加工内容	序号	加工内容
1	粗铣顶面 A	11	钻扩 2-ϕ30(前面)	21	半精镗Ⅱ孔 ϕ62 J7/52J7
2	粗铣底面 C	12	钻扩 ϕ24(前面)	22	半精镗Ⅲ孔 ϕ40 I7/42 I7
3	粗铣导轨面 B	13	钻攻 6×M10(顶面 A)	23	半精镗Ⅳ孔 ϕ25/ϕ28 H7
4	粗铣前面 D	14	半精铣顶面 A	24	磨导轨面 B
5	粗铣左面 F	15	半精铣底面 C	25	精镗Ⅰ孔 ϕ120K6/ϕ90K6/ϕ95K8
6	粗铣右面 E	16	半精铣导轨面 B	26	精镗Ⅱ孔 ϕ62 J7/52J7
7	粗镗Ⅰ孔 ϕ120K6/ϕ90K6/ϕ95K8	17	半精铣前面 D	27	精镗Ⅲ孔 ϕ40 I7/42 I7
8	粗镗Ⅱ孔 ϕ62 J7/52J7	18	半精铣左面 F	28	精镗Ⅳ孔 ϕ25/ϕ28 H7
9	粗镗Ⅲ孔 ϕ40 I7/42 I7	19	半精铣右面 E	29	浮动镗Ⅰ孔 ϕ120K6/ϕ90K6
10	粗镗Ⅳ孔 ϕ25/ϕ28 H7	20	半精镗Ⅰ孔 ϕ120K6/ϕ90K6/ϕ95K8		

表 3-4 已经将零件的机械加工工艺过程全部列出，尚有毛坯制造、漆底漆、热处理、去毛刺、检验等辅助工序未加入。根据该表，结合生产批量、定位基准等情况，可以对工艺过程作适当调整，如小批生产时可以对粗加工、半精加工作适当合并，次要孔（ϕ24，2-ϕ30，6×M10）可以放在主要孔加工以后进行加工；再如大批生产时，考虑到要用 6×M10 的底孔作工艺基准，故 6×M10 放在后面加工，在加工方法上也可以“以磨代铣”（即以粗磨代替半精铣）。

经过整合后，得到表 3-5 和表 3-6 所示的工艺过程。其中，表 3-5 为该车床主轴箱小批生产的工艺过程；表 3-6 为该车床主轴箱大批生产的工艺过程。从这两个表所列的箱体加工工艺过程可以看出，不同批量箱体加工的工艺过程既有共性，又有各自的特性。

表 3-5　某主轴箱小批生产工艺过程

序　号	工序内容	定位基准
1	铸造	
2	时效	
3	漆底漆	
4	划 *C*,*A* 及 *E*,*D* 加工线，考虑 主轴孔有加工余量，并尽量均匀，	
5	粗、精加工顶面 *A*	按线找正
6	粗、精加工 *B*,*C* 面及侧面 *D*	顶面 *A* 并校正主轴线
7	粗、精加工两端面 *E*,*F*	*B*,*C* 面
8	粗、半精加工各纵向孔	*B*,*C* 面
9	精加工各纵向孔	*B*,*C* 面
10	粗、精加工横向孔	*B*,*C* 面
11	加工螺孔及各次要孔	
12	清洗、去毛刺、倒角	
13	检验	

表 3-6　某主轴箱大批生产工艺过程

序　号	工序内容	定位基准
1	铸造	
2	时效	
3	漆底漆	
4	铣顶面 *A*	Ⅰ孔与Ⅱ孔
5	钻、扩、绞 2-ϕ8H7 工艺孔（将 6-M10 mm 先钻至 ϕ7.8 mm，绞 2-ϕ8H7）	顶面 *A* 及外形
6	铣两端面 *E*,*F* 及前面 *D*	顶面 *A* 及两工艺孔
7	铣导轨面 *B*,*C*	顶面 *A* 及两工艺孔
8	磨顶面 *A*	导轨面 *B*,*C*

续表

序　号	工序内容	定位基准
9	粗镗各纵向孔	顶面 A 及两工艺孔
10	精镗各纵向孔	顶面 A 及两工艺孔
11	精镗主轴孔 I	顶面 A 及两工艺孔
12	浮动镗主轴孔 I	（顶面 A 及两工艺孔）
13	加工横向孔及各面上的次要孔	
14	磨 B,C 导轨面及前面 D	顶面 A 及两工艺孔
15	将 2-ϕ8H7 及 4-ϕ7.8 mm 均扩钻至 ϕ8.5 mm，攻 6-M10 mm	
16	清洗、去毛刺、倒角	
17	检验	

有了表 3-5 和表 3-6 就可以填写主轴箱零件的机械加工工艺过程卡、机械加工工序卡。在表 3-5 和表 3-6 中还有一栏是定位基准，这部分内容将结合知识链接进行介绍。

5. 填写主轴箱零件的机械加工工艺过程卡、机械加工工序卡

这部分内容在前述过程已经涉及，不再重复。

3.2 知识梳理——箱体类零件表面加工方法

3.2.1 箱体平面加工方法

在“机械加工方法与刀具选用”课程里已经介绍了各种表面的加工方法，这里仅针对箱体平面加工对这些方法进行梳理。平面加工方法有刨、铣、拉、磨等，刨削和铣削常用作平面的粗加工和半精加工，而磨削则用于平面的精加工。此外还有刮研、研磨、超精加工、抛光等光整加工方法。具体采用哪种加工方法，需根据零件的形状、尺寸、材料、技术要求、生产类型及工厂现有设备来决定。

1. 刨削

刨削是单件小批量生产平面加工最常用的加工方法，加工精度一般可达 IT9－IT7 级，表面粗糙值为 Ra12.5～1.6 μm。刨削可以在牛头刨床或龙门刨床上进行，如图 3-2 所示。刨削的主运动是变速往复直线运动。因为在变速时有惯性，限制了切削速度的提高，并且在回程时不切削，所以刨削加工生产效率低。但刨削所需的机床、刀具结构简单，制造安装方便，调整容易，通用性强，因此在单件小批量生产中，特别是加工狭长平面时被广泛应用。

当前，普遍认为采用宽刃刀精刨代替刮研能取得良好的效果。采用宽刃刀精刨，切削速度较低（2～5 m/min），加工余量小（预刨余量 0.08～0.12 mm，终刨余量为 0.03～0.05 mm），工件发热变形小，可获得较小的表面粗糙度值（Ra0.8～0.25 μm）和较高的加工精度（直线度为 0.02/1 000），且生产率也较高。图 3-3 所示为宽刃精刨刀，前角为－10°～－15°，有挤光作用；后角为 5°，可增加后面支承，防止振动；刃倾角为 3°～5°。加工时用煤油作切削液。

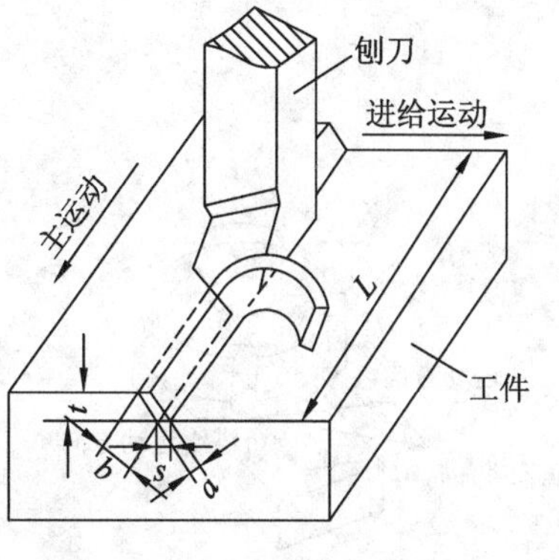

图 3-2　刨削加工

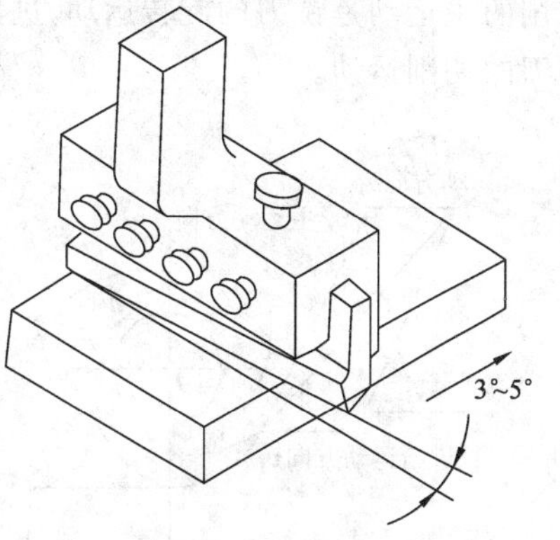

图 3-3　宽刃精刨刀

2. 铣削

铣削是平面加工中应用最普遍的一种方法，利用各种铣床、铣刀和附件可以铣削平面、沟槽、弧形面、螺旋槽、齿轮、凸轮和特形面，如图 3-4 所示。一般经粗铣、精铣后，尺寸精度可达工 IT9－IT7，表面粗糙度可达 $Ra12.5\sim0.63\ \mu m$。

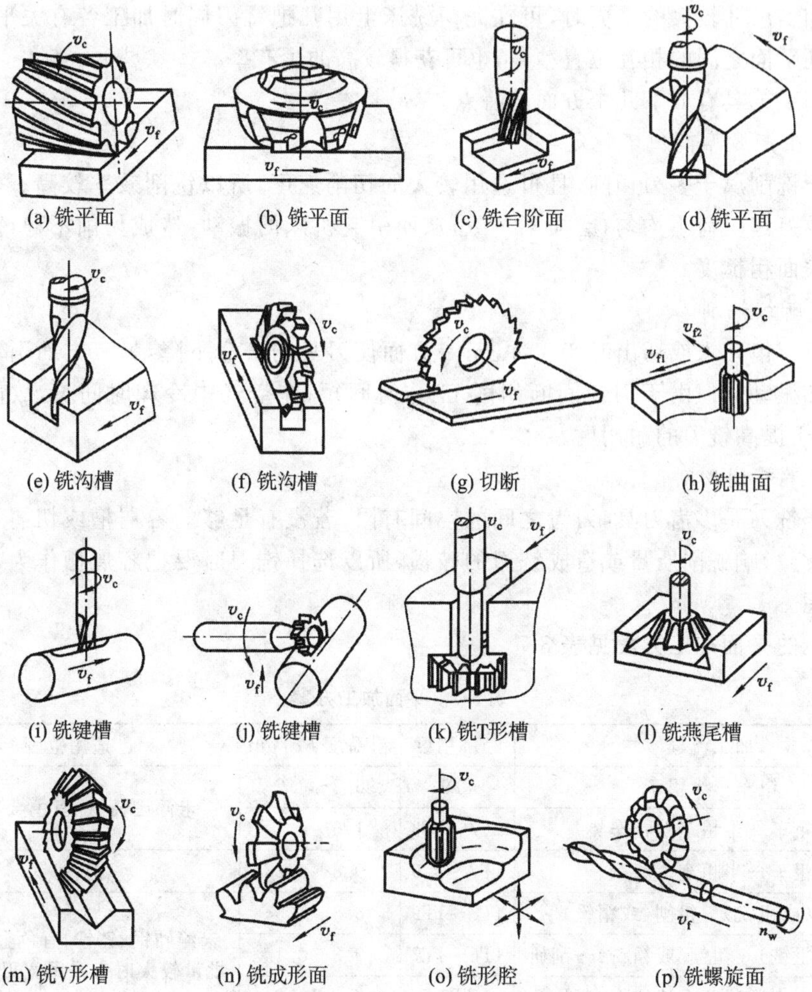

(a) 铣平面　(b) 铣平面　(c) 铣台阶面　(d) 铣平面

(e) 铣沟槽　(f) 铣沟槽　(g) 切断　(h) 铣曲面

(i) 铣键槽　(j) 铣键槽　(k) 铣T形槽　(l) 铣燕尾槽

(m) 铣V形槽　(n) 铣成形面　(o) 铣形腔　(p) 铣螺旋面

图 3-4　铣削用途

铣削的主运动是铣刀的旋转运动，进给运动是工件的直线运动。图 3-5 为圆柱铣刀和面铣刀的切削运动。

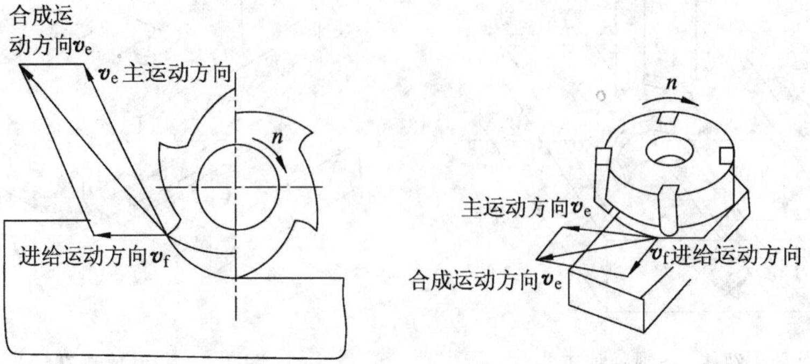

(a) 圆柱铣刀　　(b) 面铣刀

图 3-5　铣削运动

铣刀由多个刀齿组成，各刀齿依次切削，没有空行程，而且铣刀高速回转，因此与刨削相比，铣削生产率高于刨削，在中批及以上生产中多用铣削加工平面。

当加工尺寸较大的平面时，可在龙门铣床上用几把铣刀同时加工各有关平面，这样既可保证平面之间的相互位置精度，也可获得较高的生产率。

铣削工艺具有如下几个方面的特点。

(1) 生产效率高但不稳定

由于铣削属于多刃切削，且可选用较大的切削速度，所以铣削效率较高。但多种原因易导致刀齿负荷不均匀，磨损不一致，从而引起机床的振动，造成切削不稳，直接影响工件的表面粗糙度。

(2) 断续切削

铣刀刀齿切入或切出时产生冲击，一方面使刀具的寿命下降，另一方面引起周期性的冲击和振动。但由于刀齿间断切削，工作时间短，在空气中冷却时间长，故散热条件好，有利于提高铣刀的耐用度。

(3) 半封闭切削

由于铣刀是多齿刀具，刀齿之间的空间有限，若没有足够的容屑槽或切屑不能顺利排出，则会影响铣削质量或造成铣刀的破损，所以选择铣刀时要把容屑槽作为一个重要因素考虑。

常见的平面加工方案见表 3-7。

表 3-7　平面加工方案

加工流程	经济精度	粗糙度 $Ra/\mu m$	适用范围
粗车—半粗车	IT9	6.3～3.2	未淬硬铸铁、有色金属工件
粗车—半粗车—精车	IT7～IT8	1.6～0.8	
粗车—半粗车—磨削	IT8～IT9	0.8～0.2	钢、铸铁
粗刨(或粗铣)—粗刨(或精铣)	IT8～IT9	6.3～1.6	未淬硬钢、铸铁、有色金属工件，批量较大时宜采用宽刃精刨方案
粗刨(或粗铣)—粗刨(或精铣)—刮研	IT6～IT7	0.8～0.1	
以宽刃刨削代替上述方案刮研	IT7	0.8～0.2	

续表

加工流程	经济精度	粗糙度 $Ra/\mu m$	适用范围
粗刨(或粗铣)—精刨(或精铣)—磨削	IT7	0.8～0.2	淬硬或未淬硬黑色金属工件
粗刨(或粗铣)—精刨(或精铣)—粗磨—精磨	IT6～IT7	0.4～0.02	
粗铣—拉	IT7～IT9	0.8～0.2	大量生产未淬硬较小的平面(精度视拉刀精度而定)
粗铣—精铣—磨削—研磨	IT6 以上	0.1～0.05	淬硬或未淬硬黑色金属工件

3.2.2 箱体孔系加工

箱体上一系列相互位置有精度要求的孔的组合称为孔系。孔系可分为平行孔系(如图 3-6a 所示)、同轴孔系(如图 3-6b 所示)和交叉孔系(如图 3-6c 所示)。

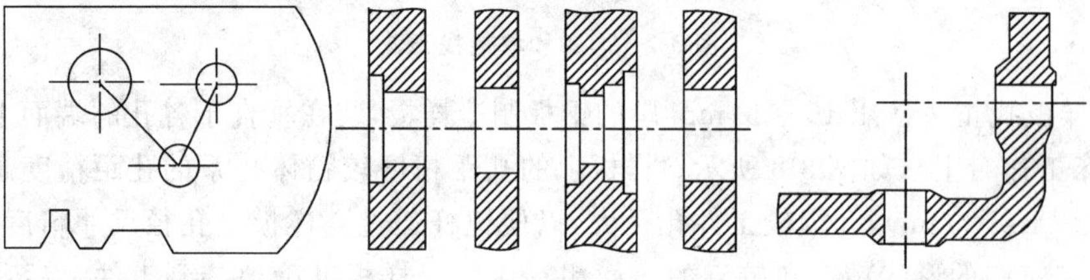

(a) 平行孔系　(a) 同轴孔系　(a) 交叉孔系

图 3-6 孔系的分类

孔系加工不仅要求孔本身的精度要求较高,而且孔距精度和相互位置精度的要求也高,因此孔系是箱体加工的关键。

孔系的加工方法根据箱体批量不同和孔系精度要求的不同而不同,下面分别予以讨论。

1. 平行孔系的加工

平行孔系的主要技术要求是各平行孔中心线之间及中心线与基准面之间的距离尺寸精度和相互位置精度。生产中常采用以下 3 种方法。

(1) 找正法

找正法是在通用机床上,借助辅助工具来找正要加工孔的正确位置的加工方法。这种方法加工效率低,一般只适用于单件小批量生产。根据找正方法的不同,找正法又可分为以下 4 种。

① 划线找正法。加工前按照零件图在毛坯上划出各孔的位置轮廓线,然后按划线一一进行加工。这种方法划线和找正时间较长,生产率低,而且加工出来的孔距精度也低,一般在±0.5 mm 左右。为提高划线找正的精度,往往结合试切法进行,即先按划线找正镗出一孔,再按线将主轴调至第二孔中心,试镗出一个比图样小的孔,若不符合图样要求,则根据测量结果更新调整主轴的位置,再进行试镗、测量、调整,如此反复几次,直至达到要求的孔距尺寸。此法虽比单纯的按线找正所得到的孔距精度高,但孔距精度仍然较低,且操作的难度较大,生产效率低,适用于单件小批量生产。

② 心轴和块规找正法。镗第一排孔时将心轴插入主轴孔内(或直接利用镗床主轴),然后根据孔和定位基准的距离组合一定尺寸的块规来校正主轴位置,如图 3-7 所示。校

正时用塞尺测定块规与心轴之间的间隙，以避免块规与心轴直接接触而损伤块规。镗第二排孔时，分别在机床主轴和加工孔中插入心轴，采用同样的方法校正主轴线的位置，以保证孔心距的精度。这种找正法获得的孔心距精度可达±0.3 mm。

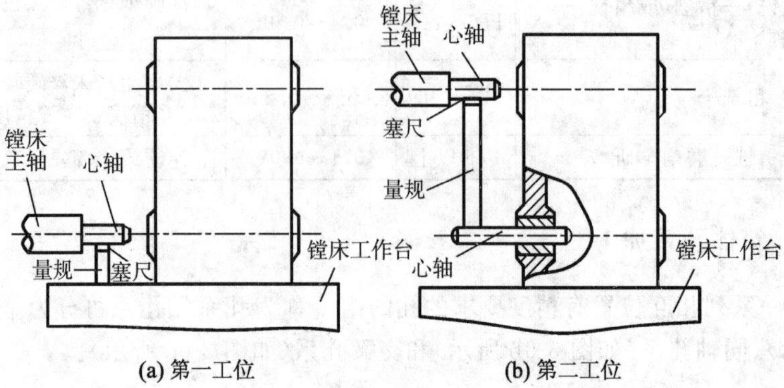

图 3-7　心轴和块规找正法

③ 样板找正法。用 10～20 mm 厚的钢板制造样板，装在垂直于各孔的端面上(或固定于机床工作台上)，如图 3-8 所示。样板上的孔距精度较箱体孔系的孔距精度高(一般为±0.1～±0.3 mm)，孔径较工件孔径大，以便镗杆通过。样板上孔径尺寸精度要求不高，但应有较高的形状精度和较细的表面粗糙度。当样板准确地装到工件上后，在机床主轴上装一千分表，按样板找正机床主轴，找正后，即换上镗刀加工。此法加工孔系不易出差错，找正方便，孔距精度可达±0.05 mm。且这种样板成本低，仅为镗模成本的1/7～1/9，单件小批量的大型箱体加工常用此法。

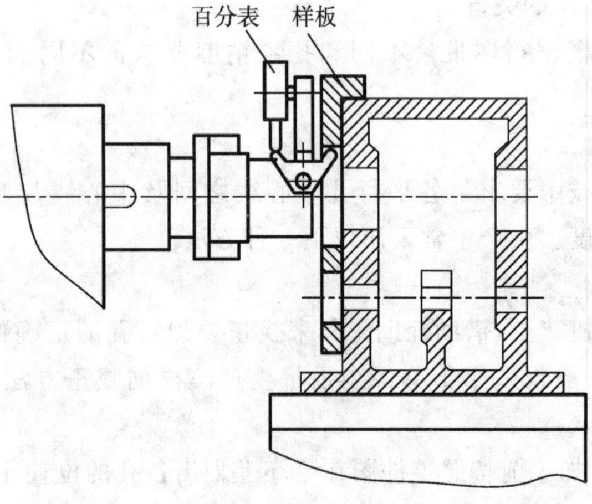

图 3-8　样板找正法

④ 定心套找正法。如图 3-9 所示，先在工件上划线，再按线攻螺钉孔，然后装上形状精度高而光洁的定心套，定心套与螺钉间有较大间隙，按图样要求孔心距公差的1/3～1/5 调整全部定心套的位置，并拧紧螺钉。复查后即可上机床，按定心套找正镗床主轴位置，卸下定心套，镗出一孔。每加工一个孔找正一次，直至孔系加工完毕。此法工装简单，可重复使用，特别适宜于单件生产下的大型箱体和缺乏坐标镗床条件下加工钻模板上的孔系。

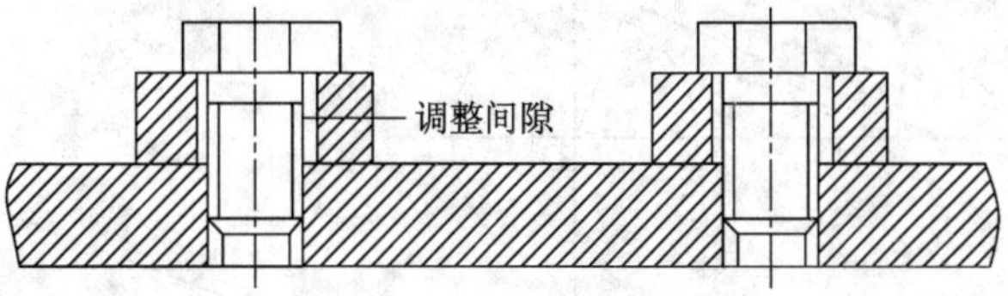

图 3-9 定心套找正法

(2) 镗模法

镗模法即利用镗模夹具加工孔系。镗孔时，工件装夹在镗模上，镗杆被支承在镗模的导套里，增加了系统刚性。这样镗刀便通过模板上的孔将工件上相应的孔加工出来，机床精度对孔系加工精度影响很小，孔距精度主要取决于镗模的制造精度，因而可以在精度较低的机床上加工出精度较高的孔系。当用两个或两个以上的支承来引导镗杆时，镗杆与机床主轴必须浮动连接。

镗模法加工孔系时镗杆刚度大大提高，定位夹紧迅速，节省了调整、找正的辅助时间，生产效率高，是中批生产、大批大量生产中广泛采用的加工方法。但由于镗模自身存在的制造误差，导套与镗杆之间存在间隙与磨损，孔距的精度一般可达±0.05 mm，同轴度和平行度从一端加工时可达 0.02～0.03 mm，当分别从两端加工时可达0.04～0.05 mm。此外，镗模的制造要求高、周期长、成本高，对于大型箱体较少采用镗模法。

用镗模法加工孔系，既可在通用机床上加工，也可在专用机床或组合机床上加工。图 3-10 为组合机床上用镗模加工孔系的示意图。

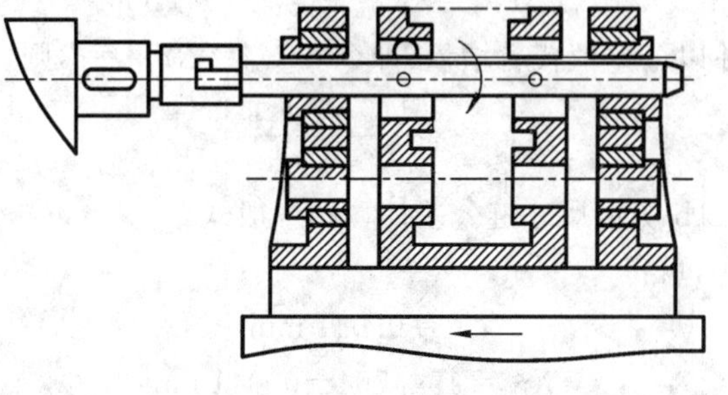

图 3-10 组合机床镗模法

(3) 坐标法

坐标法镗孔是在普通卧式镗床、坐标镗床或数控镗铣床等设备上，借助于测量装置调整机床主轴与工件间在水平和垂直方向的相对位置，以保证孔距精度的一种镗孔方法。

在箱体的设计图样上，孔与孔间有齿轮啮合关系，因而对孔距尺寸有严格的公差要求，采用坐标法镗孔之前，必须把各孔距尺寸及公差借助三角几何关系及工艺尺寸链规律换算成以主轴孔中心为原点的相互垂直的坐标尺寸及公差。目前许多工厂编制了主轴箱传动轴坐标计算程序，用微机很快即可完成该项工作。

图 3-11a 为二轴孔的坐标尺寸及公差计算的示意图。两孔中心距 $L_{OB}=166.5^{+0.3}_{+0.2}$ mm，$Y_{OB}=54$ mm。加工时，先镗孔 O 后，调整可见度在 X 方向移动 X_{OB}、在 Y 方向移动 Y_{OB}，再加工孔 B。由此可见中心距 L_{OB} 是由 X_{OB} 和 Y_{OB} 间接保证的。

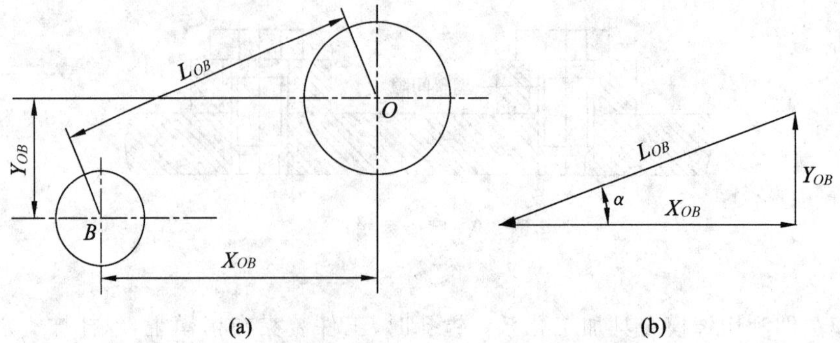

图 3-11　两轴孔的坐标尺寸及公差计算

下面着重分析 X_{OB} 和 Y_{OB} 的公差分配计算。注意，在计算过程中应把中心距公差化为对称偏差，即 $L_{OB}=166.5^{+0.3}_{+0.2}$ mm$=166.75\pm0.05$ mm。

$$\sin\alpha=\frac{Y_{OB}}{L_{OB}}=\frac{54}{166.75}=0.3238$$

$$\alpha=18°53'43''$$

$$X_{OB}=L_{OB}\cdot\cos\alpha=157.764\ \text{mm}$$

在确定两坐标尺寸公差时，要利用平面尺寸链的解算方法。这里介绍一种更简便的计算方法，如图 3-11b 所示。根据图中关系，有

$$L_{OB}^2=X_{OB}^2+Y_{OB}^2$$

对上式取全微分并以增量代替各个微分时，可得到

$$2L_{OB}\Delta L_{OB}=2X_{OB}\Delta X_{OB}+2Y_{OB}\Delta Y_{OB}$$

采用等公差法并以公差值代替增量，即令 $\Delta X_{OB}=\Delta Y_{OB}=\varepsilon$，则

$$\varepsilon=\frac{L_{OB}\cdot\Delta L_{OB}}{X_{OB}+Y_{OB}} \tag{3-1}$$

式(3-1)是图 3-11b 所示尺寸链公差计算的一般式。

将本例数据代入，可得

$$\varepsilon=0.041\ \text{mm}$$

$$X_{OB}=154.764\pm0.041\ \text{mm}$$

$$Y_{OB}=54\pm0.041\ \text{mm}$$

由以上计算可知，在加工孔 O 以后，只要调整机床在 X 方向移动 $X_{OB}=154.764\pm0.041$ mm，在 Y 方向移动 $Y_{OB}=54\pm0.041$ mm，再加工孔 B，就可以间接保证两孔中心距 $L_{OB}=166.5^{+0.3}_{+0.2}$ mm。

在箱体类零件上还有 3 根轴之间保持一定的相互位置要求的情况，如图 3-12 所示，其中 $L_{OA}=129.49^{+0.27}_{+0.17}$ mm，$L_{AB}=125^{+0.27}_{+0.17}$ mm，$L_{OB}=166.5^{+0.3}_{+0.2}$ mm，$Y_{OB}=54$ mm。加工时，镗完孔 O 以后，调整机床在 X 方向移动 X_{OA}，在 Y 方向移动 Y_{OA}，再加工孔 A；然后用同样的方法调整机床，再加工孔 B。由此可见孔 A 和孔 B 的中心距是由两次加工间接保证的。

在加工过程中应先确定两组坐标，即(X_{OA}，Y_{OA})和(X_{OB}，Y_{OB})及其公差。

根据图 3-13 并通过数学计算可得：

$$X_{OA}=50.918\ \text{mm},\quad Y_{OA}=199.298\ \text{mm}$$

$$X_{OB}=157.76\ \text{mm},\quad Y_{OB}=54\ \text{mm}$$

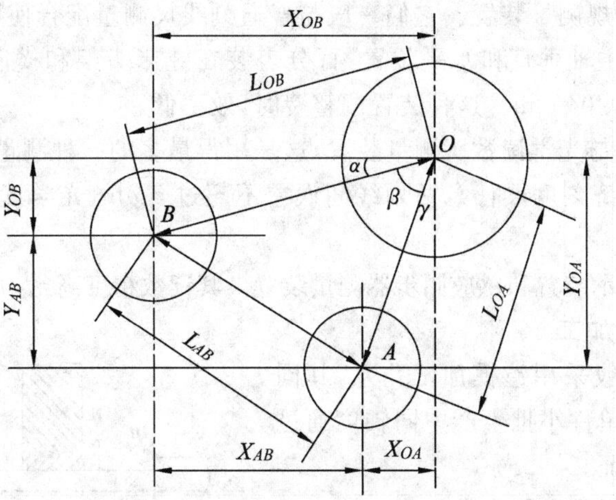

图 3-12　三轴孔心距与坐标尺寸

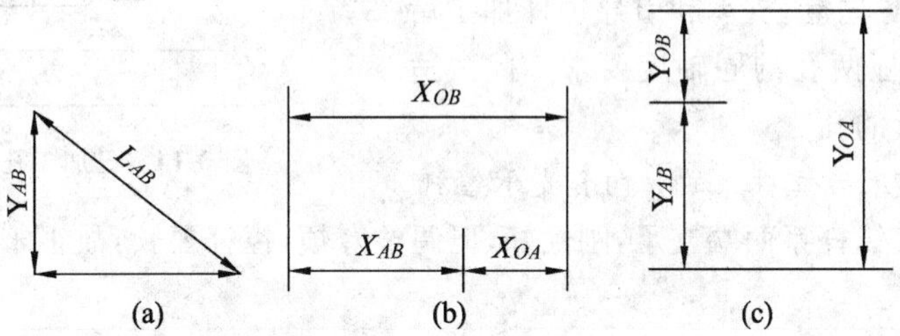

图 3-13　三轴坐标尺寸链的分解

在确定坐标公差时，为计算方便，可分解为几个简单的尺寸链来研究。首先由图3-13 a求出为满足中心距 L_{AB}公差而确定的 X_{AB}，Y_{AB}的公差。

由式(3-1)得

$$\varepsilon=\frac{L_{AB}\cdot\Delta L_{AB}}{X_{AB}+Y_{AB}}=\pm0.036\ \text{mm}$$

$$X_{AB}=X_{OB}-X_{OA}=106.846\pm0.036\ \text{mm}$$

$$Y_{AB}=Y_{OB}-Y_{OA}=65.298\pm0.036\ \text{mm}$$

但 X_{AB}，Y_{AB}是间接得到保证的，图 3-13b，c 两尺寸链采用等公差法，即可求出孔 A，B 的坐标尺寸及公差。

$$X_{OA}=50.918\pm0.018\ \text{mm},\quad Y_{OA}=129.298\pm0.018\ \text{mm}$$

$$X_{OB}=54\pm0.018\ \text{mm},\quad Y_{OB}=157.76\pm0.018\ \text{mm}$$

为保证按坐标法加工孔系时的孔距精度，在选择原始孔和考虑镗孔顺序时，要把有孔距精度要求的两孔的加工顺序紧紧地靠在一起，以减少坐标尺寸累积误差对孔距精度的影响；同时应尽量避免因主轴箱和工作台的多次往返移动而由间隙造成对定位精度的影响。此外，选择的原始孔应有较高的加工精度和较细的表面粗糙度，以保证加工过程中检验镗床主轴相对于坐标原点位置的准确性。

坐标法镗孔的孔距精度取决于坐标的移动精度，实际上就是坐标测量装置的精度。坐标测量装置的主要形式有以下几种：

① 普通刻线尺与游标尺加放大镜测量装置，其位置精度为±0.1～±0.3 mm。

② 百分表与块规测量装置。它们一般与普通刻线尺测量配合使用，在普通镗床用百分表和块规来调整主轴垂直和水平位置，百分表装在镗床头架和横向工作台上，位置精度可达±0.02～±0.04 mm。这种装置调整费时，效率低。

③ 经济刻度尺与光学读数头测量装置，这是用得最多的一种测量装置。该装置操作方便，精度较高，经济刻度尺任意两划线间误差不超过 5 μm，光学读数头的读数精度为 0.01 mm。

④ 光栅数字显示装置和感应同步器测量装置。其读数精度高，为0.002 5～0.01 mm。

2. 同轴孔系的加工

成批生产中一般采用镗模加工孔系，其同轴度由镗模保证。单件小批生产中同轴度通过以下几种方法来保证。

(1) 利用已加工孔作支承导向

如图 3-14 所示，当箱体前壁上的孔加工好后，在孔内装一导向套，支承和引导镗杆加工后壁上的孔，以保证两孔的同轴度要求。此法适于加工箱壁较近的孔。

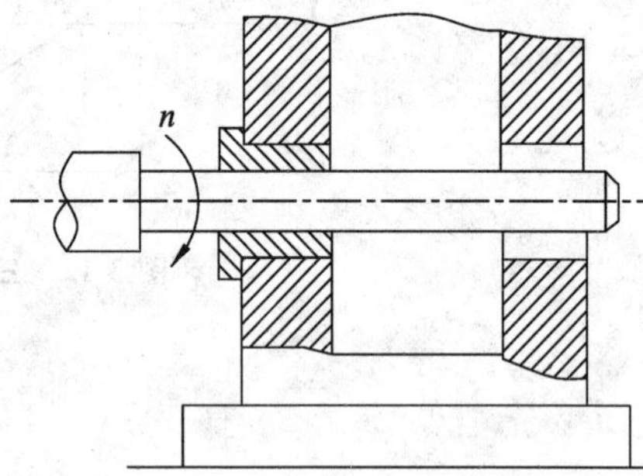

图 3-14 已加工孔作支承

(2) 利用镗床后立柱上的导向套支承镗杆

这种方法其镗杆系两端支承，刚性好，但调整麻烦，镗杆要长，故很笨重，只适于大型箱体的加工。

(3) 采用调头镗

当箱体箱壁相距较远时，可采用调头镗，如图 3-15 所示。工件在一次装夹下镗好一端孔后，将镗床工作台回转 180°，调整工作台位置，使已加工孔与镗床主轴同轴，然后再加工孔。

当箱体上有一较长并与所镗孔轴线有平行度要求的平面时，镗孔前应先用装在镗杆上的百分表对此平面进行校正，使其与镗杆轴线平行。如图 3-15a 所示，校正后加工孔 A，孔加工后，再将工作台回转 180°，并用装在镗杆上的百分表沿此平面重新校正，如图 3-15b所示。然后再加工孔 B，就可保证 A，B 孔同轴。若箱体上无长的加工好的工艺基面，也可将平行长铁置于工作台上，使其表面与要加工的孔轴线平行后固定，调整方法同上，这样也可达到两孔同轴的目的。

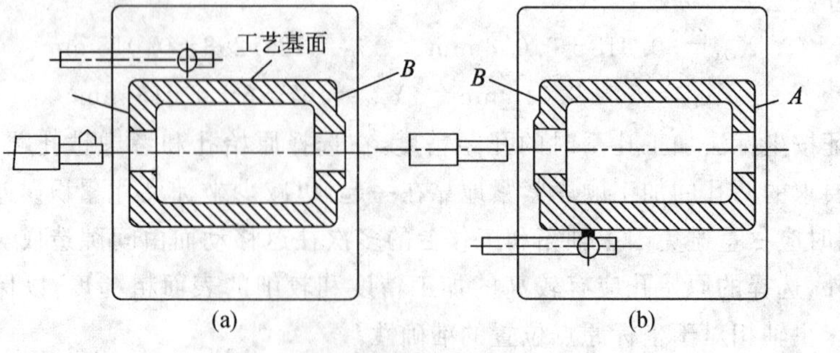

图 3-15 调头镗对工件的校正

3. 交叉孔系的加工

交叉孔系的主要技术要求是控制有关孔的垂直度误差。在普通镗床上主要靠机床工作台上的 90°对准装置。该对准装置是挡块装置，结构简单，但对准精度低。

当有些镗床工作台 90°对准装置精度很低时，可通过心棒与百分表找正来提高其定位精度，即在加工好的孔中插入心棒，工作台转位 90°，摇工作台用百分表找正，如图 3-16 所示。

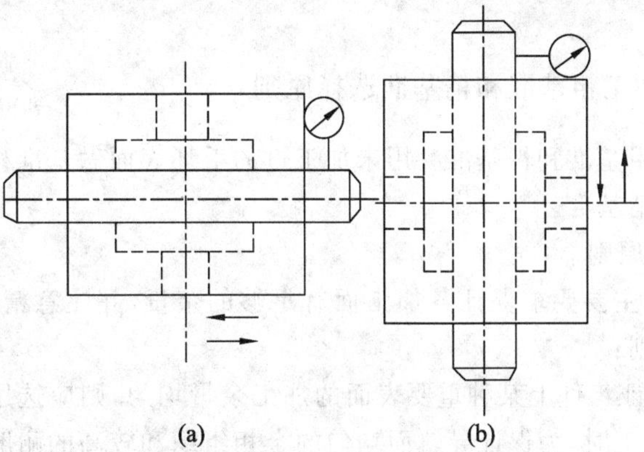

图 3-16　找正法加工交叉孔系

常见的孔加工方案见表 3-8。

表 3-8　孔加工方案

加工方案	经济精度	表面粗糙度 Ra/μm	适用范围
钻	IT11～IT12	12.5	加工未淬火钢及铸铁的实心毛坯，也可用于加工孔径小于 15～20 mm 的有色金属(但表面粗糙度稍高)
钻—铰	IT9	3.2～1.6	
钻—铰—精铰	IT7～IT8	1.6～0.8	
钻—扩	IT10～IT11	12.5～6.3	同上，但孔径大于 15～20 mm
钻—扩—铰	IT8～IT9	3.2～1.6	
钻—扩—粗铰—精铰	IT7	1.6～0.8	
钻—扩—机铰—手铰	IT6	0.4～0.1	
钻—扩—拉	IT7～IT9	1.6～0.1	大批大量生产中小零件的通孔(精度由拉刀的精度而定)
粗镗(或扩孔)	IT11～IT12	12.5～6.3	除淬火钢外各种材料毛坯，有铸出孔或锻出孔
粗镗(粗扩)—半精镗(精扩)	IT8～IT9	3.2～1.6	
粗镗(扩)—半精镗(精扩)—精镗(铰)	IT7～IT8	1.6～0.8	
粗镗(扩)—半精镗(精扩)—精镗—浮动镗刀精镗	IT6～IT7	0.8～0.4	
粗镗(扩)—半精镗—磨孔	IT7～IT8	0.8～0.2	主要用于淬火钢，也可用于未淬火钢，但不宜用于有色金属
粗镗(扩)—半精镗—粗镗—精磨	IT6～IT7	0.2～0.1	
粗镗—半精镗—精镗—金刚镗	IT6.7	0.4～0.05	主要用于精度要求高的有色金属加工
钻—(扩)—粗铰—精铰—珩磨；钻—(扩)—拉—珩磨；半粗镗—精镗—珩磨	IT6～IT7	0.2～0.025	黑色金属
以研磨代替上述方案中的珩磨	IT6 级以上	＜0.1	

3.3 知识链接——拟定箱体类零件的工艺路线应注意的问题

3.3.1 箱体加工粗基准和精基准选择原则

定位基准包括粗基准和精基准。用未加工过的毛坯表面做基准称粗基准，用已加工过的表面做基准称精基准。

1. 粗基准选择原则

选择粗基准时，主要要求保证各加工面有足够的余量，并注意精基准面。在具体选择时应遵循下列原则：

① 如果要求保证工件上某种重要表面的加工余量均匀，则应选用该表面为粗基准。例如，车床床身粗加工时，为保证导轨面均匀的金相组织和较高的耐磨性，应使其加工余量适当且均匀，因此应选择导轨面 A 作为粗基准先加工床脚面，再以床脚面 B 为精基准加工导轨面，如图 3-17 所示。

② 若主要要求保证加工面与不加工面之间的位置要求，则应选不加工面为粗基准，如图 3-18 所示零件，选不加工的外圆 A 为粗基准，从而保证其壁厚均匀。

如果工件上有好几个不加工面，则应选择其中与加工面位置要求不高的加工面为粗基准，以便保证精度要求，使外形对称等。

如果零件上每个表面都要加工，则应选加工余量最小的表面为粗基准，以避免该表面在加工时因余量不足而留下部分毛坯面，造成工件废品。

③ 作为粗基准的表面应尽量平整光洁，有一定面积，以使工件定位可靠、夹紧方便。

④ 粗基准在同一尺寸方向上只能使用一次。因为毛坯面粗糙且精度低，重复使用将产生较大的误差。

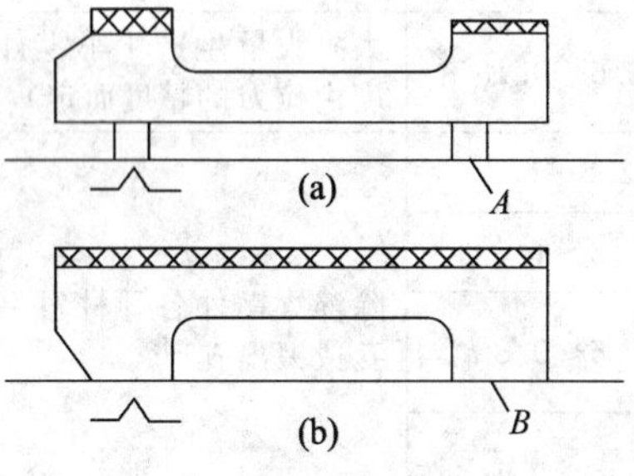

图 3-17 床身加工的粗基准

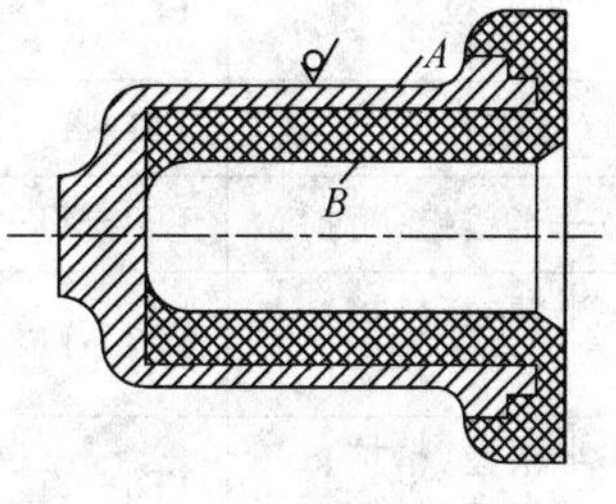

图 3-18 粗基准选择的实例

2. 精基准的选择

选择精基准时，应从整个工艺过程来考虑如何保证工件的尺寸精度和位置精度并使装夹方便可靠。其选择原则如下：

① 基准重合原则。即选用设计基准作为定位基准，以避免定位基准与设计基准不重合而引起的基准不重合误差。

例如图 3-19a 所示零件，调整法加工表面 C 是以 A 面定位，而定位基准 A 与设计基准 B 不重合，如图 3-19b 所示。此时尺寸 c 的加工误差不仅包含本工序所出现的加工误差(Δ_j)，而且还加进了由于基准不重合带来的设计基准和定位基准之间的尺寸误差，其大小为尺寸 A 的公差值 T_a，这个误差称为基准不重合误差，如图 3-19c 所示。从图中可看出，欲加工尺寸 c 的误差包括 Δ_j 和 T_a，并保证尺寸 c 的精度(T_c)要求，应使

$$\Delta_j + T_a \leqslant T_c$$

当尺寸 c 的公差值 T_c 已定时，由于基准不重合而增加了 T_a，就必将缩小本工序的加工误差 Δ_j 的值，也就是要提高本工序的加工精度，这将增加加工难度和成本。

如果能通过一定的措施实现以面 B 定位加工面 C，如图 3-19c 所示，则尺寸 a 的误差对加工尺寸 c 无影响，本工序的加工误差只需要满足

$$\Delta_j \leqslant T_c$$

显然，这种基准重合的基本情况能使本工序允许出现的误差加大，使得加工更容易达到精度要求，经济性能好。这样往往会使夹具结构复杂，增加操作的困难，但为了保证加工精度，有时不得不采取这种方案。

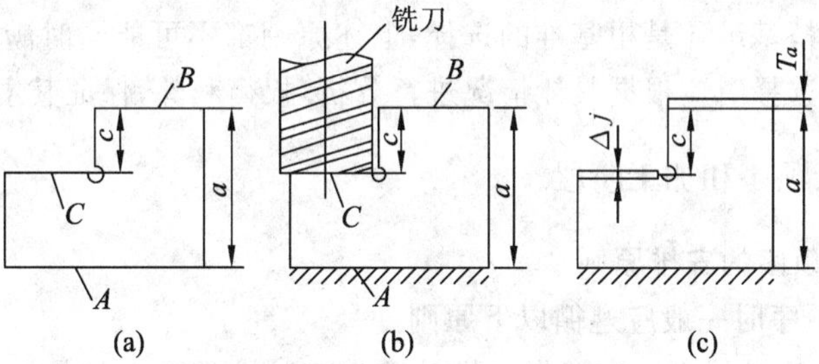

图 3-19　基准不重合误差示例

② 基准统一原则。采用同一组基准定位加工零件上尽可能多的表面，这就是基准统一原则。这样可以简化工艺规程的制订工作，减少夹具设计、制造的工作量和成本，缩短生产准备周期，减少了基准转换，便于保证各加工面的相互位置精度。例如，加工如图 3-20 所示轴类零件时，采用两中心孔定位加工各外圆表面，就符合基准统一原则。箱体零件采用一面两孔定位，齿轮的齿坯和齿形加工采用齿轮的内孔及一端面为定位基准，均属于基准统一原则。

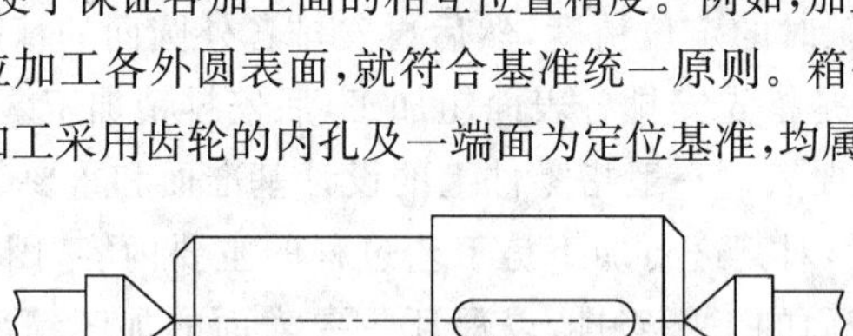

图 3-20　基准统一

③ 自为基准原则。某些要求加工余量小而均匀的精加工工序，选择加工表面本身作为定位基准，称为自为基准原则。例如图 3-21 所示的导轨面磨削，在导轨磨床上用百分表找正导轨面相对机床运动方向的正确位置，然后加工导轨面以保证导轨面余量均匀，满足对导轨面的质量要求。

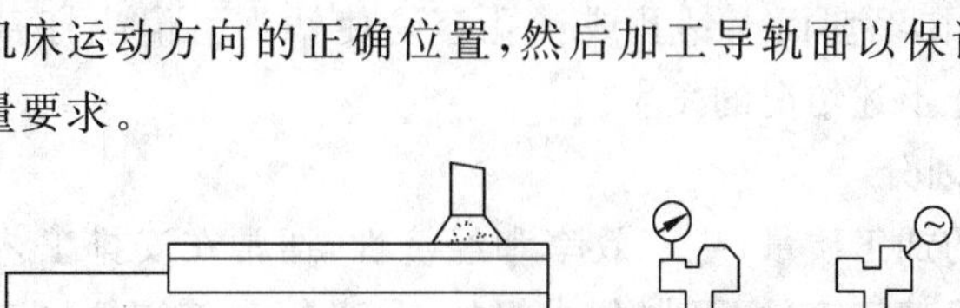

图 3-21　自为基准

④ 互为基准原则。当对工件上两个相互位置精度要求很高的表面进行加工时，需要用两个表面互相作为基准，反复进行加工，以保证位置精度要求，称为互为基准原则。例如，车床主轴要求前后轴径与前锥孔同心，如图 3-22 所示，工艺上先以前后轴径定位，加工通孔、后锥孔和前锥孔，再以前锥孔及后锥孔（附加定位基准）定位加工前后轴径，经过几次反复，由粗加工、半精加工至精加工，最后以前后径定位，加工前孔，保证较高的同轴度。

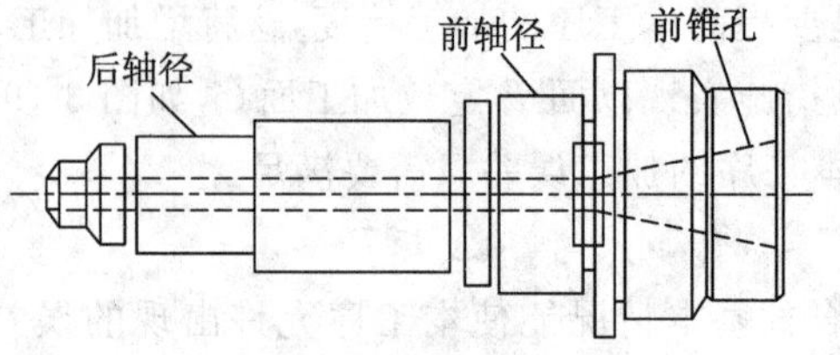

图 3-22　互为基准

⑤ 所选精基准应保证工件安装可靠，夹具设计简单，操作方便。

实际上，无论精基准还是粗基准的选择，上述原则都不可能同时满足，有时还是互相矛盾的。因此，在选择时应根据具体情况进行分析，权衡利弊，保证其主要的要求。

3.3.2　加工顺序和加工阶段

1. 机械加工顺序的安排原则

在安排加工顺序时一般应遵循以下原则。

(1) 先基准面后其他面。应首先安排被选作精基准的表面的加工，再以加工出的精基准为定位基准，安排其他表面的加工。该原则还有另外一层意思，即精加工前应先修一下精基准。例如，精度要求高的轴类零件，第一道加工工序就是以外圆面为粗基准加工两端面及顶尖孔，再以顶尖孔定位完成各表面的粗加工；精加工开始前首先要修整顶尖孔，以提高轴在精加工时的定位精度，然后再安排各外圆面的精加工。

(2) 先粗后精。这是指先安排各表面粗加工，后安排精加工。

(3) 先主后次。主要表面一般指零件上的设计基准面和重要工作面。这些表面是决定零件质量的主要因素，对其进行加工是工艺过程的主要内容，因而在确定加工顺序时，要首先考虑加工主要表面的工序安排，以保证主要表面的加工精度。在安排好主要表面加工顺序后，常从加工的方便与经济角度出发，安排次要表面的加工。此外，次要表面和主要表面之间往往有相互位置要求，常要求在主要表面加工后，以主要表面定位进行加工。

(4) 先面后孔。这主要是针对箱体和支架类零件的加工而言的。一般这类零件上既有平面，又有孔或孔系，这时应先将平面（通常是装配基准）加工出来，再以平面为基准加工孔或孔系。此外，在毛坯面上钻孔或镗孔容易使钻头引偏或打刀。此时也应先加工面，再加工孔，以避免上述情况的发生。

2. 加工阶段的划分

为了保证零件的加工质量、生产效率和经济性，通常在安排工艺路线时将其划分成几个阶段。对于一般精度零件，可划分成粗加工、半精加工和精加工 3 个阶段。对精度要求高或特别高的零件，还需安排精密加工（含光整加工）或超精密加工阶段。各阶段的主要任务如下：

(1) 粗加工阶段主要去除各加工表面的大部分余量，并加工出精基准。

(2) 半精加工阶段减少粗加工阶段留下的误差，使加工面达到一定的精度，为精加工做好准备，并完成一些精度要求不高的表面的加工。

(3) 精加工阶段主要是保证零件的尺寸、形状、位置精度及表面粗糙度，是相当关键的加工阶段。大多数表面至此加工完毕，也为少数需要进行精密加工或光整加工的表面做好准备。

(4) 精密和超精密加工阶段采用一些高精度的加工方法，如精密磨削、珩磨、研磨、金刚石车削等，进一步提高表面的尺寸、形状精度，降低表面粗糙度，最终达到图纸的精度要求。

划分加工阶段具有以下优点：

(1) 有利于保证零件的加工质量；

(2) 便于及时发现毛坯的缺陷，可以避免以后精加工的经济损失；

(3) 可以合理安排加工设备和操作工人，有利于延长精加工设备的寿命；

(4) 便于组织生产。

3.3.3 热处理工序和检验工序的安排

1. 热处理工序的安排

(1) 为改善材料切削性能而进行的热处理工序(如退火、正火等)，应安排在切削加工之前进行。

(2) 为消除内应力而进行的热处理工序(如退火、人工时效等)，最好安排在粗加工之后、精加工之前进行，有时也可安排在切削加工之前进行。

(3) 为改善工件材料的力学物理性质而进行的热处理工序(如调质、淬火等)通常安排在粗加工后、精加工前进行。其中渗碳淬火一般安排在切削加工后、磨削加工前进行；而表面淬火和渗氮等变形小的热处理工序，允许安排在精加工后进行。

(4) 为了提高零件表面耐磨性或耐蚀性而进行的热处理工序以及以装饰为目的的热处理工序或表面处理工序(如镀铬、镀锌、氧化、煮黑等)，一般放在工艺过程的最后。

2. 检验工序的安排

在工艺规程中应在下列情况下安排常规检验工序：

(1) 重要工序的加工前后。

(2)不同加工阶段的前后，如粗加工结束、精加工前，精加工后、精密加工前。

(3) 工件从一个车间转到另一个车间前后。

(4) 零件的全部加工结束以后。

3.4 知识拓展——箱体类零件工艺过程中工序尺寸的计算

3.4.1 加工经济精度与加工方法的选择

加工经济精度是指在正常的加工条件下(采用符合质量标准的设备和工艺装备，使用标准技术等级的工人、不延长加工时间)所能保证的加工精度和表面粗糙度。

■ 加工精度与成本的关系：任何一种加工方法的加工精度与加工成本之间都有如图3-23所示的关系。图中，δ 为加工误差，表示加工精度；C 表示加工成本。由图中曲线可知，两者关系的总趋势是加工成本随着加工误差的下降而上升，但在不同的误差范围内成本上升的比率不同。点 A 左侧曲线，加工误差减少一点，加工成本会上升很多，加工误差减少到一定程度，投入的成本再多，加工误差的下降也微乎其微，这说明某种加工方法加工精度的提高是有极限的(图中 δ_L)。在点 B 右侧，即使加工误差放大许多，成本下降也很少，这说明对于一种加工方法，成本的下降也是有极限的，即有最低成本(图中 C_L)。只有在曲线的 AB 段，其加工成本随着加工误差的减少而上升的比率相对稳定。可见，只有当加工误差等于曲线 AB 段对应的误差值时，采用相应的加工方法加工才是经济的，该误差值所对应的精度即为该加工方法的经济精度。因此，加工经济精度是指一个精度范围而不是一个值。

■ 加工精度与年代的关系：各种加工方法的经济精度随年代增长和技术进步而不断提高，如图 3-24 所示。

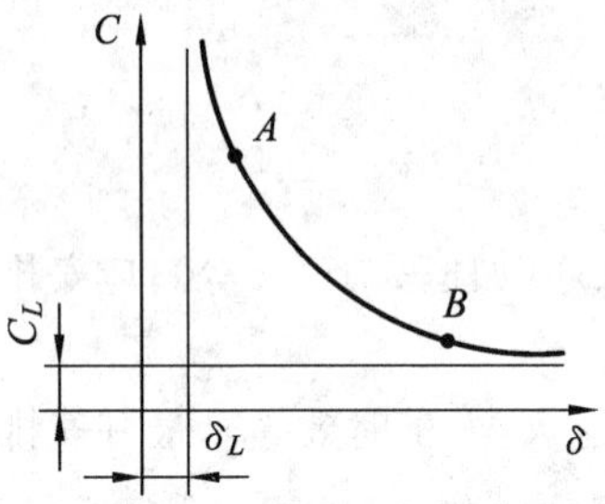

图 3-23 加工精度与加工成本的关系

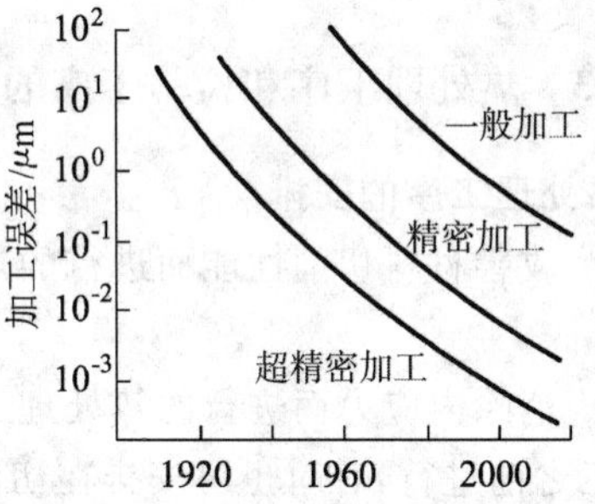

图 3-24 加工精度与年代的关系

(1) 外圆表面的加工路线

表 3-7 和表 3-8 分别给出了外圆表面、内孔及平面加工中各种加工方法所对应的经济加工精度和表面粗糙度，可供选择时参考。图 3-25 给出了外圆表面的典型加工路线以及路线中各工序所能达到的精度和粗糙度。这些路线可概括成 4 条基本路线。

① 粗车—半精车—精车。这是应用最广泛的一条工艺路线。只要工件材料可以进行切削加工，精度要求不高于 IT7、粗糙度 $Ra \geqslant 0.8\ \mu m$ 的零件表面，均可采用此加工路线。如果精度要求较低，可只取到半精车，甚至只取到粗车。

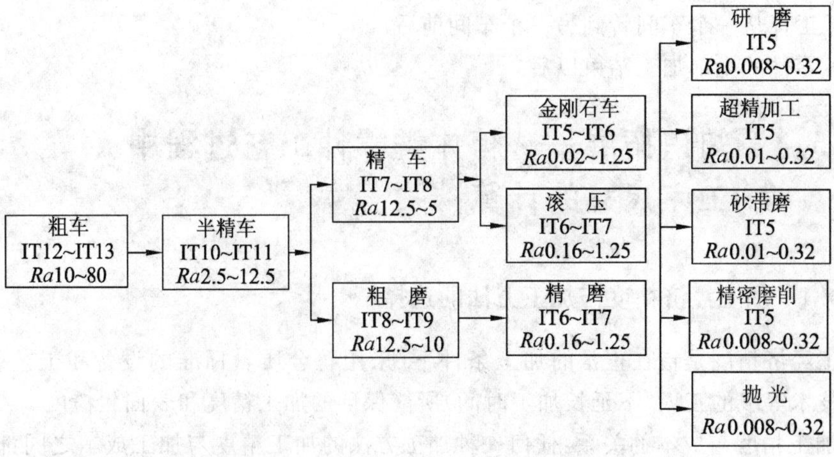

图 3-25 外圆表面的典型加工路线

② 粗车—半精车—粗磨—精磨。此工艺路线主要用于黑色金属材料，特别是结构钢零件和半精车后有淬火要求的零件。表面精度要求不高于IT6、粗糙度 $Ra \geq 0.16\ \mu m$ 的外圆表面，均可安排此工艺路线。

③ 粗车—半精车—粗磨—精磨—光整加工。若采用第二条工艺路线仍不能满足精度尤其是粗糙度的要求，可采用此工艺路线，即在精磨以后增加一道光整加工工序。常用的光整加工方法有研磨、砂带磨削、低粗糙度磨削、超精加工以及抛光等。

④ 粗车—半精车—精车—金刚石车。此加工路线主要适用于工件材料不宜采用磨削加工的高精度外圆表面，如铜、铝等有色金属及其合金以及非金属材料的零件表面。

(2) 孔的加工路线

图3-26是典型的孔的加工路线框图，可把它归纳为以下4条基本的加工路线。

① 钻(粗镗)—粗拉—精拉。此加工路线多用于大批量生产中加工盘套类零件的圆孔、单键孔和花键孔。加工出的孔的尺寸精度可达IT7，且加工质量稳定，生产效率高。当工件上无铸出或锻出的毛坯孔时，第一道工序安排钻孔；若有毛坯孔，则安排粗镗孔；若毛坯孔的精度好，也可直接拉孔。

② 钻—扩—铰。此工艺路线主要用于直径 $D<\phi 50$ mm的中小孔加工，是一条应用最为广泛的加工路线。加工后孔的尺寸精度通常达IT6～IT8，表面粗糙度 $Ra0.8 \sim 3.2\ \mu m$。若尺寸、形状精度和粗糙度要求比这高，可在铰后安排一次手铰。由于铰削加工对孔的位置误差的纠正能力差，因此孔的位置精度主要由"钻—扩"来保证。位置精度要求高的孔不宜采用此加工方案。

③ 钻(粗镗)—半精镗—精镗—浮动镗(或金刚镗)。这也是一条应用非常广泛的加工路线，多用于加工未经淬火的黑色金属及有色金属等材料的高精度孔和孔系(IT5～IT7级，$Ra0.16 \sim 1.25\ \mu m$)。此工艺与"钻—扩—铰"工艺路线不同的是：a. 所能加工的孔径范围大，一般孔径 $D \geq \phi 18$ mm即可采用装夹式镗刀镗孔；b. 加工出孔的位置精度高，如金刚镗多轴镗孔，孔距公差可控制在 $\pm 0.005 \sim \pm 0.01$ mm，常用于加工位置精度要求高的孔或孔系，如连杆大小头孔、机床主轴箱孔系等。

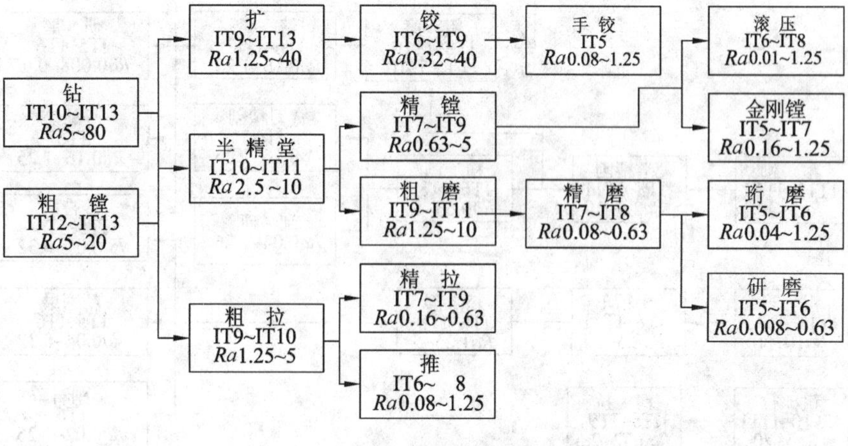

图3-26 孔的典型加工工艺路线

④ 钻(粗镗)—半精镗—粗磨—精磨—研磨(或珩磨)。这条工艺路线用于黑色金属特别是淬硬零件的高精度的孔加工。其中研磨孔的原理和工艺与前述外圆研磨相同，只是此时研具是一个圆棒。

(3) 平面加工路线

图 3-27 为常见平面加工路线框图，可概括为 5 条基本工艺路线。

① 粗铣—半精铣—精铣—高速精铣。铣削是平面加工中用的最多的方法。若采用高速精铣作为终加工，不但可得到较高的精度，而且可获得较高的生产效率。高速精铣的工艺特点是高速（$v=200\sim300$ m/min）、小进给（$f=0.03\sim0.10$ mm/Z）、小吃深（$a_p<$ 2 mm），其精度和效率主要取决于铣床的精度和铣刀的材料、结构、精度，以及工艺系统的刚度。

② 粗刨—半精刨—精刨—宽刀精刨或刮研。此工艺路线以刨削加工为主。通常刨削的生产率较铣削低，但机床运动精度易于保证，刨刀的刃磨和调整也较方便，故在单件小批生产，特别是在重型机械生产中还应用较多。

宽刀精刨可以达到较高的精度和较低的表面粗糙度，在大平面精加工中用以代替刮研。

刮研是获得精密平面的传统加工方法，由于其生产率低，劳动强度大，已逐渐被其他机械加工方法代替，但在单件小批生产中仍普遍采用。

③ 粗铣(刨)—半精铣(刨)—粗磨—精磨—研磨、精密磨、砂带磨或抛光 此工艺路线主要用于淬硬表面或高精度表面的加工，淬火工序可安排在半精铣(刨)之后。

④ 粗拉—精拉。这是一条适合于大批量生产的加工路线，主要特点是生产率高，特别是对于台阶面或有沟槽的表面优点更为突出。如发动机缸体的底平面、曲轴轴瓦的半圆孔及分界面，都是一次拉削完成的。由于拉削设备和拉刀价格昂贵，因此只有在大批量的生产中使用才比较经济。

⑤ 粗车—半精车—精车—金刚石车。此加工路线主要用于有色金属零件的平面加工，这些零件有时就是外圆或内孔的端面。如果是黑色金属，则在精车以后安排精磨、砂带磨等工序。

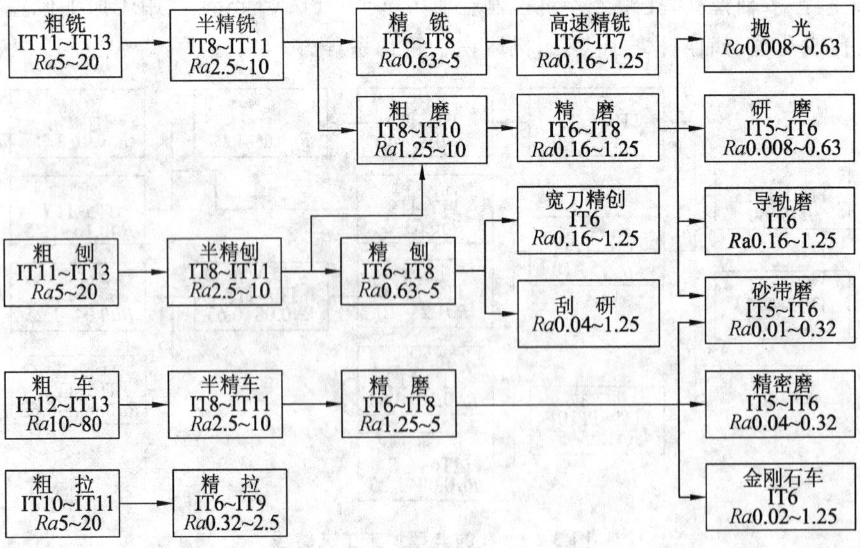

图 3-27 平面加工路线

3.4.2　孔系坐标尺寸(平面尺寸链)的计算

在工艺设计中常遇到箱体、机身等一些基础件，这类零件通常都有若干个具有位置精度的精密圆柱孔组成的孔系。在零件图样上根据设计要求给出孔距公差，加工时则常用坐标法或镗模法加工(镗模法用的镗模板也需用坐标法加工)，因此必须将孔距尺寸及其公差换算为加工用的坐标尺寸及其公差，这种尺寸换算属平面尺寸链问题。

孔系有两种形式：一种是两孔之间用一个孔距尺寸联系起来的开式孔系；另一种是由3个或3个以上的孔距尺寸形成的闭式孔系。开式孔系的换算比较简单，一般可将平面尺寸链中各环投影到斜边上后，再按直线尺寸链计算。现通过实例介绍闭式孔系的尺寸换算方法。

[**例3-1**]　图3-28所示为某车床主轴箱箱体，3个孔中心分别为Ⅰ,Ⅲ,Ⅳ。图3-29中给出 L_1(110 mm)，L_2(90 mm)，L_0(90 mm)和 x_1(150－122＝28 mm)。各孔在坐标镗床上加工，其加工顺序是先镗主轴孔Ⅰ，再以孔Ⅰ为坐标原点，移动坐标尺寸 x_1 和 y_1 镗出孔Ⅲ，再从A孔出发移动坐标尺寸 x_2 和 y_2 镗出孔Ⅳ，这时孔Ⅲ和孔Ⅳ之间的距离 L_0(90 mm)必须自动地满足图样要求。求坐标尺寸 x_1，y_1 和 x_2，y_2 及其偏差。

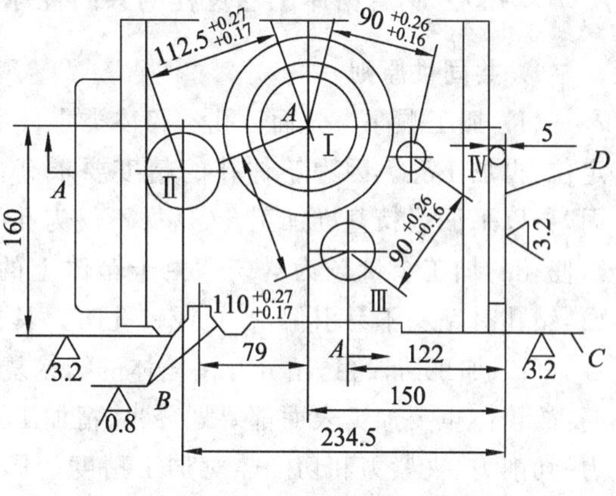

图3-28　箱体零件的孔系坐标图

解　(1) 坐标尺寸的确定。通过图3-29所示中的几何关系，可方便地求得所需的坐标尺寸。

(2) 坐标尺寸公差的确定。

坐标法加工孔系的孔距精度是由坐标尺寸的位移精度间接保证的，坐标尺寸和孔距尺寸之间的关系是平面尺寸链问题。计算平面尺寸链的关键是画出尺寸链图，并确定封闭环。下面介绍一种简便方法。

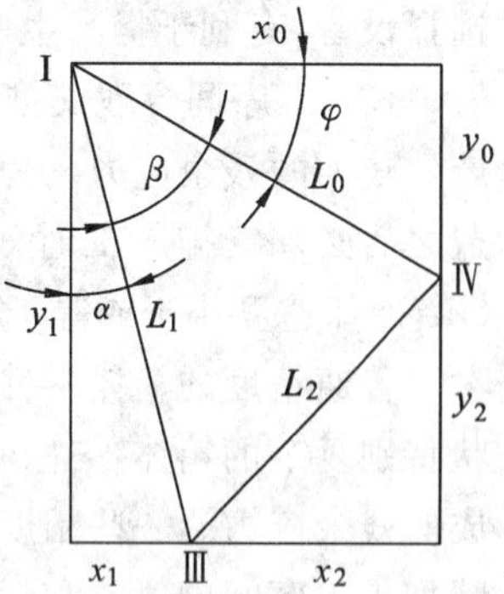

图3-29　箱体零件的孔系坐标尺寸换算

① 查找尺寸链图，并确定封闭环。根据题意，先加工孔Ⅰ，移动坐标 y_1 和 x_1 加工孔Ⅲ，再移动坐标尺寸 x_2 和 y_2 加工孔Ⅳ，L_1，L_2 和 L_0 形成封闭的尺寸链，即形成平面尺寸链。由于 L_0 是最后形成的尺寸，即为封闭环。若加工顺序无特殊要求，一般应选偏差最大的尺寸为最后自然形成，即封闭环。

② 分解平面尺寸链。由图3-30可知，封闭环 L_0 是坐标尺寸 x_0 和 y_0 所形成的封闭环，L_1 是坐标尺寸 x_1 和 y_1 所形成的封闭环，L_2 是坐标尺寸 x_2 和 y_2 所形成的封闭环。因此，把闭式孔系的平面尺寸链分解成两个直线尺寸链(如图3-30b,c所示)和一个(实际上是3个)开式的平面尺寸链(如图3-30a所示)后，就能较方便地计算闭式孔系的平面尺寸链问题。

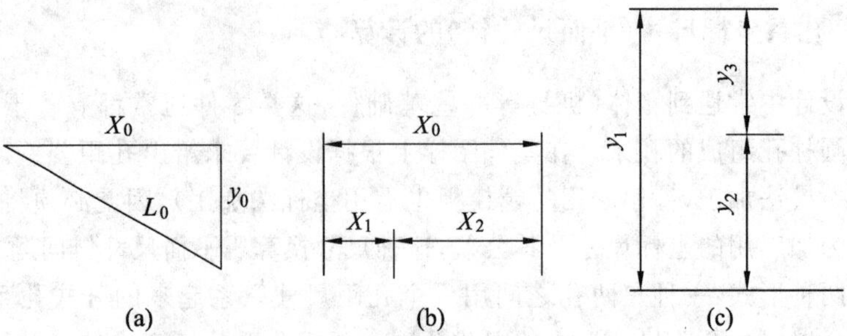

图 3-30 孔系坐标尺寸链的分解

3.4.3 制定箱体工艺过程的共同性原则

1. 共同性原则

(1) 加工顺序为先面后孔。箱体类零件的加工顺序均为先加工面,以加工好的平面定位,再加工孔。因为箱体孔的精度要求高,加工难度大,所以先以孔为粗基准加工平面,再以平面为精基准加工孔,这样不仅为孔的加工提供了稳定可靠的精基准,而且还可以使孔的加工余量较为均匀。由于箱体上的孔分布在箱体各平面上,因此先加工好平面,钻孔时钻头不易引偏,扩孔或铰孔时刀具也不易崩刃。

(2) 加工阶段粗、精分开。箱体的结构复杂,壁厚不均,刚性不好,而加工精度要求又高,故箱体重要加工表面都要划分粗、精加工两个阶段,这样可以避免粗加工造成的内应力、切削力、夹紧力和切削热对加工精度的影响,有利于保证箱体的加工精度。粗、精分开也可及时发现毛坯缺陷,避免更大的浪费,同时还能根据粗、精加工的不同要求来合理选择设备,有利于提高生产率。

(3) 工序间合理安排热处理。箱体零件的结构复杂,壁厚也不均匀,因此在铸造时会产生较大的残余应力。为了消除残余应力,减少加工后的变形和保证精度的稳定,在铸造之后必须安排人工时效处理。人工时效的工艺规范:加热到 500～550 ℃,保温 4～6 h,冷却速度小于或等于 30 ℃/h,出炉温度小于或等于 200 ℃。

普通精度的箱体零件一般在铸造之后安排一次人工时效出理。对一些高精度或形状特别复杂的箱体零件,在粗加工之后还要安排一次人工时效处理,以消除粗加工所造成的残余应力。一些精度要求不高的箱体零件毛坯有时不安排时效处理,而是利用粗、精加工工序间的停放和运输时间,使之得到自然时效。箱体零件人工时效的方法除了加热保温法外,也可采用振动时效来达到消除残余应力的目的。

(4) 用箱体上的重要孔作粗基准。箱体类零件的粗基准一般都用其上的重要孔作粗基准,这样不仅可以较好地保证重要孔及其他各轴孔的加工余量均匀,还能较好地保证各轴孔轴心线与箱体不加工表面的相互位置。

2. 定位基准的选择

(1) 粗基准的选择

虽然箱体类零件一般都选择重要孔(如主轴孔)为粗基准,但随着生产类型不同,实现以主轴孔为粗基准的工件装夹方式是不同的。

① 中小批生产时,由于毛坯精度较低,一般采用划线装夹。

其方法如下:首先将箱体用千斤顶安放在平台上,如图 3-31a 所示,调整千斤顶,使主轴孔Ⅰ和面 A 及台面基本平行，面 D 与台面基本垂直，根据毛坯的主轴孔划出主轴孔的水平线Ⅰ-Ⅰ，在4个面上均要划出，作为第1校正线。划此线时，应根据图样要求，检查所有加工部位在水平方向是否均有加工余量，若有的加工部位无加工余量，则需要重新调整线Ⅰ-Ⅰ的位置，作必要的借正，直到所有的加工部位均有加工余量，才将线Ⅰ-Ⅰ最终确定下来。线Ⅰ-Ⅰ确定之后，即画出面 A 和面 C 的加工线。然后将箱体翻转 90°，面 D 一端置于3个千斤顶上，调整千斤顶使线Ⅰ-Ⅰ与台面垂直(用大角尺在两个方向上校正)，根据毛坯的主轴孔并考虑各加工部位在垂直方向的加工余量，按照上述同样的方法划出主轴孔的垂直轴线Ⅱ-Ⅱ作为第2校正线，如图3-31b所示，也均在4个面上画出。依据线Ⅱ-Ⅱ画出面 D 加工线，再将箱体翻转 90°(如图3-31c所示)，将面 E 一端至于3个千斤顶上，使线Ⅰ-Ⅰ和线Ⅱ-Ⅱ与台面垂直。根据凸台高度尺寸，先画出面 F，然后再划出面 E 加工线。

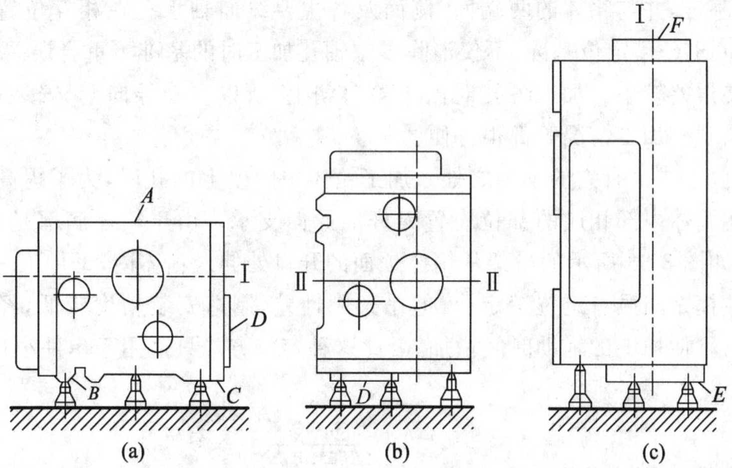

图3-31　主轴箱的划线

加工箱体平面时，按线找正装夹工件，这样就体现了以主轴孔为粗基准。

② 大批量生产时，毛坯精度较高，可直接以主轴孔在夹具上定位，采用如图3-32所示的夹具装夹。

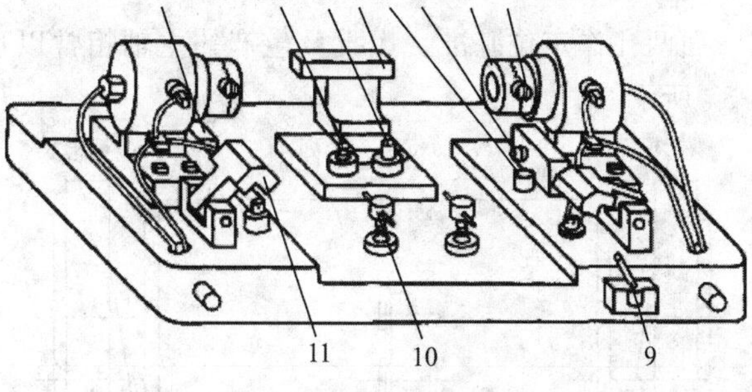

1,3,5—支承；2—辅助支承；4—支架；6—挡销；7—短轴；8—活动支柱；
9,10—操纵手柄；11—夹紧块

图3-32　以主轴孔为粗基准铣顶面的夹具

先将工件放在预支承上，并使箱体侧面紧靠支架，端面紧靠挡销，进行工件预定位，然后操纵手柄将液压控制的两个短轴伸入主轴孔中。每个短轴上有 3 个活动支柱，分别顶住主轴孔的毛面，将工件抬起，离开各支承面。这时，主轴孔轴心线与两短轴轴心线重合，实现了以主轴孔为粗基准定位。为了限制工件绕两短轴的回转自由度，在工件抬起后调节两可调支承，辅以简单找正，使顶面基本成水平，再用螺杆调整辅助支承，使其与箱体底面接触。最后操纵手柄，将液压控制的两个夹紧块插入箱体两端相应的孔内夹紧，即可加工。

(2) 精基准的选择

箱体加工精基准的选择也与生产批量大小有关。

① 单件小批生产用装配基面作定位基准。单件小批加工如图 3-32 所示车床床头箱孔系时，选择箱体底面导轨面 B,C 作定位基准。面 B,C 既是床头箱的装配基准，又是主轴孔的设计基准，并与箱体的两端面、侧面及各主要纵向轴承孔在相互位置上有直接联系，故选择面 B,C 作定位基准，不仅消除了主轴孔加工时的基准不重合误差，而且定位稳定可靠，装夹误差较小。加工各孔时由于箱口朝上，所以更换导向套、安装调整刀具、测量孔径尺寸、观察加工情况等都很方便。

这种定位方式也有它的不足之处。加工箱体中间壁上的孔时，为了提高刀具系统的刚度，应当在箱体内部相应的部位设置刀杆的导向支承。由于箱体底部是封闭的，中间支承只能用如图 3-33 所示的吊架从箱体顶面的开口处伸入箱体内，每加工一件需装卸一次，吊架与镗模之间虽有定位销定位，但吊架刚性差，制造安装精度较低，经常装卸也容易产生误差，且使加工的辅助时间增加，因此这种定位方式只适用于单件小批生产。

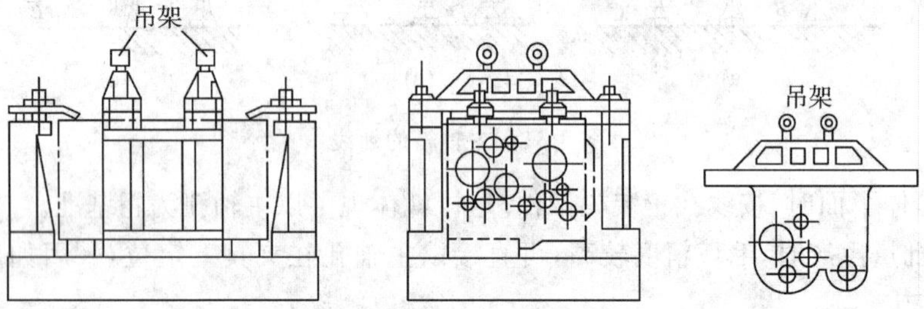

图 3-33 吊架式镗模夹具

② 量大时采用一面两孔作定位基准。大批量生产的主轴箱常以顶面和两定位销孔作为精基准，如图 3-34 所示。

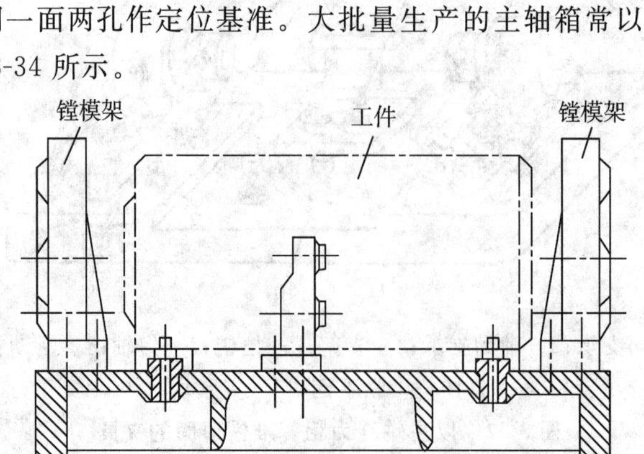

图 3-34 箱体以一面两孔定位

这种定位方式加工时箱体口朝下，中间导向支架可固定在夹具上。该方法简化了夹具结构，提高了夹具的刚度，同时工件的装卸也比较方便，因而提高了孔系的加工质量和劳动生产率。

这种定位方式的不足之处在于定位基准与设计基准不重合，产生了基准不重合误差。为了保证箱体的加工精度，必须提高作为定位基准的箱体顶面和两定位销孔的加工精度。另外，由于箱口朝下，加工时不便于观察各表面的加工情况，因此不能及时发现毛坯是否有砂眼、气孔等缺陷，而且加工中不便于测量和调刀。用箱体顶面和两定位销孔作精基准加工时，必须采用定径刀具（扩孔钻和铰刀等）。

上述两种方案的对比分析仅仅是针对类似床头箱而言的，许多其他形式的箱体采用一面两孔的定位方式时上面所提及的问题不一定存在。实际生产中一面两孔的定位方式在各种箱体加工中应用十分广泛。这种定位方式很简便地限制了工件6个自由度，定位稳定可靠，在一次安装下可以加工除定位以外的所有5个面上的孔或平面，也可以作为从粗加工到精加工的大部分工序的定位基准，实现“基准统一”。此外，这种定位方式夹紧方便，工件的夹紧变形小，易于实现自动定位和自动夹紧。因此，在组合机床与自动线上加工箱体时多采用这种定位方式。

由以上分析可知，箱体精基准的选择有两种方案：① 以3平面为精基准（主要定位基面为装配基面）；② 以一面两孔为精基准。这两种定位方式各有优缺点，实际生产中的选用与生产类型有很大的关系。从“基准统一”出发，中小批生产时，尽可能使定位基准与设计基准重合，即一般选择设计基准作为统一的定位基准；大批量生产时，优先考虑的是如何稳定加工质量和提高生产率，不过分地强调基准重合问题，一般多用典型的一面两孔作为统一的定位基准。对于由此而引起的基准不重合误差，可采用适当的工艺措施去解决。

3.4.4 拓展训练

图3-35所示的减速箱体，材料为HT150，生产类型为小批。试编制其机械加工工艺过程，并分析箱体类零件孔的检验关键内容：① 孔系位置精度及孔距精度的检验；② 孔的平行度检验；③ 孔轴线与端面平行度的检验。

1. 箱体类零件的主要检验项目

通常箱体类零件的主要检验项目有各加工表面的表面粗糙度以及外观、孔距精度、孔与平面的尺寸精度及形状精度、孔系的位置精度（孔轴线的同轴度、平行度、垂直度，孔轴线与平面的平行度、垂直度等）。

表面粗糙度值要求较小时，可用专用测量仪检测；表面粗糙度要求较大时一般采用与标准样块比较或目测评定。外观检查只需根据工艺规程检查完工情况及加工表面有无缺陷即可。孔的尺寸精度一般采用塞规检验。当需要确定误差的数值或单件小批生产时，可采用内径千分尺和内径千分表等进行检验；若精度要求很高时，也可用气动量仪检验（示值误差达1.2～0.4 μm）。平面的直线度可用平尺和塞尺检验，也可用水平仪与桥板检验；平面的平面度可用水平仪与桥板检验，也可用标准平板涂色检验。

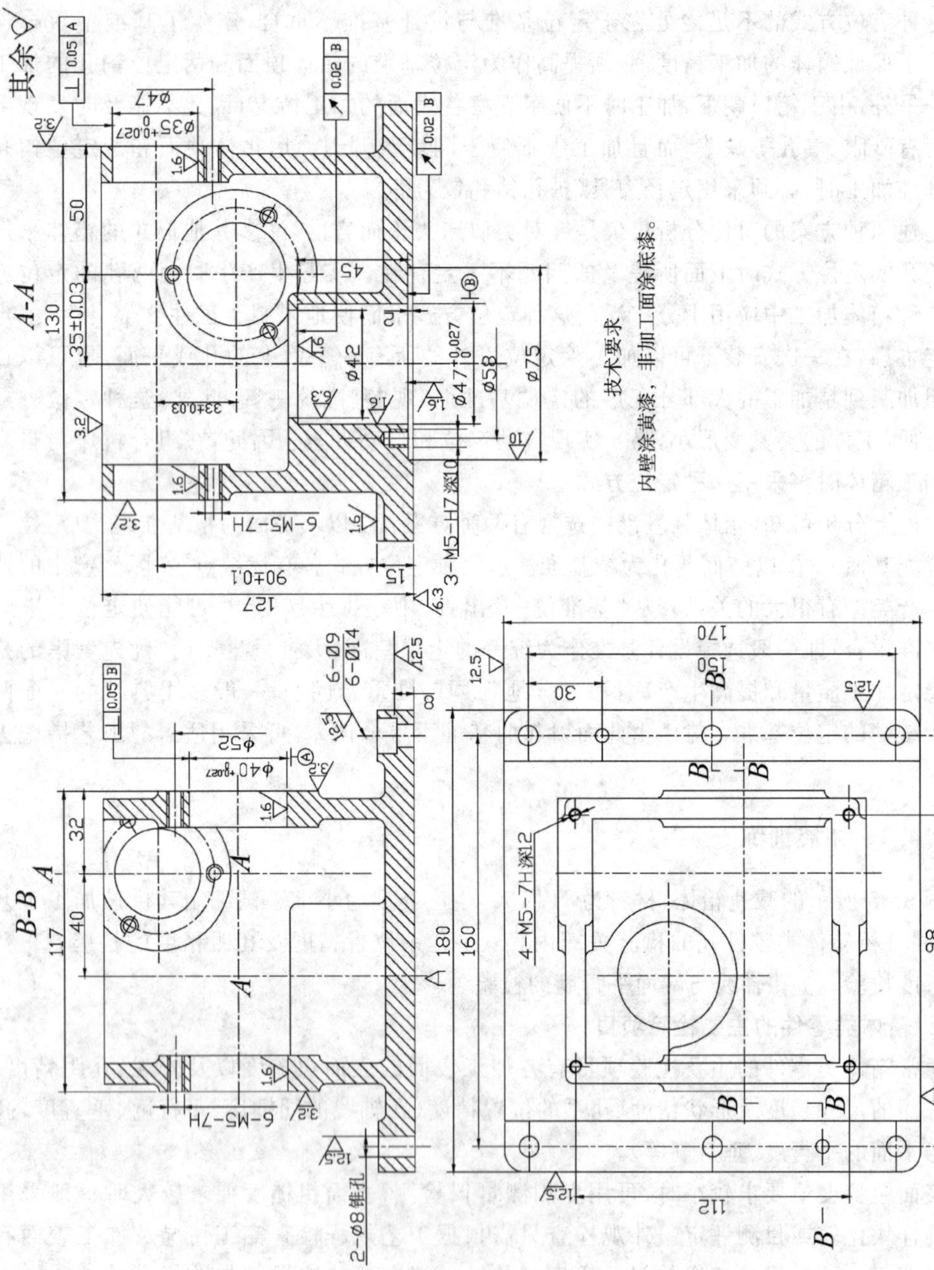
A-A
B-B
其余
技术要求
内壁涂黄漆，非加工面涂底漆。
6-M5-7H
3-M5-H7深10
4-M5-7H深12
2-ϕ8锥孔
6-Ø9
6-Ø14

图 3-35 减速箱体

2. 箱体零件孔系位置精度及孔距精度的检验

用检验棒检验同轴度是一般工厂最常用的方法。当孔系同轴度精度要求不高时，可用通用的检验棒配上检验套进行检验，如图 3-36 所示。如果检验棒能自由地推入同轴线上的孔内，即表明孔的同轴度符合要求。当孔系同轴度精度要求高时，可采用专用检验棒。若要确定孔之间同轴度的偏差数值，可利用图 3-37 所示的方法，用检验棒和百分表检验。

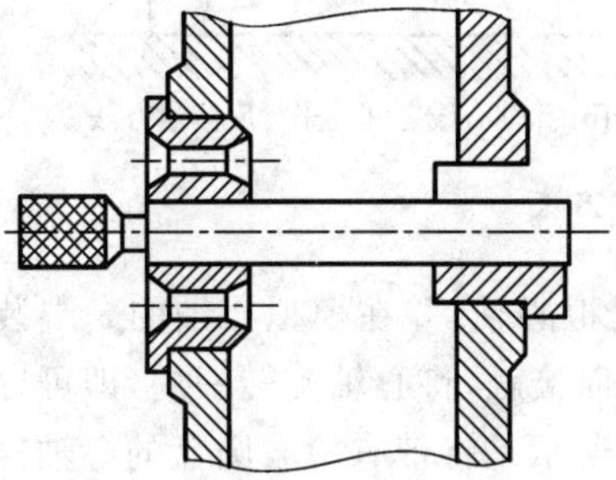

图 3-36 用检验棒与检验套检验同轴度

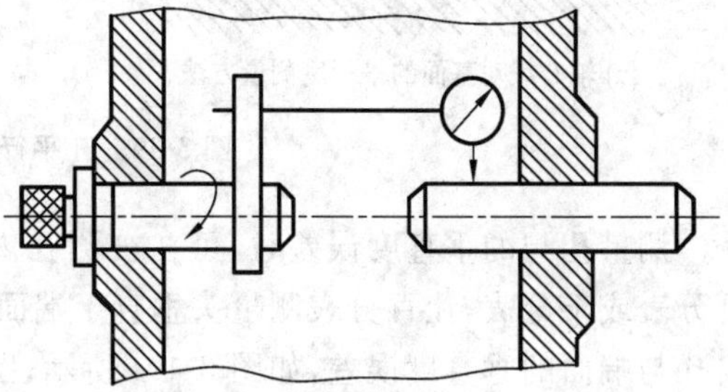

图 3-37 用检验棒与百分表检验同轴度偏差

对于孔距、孔轴线间的平行度、孔轴线与端面的垂直度检验，也可利用检验棒、千分尺、百分表、90°角尺及平台等相互组合进行测量。当孔距的精度要求不高时，可直接使用游标标卡尺检验，如图 3-38 a 所示；当孔距精度要求较高时，可用心轴与千分尺检验，如 3-37 b 所示，还可以用心轴与量规检验。

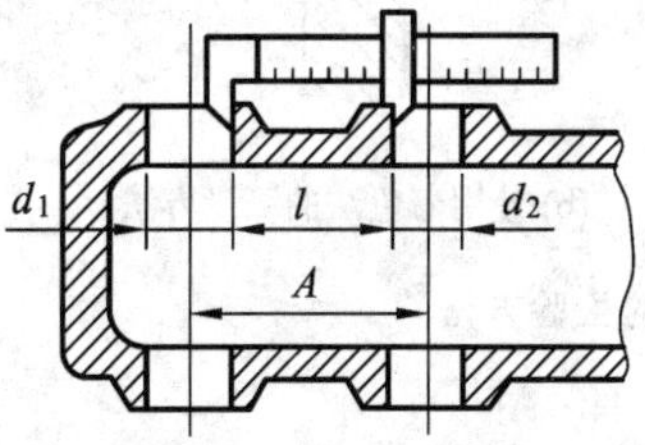

(a) 游标卡尺检验

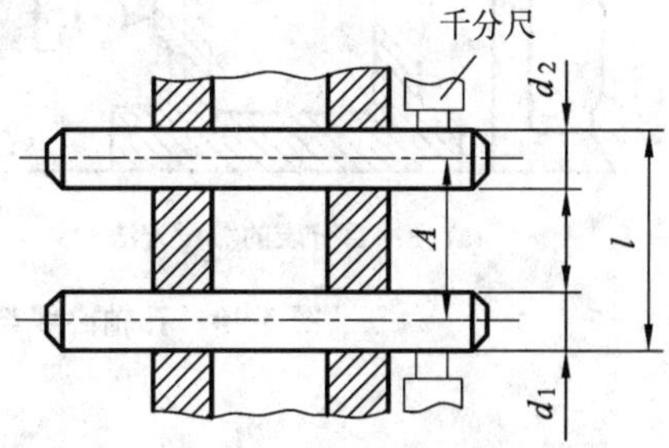

(b) 心轴与千分尺检验

图 3-38 孔距检验方法

孔的轴线对基面的平行度可用如图 3-39a 所示孔平行度的检验方法检验。将被测零件直接放在平台上，被测轴线由心轴模拟，用百分表（或千分表）进行测量，其差值即为测量长度内轴心线对基面的平行度误差。孔轴线之间的平行度误差可采用如图 3-39b 所示孔平行度的检验方法检验。被测箱体的基准轴线与被测轴线均用心轴模拟，使用百分表或千分表在垂直于心轴的轴线方向进行测量。首先调整基准与平台平行，然后测量被测心轴两端的高度差，该高度差即为孔轴线之间的平行度误差。

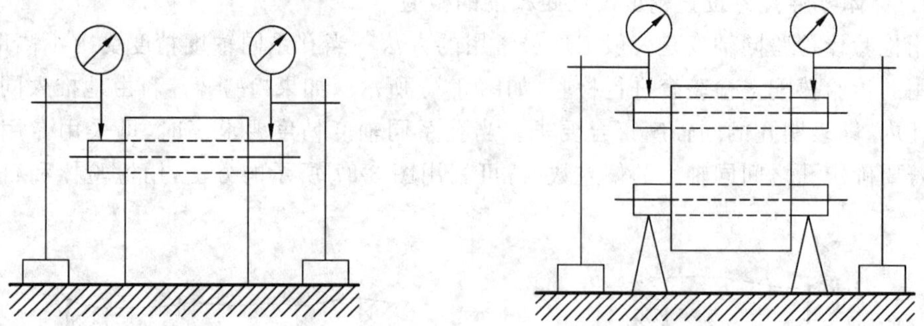

(a) 轴心线对基面的平行度测量方法　　(b) 孔轴心线之间的平行度测量方法

图 3-39　孔平行度的检验方法

测量孔与的垂直度误差时，可在被测孔内装上模拟心轴，并在模拟心轴的一端装上百分表或千分表，让百分表测量头垂直于端面并与端面接触，将心轴旋转一周，即可以测出孔与端面的垂直度误差，如图 3-40a 所示；图 3-40b 所示是将带有检验圆盘的心轴插入孔内，使用着色法检验圆盘与端面的接触情况，或者用塞尺检验圆盘与端面的沟隙 Δ，也可以检验孔轴心线与端面垂直度。

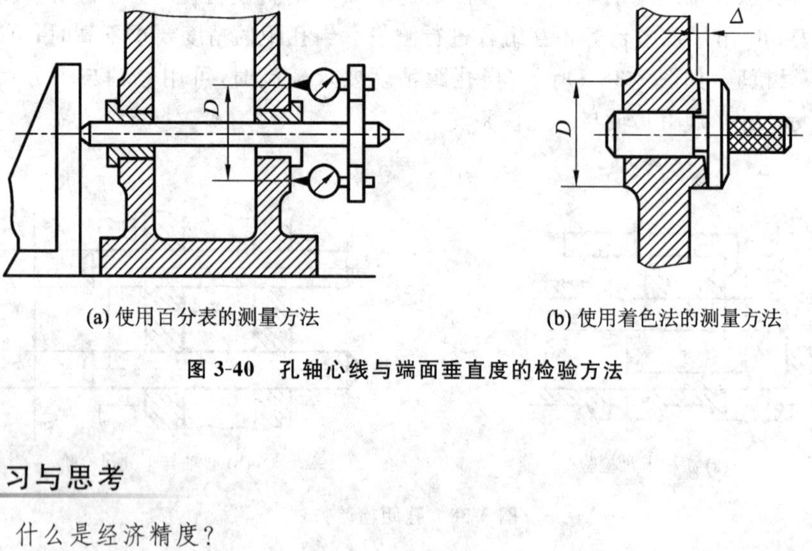

(a) 使用百分表的测量方法　　(b) 使用着色法的测量方法

图 3-40　孔轴心线与端面垂直度的检验方法

练习与思考

3-1　什么是经济精度？

3-2　为什么要划分加工阶段？

3-3　加工顺序的安排原则是什么？

3-4　简述粗基准选择原则。

3-5　简述精基准选择原则。

3-6　工序集中与工序分散的特点是什么？

3-7　如题 3-7 图所示滑座体材料为 HT21-40，生产类型为小批生产。试编制其机械加工工艺工程卡。

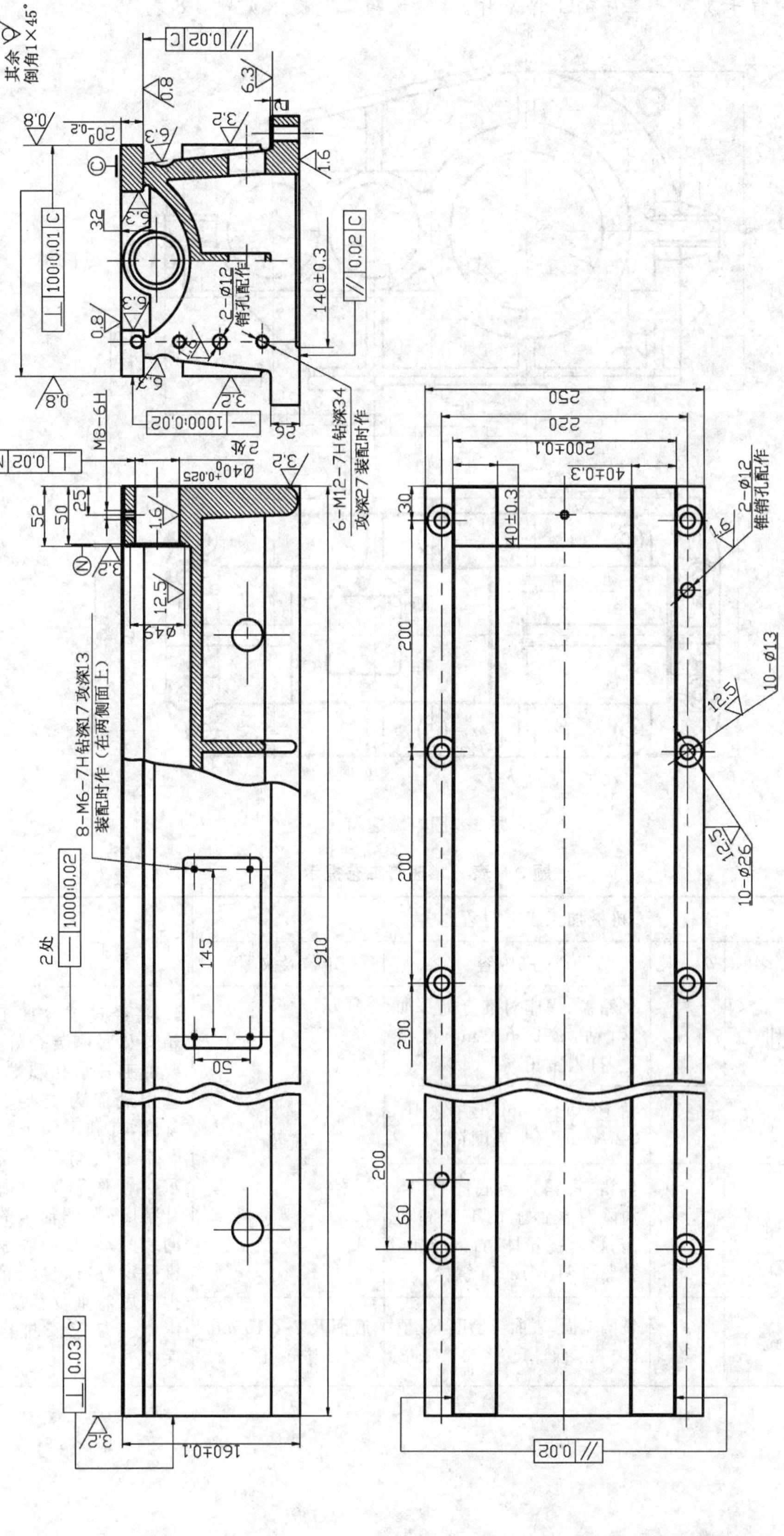
其余
倒角1×45°
8-M6-7H钻深17 攻深13
装配时作（在两侧面上）
6-M12-7H钻深34
攻深27 装配时作
2-φ12
销孔配作
2-φ12
锥销孔配作
10-φ13
10-φ26
M8-6H
2处
140±0.3
160±0.1
910
145
50
250
220
200±0.1
40±0.3
200
60
32
52
50
25
26
12.5
3.2
6.3
1.6
0.8

题 3-7 滑座体

3-8　如题 3-8 图所示减速箱材料为 HT150，生产类型为中批生产。试编制其机械加工工艺过程卡及镗孔工序的工序卡片。（减速箱工艺提示见题 3-8 表）

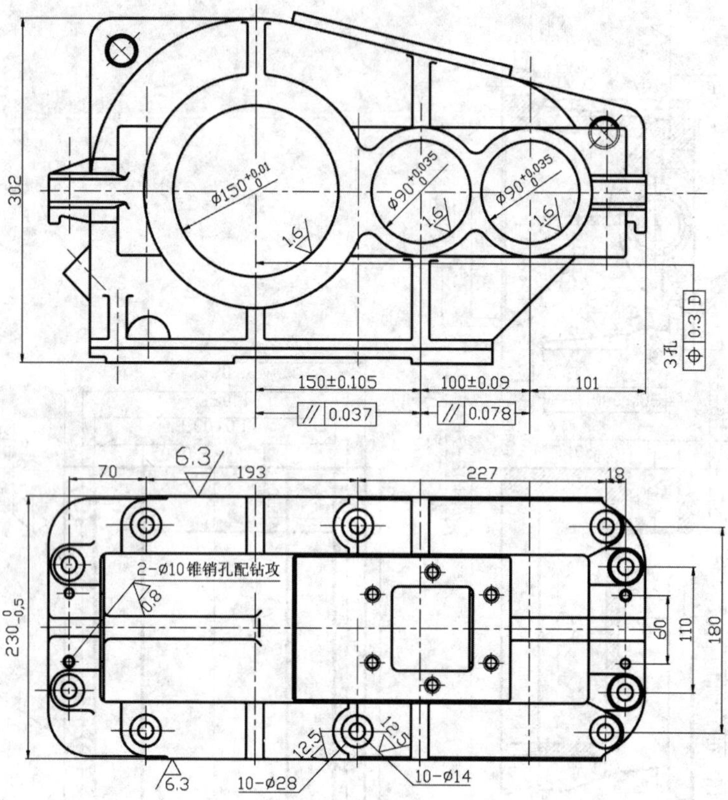

题 3-8 图　减速箱

题 3-8 表　减速箱工艺提示

机械加工工艺过程					说　明
工序号	工序名称	安　装	工序内容	定位及夹紧	
10	钳		将箱盖、底座对准合拢并加紧，钻、铰 2-ϕ10 mm 锥销孔，打入锥销	底面	1. 将经过部分加工的箱盖和底座装合好，主要加工轴承孔和端面，选用底面为主要定位基准，有利于保证轴承孔中心线与对合面的重合精度和对底面尺寸精度；保证轴承的径向装配；箱盖和底座以锥销定位，以保证箱体拆装后的重复精度，所以锥销加工安排在工序 1
20	钻		钻 10-ϕ14 mm 孔并锪 10-ϕ28 mm孔（与盖配钻）		
30	钳		拆箱：将箱盖与底座打开，清除对合面上的毛刺和切屑；再合拢箱体，打入锥销，拧紧 6 只 M12-7h 螺栓		
40	铣		铣两端面，表面粗糙度 Ra 值 6.3 μm，保证尺寸$230_{-0.5}^{0}$ mm	底面及 2-ϕ10 mm 锥销孔	

续表

机械加工工艺过程					说　明
工序号	工序名称	安　装	工序内容	定位及夹紧	
50	镗		粗镗孔系 $\phi 150^{+0.04}_{0}$ mm 孔至 $\phi 149^{0}_{-0.1}$ mm，表面粗糙度 Ra 值 6.3 μm，粗镗孔系 $\phi 90^{+0.035}_{0}$ mm 孔（两个）至 $\phi 89^{0}_{-0.1}$ mm，表面粗糙度 Ra 值 6.3 μm	底面及 2-ϕ10 mm 锥销孔	2. 因为整个箱体壁薄，结构较复杂，容易变形，因此在装合夹紧时，夹紧力大小，位置要适当，使整个对合面受力均匀，以免引起变形。再者，箱盖与底座装合时要将对合面清除干净，以免影响精度
60	镗		粗镗孔系 $\phi 150^{+0.04}_{0}$ mm 和 $\phi 90^{+0.035}_{0}$ 孔至图纸要求，6 处切卡簧槽（见零件图）	底面及 2-ϕ10 mm 锥销孔	
70	钳		拆开箱体，清除毛刺和切屑		
80	检验				

3-9　铣削加工可完成哪些工作？铣削加工有何特点？

3-10　什么是顺铣？什么是逆铣？试比较其优、缺点并说明适用场合。

3-11　刨削加工有何特点？刨削加工应用范围如何？

3-12　在箱体平行孔系加工中如何保证孔系之间的孔距精度？

3-13　在箱体同轴孔系加工中如何保证同轴孔系的同轴度？

3-14　在箱体交叉孔系加工中如何控制有关孔的垂直度？

3-15　箱体零件的主要检验项目有哪些？孔系位置精度和孔距精度如何检验？

3-16　箱体类零件平面磨削加工中常见的问题及解决的办法有哪些？

模块4 叉架类零件机械加工工艺编制

导引

【工作场景】

连杆的零件图如图4-1、图4-2、图4-3所示，生产类型为大批量生产，试分析连杆的加工工艺过程，编制连杆的机械加工工艺过程卡、机械加工工序卡。在条件允许情况下，可以操作机床加工零件，以验证工艺的合理性。

【工作步骤】

(1) 分析零件图，填写零件加工表面情况表。
(2) 确定机械加工阶段。
(3) 确定各主要加工表面加工方案。
(4) 确定零件的加工工艺过程及各主要加工表面的精、粗基准。
(5) 填写主轴箱零件的机械加工工艺过程卡、机械加工工序卡。

4.1 连杆工艺规程编制

连杆是活塞式发动机的重要零件，其大头孔和曲轴连接，小头孔通过活塞销和活塞连接，将作用于活塞的气体膨胀压力传给曲轴，又受曲轴驱动而带动活塞压缩气缸中的气体，它是连接活塞与曲轴的杆件，所以叫连杆。

连杆属于叉架类零件，虽然叉架类零件的工艺过程因其结构、精度要求和生产批量的不同而有较大差异，但也有共同特点。下面结合实例来分析一般叉架类零件加工中的共性问题。

连杆是叉架类零件中结构较为复杂、要求较高的一种叉架，它分为连杆体和连杆盖两部分，其加工的难度较大，现以图4-1所示柴油机连杆来介绍连杆的工艺过程。

(1) 分析零件图，填写零件加工表面情况表(参考模块3中表3-1与表3-4，此处略)。

填写此表时，应该分别针对连杆体、连杆盖和连杆组件来填写，即填写3张表。同样，被加工平面在前，孔在后；主要平面、孔在前，次要平面、孔在后。

(2) 确定各表面所需加工阶段。

根据图4-1及3张表，再根据表3-2常见加工阶段能达到的精度及粗糙度等级，确定各加工表面的所需要的加工阶段，在相应栏目中打“√”。

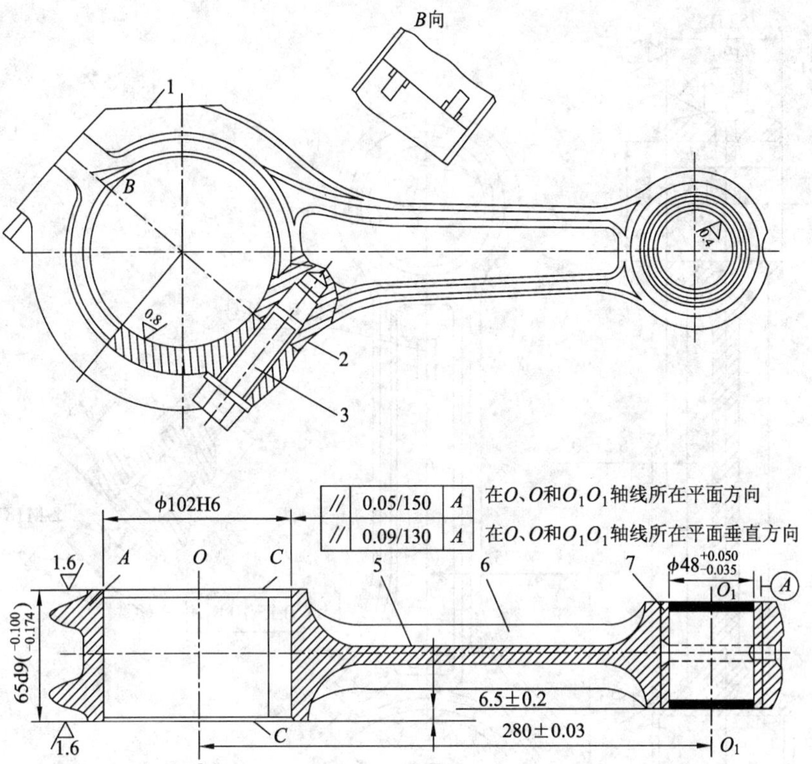

1—打重量标记；2—打配对标记；3—螺钉；4—连杆盖；5—对称面；6—连杆体；7—活塞销轴承

图 4-1　柴油机连杆总成

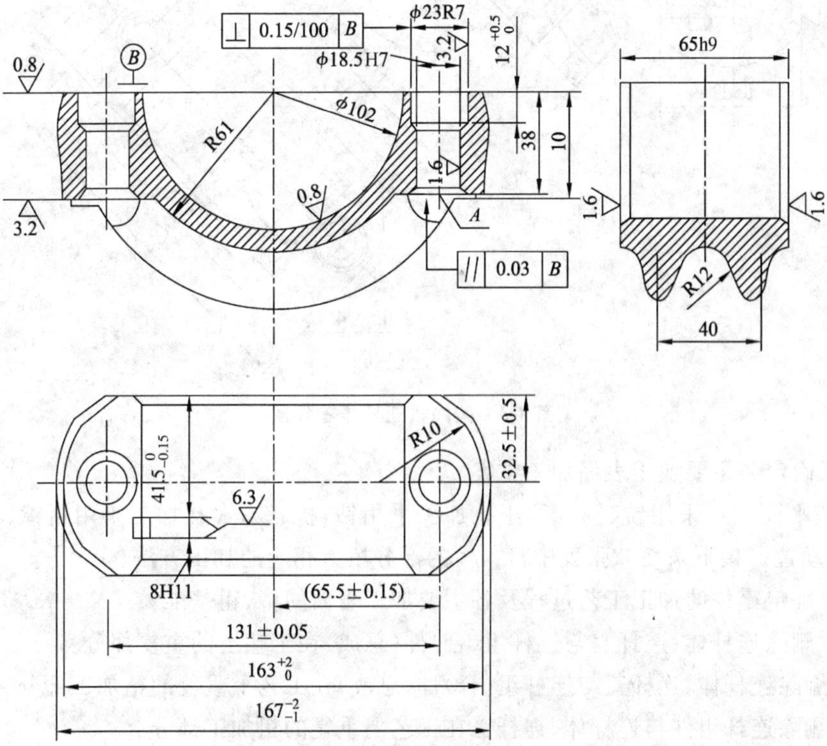

图 4-2　柴油机连杆盖零件图

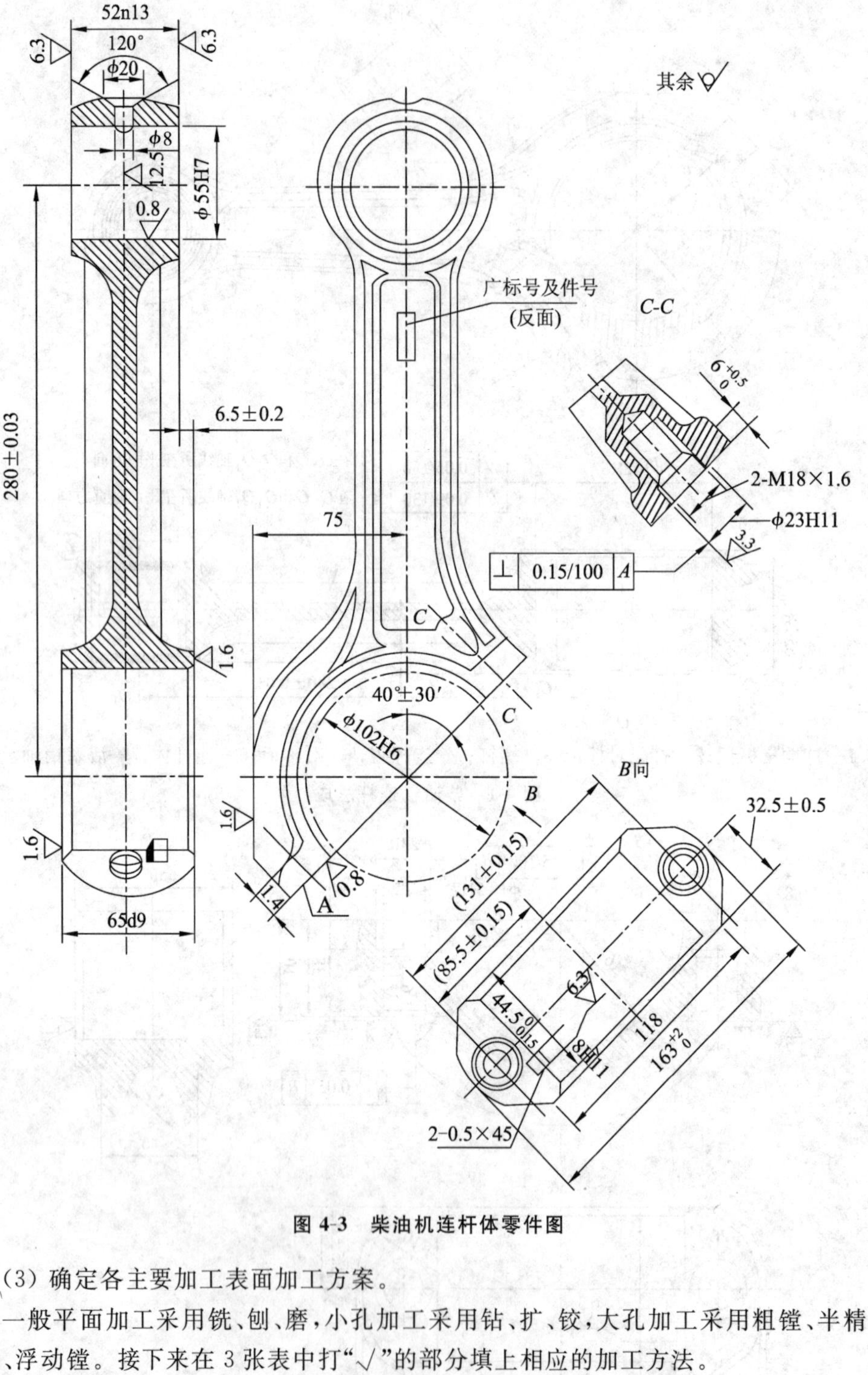

图 4-3 柴油机连杆体零件图

(3) 确定各主要加工表面加工方案。

一般平面加工采用铣、刨、磨，小孔加工采用钻、扩、铰，大孔加工采用粗镗、半精镗、精镗、浮动镗。接下来在 3 张表中打“√”的部分填上相应的加工方法。

(4) 确定零件的加工工艺过程及各主要加工表面的精、粗基准。

(5) 删除连杆体、连杆盖与连杆组(合)件(总成)在工艺上的重复部分。

① 删除连杆体、连杆盖与连杆组(合)件(总成)在工艺上重复的精加工部分。

② 删除连杆组件与连杆体、连杆盖在工艺上重复的粗加工部分。

(6) 加入辅助工序，如毛坯制造、漆底漆、热处理、去毛刺、检验等辅助工序。

(7) 整合工序。

结合生产批量、定位基准等情况，可以对工艺过程作适当调整，如小批生产时可以对粗加工、半精加工作适当合并，次要孔可以放在主要孔加工以后进行加工；经过整合后得到表 4-1 和表 4-2。

表 4-1　柴油机连杆体和连杆盖加工工艺过程

连杆体			连杆盖			机床设备
工序号	工序内容	定位基准	工序号	工序内容	定位基准	
1	模锻		1	模锻		
2	调质		2	调质		
3	磁性探伤		3	磁性探伤		
4	粗、精铣两平面	大头孔壁，小头外廓端面	4	粗、精铣两平面	端面结合面	立式双头回转铣床
5	磨两平面	端面	5	磨两平面	墙面	立轴圆台平面磨床
6	钻、扩、铰小头孔、孔门，倒角	大、小头端面，小头外廓工艺凸台				立式五工位机床
7	粗、精铣工艺凸台及结合面	大、小头端面，大头孔，大头孔壁	6	粗、精铣结合面	墙面肩胛面	立式双头回转铣床
8	两个连杆体，粗镗，大头孔，倒角	大、小头端面，小头孔，工艺凸台	7	两个连杆盖，粗镗大头孔，倒角	肩胛面、螺钉孔外侧	卧式三工位铣床
9	磨结合面	大、小头端面，小头孔，工艺凸台	8	磨结合面	肩胛面	立轴矩台平面磨床
10	钻、攻螺纹孔，钻、铰定位孔	小头孔及端面工艺凸台	9	钻、扩沉头孔，扩、铰定位孔	端面、大头孔壁	卧式五工位机床
11	精镗定位孔	定位孔结合面	10	精镗定位孔	定位孔结合面	
12	清洗		11	清洗		
13	打印件号		12	打印件号		
14	检验		13	检验		

表 4-2　柴油机连杆组件加工工艺过程

工序号	工序内容	定位基准	机床设备
1	体与盖对号，清洗，装配		
2	磨两平面	大、小头端面	立轴圆台平面磨床
3	半精镗大头孔及孔口倒角	大、小头端面，小头孔工艺凸台	立轴镗铣床
4	精镗大、小头孔	大头端面，小头孔工艺凸台	金刚镗床
5	钻小头油孔及孔口倒角		立轴镗铣床
6	珩磨大头孔		珩磨机
7	小头孔内压入活塞销轴承		专用机床
8	铣小头两端面	大、小头端面	立式双头回转铣床
9	精镗小头轴承孔	大、小头孔	金刚镗床
10	拆开连杆盖		
11	铣体与盖大头轴瓦定位槽		铣定位槽专用机床
12	对号，装配		
13	退磁		
14	检验		

4.2 知识梳理——连杆加工的工艺特点及方法

4.2.1 概 述

1. 连杆的功用与结构分析

(1) 功用

连杆是活塞式发动机的重要零件，其大头孔和曲轴连接，小头孔通过活塞销和活塞连接，将作用于活塞的气体膨胀压力传给曲轴，又受曲轴驱动而带动活塞压缩气缸中的气体。连杆承受的是高交变载荷，气体的压力在杆身内产生很大的压缩应力和纵向弯曲应力，由活塞和连杆重量引起的惯性力，使连杆承受拉应力。因为连杆承受的是冲击性质的动载荷，所以要求连杆重量轻、强度好。

(2) 结构

连杆是较细长的变截面非圆形杆件，其杆身截面从大头到小头逐步变小，以适应在工作中承受的急剧变化的动载荷。

连杆由连杆大头、杆身和连杆小头 3 部分组成。连杆大头是分开的，一半与杆身为一体，一半为连杆盖，连杆盖用螺栓和螺母与曲轴主轴颈装配在一起。为了减少磨损及磨损后便于修理，在连杆小头孔中压入青铜材套，大头孔中装有薄壁金属轴瓦。

为方便连杆加工，可以在连杆的大头侧面或小头侧面设置工艺凸台或工艺侧面。

2. 连杆的主要技术要求

对连杆的零件图进行分析，整理连杆的主要技术要求见表 4-3。

表 4-3 连杆的主要技术要求

技术要求项目	具体要求或数值	满足的主要性能
大、小头孔精度	尺寸公差 IT6 级，圆度、柱度 0.004～0.006	保证与轴瓦的良好配合
两孔中心距	±0.03～0.05	气缸的压缩比
两孔轴线在同一个平面内	在连杆轴线平面内：(0.02～0.04)/100；在垂直连杆轴线平面内：(0.04～0.06)/100	减少气缸壁和曲轴颈磨损
大孔两端对轴线的垂直度	0.1/100	减少曲轴颈边缘磨损
两螺孔（定位孔）的位置精度	在两个垂直方向上的平行度：(0.02～0.04)/100；对结合面的垂直度：(0.1～0.3)/100	保证正常承载和轴颈与轴瓦的良好配合
同一组内的重量差	±2%	保证运转平稳

3. 连杆的材料与毛坯

连杆材料一般采用 45 钢或 40Cr，45Mn2 等优质钢或合金钢，近年来也有采用球墨铸铁的。钢制连杆都用模锻制造毛坯。连杆毛坯的锻造工艺有两种：(1) 将连杆体和盖分开锻造；(2) 连杆体和盖整体锻造。

具体锻造方式是整体锻造还是分开锻造决定于锻造设备的能力，显然整体锻造需要有大的锻造设备。

4.2.2 连杆机械加工工艺过程分析

1. 加工阶段的划分和加工顺序的安排

连杆本身的刚度比较低，在外力作用下容易变形；连杆是模锻件，孔的加工余量较大，切削加工时易产生残余应力。因此，在安排工艺过程时，应把各主要表面的粗、精加工工序分开。这样粗加工产生的变形就可以在半精加工中得到修正；半精加工中产生的变形可以在精加工中得到修正，最终达到零件的技术要求。同时，在工序安排上应先加工定位基准。

连杆工艺过程可分为3个阶段。

(1) 粗加工阶段

粗加工阶段也是连杆体和盖合并前的加工阶段，主要是基准面的加工，包括辅助基准面加工、准备连杆体及盖合并所进行的加工，如两者对口面的铣、磨等。

(2) 半精加工阶段

半精加工阶段是连杆体和盖合并后的加工，如精磨两平面，半精镗大头孔及孔口倒角等。总之，该阶段是为精加工大、小头孔作准备的。

(3) 精加工阶段

精加工阶段是最终保证连杆主要表面——大、小头孔全部达到图纸要求的阶段，如珩磨大头孔、精镗小头轴承孔等。

2. 定位基准的选择

连杆加工工艺过程的大部分工序都采用统一的定位基准——一个端面、小头孔及工艺凸台。这样有利于保证连杆的加工精度，而且端面的面积大，定位也比较稳定。

由于连杆的外形不规则，为了定位需要，可在连杆体大头处作工艺凸台，作为辅助基准面。

连杆大、小头端面对称分布在杆身的两侧，由于大、小头孔厚度不等，所以大头端面与同侧小头端面不在一个平面上。用这样的不等高面作定位基准，必然会产生定位误差。制订工艺时，可先把大、小头制成一样厚度，这样不仅避免了上述缺点，而且由于定位面积加大，使得定位更加可靠，直到加工的最后阶段才铣出该阶梯面。

3. 确定合理的夹紧方法

连杆是一个刚性较差的工件，应十分注意夹紧力的大小、方向及着力点的位置选择，以免因受夹紧力的作用而产生变形。

4.2.3 连杆的加工工艺过程分析

连杆对尺寸精度、形状精度和位置精度的要求都很高，但刚度又较差，容易产生变形。连杆的主要加工表面为大小头孔、两端面、连杆盖与连杆体的接合面和螺栓等。此外次要表面为油孔、锁口槽、作为工艺基准的工艺凸台等。此外还有称重去重、检验、清洗和去毛刺等工序。

连杆的加工顺序大致如下：

(1) 锻造。按连杆的锻造工艺进行。

(2) 铣。铣连杆大、小头两平面，两面留磨量0.5 mm，采用双面铣专用机床和铣夹具。

(3) 粗磨。粗磨上下端面,磨完一面后翻身磨另一面,保证中心线对称,采用 M7475 型转盘磨床、磁力吸盘。

(4) 退磁。

(5) 钻。钻、扩小头孔,采用 Z535 型立式钻床、滑柱式钻模。

(6) 锪。锪小头孔口倒角,一面锪好后锪另一面,采用 Z535 型立式钻床。

(7) 拉。拉小头孔,采用 L55 型立式拉床、拉刀。

(8) 镗。粗镗大头孔,采用镗孔专用机床、镗夹具。

(9) 车。车大头外圆,采用 C618K 型车床、车夹具。

(10) 铣。粗铣螺栓孔平面,先铣一个螺栓孔的两端面,再翻身铣另一个螺栓孔的两端面,采用 X62X 铣床、铣夹具和三面刃铣刀。

(11) 精铣。精铣螺栓孔平面,采用 X62W 卧式铣床、铣夹具和三面刃铣刀。

(12) 钻-扩-铰。钻、扩、绞两螺栓孔,采用 Z535 型立式钻床、钻模。

(13) 半精镗。半精镗大头孔,采用镗孔专用机床、镗夹具。

(14) 精磨。精磨大头两平面,采用 M7475 型平面磨床、磁力吸盘。

(15) 退磁。

(16) 精镗。精镗大小头孔,采用 T760 型金刚镗床、镗夹具。

(17) 中间检查。

(18) 钻。钻小头油孔,采用台钻、钻模。

(19) 去毛刺。去小头孔内毛刺。

(20) 压入衬套。在连杆油孔内压入衬套,保证中心轴线的同轴度。

(21) 精镗。精镗衬套孔,采用 T760 型金刚镗床、镗夹具。

(22) 车。车小头两端面及孔口倒角,采用车床、活心轴。

(23) 铣。在大头端将连杆切开为两个零件,采用 X62W 型卧式铣床、铣夹具、锯片、铣刀。

(24) 锪。锪螺栓孔口的倒角,采用台钻、钻夹具。

(25) 钻。钻连杆盖定位销孔,采用台钻、钻夹具。

(26) 钻。钻连杆体定位销孔,采用台钻、钻夹具。

(27) 去全部毛刺。

(28) 清洗。

(29) 终检。

4.3 知识链接——如何保证加工精度

4.3.1 影响零件加工精度的因素

机械产品的加工质量对产品的工作性能和使用寿命影响很大,也与零件的加工质量和产品的装配精度密切相关。在实际生产中,任何一种机械加工方法都不可能把零件加工得绝对准确。在机械加工中存在着各种产生误差的因素,加工误差是不可避免的。从使用的角度看,也没有必要将零件加工得绝对精确,可允许存在一定的偏差。只要零件的加工误差落在它的公差范围之内,就是合格的产品。保证零件的加工精度,就是设法使加工误差控制在许可的偏差范围内。

加工误差是指零件加工后的实际几何参数(尺寸、几何形状和相互位置)与理想几何参数之间的偏差。

零件的机械加工是在由机床、刀具、夹具和工件组成的工艺系统内完成的。零件的几何尺寸、几何形状和表面之间的相互位置关系取决于刀具与工件之间的相对运动关系。工件和刀具安装在机床和夹具上,在机床的带动下实现运动,并受机床和夹具的约束。因此,工艺系统各种误差就会以不同的程度和方式反映为零件的加工误差。工艺系统的误差一方面是系统各环节本身及其相互之间的几何关系、运动关系与调整测量等因素的误差,另一方面是加工过程中因受力、受热、振动等因素使系统偏离其理论状态而产生的误差。此外,测量误差也会对加工精度产生一定影响。

1. 从误差掌握程度划分

从误差是否被人们掌握来分,加工误差可分为系统误差和随机误差(又叫偶然误差)。

(1) *系统误差*

若误差的大小和方向均已掌握,则称为系统误差,它可以用代数和进行综合。例如,由于采用近似加工方法所带来的加工原理误差即为系统误差。

(2) *随机误差*

没有准确的定量误差规律的误差,称为随机误差,它是一个随时间无规则变化的变量,不能用代数和进行综合,只能用数理统计方法处理。例如,由于内应力的重新分布所引起的工件变形误差,由于零件毛坯材质不均匀所引起的变形误差等。用铰刀铰孔时,在相同的加工条件下,由于被加工零件余量不均、材质软硬不等及工件的残余应力变形所引起的加工误差的影响,加工出的孔径并不相同。这种不确定因素造成的加工误差,就属于随机误差。

2. 从工艺系统角度划分

从工艺系统的角度来考虑,可以将产生加工误差的原因分为机床引起的误差、刀具(及刀杆)引起的误差、夹具引起的误差和工件引起的误差。

从工艺因素角度来考虑,又可将影响加工精度的因素分为 4 种。

(1) *加工原理误差*

加工原理误差属于系统误差,它是由于采用近似的加工方法所产生的误差,包括近似的成形运动、近似的刀刃轮廓或近似的传动关系等不同类型。为了获得规定的加工表面,理论上应采用理想的加工原理以获得精确的零件表面。但实践中,理论的加工原理很难实现,有时即使能够实现,加工效率也很低,要求使用机床或刀具的结构极为复杂,制造困难;有时由于结构环节多,造成机床传动中的误差增加,很难保证机床刚度和制造精度。采用近似的加工原理以获得符合加工质量、生产率和经济性要求的产品加工过程是实际生产中常用的方法。例如,使用模数铣刀铣削齿轮时,齿廓是由模拟齿槽形状的刀刃加工得到的。实际生产是把所用的刀具分组,每把刀具对应加工一定齿数范围的一组齿轮。由于每组齿轮所用的刀具是按照该组齿轮最小齿数的齿轮进行设计,因此用该刀具加工其他齿数的齿轮时,齿形均存在误差。

(2) *工艺系统的几何误差*

由工艺系统中各组成环节的实际几何参数和位置相对于理想几何参数和位置发生偏离而引起的误差,统称为几何误差。几何误差只与工艺系统各环节的几何要素有关。

对于固定调整的工序，该项误差一般为常值，属于系统误差。

(3) 工艺系统受力变形、受热变形、受内应力作用引起的误差

工艺系统在切削力、夹紧力、重力和惯性力等作用下，受切削热、摩擦热以及工作场地周围热源的影响会产生变形，从而破坏已调整好的工艺系统各组成部分的相互位置关系，导致加工误差等产生，并影响加工过程的稳定性。工件经过冷热加工后会产生一定的内应力。通常情况下，内应力处于平衡状态，但对具有内应力的工件进行加工时，工件原有的内应力平衡状态被破坏，从而使工件产生变形。

(4) 测量误差

在工序调整及加工过程中测量工件时，由测量方法、量具精度以及工件和环境温度等因素对测量结果准确性的影响而产生的误差，统称为测量误差。测量误差一般属于系统误差。

在实际生产加工中，产生加工误差的因素是错综复杂的，很难采用前述的单个因素法进行分析，必须运用数理统计学的基本原理，通过对数据的整理和统计分析，综合各种因素的影响，找出产生误差的原因，从而采取相应的解决措施。

在考虑各种误差对加工精度的影响时，还需清楚原始误差与加工误差的关系。

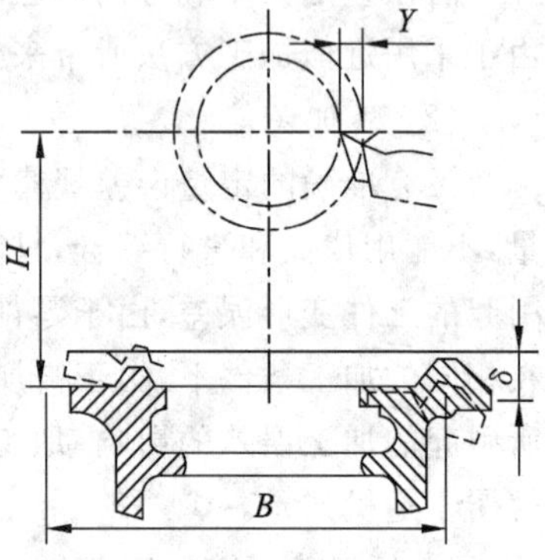

图 4-4 原始误差与加工误差的关系

上述诸因素使工艺系统各环节的运动关系及几何位置相对于理想状态所产生的偏离，称为原始误差。它们使加工后的工件产生的误差，称为加工误差。如图 4-4 所示，车削加工时，由于机床导轨在垂直面内存在平行度误差 δ，影响了工件与车刀之间的相对位置，从而引起工件直径的加工误差 Y。由图可以计算得出

$$Y=\delta H/B$$

式中：H——导轨面到主轴中心的高度；

B——导轨的跨距。

显然，导轨的平行度误差会造成工件的外径加工误差。两者之间存在一定的换算关系。当比值 H/B 不同时，同样的平行度误差造成的加工误差的大小并不相同。当工艺系统的原始误差造成刀具的刀刃在工件的外圆切线方向位移时，由此产生的外径加工误差最小。因此，原始误差与加工误差之间既有量值上的换算关系，也有方向上的关系。对加工误差影响最大的方向称为误差敏感方向，影响最小的方向称为非误差敏感方向。

工艺人员的工艺措施应尽量使上述误差在加工过程中处于误差的不敏感方向。

例如，在忽略卧式机床导轨在垂直面内存在平行度误差时，刀具安装的误差会影响刀具的上下、前后位置。在车削外圆（刀具水平安装）时，上下方向和前后方向，哪一个方向是误差敏感方向？

设刀具在垂直面内的安装误差为 δ，造成的工件半径误差为 $\delta_R=\delta_Z^2/2R$。若刀具在水平面内的安装误差也为 δ_Z，造成的工件半径误差为 $\delta_R=2\delta_Z$。由此可见，在上述条件下，水平面内前后方向是误差敏感方向。

在零件的加工精度指标中，零件形位精度极其重要，工艺系统受力变形、受热变形、受内应力作用引起的形位误差是主要影响因素。下面介绍工艺系统的几何误差以及工

艺系统受力变形、受热变形、受内应力作用引起的误差。

4.3.2　工艺系统的几何误差

工艺系统的几何误差主要是指机床、刀具和夹具本身在制造时所产生的误差，以及使用中产生的磨损和调整误差。这类原始误差在加工过程开始之前已客观存在，并在加工过程中反映到工件上去。

1. 机床的几何误差

机床几何误差是通过各种成形运动反映到加工表面的。机床的成形运动主要包括两大类，即主轴的回转运动和移动件的直线运动。因此，机床的几何误差主要包括主轴的回转运动误差、导轨导向误差和传动链误差。

(1) *主轴的回转运动误差*

主轴的回转运动误差是指主轴实际回转轴线相对于理论回转轴线的偏移。由于机床的主轴用于安装工件或刀具，其回转精度会影响工件的表面形状、表面之间的相互位置关系以及表面粗糙度等。

① 主轴的回转运动误差及影响因素

由于主轴部件在制造、装配、使用中存在各种影响因素，如主轴轴径的误差、轴承的误差、轴承的间隙、与轴承配合零件的误差及热变形等，这会使主轴产生回转运动误差。其误差形式可以分解为径向跳动、轴向窜动和角度摆动 3 种，如图 4-5 所示。

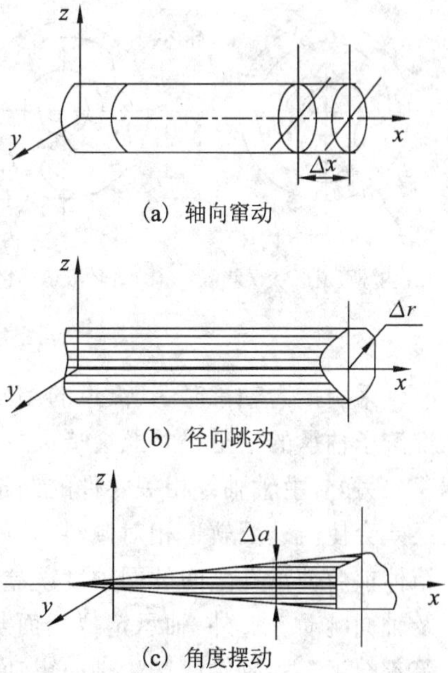

(a) 轴向窜动　(b) 径向跳动　(c) 角度摆动

图 4-5　主轴回转运动误差的基本形式

a. 轴向窜动。瞬时回转轴线沿平均回转轴线方向的轴向运动称为轴向窜动，如图 4-5a 所示，它主要影响工件的端面形状和轴向尺寸精度。

b. 径向跳动。瞬时回转轴线平行于平均回转轴线的径向运动量称为径向跳动，如图 4-5b 所示，它主要影响加工工件的圆度和圆柱度。

c. 角度摆动。瞬时回转轴线与平均回转轴线成一倾斜角度做公转称为角度摆动，如图 4-5c 所示，它对工件的形状精度影响很大，如车外圆时，会产生锥度。

主轴采用滑动轴承支承时，主轴轴径和轴承孔的圆度误差对主轴回转精度有直接影响。对于工件回转类机床(如车床)，切削力的方向大致不变，在切削力的作用下，主轴轴颈以不同部位与轴承孔的某一固定部位接触，这时主轴轴颈的形状误差是影响回转精度的主要因素，如图 4-6a 所示。对于刀具回转类机床(如镗床)，切削力方向随主轴回转而变化，主轴轴颈以某一固定位置与轴承孔的不同位置相接触，这时轴承孔的形状精度是影响回转精度的主要因素，如图 4-6b 所示。对于动压滑动轴承，轴承间隙增大会使油膜厚度变化大，轴心轨迹变动量加大。

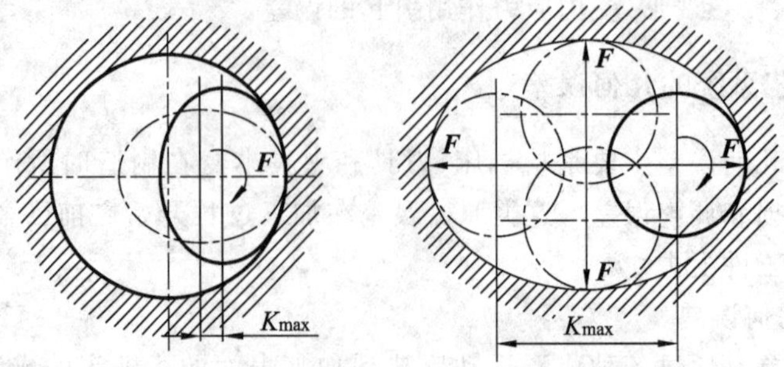

(a) 工件回转类机床　　(b) 刀具回转类机床

图 4-6　主轴采用滑动轴承的回转误差

主轴采用滚动轴承支承时，内外环滚道的形状误差（如图 4-7a，b 所示）、内环滚道与内孔的同轴度误差（如图 4-7c 所示）、滚动体的尺寸误差和形状误差（如图 4-7 d 所示）都对主轴回转精度有影响。主轴轴承间隙过大会使轴向窜动与径向圆跳动量增大。

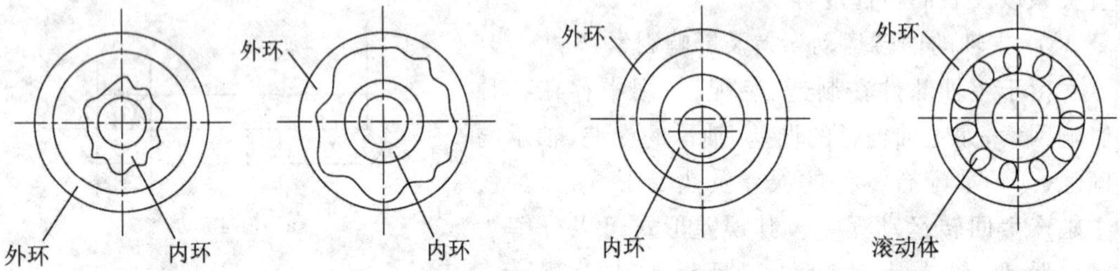

(a) 内环滚道形状误差　(b) 外环滚道形状误差　(c) 内环滚道内与孔同轴度误差　(d) 滚动体尺寸与形状误差

图 4-7　滚动抽承的形状误差

采用推力轴承时，其滚道的端面误差会造成主轴的端面圆跳动。角接触球轴承和圆锥滚子轴承的滚道误差既会造成主轴端面圆跳动，也会引起径向跳动和摆动。

另外，主轴轴系相关零件的制造精度都会影响它的回转精度，如主轴轴径的同轴度误差会使内外圈轨道相对倾斜，并使轴心线弯曲而产生角向漂移；主轴的前后轴径之间、箱体前后轴承孔之间的同轴度误差会使内外圈轨道相对倾斜，引起主轴回转轴线的径向及轴向跳动。此外，轴承定位端面与轴心线的垂直度误差、轴承端面之间的平行度误差等都会引起主轴轴线产生轴向窜动。

② 提高主轴回转精度的措施

a. 采用高精度的主轴部件。获得高精度的主轴部件的关键是提高轴承精度，因此主轴轴承，特别是前轴承，多选用 D，C 级轴承；当采用滑动轴承时，则采用静压滑动轴承，以提高轴系刚度，减少径向圆跳动。其次是提高主轴箱体支承孔、主轴轴颈和与轴承相配合零件的有关表面的加工精度，对滚动轴承进行预紧。

b. 使主轴回转的误差不反映到工件上。如采用死顶尖定位、鸡心夹头传动磨削外圆，只要保证定位中心孔的形状、位置精度，即可加工出高精度的外圆柱面。主轴仅仅提供旋转运动和转矩，而与主轴的回转精度无关。

(2) 机床导轨导向误差

导轨是机床各部件运动的基准，对于进给运动是直线运动的机床，其直线运动精度主要取决于机床导轨的精度，机床导轨的误差一般包括垂直面内的直线度（如图 4-8a 所示)、水平面内的直线度(如图 4-8b 所示)、前后导轨的平行度(扭曲)(如图 4-8c 所示)和导轨对机床主轴轴线的位置误差。在不同的机床上,这些误差对加工误差的影响程度和性质各不相同。

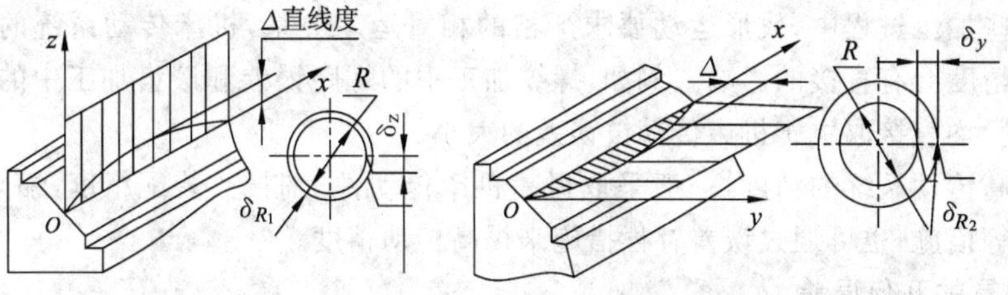

(a) 垂直面内的直线度　(b) 水平面内的直线度

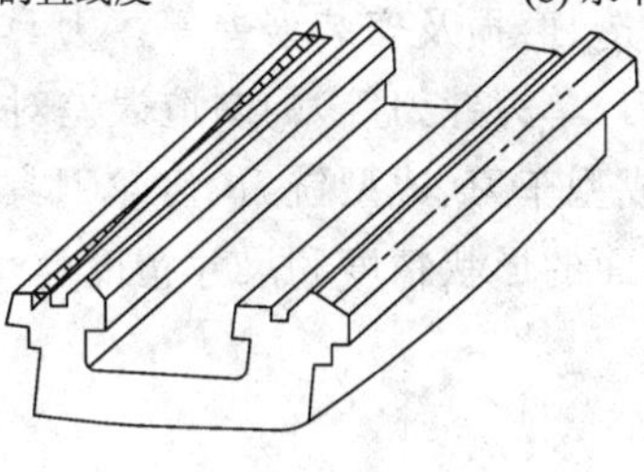

(c) 前后导轨的平行度

图 4-8　机床导轨的误差

下面以普通卧式车床为例,分析机床导轨各项误差对工件加工精度的影响。前后导轨在垂直面内的平行度误差对加工精度的影响如图 4-8a 所示。下面分析其他误差的影响。

① 导轨在水平面内的误差。导轨在水平面内的误差恰好是车削外圆加工误差的敏感方向,如图 4-8b 所示,导轨的误差将会 1∶1 地反映到工件上去。加工外圆时,导轨的直线度误差会引起工件圆柱度误差和外圆母线的直线度误差,如图 4-9 和图 4-10 所示。另外,导轨对主轴轴线的平行度误差会使加工后的工件产生锥度误差。

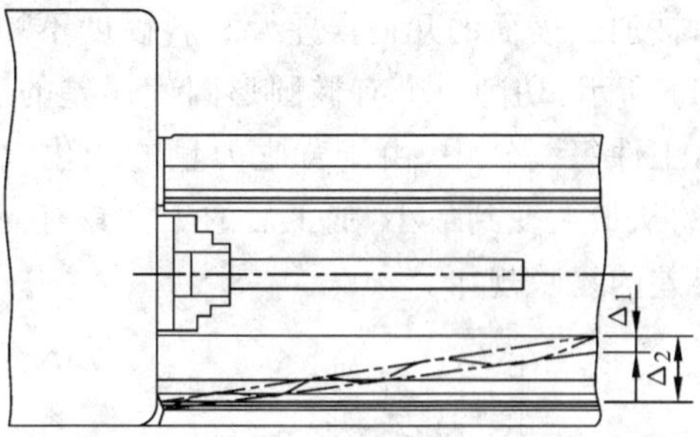

图 4-9　导轨在水平面内误差对加工精度的影响

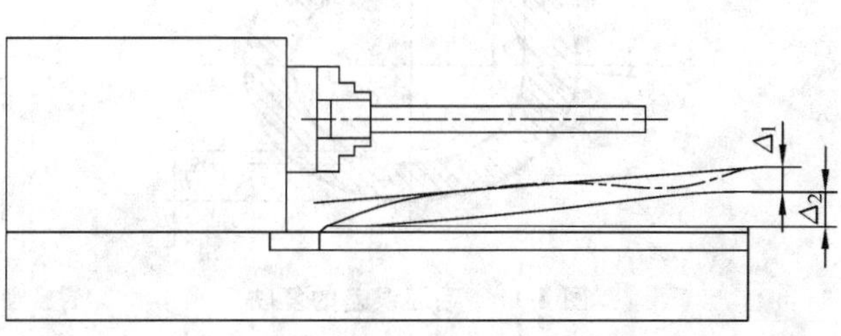

图 4-10　导轨在垂直面内误差对加工精度的影响

机床的安装及地基情况对导轨精度的影响也很大。由于安装水平或地基不牢，造成机床下陷，也会破坏导轨原有的精度。

(3) 机床传动链误差

在某些加工过程中，成形运动要求严格的相对运动关系，机床传动系统的误差对工件的加工精度会有直接的影响。例如，螺纹加工中的螺距误差和滚齿加工中的节圆跳动（分齿精度）均直接取决于机床传动链误差的大小。

为提高传动系统的精度，一般采取提高机床传动件的制造、装配精度，缩短传动链，降速传动等措施，也可通过误差补偿措施来提高传动精度。

2. 刀具的几何误差

刀具几何误差包括刀具的制造、磨损及安装误差等。刀具对加工精度的影响因刀具种类而定。一般刀具（如普通车刀、单刃镗刀等）的制造误差对加工精度没有直接影响。

成型刀具和定尺寸刀具，如成型车刀、成型铣刀、齿轮刀具和铰刀、拉刀、钻头等的制造和磨损误差主要影响被加工表面的形状精度和尺寸精度。

3. 夹具的几何误差

(1) 制造精度

夹具制造误差包括夹具的制造、磨损及安装误差等。夹具制造误差将直接影响工件的定位，会造成加工误差。

(2) 定位误差（基准不重合、基准移位）

定位误差将在模块六中详细介绍。

4.3.3 工艺系统受力变形、受热变形、受内应力作用引起的误差

1. 工艺系统受力变形引起的加工误差

在切削过程中，刀具相对于工件的位置是不断变化的，所以切削力的大小及作用点的位置也是变化的，工艺系统的受力变形也随之变化。

(1) 切削力大小变化引起的加工误差

工件在切削过程中，被加工表面的几何误差及材料硬度不均将引起切削力和工艺系统变形的变化。如图 4-11 所示，切削一个有椭圆形圆度误差的工件毛坯，切削前将车刀调整到图中虚线的位置，工件每一转中，由于背吃刀量的变化，切削力从最大变到最小，工艺系统的变形也相应的从最大变到最小，加工后的工件具有与毛坯相应的椭圆形状误差，这个规律就是毛坯误差的复映规律。

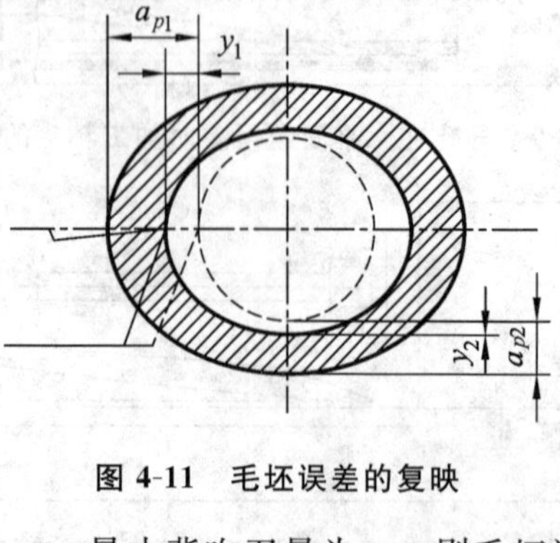

图 4-11 毛坯误差的复映

设毛坯最大背吃刀量为 a_{p1}，最小背吃刀量为 a_{p2}，则毛坯误差 $\Delta_m = a_{p1} a_{p2}$。

由切削理论可知，在一定的切削条件下，切削力与背吃刀量成正比，即

$$F_{y1}=\lambda C_p a_{p1} f^{0.75} \tag{4-1}$$

$$F_{y2}=\lambda C_p a_{p2} f^{0.75} \tag{4-2}$$

式中：λ——$\frac{F_y}{F_z}$的比值；

C_p——与被加工材料和切削条件有关的系数；

a_p——背吃刀量；

f——进给量。

所以，工艺系统变形为

$$y_1=\frac{\lambda C_p a_{p1} f^{0.75}}{k_{xt}} \tag{4-3}$$

$$y_2=\frac{\lambda C_p a_{p2} f^{0.75}}{k_{xt}} \tag{4-4}$$

工件误差为

$$\Delta_{gj}=y_1-y_2=\frac{\lambda C_p f^{0.75}}{k_{xt}}(a_{p1}-a_{p2})=\frac{\lambda C_p f^{0.75}}{k_{xt}}\Delta_m \tag{4-5}$$

令

$$\varepsilon=\frac{\lambda C_p f^{0.75}}{k_{xt}} \tag{4-6}$$

得

$$\Delta_{gj}=\varepsilon\Delta_m \tag{4-7}$$

式中：ε——误差复映系数；

k_{xt}——工艺系统刚度。

由于 y 总小于 a_p，即 ε 总是小于 1，因此误差复映系数反映了毛坯误差经过加工后的减小程度，与工艺系统的刚度成反比，与切削力 F_y 的系数成正比。要减小工件的复映误差，可增加工艺系统的刚度或减小径向切削力的系数。

由于误差复映引起加工误差，当一次走刀不能满足加工精度时，可采用多次走刀，设走刀次数为 n，总复映系数值 ε 为

$$\varepsilon=\varepsilon_1\varepsilon_2\cdots\varepsilon_n=\lambda^n\left(\frac{C_p}{k_{xt}}\right)^n(f_1 f_2\cdots f_n)^{0.75} \tag{4-8}$$

经过 n 次走刀后，工件的误差为

$$\Delta_{gj}=\varepsilon=\varepsilon_1\varepsilon_2\cdots\varepsilon_n\cdot\Delta_m=\lambda^n\left(\frac{C_p}{k_{xt}}\right)^n(f_1 f_2\cdots f_n)^{0.75}\Delta_m \tag{4-9}$$

根据已知的 Δ_m 值，可估计加工后的误差，也可根据工件的公差值与毛坯误差来确定走刀次数。

(2) 切削力作用点位置变化引起的加工误差

① 切削过程中受力点位置变化引起的工件形状误差。在车床上车削粗而短的光轴，由于工件刚度很高，工件的变形比机床、夹具、刀具的变形小，可以忽略不计，工艺系统的总位移完全取决于头架、尾座(包括顶尖)和刀架(包括刀具)的位移，如图 4-12 a 所示。

当加工中车刀处于图示位置时，在切削分力 F_x 的作用下，头架由点 A 移到 A'，尾座由点 B 移到 B'，刀架由点 C 移到 C'，它们的位移量分别用 y_{tj}，y_{wz} 及 y_{dj} 表示。而工件轴线 AB 移到 $A'B'$，刀具切削点处工件轴线的位移 y_z 为：

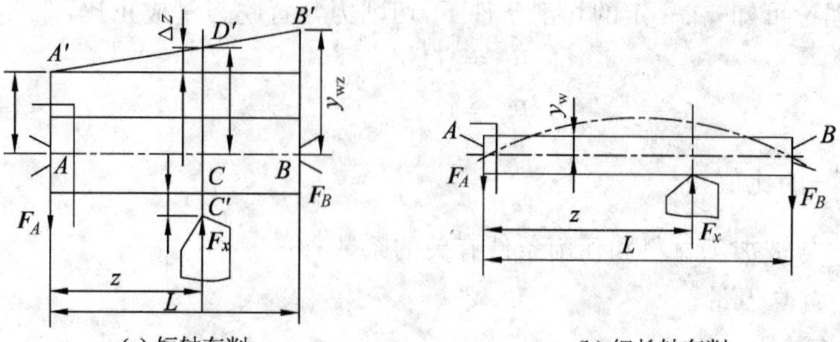

(a) 短轴车削　　(b) 细长轴车削

图 4-12　受力点变化引起的变形

设 F_A，F_B 为 F_x 所引起的头架、尾座处的作用力，则

$$y_{tj}=\frac{F_A}{k_{tj}}=\frac{F_x}{k_{tj}}\left(\frac{L-z}{L}\right) \tag{4-10}$$

$$y_{wz}=\frac{F_B}{k_{wz}}=\frac{F_x}{k_{wz}}\left(\frac{z}{L}\right) \tag{4-11}$$

由上式可得

$$y_z=\frac{F_x}{k_{tj}}\left(\frac{L-z}{L}\right)^2+\frac{F_x}{k_{wz}}\left(\frac{z}{L}\right)^2 \tag{4-12}$$

所以，工艺系统的总位移为

$$y_{xt}=y_z+y_{dj}=F_x\left[\frac{1}{k_{dj}}+\frac{1}{k_{tj}}\left(\frac{L-z}{L}\right)^2+\frac{1}{k_{wz}}\left(\frac{z}{L}\right)^2\right] \tag{4-13}$$

由上式可看出，工艺系统的刚度随受力点位置的变化而变化。在该条件下切削时，此位移即为机床的总位移。

当 $x=0$ 时，

$$y_{jc}=\left(\frac{1}{k_{dj}}+\frac{1}{k_{tj}}\right)F_x \tag{4-14}$$

当 $x=L$ 时，

$$y_{jc}=\left(\frac{1}{k_{dj}}+\frac{1}{k_{wz}}\right)F_x \tag{4-15}$$

当 $x=L/2$ 时，

$$y_{jc}=\left[\left(\frac{1}{k_{dj}}+\frac{1}{4}\left(\frac{1}{k_{tj}}+\frac{1}{k_{wz}}\right)\right)\right]F_x \tag{4-16}$$

用极值的方法，可以求出 $z=\frac{k_{wz}}{k_{tj}+k_{wz}}L$ 时的机床刚度最大，变形最小。即

$$y_{jc\min}=\left(\frac{1}{k_{dj}}+\frac{1}{k_{tj}+k_{wz}}\right)F_x \tag{4-17}$$

上述数据中最大值与最小值的差值，就是车削时的圆柱度误差。

② 车削细长轴。由于工件刚度很低，机床、夹具、刀具在受力下的变形可以忽略不计，则工艺系统的位移完全取决于工件的变形，如图 4-12 b 所示。加工中车刀处于图示位置时，工件的轴线产生弯曲变形。根据力学计算公式，其切削点的变形量为

$$y_w=\frac{F_x}{3EI}=\frac{(L-z)^2z^2}{L} \tag{4-18}$$

(3) 其他力引起的加工误差

① 由惯性力引起的加工误差。切削加工中，高速旋转的零部件(包括夹具、工件和刀具等)的不平衡将产生离心力，离心力在每一转中不断地改变方向，因此它在方向的分力大小的变化，会引起工艺系统的受力变形随之变化，从而产生误差，如图 4-13 所示。车削一个不平衡工件时，离心力与切削力反向时，将工件推向刀具，使背吃刀量增加。当离心力与切削力同向时，工件被拉离力具，背吃刀量减小，其结果造成工件的圆度误差。

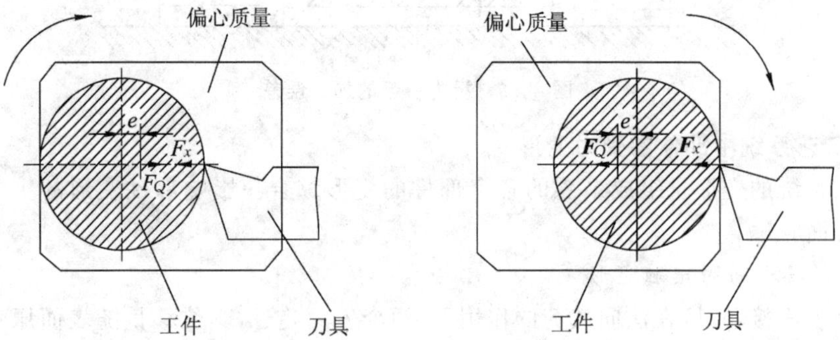

图 4-13　由惯性力引起的加工误差

② 由传动力引起的加工误差。在车床或磨床类机床上加工轴类零件时，常用单爪拨盘带动工件旋转。如图 4-14 所示，在拨盘的每一转中，传动力方向不断变化，有时和切削力同向，有时与切削力反向，它所产生的误差和惯性力也会造成工件的圆度误差。因此，在加工精密零件时改用双爪拨盘或柔性连接装置等带动工件旋转。

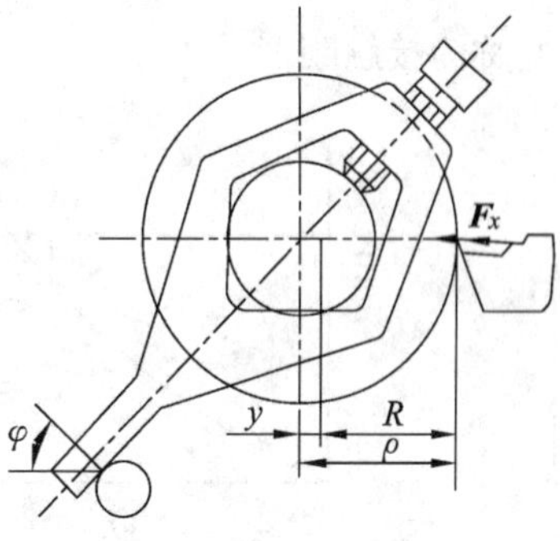

图 4-14　传动力引起的加工误差

③ 由夹紧力引起的加工误差。当加工刚性较差的工件时，若夹紧不当，会引起工件变形而产生形状误差。例如，用三爪卡盘夹紧薄壁筒车孔(如图 4-15a 所示)，夹紧后工件呈三棱形(如图 4-15b 所示)，车出的孔为圆(如图 4-15c 所示)，但松夹后套筒的弹性变形恢复，孔就形成了三棱形(如图 4-15d 所示)。所以，生产上在套筒外面加上一个厚壁的开口过渡套(如图 4-15e 所示)或采用专用夹盘(图 4-15f 所示)，使夹紧力均匀地分布在套筒上。

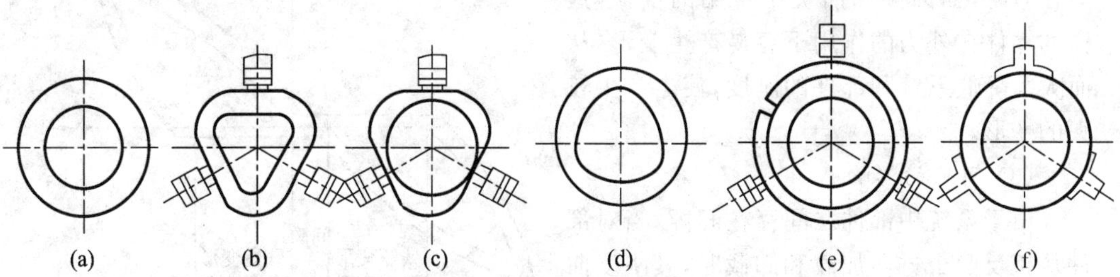

图 4-15　夹紧力引起的变形

④ 由重力引起的加工误差。工艺系统有关零部件的重力所引起的变形也会造成加工误差。图 4-16 表示了龙门刨床在刀架自重作用下引起的横梁变形，造成了工件加工表面的平面度误差，一般通过提高横梁的刚度可减小这种影响。

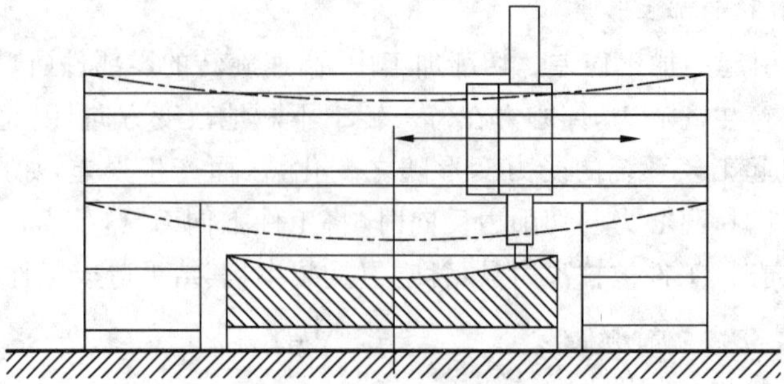

图 4-16 重力引起的加工误差

2. 工艺系统中部件的受力变形

工艺系统的变形是组成系统的各个部件的变形综合。影响部件变形的主要因素有以下几方面。

(1) 联接表面的接触变形

两个表面接触时,在法向载荷的作用下,两个表面趋近,其位移量随表面压强的增加而增加,如图 4-17 所示。

$$K_c = \Delta p / \Delta y \tag{4-19}$$

它称为接触刚度。

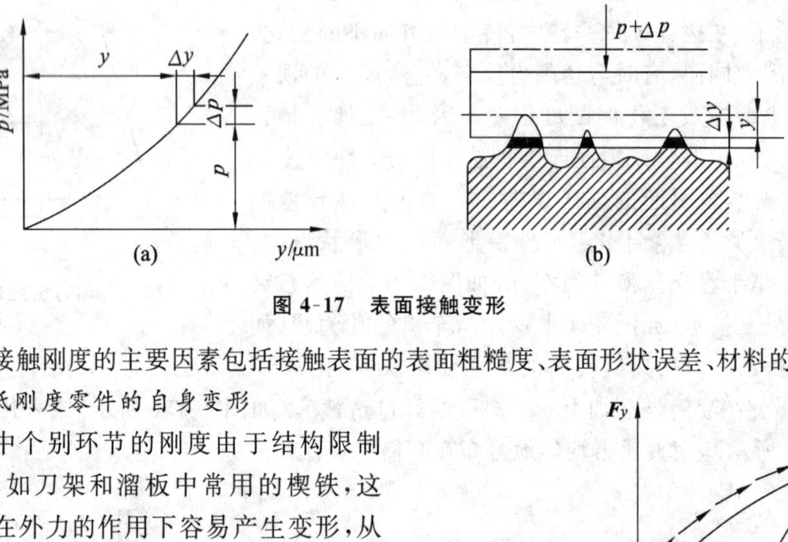

图 4-17 表面接触变形

影响接触刚度的主要因素包括接触表面的表面粗糙度、表面形状误差、材料的硬度等。

(2) 低刚度零件的自身变形

系统中个别环节的刚度由于结构限制而较差时,如刀架和溜板中常用的楔铁,这样的零件在外力的作用下容易产生变形,从而大大降低系统和部件的刚度,使之产生较大的变形。

(3) 间隙的影响

由于系统中部件之间存在间隙,当对部件从正反两个方向加载和卸载时,其刚度曲线如图4-18所示。其中,间隙位移会造成系统的变形。

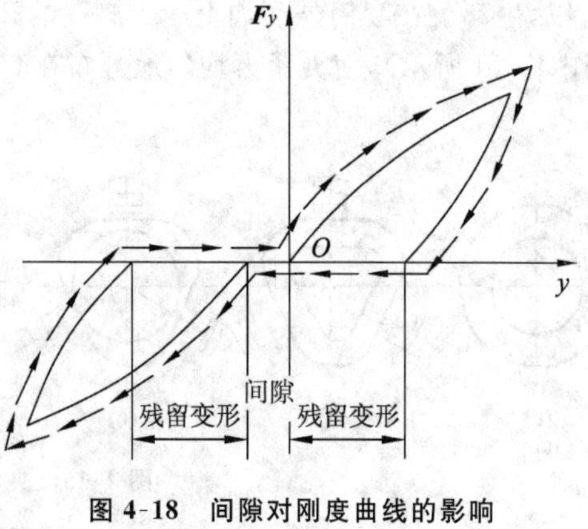

图 4-18 间隙对刚度曲线的影响

3. 机床热变形引起的加工误差

机床在运转和加工过程中由于内外热源的影响,其温度会逐渐升高。由于机床各部件尺寸、形状的不同，相对位置的差异，它们的温升也不尽相同，由此引起各部件相对位置和相对运动发生变化，机床原有的几何精度遭到破坏，造成工件的加工误差。

对于车、铣、镗床类机床，其主要热源是主轴箱的发热，它将使箱体、床身及立柱发生变形，从而造成主轴的位移和倾斜。

车床在垂直平面内的热变形一般比在水平面内的热变形大。普通车床车刀通常安装在水平面内，对加工精度的影响不大，但对于转塔车床、自动车床等可能在垂直方向装刀的自动车床，应严格控制主轴的热位移量。

立式铣床的热变形将使铣削后的平面与定位基面之间出现平行度或垂直度误差。镗床的热变形与铣床相似，同样会导致所镗内孔轴线与定位基面之间的平行度或垂直度误差。

磨床一般是用液压驱动并有高速磨头，故其主要热源是磨头轴承和液压系统的发热。轴承的发热使磨头轴线产生线位移，当前后轴承温升不同时，其轴线会发生倾斜。液压系统的发热使床身各处的温升不同，导致床身的弯曲变形。

平面磨床床身的热变形受油池安放位置及导轨摩擦生热的影响。当油池不放在床身内时，机床运转之后，床身将出现中凸；当油池放在床身内时，机床运转之后，床身将出现中凹。

对于大型机床，如导轨磨床、外圆磨床、龙门铣床等长床身部件，由于导轨运动副摩擦发热，使靠近导轨面附近的温度较其他部位高，形成温度差。导轨表面温度高，底面温度低，使床身产生弯曲变形，表现为中部凸起。

4. 工件热变形对加工精度的影响

(1) 工件均匀受热

如果加工盘类零件或较短的轴套类零件，由于加工行程较短，可以认为沿工件轴向的温升相等，因此，加工出的工件只产生径向尺寸误差而不产生形位误差。若工件精度要求不高，可忽略热变形的影响。对于较长工件（如长轴）的加工，如图4-19所示，开始走刀时，工件温度较低，变形较小。随着切削的进行，工件温度逐渐升高，直径不断变大，工件被切去的金属层厚度越来越大，冷却后不仅产生径向尺寸误差，而且还会产生圆柱度误差。

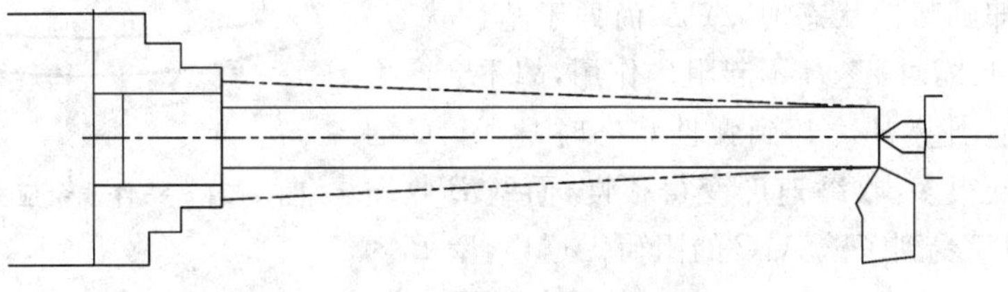

图4-19 加工长抽时的热变形误差

(2) 工件不均匀受热

当工件进行铣、刨、磨等平面的加工时，工件单侧受热，上、下表面温升不等，从而导致工件向上凸起，中间切去的材料较多。冷却后被加工表面呈凹形。

为了减小工件不均匀变形对加工精度的影响，一方面应采取有效的冷却措施，减小表面温升；另一方面可采取适当的补偿方法，如装夹工件时使工件表面产生微凹的夹紧变形，以补偿切削时工件单向受热的上凸误差。

5. 刀具热变形的影响

刀具的热变形主要由切削热引起。切削加工时，虽然传给刀具的热量不多，但由于刀具的热容量小，所以温升高，受热变形后的伸长量也较大，如图 4-20 所示。车刀在连续加工时的伸长量变化曲线为曲线 A，切削停止后冷却时的长度变化曲线为曲线 B。图中曲线 C 是间断切削过程的伸长量变化曲线。刀具热变形会影响工件的尺寸，连续加工时会影响工件的几何形状精度(如车削长轴时)会产生锥度误差。

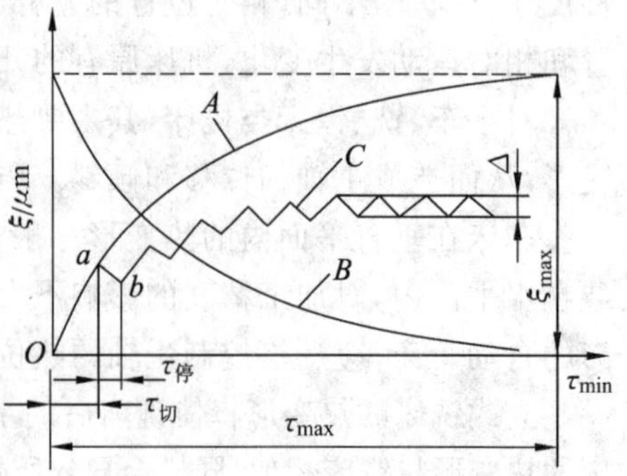

图 4-20 车刀的热变形曲线

6. 内应力引起的误差

内应力是指在没有外力作用下或去除外力后工件残存的应力。具有内应力的零件处于不稳定状态，其内部组织有强烈恢复到一个稳定的、没有应力状态的倾向。在常温下，特别是在外界某种因素的影响下很容易失去原有状态，引起内应力重新分布，造成零件发生相应的变形，产生内应力误差。

工件内应力是由于金属内部宏观或微观的组织发生了不均匀的体积变化而产生的，体积变化的主要因素是热加工和冷加工。产生内应力的主要原因如下：

(1) 毛坯制造中产生的内应力

在毛坯制造和热处理过程中，由于工件各部分厚度不均匀，引起毛坯各部分收缩不均匀以及金相组织转变时的体积变化，从而使毛坯产生内应力。毛坯的结构越复杂，各部分壁厚越不均匀，散热的差别越大，毛坯内部产生的应力也越大。

图 4-21a 所示为一个内外截面厚度不均的铸件，当浇铸后冷却时，由于壁 B 比壁 C 和壁 A 厚，所以壁 B 冷却最慢，壁 C 次之，壁 A 冷却最快。当壁 A,C 从塑性状态冷却到弹性状态时，壁 B 尚处于塑性状态，所以壁 A,C 收缩时，壁 B 不起阻碍作用，故不会产生残余应力。但当壁 B 冷却到弹性状态时，壁 A,C 的温度已经降低很多，收缩速度变得很慢，而壁 B 收缩相对较快，因而受到了壁 A,C 的阻碍。这样，壁 B 内产生拉应力，壁 A,C 内产生压应力，形成相互平衡的应力状态。如果在铸件壁 C 上切开一个缺口，如图 4-21b 所示，壁 C 的压应力消失，铸件在残余应力的作用下，壁 B 收缩，壁 A 伸长，铸件产生弯曲变形，直至残余应力达到新的平衡。

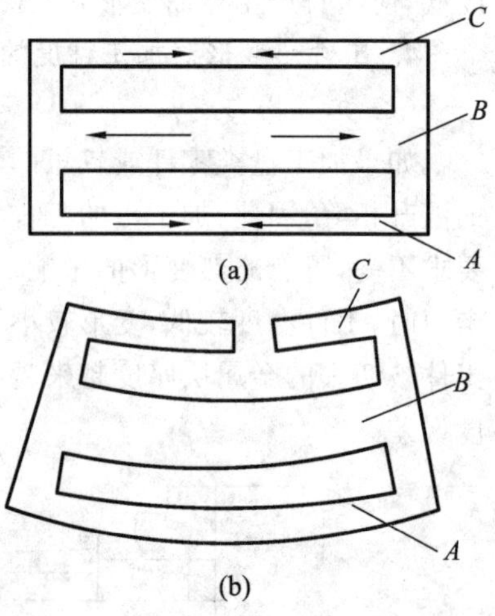

图 4-21 铸件残余应力引起的变形

(2) 工件冷校直时产生的内应力

薄板类、细长轴类零件加工后常发生弯曲变形，弯曲的工件要校直，必须使工件产生反向弯曲(如图4-22a所示)，并使工件产生一定的塑性变形。当工件外层应力超过屈服强度、内层应力还未超过弹性极限时，其分布情况如图 4-22b 所示。去除外力后，由于下部外层已产生拉伸的塑性变形，上部外层已产生压缩的塑性变形，故里层的弹性变形受到阻碍，结果上部外层产生残余拉应力，上部里层产生残余压应力，下部外层产生残余压应力，下部里层产生残余拉应力(如图4-22c所示)。冷校直后虽减小弯曲变形,但是并没有消除内应力,如进行再加工,又会产生新的弯曲变形。

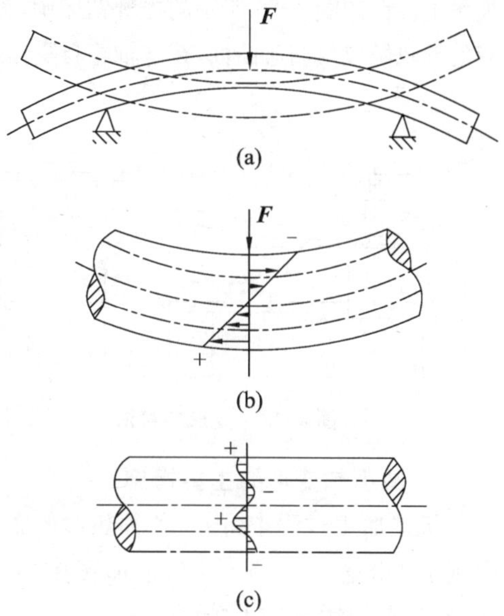

图 4-22 冷校直引起的应力

4.3.4 减小误差的途径

1. 减小工艺系统受力变形的措施

为减小工艺系统的受力变形,可采取如下几方面的措施。

(1) 提高接触刚度

提高接触刚度的常用方法是改善机床主要零件接触面的配合质量。例如,对机床导轨及装配面刮研,经常修研加工精密零件用的中心孔等。

(2) 设置辅助支承,提高局部刚度

例如,加工细长轴时,工件随切削位置的不同而产生不同的变形。这时可采用辅助支承(如跟刀架),以提高切削时的刚度。在加工短粗的轴、套类零件时,工件的刚度不是工艺系统中最薄弱的环节,应找出薄弱环节予以解决。例如,在转塔车床上加工较短的轴套类零件时,刀架的刚度较低,为薄弱环节,常采用加强杆和导向支承套来提高工艺系统的刚度,如图 4-23 所示。

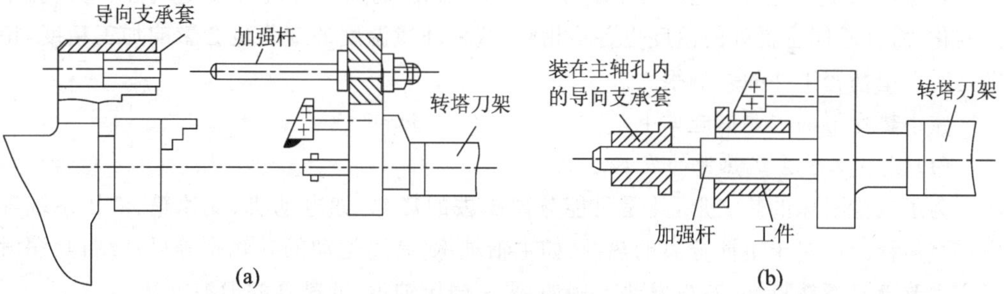

图 4-23 采用辅助支承提高工件刚度

(3) 采用合理的装夹方法

在夹具设计或工件装夹时,都必须尽量减少弯曲力矩。如图 4-24 所示,在卧式铣床上加工角铁零件的端面,可用圆柱铣刀加工(如图 4-24a 所示),也可用端铣刀加工(如图 4-24b 所示)。但用圆柱铣刀加工,由于加工面离夹紧面远,其工艺系统的刚性不如用端铣刀加工的工艺系统的刚性好。

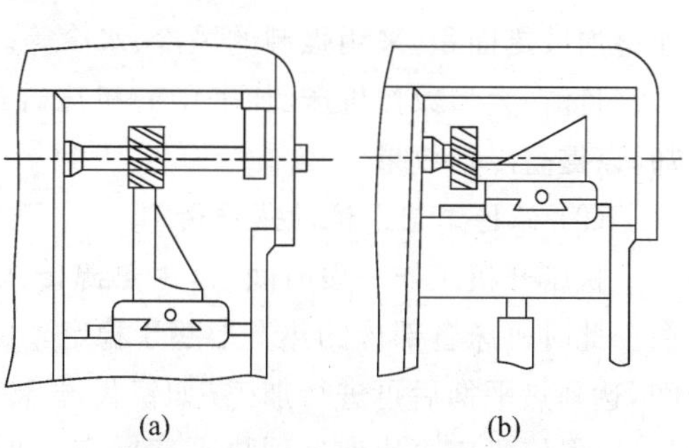

图 4-24 两种装夹方法的比较

(4) 采用补偿或转移变形的方法

在如图 4-25 所示的龙门铣床中,为消除铣头和配重对横梁造成的弯曲变形的影响,在横梁上增加一个附加梁,使横梁不承受铣头和配重的作用,变形被转移到了不影响加工精度的附加梁上。在如图 4-26 所示的摇臂钻床中，为消除主轴箱自重对摇臂造成的弯曲变形，把主轴箱的导轨做成反向弯曲面，在主轴箱自重作用下变形后导轨接近水平，实现了对变形的补偿。

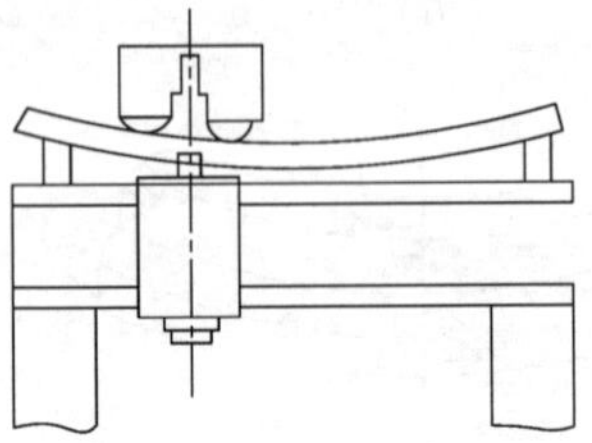

图 4-25　变形转移法

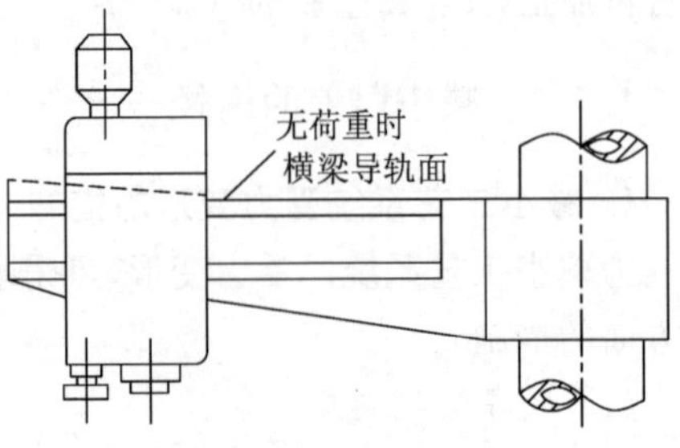

图 4-26　变形补偿法

2. 减小热变形的主要措施

机械加工过程中，由于各种热源的影响，工艺系统将因温度的变化而产生变形，从而引起加工误差。据统计，在精加工中由于热变形引起的误差占总加工误差的 40%～70%，严重地影响加工精度。

工艺系统的热源可分为内部热源和外部热源两大类。

内部热源来自切削过程的切削热、摩擦热等，如切削金属层的塑性变形，刀具、工件、切屑之间摩擦所消耗的能量大部分转化为切削热；机床中各种运动副相互运动发生的摩擦将产生摩擦热；机床的各种动力源，如液压系统、电动机、马达等工作时产生能量损耗而放热。

外部热源主要包括环境温度和辐射热等，如加工作地周围环境温度随气温、昼夜温差而变化，而且不同位置处的温度也各不相同，这种环境温度的变化也会影响加工精度，特别是对大型精密工件的影响很大。

减小热变形的主要措施如下。

(1) 减少工艺系统热源的发热

为了减少机床的热变形，凡是可能分离出去的热源，如电动机、变速箱、液压系统等应尽可能移出。对于不能分离的热源，如主轴轴承、高速运动的导轨副等可从结构、润滑等方面改善其摩擦特性，减少发热。例如，采用静压轴承、低黏度润滑油等。

对发热大的热源，若既不能从机床中移出，又不便隔热，则可采用有效的冷却措施，如增加散热面积，采用强制的风冷、水冷等。

目前，大型数控机床、加工中心机床普遍采用冷冻机，对润滑油、切削液进行强制冷却，以提高冷却效果。

(2) 保持工艺系统的热平衡

机床开机工作一段时间后，由热源传入的热量与散发的热量相等时，就达到了热平衡。此时机床各部位的热变形趋于稳定。因此，在精密加工之前应让机床先空转一段时间，达到热平衡后再进行加工(如铲齿磨床)。为了缩短热平衡时间，可人为地给机床供热，以促使机床更快地达到热平衡状态。少数厂家在其生产的坐标镗床中，采用电热器对机床加热，使机床始终保持工作温度，热变形大大减小。

(3) 控制环境温度

例如，车间安装的供暖设备和加热器，要保证其热流在各个方向上均匀散发，避免精密机床受到阳光的直接照射,以免引起不均匀受热。

精密零件的加工及装配一般在恒温室进行。一般精密级在±1 ℃,精密级在±5 ℃,超精密级在±0.01 ℃,恒温室温度一般取为20 ℃,但可根据季节和地区适当变动。如冬季可取17 ℃,夏季可取23 ℃,这样不但可以减小加工及装配中的热变形,还可以减少恒温设备的能源消耗。

3. 减少和消除内应力的工艺措施

(1) 合理设计零件结构

在设计零件时尽量简化零件结构,减小壁厚差,使壁厚均匀,提高零件的刚度等,均可减少毛坯在制造中产生的内应力。

(2) 合理安排工艺过程

例如,将粗、精加工分开,使粗加工后有充足时间让内应力重新分布,保证工件充分变形,再经精加工后,就可减少变形误差。

又如,在加工大件时,如果粗、精加工在一个工序完成,这时应在粗加工后松开工件,使其消除部分应力,然后以较小的夹紧力夹紧工件后对其进行精加工。

(3) 对工件进行热处理和时效处理

例如,对铸、锻、焊件进行退火和回火;零件淬火后进行回火;对精度要求高的零件,如床身、丝杠、主轴等,往往在切削加工后都要进行时效处理。

4.3.5 加工误差的统计分析法和综合分析实例

前面已对影响加工精度的各种主要因素进行了分析,也提出了一些保证加工精度的措施,但从分析方法讲,它们属于单因素法。生产实际中影响加工精度的因素往往是错综复杂的,有时很难用单因素法来分析其因果关系,而要用数理统计方法找出解决问题的途径。

1. 加工误差的性质

各种单因素的加工误差,按其统计性质的不同,可分为系统性误差和随机性误差两大类。

(1) 系统性误差

① 常值系统性误差

顺次加工一批工件中,其大小和方向基本保持不变的误差,称为常值系统性误差。例如,加工原理误差和机床、夹具、刀具的制造误差及工艺系统的受力变形等,都是常值系统性误差。此外,机床、夹具和量具的磨损速度很慢,在一定时间内也可看作常值系统性误差。

② 变值系统性误差

顺次加工一批工件中,其大小和方向按一定规律变化的误差(通常是时间的函数),称为变值系统性误差。例如,机床、夹具和刀具等在热平衡前的热变形误差和刀具的磨损等都是变值系统性误差。

(2) 随机性误差(偶然性误差)

顺次加工一批工件中,其大小和方向不同且不规律变化的加工误差,称为随机性误差。例如,毛坯误差(余量大小不一、硬度不均匀等)的复映、定位误差(基准面精度不一、间隙影响)、夹紧误差(夹紧力大小不一)、多次调整的误差、残余应力引起的变形误差等都是随机性误差。

随机性误差从表面上看似乎没有什么规律，但是应用数理统计的方法可以找出一批工件加工误差的总体规律，然后在工艺上采取措施加以控制。

应该指出，在不同场合下误差的表现性质也有所不同。例如，机床在一次调整中加工一批工件时，机床的调整误差是常值系统误差，但是当多次调整机床时，每次调整时发生的调整误差就不可能是常值，变化也无一定规则，故调整误差又成了随机性误差。

2. 加工误差的统计分析法

在生产实际中常用统计分析法研究加工精度。统计分析法以现场观察所得资料为基础，主要有分布图分析法和点图分析法。

1）分布图分析法

（1）实际分布图——直方图

某一工序中加工出来的一批工件由于存在各种误差，会引起加工尺寸的变化（称为尺寸分散），同一尺寸（实为很小一段尺寸间隔）的工件数目称为频数。频数与这批工件总数之比称为频率。如果以工件的尺寸（很小的一段尺寸间隔）为横坐标，以频数或频率为纵坐标，就可作出该工序工件加工尺寸的实际分布图——直方图。

绘制直方图的步骤如下：

① 收集数据。例如，在某生产现场正在磨削一批轴径 $\phi50^{+0.06}_{+0.01}$ mm 的工件。经实测后的尺寸见表 4-4。一般取 100 件左右，找出最大值 $L_a=54\ \mu m$，最小值 $S_m=16\ \mu m$。

表 4-4 实测轴径尺寸数值 μm

44	20	46	32	20	40	52	33	40	25	43	38	40	41	30	36	49	51	38	34
22	46	38	30	42	38	27	49	45	45	38	32	45	48	28	36	52	32	42	38
40	42	38	52	38	36	37	43	28	45	36	50	46	38	30	40	44	34	42	47
22	28	34	30	36	32	35	22	40	35	36	42	46	42	50	40	36	20	16	53
32	46	20	28	16	28	54	18	32	33	26	46	47	36	38	30	49	18	38	38

注：表中数据为实测尺寸与基本尺寸之差。

② 把 100 个样本数据分成若干组，一般用表 4-5 中的经验数值确定。

本例取组数 $k=9$。经验证明，组数太少会掩盖组内数据的变动情况，组数太多会使各组的高度参差不齐，从而看不出变化规律。通常确定的组数要使每组平均至少有4～5个数据。

表 4-5 样本数与组数的关系

数据的数量	分组数
50～100	6～10
100～250	7～12
250 以上	10～20

③ 计算组距 h，即组与组的间距。

$$h=\frac{L_a-S_m}{k-1}$$

$$h=\frac{54-16}{9-1}\mu\text{m}=4.75\ \mu\text{m}$$

$$h=5\ \mu\text{m}$$

④ 计算第一组的上、下界限值 $S_{\text{m}}\pm\frac{h}{2}$。

第一组的上界限值为

$$S_{\text{m}}+\frac{h}{2}=\left(16+\frac{5}{2}\right)\mu\text{m}=18.5\ \mu\text{m}$$

第一组的下界限值为

$$S_{\text{m}}-\frac{h}{2}=\left(16-\frac{5}{2}\right)\mu\text{m}=13.5\ \mu\text{m}$$

⑤ 计算其余各组的上、下界限值。第一组的上界限值就是第二组的下界限值，第二组的下界限值加上组距就是第二组上界限值，其余类推。

⑥ 计算各组的中心值 x_i。中心值是每组中间的数值，即

$$x_i=\frac{\text{某组上限值}+\text{某组下限值}}{2}$$

第一组中心值

$$x_1=\frac{13.5+18.5}{2}\mu\text{m}=16\ \mu\text{m}$$

⑦ 记录各组数据，整理成表 4-6 所示频数分布表。

表 4-6　频数分布表

组　号	组界/μm	中心值 x_i/μm	频数统计	频数	频率/%	频率密度/μm^{-1}
1	13.5～18.5	16	下	3	3	0.6
2	18.5～23.5	21	正丅	7	7	1.4
3	23.5～28.5	26	正下	8	8	1.6
4	28.5～33.5	31	正正正	14	14	2.8
5	33.5～38.5	36	正正正正正	25	25	5.0
6	38.5～43.5	41	正正正一	16	16	3.2
7	43.5～48.5	46	正正正一	16	16	3.2
8	48.5～53.5	51	正正	10	10	2
9	53.5～58.5	56	一	1	1	0.2

⑧ 统计各组的尺寸频数、频率和频率密度，并填入表 4-6 中。

⑨ 计算 $\bar{x}$ 和 σ。

$$\bar{x}=\frac{1}{n}\sum_{i=1}^{n}x_i=37.29\ \mu\text{m}$$

$$\sigma=\sqrt{\frac{1}{n}\sum_{i=1}^{n}(x_i-\bar{X})^2}=8.93\ \mu\text{m}$$

⑩ 按表列数据以频率密度为纵坐标，组距（尺寸间隔）为横坐标画出直方图，如图 4-27所示。再由直方图的各矩形顶端的中心点连成折线，在一定条件下，此折线接近理

论分布曲线(见图中曲线)。由直方图可知,该批工件的尺寸分散范围大部分居中,偏大、偏小者较少。

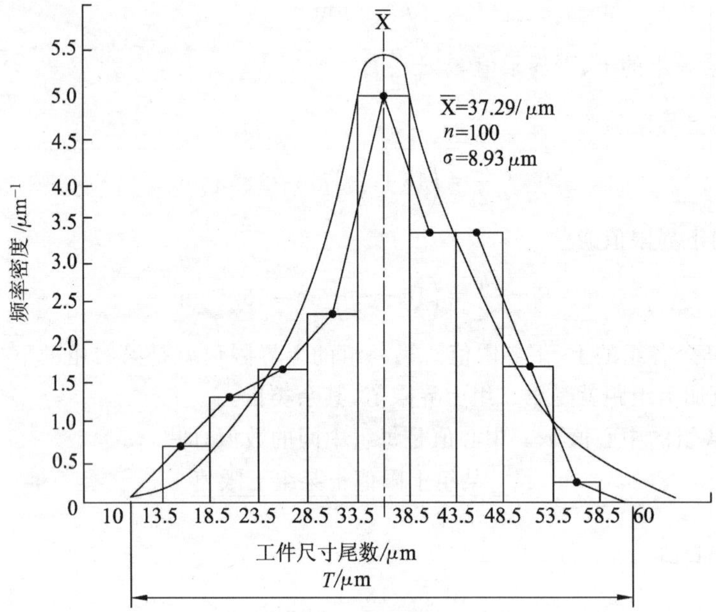

图 4-27　直方图

⑪ 对比轴径 $\phi50^{+0.06}_{+0.01}$ mm 的公差带,该公差带从 10 μm 到 60 μm,而零件的尺寸分布从 13.5 μm 到 58.5 μm,分布中心为 37.29 μm,公差带中心为 $10+(60-10)\div2=35$ μm,二者接近,工艺正常。

要进一步分析研究该工序的加工精度问题,必须找出频率密度与加工尺寸间的关系,因此必须研究理论分布曲线。

(2) 正态分布曲线

大量的试验、统计和理论分析表明:当一批工件总数极多时,加工中的误差是由许多相互独立的随机因素引起的,并且这些误差因素中没有任何优势的倾向,其分布服从正态分布。这时的分布曲线称为正态分布曲线(即高斯曲线)。正态分布曲线的形态如图 4-28 所示,各参数的影响如图 4-29 和图 4-30 所示。

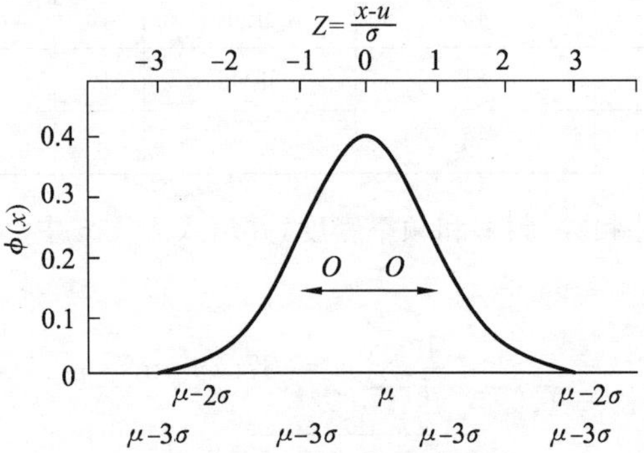

图 4-28　正态分布曲线

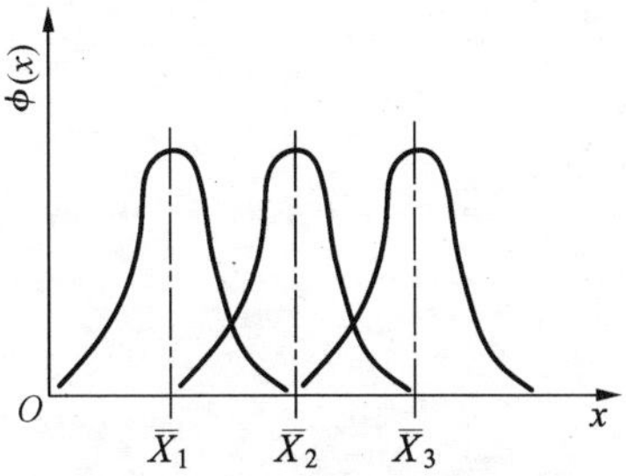

图 4-29　σ 相同时分布中心 $\bar{x}$ 对曲线位置的影响

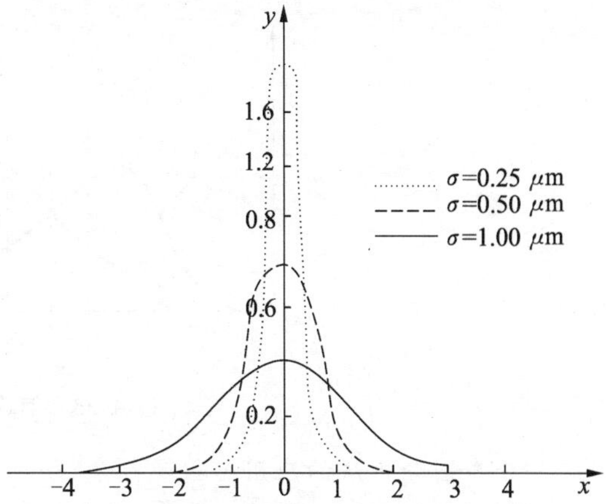

图 4-30　分布中心相同时 σ 对曲线位置的影响

正态分布图的特征如下：

① 曲线左右对称，靠近中间的工件尺寸出现概率较大，远离中间的工件尺寸出现概率较小。

② 对中间的正偏差和负偏差，其概率相等。

③ 分布曲线与横坐标所围成的面积包括了全部零件数(即 100%)，故其面积等于 1。其中，在 $\pm 3\sigma$ 范围内的面积占了 99.73%，即 99.73%的工件尺寸落在 $\pm 3\sigma$ 范围内，仅有 0.27%的工件在范围之外(可忽略不计)。因此，一般取正态分布曲线的分布范围为 $\pm 3\sigma$(共有 6σ，故在管理领域有 6σ 管理之说)。

(3) 非正态分布曲线

工件的实际分布有时并不近于正态分布。例如，将在两台机床上分别调整加工出的工件混在一起测定，由于每次调整时常值系统性误差不同，就会得到如图 4-31 所示的双峰曲线。实际上这是两组正态分布曲线(如图 4-31 双峰分布曲线中虚线所示)的叠加，也即随机性误差中混入了常值系统性误差。每组有各自的分散中心和标准偏差。

又如，磨削细长孔时，如果砂轮磨损较快且没有自动补偿，则工件的实际尺寸分布将成平顶分布，如图 4-32 所示。这实质上是正态分布曲线的分散中心在不断地移动，也即在随机性误差中混入变值系统性误差。

再如，用试切法加工轴颈或孔时，由于操作者为了避免产生不可修复的废品，主观地(而不是随机的)使轴颈加工得宁大勿小，使孔径加工得宁小勿大，则它们的尺寸就呈偏峰分布，如图 4-33a)所示。

当用调整法加工，刀具热变形显著时，也呈偏态分布，如图 4-33b 所示。

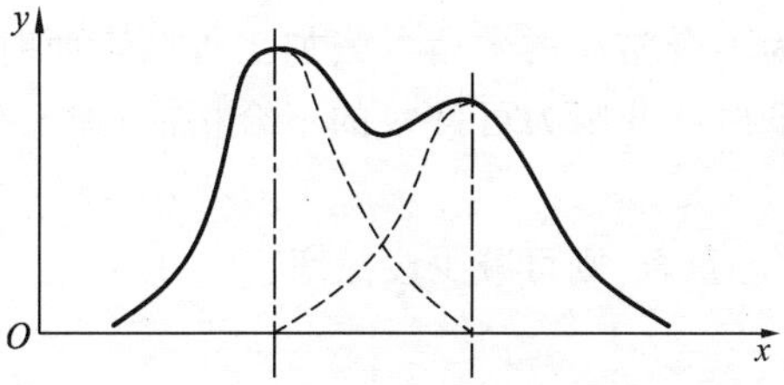

图 4-31　双峰分布曲线

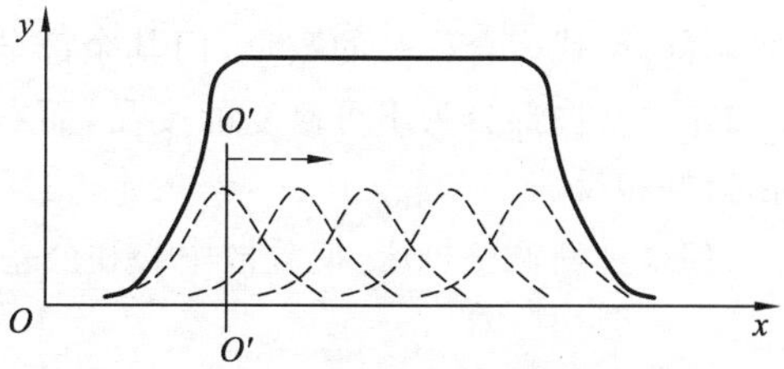

图 4-32　平顶分布曲线

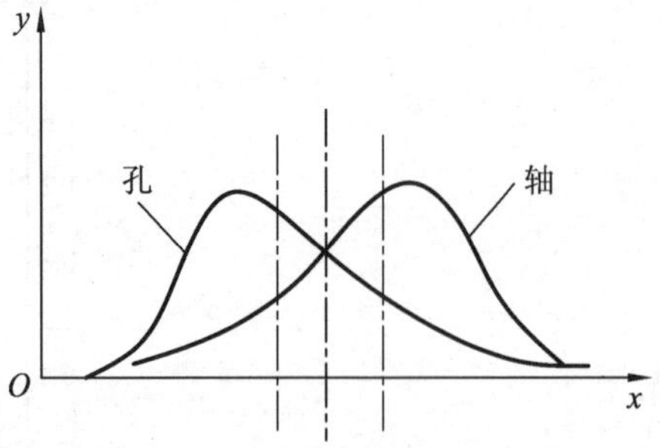

图 4-33 偏峰分布

(4) 分布图分析法的应用

① 判别加工误差的性质。

② 确定各种加工方法所能达到的精度。

③ 确定工序能力及其等级。

工序能力即工序处于稳定状态时,加工误差正常波动的幅度。由于加工时误差超出分散范围的概率极小,可以认为不会发生超出分散范围的加工误差,因此可以用该工序的尺寸分散范围来表示工序能力。当加工尺寸分布接近正态分布时,工序能力为 C_p。工序能力等级是以工序能力系数来表示的,即工序能满足加工精度要求的程度。

当工序处于稳定状态时,工序能力系数 C_p 按下式计算:

$$C_p = T/6a$$

式中:T——工件尺寸公差。

根据工序能力系数 C_p 的大小,工序能力共分为 5 级,见表 4-7。一般情况下,工艺能力不应低于二级。

表 4-7 工序能力等级

工序能力系数	工序等级	说　明
$C_p > 1.67$	特级	工艺能力过高,可以允许有异常波动,不一定经济
$1.33 < C_p \leqslant 1.67$	一级	工艺能力足够,可以允许有一定的异常波动
$1.00 < C_p \leqslant 1.33$	二级	工艺能力勉强,必须密切注意
$0.67 < C_p \leqslant 1.00$	三级	工艺能力不足,可能出现少量不合格品
$C_p \leqslant 0.67$	四级	工艺能力很差,必须加以改进

(5) 估算不合格品率

正态分布曲线与横轴之间所包含的面积代表一批工件的总数(100%),如果尺寸分散范围大于零件的公差 T 时,将出现废品。如图 4-34 所示,曲线下至 C,D 两点间面积(阴影部分)代表合格品的数量,而其余部分则为不合格品的数量。当加工外圆表面时,图的左边空白部分为不可修复的废品,而右边空白部分则为可修复的不合格品;加工孔时,恰好相反。

如果重新调整机床,使分散中心和公差带中心重合,则可减少废品率。

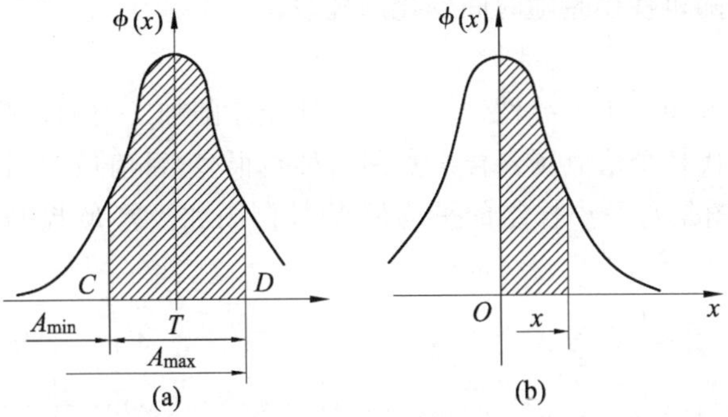

图 4-34　废品率估算

(6) 分布图分析法的缺点

① 不能反映误差变化趋势。

② 必须等一批工件加工出来以后才能得出。

2) 点图分析法

(1) 概述

用点图来评价工艺过程稳定性采用的是顺序样本，样本是由工艺系统在一次调整中按顺序加工的工件组成的。这样的样本可以得到在时间上与工艺过程运行同步的有关信息，反映加工误差随时间变化的趋势。而分布图分析法采用的是随机样本，不考虑加工顺序，而且只有对加工好的一批工件的有关数据处理后才能作出分布曲线。因此，采用点图分析法可以克服分布图分析法的缺点.

(2) 点图的形式

① 个值点图

如果按照加工顺序逐个测量一批工件的尺寸，以工件序号为横坐标，工件尺寸为纵坐标，就可作出个值点图，如图 4-35 所示。

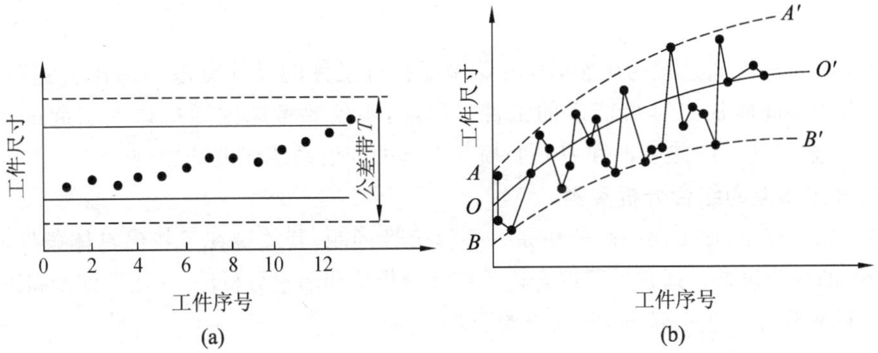

图 4-35　个值点图

上述点图反映了每个工件的尺寸(或误差)变化与加工时间的关系，故称为个值点图。假如把点图上的上、下极限点包络成两根平滑的曲线，就能较清楚地揭示加工过程中误差的性质及其变化趋势。平均值曲线 $O-O'$ 表示每一瞬时的分散中心，其变化情况反映了变值系统性误差随时间变化的规律。其起始点 O 可看出常值系统性误差的影响。上、下限 AA' 和 BB' 间的宽度表示每一瞬时尺寸的分散范围，反映了随机性误差的大小，其变化情况反映了随机性误差随时间变化的规律。

② 样组点图

为了能直接反映加工中系统性误差和随机性误差随加工时间的变化趋势，实际生产中常用样组点图来代替个值点图。样组点图的种类很多，目前最常用的样组点图是 $X-R$ 点图。$X-R$ 点图是每一小样组的平均值 X 控制图和极差 R 控制图联合使用时的统称，如图 4-36 所示。

$$\bar{X} = \frac{1}{m}\sum_{i=1}^{m} x_i$$

$$R = x_{\max} - x_{\min}$$

式中：$x_{\max}$——同一样组中工件的最大尺寸；

$x_{\min}$——同一样组中工件的最小尺寸。

点图可以提供该工序中误差的性质和变化情况等工艺资料，因此可用来估计工件加工误差的变化趋势，并据此判断工艺过程是否处于可控状态，机床是否需要重新调整。

在相同的生产条件下对同种工件进行加工时，加工误差的出现总遵循一定的规律。因此，成批大量生产中可以运用数理统计原理，在加工过程中定时地从连续加工的工件中抽查若干个工件（一个样组）并观察加工过程的进行情况，以便及时检查、调整机床，达到预防废品产生的目的。

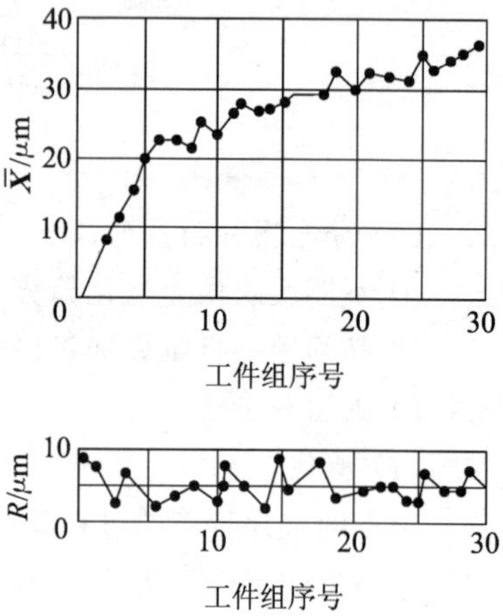

图 4-36　X—R 点图

3）机床调整尺寸

工艺系统调整时必须正确规定调整尺寸（调整时试切零件的平均值），才能保证整批工件的尺寸分布在公差带范围内。

对于稳定的工艺过程，最理想的情况是使实际加工的尺寸分散中心与公差带中心重合。但机床进行加工前，尺寸分散中心是无法确定的，只能通过试切样件组并用样件组的平均值来估计。

对于不稳定工艺过程的调整，不仅要保证整批工件的尺寸分散不超出公差范围，还要求两次调整间能加工尽可能多的工件。因此，不仅要考虑因随机误差引起的尺寸分散，还要考虑工艺系统热变形和刀具磨损等引起的变值系统误差的影响。

3. 加工误差的综合分析实例

在实际生产中，加工误差的分析是一个综合性问题，其关键在于找出具体条件下影响加工精度的主要误差。通常需要综合运用统计分析法和因素分析法，并按下列步骤进行：

① 调查误差产生的情况，获取原始资料。

② 对调查结果进行初步分析。

③ 采用统计分析和现场测试的方法，从定性、定量方面做出判断。

④ 采取相应措施，并验证实际效果。

下面以实例具体介绍分析误差的方法和步骤。

【例 4-1】 连杆小头孔（衬套孔）金刚镗后位置精度超差的分析及采取的措施。

某厂生产汽车连杆，小头孔轴线对大头孔轴线在垂直两孔轴线所在平面方向的平行度，100 mm 长度内为 0.03 mm；在两孔轴线所在平面方向的平行度，100 mm 长度内为

0.06 mm。这两项精度要求历来不能稳定地达到。因此,在工艺上放宽到垂直两孔轴线所在平面方向的平行度,100 mm 长度内为 0.08 mm;两孔轴线所在平面方向的平行度,100 mm 长度内为 0.2 mm。此外,还允许人工校直。公差带放宽后,生产基本上能正常进行,但生产一段时间后,加工情况逐渐恶化,校直率猛增,甚至出现垂直两孔轴线所在平面方向平行度超差的情况。为此,有时会将铜套压出并另压铜套进行加工,这是当时生产中亟待解决的质量问题。

解　此问题按以下步骤进行分析。

(1) 调查

工件是以大头孔和端面为精基准,用液压塑料心轴定位的,如图 4-37 所示,限制工件 5 个自由度,用可移式菱形销插入小头孔内限制工件的转动,以保证孔的位置精度。连杆小头孔用双轴金刚镗进行精镗,为了提高工件刚度,在接近小头孔的杆身处加上两个辅助支承。经调查广泛了解情况之后,可将各方面的意见反映在一张因果图上,如图4-38所示,此图又称树枝图或鱼刺图。在分析探讨一个质量问题的产生原因时,离不开工艺系统和与加工有关的几个主要方面的分析,如机床、夹具、刀具、工件(或毛坯)、操作、测量、作业环境等。

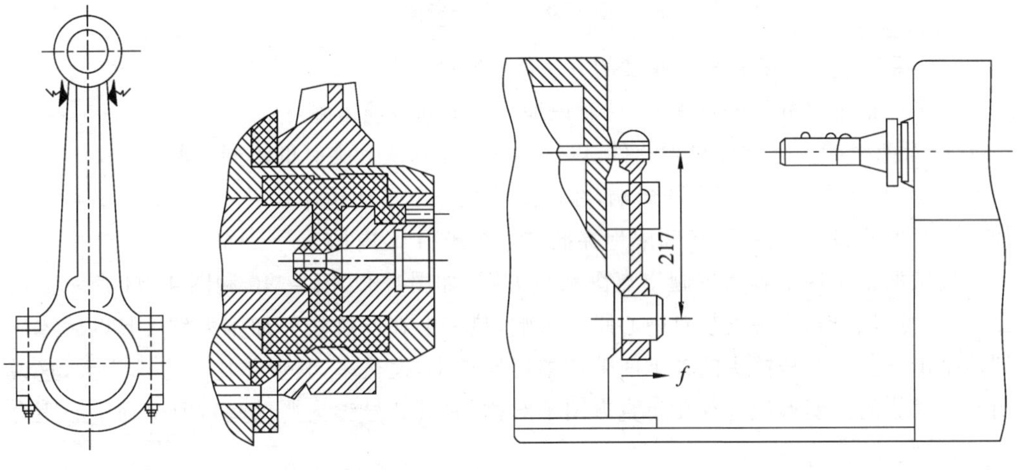

(a) 大头孔定位与杆身定位工序图　(b) 液性塑料夹具定位与夹紧　(c) 小头加工示意图

图 4-37　连杆加工图

(2) 初步分析

图 4-38 中所有可能的影响因素都考虑到了。图中画方框的可能是主要的影响因素。经过深入细致的分析,认为其中几项影响可能不大。如镗头的热变形,一般是使镗头轴线向上平移或倾斜,而加工时工件是由工作台送进,这样只会引起大孔和小孔的中心距误差、小孔的圆度误差,不会影响其平行度。另外,小头孔压套后位置度超差所产生的误差复映程度估计不大。因为本工序是精镗孔,加工余量很小,其次精镗杆上装有两个刀头,其间距大于工件的厚度,因此当第二个刀头切削时,其切削深度基本没有什么变化;加上切削速度高,切削深度和进给量小,切削力很小,因此误差复映的程度很小。

辅助支承顶紧不妥的问题以前一直存在,估计不会出现不良影响。

前面预测的 5 项主要因素中,只剩下两项:液性塑料因老化而失效,影响定位精度;工件的残余应力引起的变形。为了分析上述的可靠性,对本工序进行深入分析。

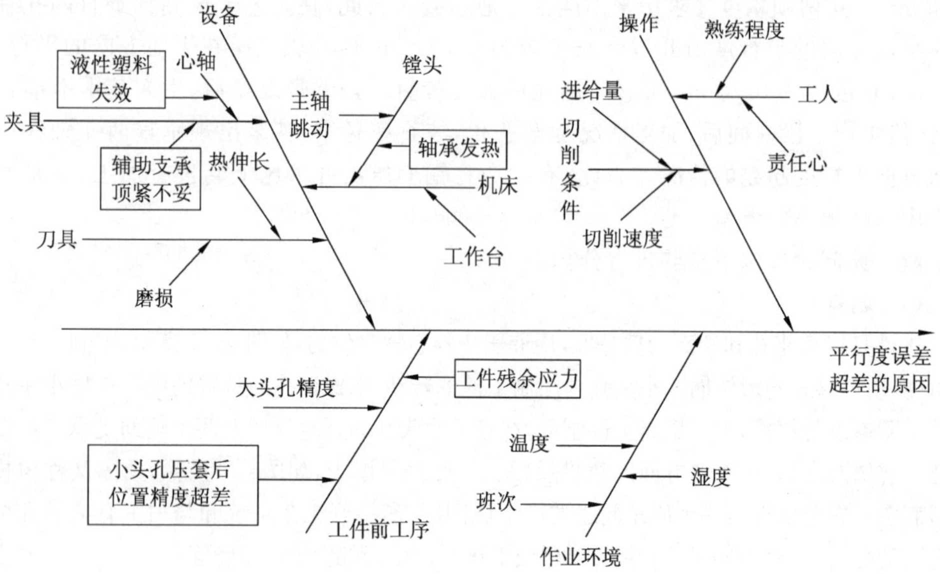

图 4-38 因果分析图

(3) 采用统计分析和现场测试的方法做出判断

为了保证上述分析的正确性,有意识地采取下列各项措施:

① 对两个镗头分别投料 100 件,以便对比两个镗头和夹具的不同情况。

② 为了反映机床热变形的影响,在加工前先开空车让镗床运转 15 min,然后再正式加工。两镗头各 100 件,要等间隔地穿插在半个班(4 h)内加工。

按试加工零件所测数据画出点图和直方图,如图4-39、图 4-40 和图 4-41 所示。由图 4-39 可以看出,镗头发热对中心距有影响,热变形在开始切削加工大约 2 h 以后才达到热平衡。由于 2 号镗头的轴承间隙调整得比较小,发热多,其误差比 1 号镗头大,这说明有占优势的热变形误差存在。直方图不对称(尤其 2 号镗头严重些),但全部中心距合格,没有废品。

图 4-40 是垂直两孔轴线所在平面方向平行度的 $X-R$ 点图和直方图。由图可判断 X 是稳定的,说明热变形对它没有影响(两孔轴线所在平面方向的与此相似,略),这与前面的分析是一致的。至于 1 号镗头的 R 图中有一个点子超出 R 线,只能说明其极差突然扩大(有随机性因素影响),不能说明是热变形的影响(2 号镗头 R 图略)。

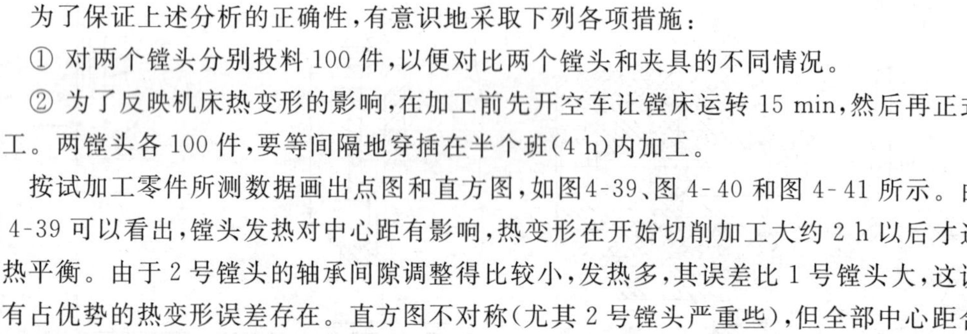

图 4-39 中心距误差的点图与直方图

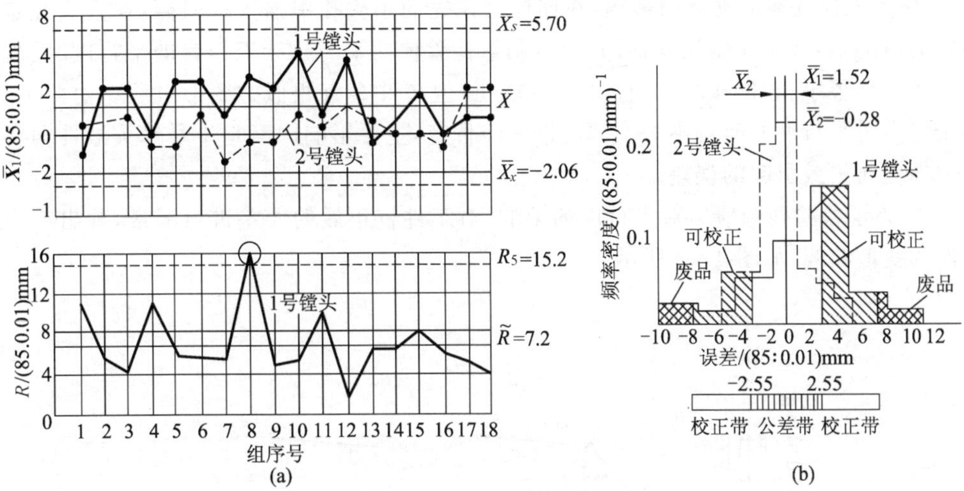

图 4-40　垂直方向平行度点图和直方图

图 4-41 为水平方向平行度直方图(相似,从略)。1 号镗头与 2 号镗头的分布情况及其废品率不同。图中斜线表示可校正的不合格品,交叉线表示不可校正的废品。1 号镗头无论是系统性误差或是随机性误差都比 2 号镗头大。2 号镗头没有废品,校正品率也低得多。这些现象都说明问题出在 1 号镗头上,而且是出在 1 号镗头的夹具上。

测试时应注意以下几个方面:

① 检查液性塑料心轴母线对镗床工作台的平行度误差。所测误差很小(数据从略),说明因心轴装配误差所引起的系统性常值误差很小,可以忽略。

② 检查心轴夹紧工件时,心轴胀开的均匀性误差。测量心轴上相距 30 mm 的Ⅰ,Ⅱ两点,发现 1 号镗头心轴胀紧后,点Ⅰ比点Ⅱ低 0.04 mm,如图 4-42a 所示。由于Ⅰ点不能充分定心夹紧,工件大头孔的轴线就不能保证与心轴的轴线一致(定位不稳)。2 号镗头的心轴胀紧后,均匀性误差较小,对加工后两孔的平行度影响不大。测试结果与图所反映的情况相符。

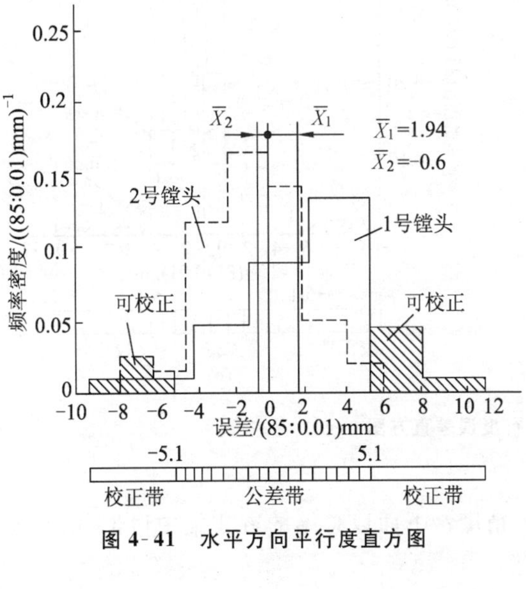

图 4-41　水平方向平行度直方图

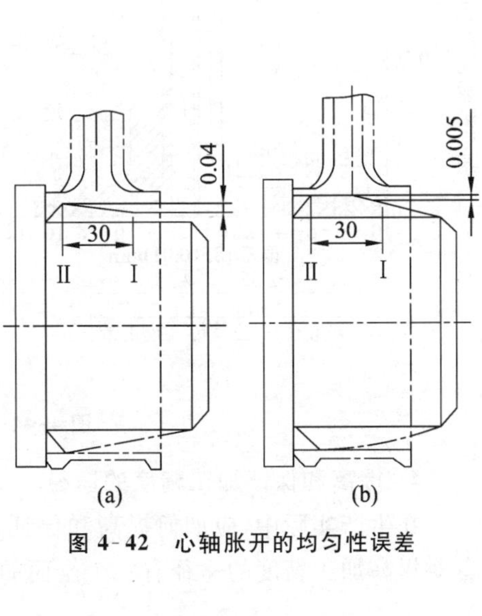

图 4-42　心轴胀开的均匀性误差

③ 为了检查辅助支承的影响，在连杆已锐完的小头孔中插入检验棒，在大头孔定心夹紧的情况下，多次夹紧松开辅助支承，测量检验棒两端与机床工作台的平行度，发现其平行度变化很小(数据从略)。件 3 未经校正，但与件 2 有相似的变形过程。由此可见，残余应力对平行度的影响不大。因此进一步肯定，主要影响因素是 1 号镗头液性塑料心轴因老化而失效引起的误差。

④ 为了检验残余应力对平行度的影响，对工件校正后的误差进行测量，画出 3 个典型件的变形曲线，如图 4-43 所示。

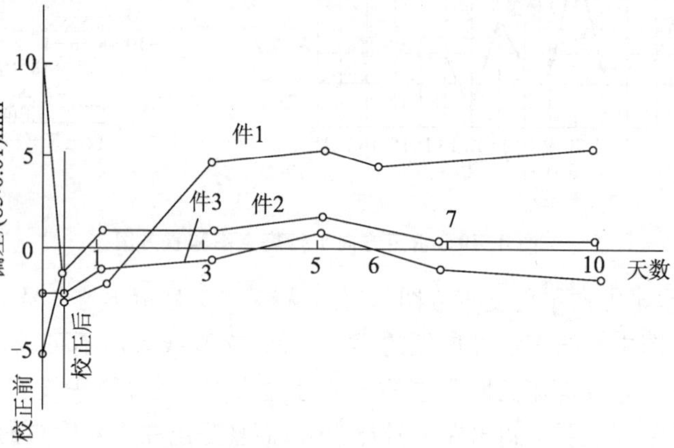

图 4-43 残余应力引起的变形曲线

(4) 验证

将 1 号镗头心轴更换后加工一批工件，其平行度误差的直方图如图 4-44 中实线所示。从图中可看出，加工精度显著提高，可校正件也大为减少。为了便于比较，仍将心轴更换前的直方图用虚线画在同一图上。

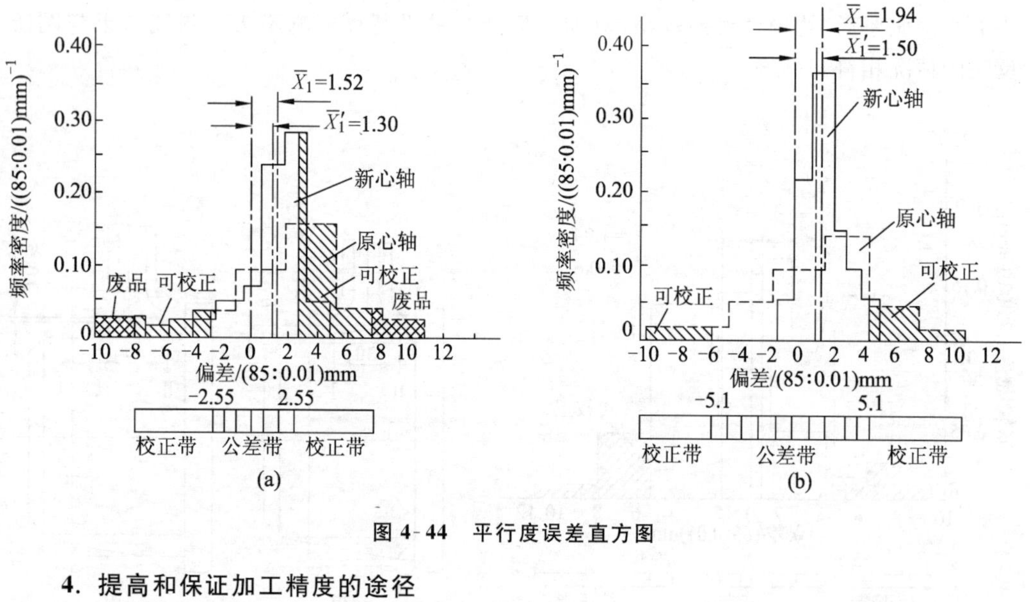

图 4-44 平行度误差直方图

4. 提高和保证加工精度的途径

在生产实际中，应如何提高和保证加工精度？下面以总结的方式集中讨论，以便读者对提高加工精度的途径有一个全面的了解。

(1) 直接减少误差法

直接减少误差法在生产中应用较广，是在查明产生加工误差的主要因素之后，设法对其直接进行消除或减少的方法。

例如，细长轴的车削，由于受力和热的影响而使工件产生弯曲变形，现采用了“大进给反向切削法，再辅之以弹簧后顶尖”，可进一步消除热伸长的危害。又如，薄环形零件在磨削中由于采用了树脂结合剂黏合以加强工件刚度的办法，使工件在自由状态下得到固定，解决了薄环形零件两端面的平行度问题。其具体方法是将薄环形零件下端面黏结到一块平板上，再将平板放到磁力工作台上磨平工件的上端面；然后将工件从平板上取下(使结合剂热化)，再以磨平的一面作为定位基准磨另一面，以保证其平行度。

(2) 误差补偿法

误差补偿法，就是人为地造出一种新的原始误差，去抵消原来工艺系统中固有的原始误差，从而减少加工误差，提高加工精度。例如，用校正机构提高丝杠车床传动链精度。在精密螺纹加工中，机床传动链误差将直接反映到加工工件螺距上，使精密丝杠的加工精度受到一定的限制。为了满足加工精度要求，不能采取一味提高传动链中各个元件精度的办法，实际生产中广泛应用以误差补偿原理消除传动链误差的方法，如螺纹加工校正装置。

(3) 均分原始误差法

在生产中会遇到这种情况：本工序的加工精度是稳定的，工序能力也足够，但毛坯或上道工序加工的半成品精度太低，引起定位误差或复映误差过大，因而不能保证加工精度。如果要求提高毛坯精度或上道工序的加工精度，往往是不经济的。这时，可采用均分原始误差法，把毛坯(或上道工序的工件)按尺寸误差大小分为 N 组，每组毛坯的误差就缩小为原来的 $1/N$，然后按各组的平均尺寸分别调整刀具与工件的相对位置或调整定位元件，就可大大缩小整批工件的尺寸分散范围。

(4) 误差转移法

将误差转移到不影响加工精度的方向上去。例如，利用镗模进行镗削，将主轴与镗杆进行浮动联接。这样就使镗孔的孔径不受机床误差的影响，镗孔精度由夹具镗模来保证。

除此之外，保证加工精度的方法还有均化原始误差法(三板互易法)、就地加工法、偶件互研法和自动控制法。

4.4　知识拓展——影响零件表面质量的因素

4.4.1　加工表面质量的概念

表面质量是零件机械加工质量的组成部分之一。加工表面质量指的是机械加工后零件表面层的几何结构及受加工过程的影响表面层金属材料与基体材料性质产生变化的情况。零件的磨损、腐蚀和疲劳破坏都是从零件表面开始的，所以零件的表面加工质量将直接影响零件的工作性能。特别是在机器朝着高速化、精密化发展的今天，人们对机器零件的表面质量要求越来越高。在高速、高应力和高温的情况下，表面层的任何缺陷不仅直接影响零件的工作性能，而且还会引起应力集中、应力腐蚀等现象，加速零件的失效。因此，表面质量是机械制造业必须研究和解决的重要问题。

1. 表面质量的含义

机械加工后的表面不可能是理想的光滑表面，总存在一定的微观几何形状的偏差，表面层的物理力学性能也会发生变化。因此，机械加工表面质量包括加工表面的几何特征和表面层物理力学性能两个方面的内容。

(1) 加工表面的几何特征

加工表面的微观几何形状主要包括表面粗糙度和表面波度。如图 4-45 所示，表面粗糙度是指波距 L 小于 1 mm 的表面微小波纹；表面波度是指波距 L 在 1～20 mm 之间的表面波纹。通常情况下，当 L/H（波距/波高）<50 时为表面粗糙度，当 $L/H=50\sim1\,000$时为表面波度。

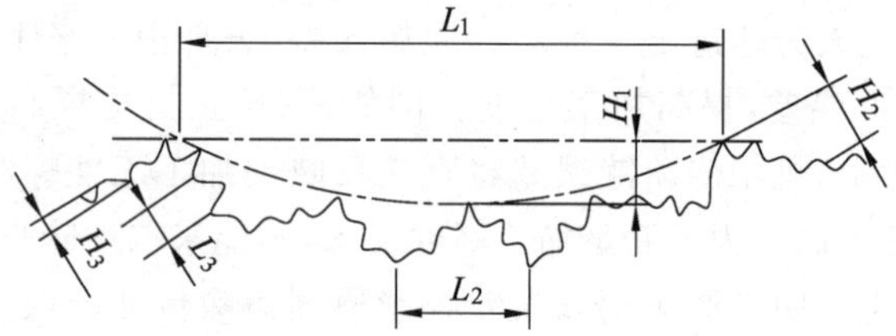

图 4-45 表面粗糙度、表面波度的关系

① 表面粗糙度。表面粗糙度主要是由刀具的形状以及切削过程中塑性变形和振动等因素引起的。我国现行的表面粗糙度标准是 GB/T 1031－94。在确定表面粗糙度时，可在 Ra,Ry,Rz 中选取，并推荐优先选用 Ra。

② 表面波度。表面波度主要是由加工过程中工艺系统的低频振动引起的周期性形状误差（如图 4-45 中 L_2/H_2），介于形状误差（$L_1/H_1>1\,000$）与表面粗糙度（$L_3/H_3<50$）之间。一般常以波高为波度的特征参数，用测量长度上 5 个最大的波幅的算术平均值 W 表示，即

$$W=(W_1+W_2+W_3+W_4+W_5)/5 \tag{4-20}$$

(2) 表面层的物理力学性能

表面层的物理力学性能包括表面层加工硬化、残余应力和表面层的金相组织变化。机械零件在加工中由于受切削力和热的综合作用，表面层金属的物理力学性能相对于基体金属的物理力学性能发生了变化。图 4-46a 为零件表面层沿深度方向的变化。最外层生成氧化膜或其他化合物，并吸收、渗进了气体粒子，称为吸附层。吸附层下是压缩层，它是由于切削力的作用造成的塑性变形区，其上部是因刀具的挤压摩擦而产生的纤维层。切削热的作用也会使工件表面层材料产生相变及晶粒大小的变化。

① 表面层加工硬化。表面层的加工硬化一般用硬化层的深度和硬化程度 N 来评定。

$$N=[(H-H_0)/H_0]\times100\% \tag{4-21}$$

式中：H——加工后表面层的显微硬度；

H_0——原材料的显微硬度。

② 表面层残余应力。在加工过程中，由于塑性变形、金相组织的变化和温度造成的体积变化的影响，表面层会产生残余应力。目前对残余应力的判断大多是定性的。

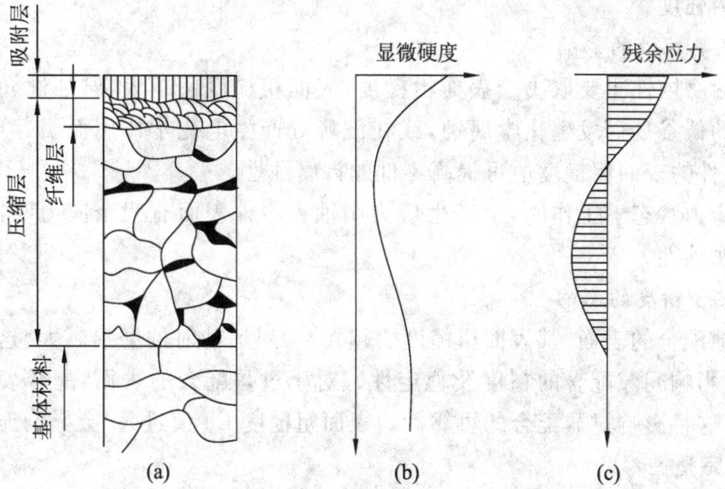

图 4-46 加工表面层的性质变化

③ 表面层金相组织的变化。在加工过程温度的作用下，表面层会产生温度升高，当温度超过材料的相变临界点时，就会产生组织的变化。这种变化包括晶粒大小、形状、析出物和再结晶等。金相组织的变化主要通过显微组织观察确定。

2. 表面质量对零件使用性能的影响

(1) 对零件耐磨性的影响

零件的耐磨性主要与摩擦副的材料热处理、润滑条件和表面质量有关，在材料和润滑条件都相同的情况下，零件的表面质量对零件的耐磨性能起决定性作用。

零件表面的磨损过程，一般可分为初期磨损、正常磨损和急剧磨损 3 个阶段。在初期磨损阶段只是零件表面的粗糙度凸峰相接触，实际接触面小，磨损较快。如图 4-47 所示，初期磨损量的大小与表面粗糙度有很大关系。在一定条件下，摩擦副表面有一最佳粗糙度，过大或过小的粗糙度都会使初期磨损增大。粗糙度值过大，凸峰间的挤裂、破碎和切断等作用加剧，因此磨损也增加。如果零件表面粗糙度值过小，紧密接触的两个光滑表面间的贮油能力很差，接触面间产生分子的亲和力，甚至产生分子黏合，使摩擦阻力增大，磨损量也会增加。

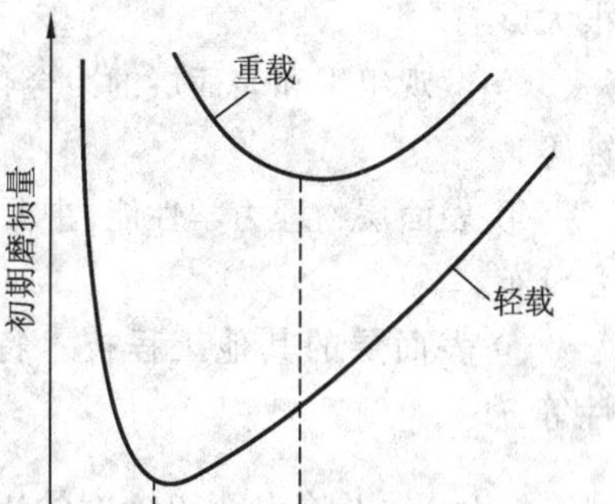

图 4-47 初期磨损与表面粗糙度的关系

(2) 对零件疲劳强度的影响

在交变载荷的作用下，零件表面微观的高低不平和其他表面缺陷，如裂纹、划痕等一样会引起应力集中，当应力超过材料的疲劳极限时，就会产生和扩展疲劳裂纹，造成疲劳破坏。不同材料对应力集中的敏感程度不同，材料越致密，晶粒越细，则对应力集中越敏感，对疲劳强度的影响也就越严重。

表面层一定程度的加工硬化能阻止已有裂纹的产生和裂纹的扩展。表面层的残余压应力能够部分地抵消工作载荷所引起的拉应力，延缓疲劳裂纹的产生和扩展，从而提高零件的疲劳强度。

(3) 对抗腐蚀性的影响

零件的耐腐蚀性主要取决于表面粗糙度,表面粗糙度值越大,腐蚀性介质越易积聚在粗糙表面的低谷处而发生化学腐蚀,或在波峰处产生电化学作用而引起电化学腐蚀。因此,降低零件的表面粗糙度值可提高零件的抗腐蚀性。

零件在应力状态下工作时,会产生应力腐蚀。零件表面有残余应力时,一般都会降低零件的耐腐蚀性。

(4) 对配合精度的影响

对于间隙配合的表面,其表面粗糙度值越大,相对运动时的磨损越大,这就使配合间隙迅速增大,影响间隙配合的精度及稳定性。对于过盈配合的表面,配合表面的部分凸峰会被挤平,这将影响过盈配合的可靠性。表面粗糙度 Ra 值过大,会影响连接强度。

3. 表面完整性

随着科学技术的发展,对产品的使用性能要求越来越高,一些重要零件需在高温、高压、高速的条件下工作,表面层的缺陷不仅直接影响零件的工作性能,而且还会引起应力集中、应力腐蚀等现象,加速零件的失效。因此,为适应科学技术的发展,在研究表面质量的领域里提出了表面完整性的概念,主要内容如下:

① 表面形貌,主要用来描述加工后零件表面的几何特征,它包括表面粗糙度、表面波度和纹理等。

② 表面缺陷,是指加工表面上出现的宏观裂纹、伤痕和腐蚀现象等,对零件的使用有很大影响。

③ 微观组织和表面层的冶金化学性能,主要包括微观裂纹、微观组织变化及晶间腐蚀等。

④ 表面层物理力学性能,主要包括表面层硬化深度和程度、表面层残余应力的大小和分布。

⑤ 表面层的其他工程技术特性,主要包括摩擦特性、光的反射率、导电性和导磁性等。

4.4.2 影响表面粗糙度的因素及改善措施

加工表面几何特征包括表面粗糙度、表面波度、表面加工纹理几个方面。表面粗糙度是构成加工表面几何特征的基本单元。因此,下面将主要分析表面粗糙度的形成及其影响因素。

用金属切削刀具加工工件表面时,表面粗糙度主要受几何因素、物理因素和工艺因素 3 个方面因素的作用和影响。

1. 几何因素

从几何的角度考虑,刀具的形状和几何角度,特别是刀尖圆弧半径 r_ε、主偏角 k_r、副偏角 k_r' 和切削用量中的进给量 f 等对表面粗糙度有较大的影响。图 4-48a 表示刀尖圆弧半径为零时,主偏角 k_r、副偏角 k_r' 和进给量 f 对残留面积最大高度 R_{max} 的影响,由图中几何关系可推出

$$H=R_{max}=f/(\cot k_r+\cot k_r') \tag{4-22}$$

当用圆弧刀刃切削时,刀尖圆弧半径 r_ε 和进给量 f 对残留面积高度的影响如图

4-48 b所示，推导可得

$$H = R_{max} = f^2/8r_\varepsilon \tag{4-23}$$

以上两式是理论计算结果，称为理论粗糙度。切削加工后表面的实际粗糙度与理论粗糙度有较大的差别，这是由于存在着与被加工材料的性能及与切削机理有关的物理因素的缘故。

从上述公式中可看出，减少进给量 f、减小 k_r、增大刀尖圆弧半径 r_ε 都可降低粗糙度。

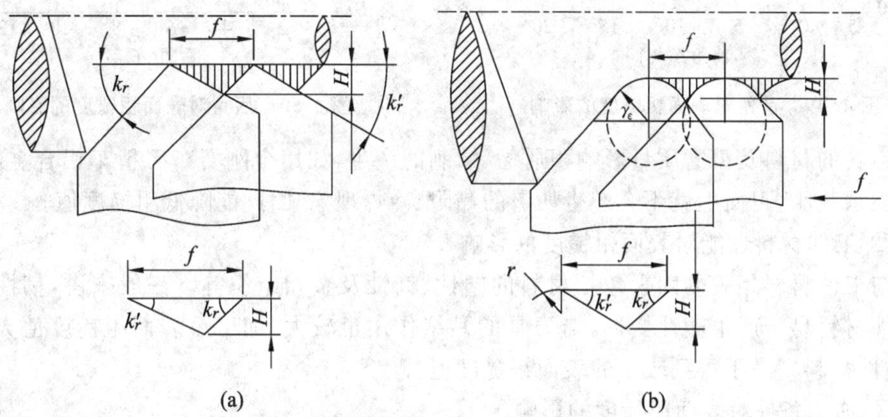

图 4-48　残留面积高度

2. 物理因素

从切削过程的物理实质考虑，刀具的刃口圆角及后面的挤压与摩擦使金属材料发生塑性变形，严重恶化了表面粗糙度。在加工塑性材料而形成带状切屑时，在前刀面上容易形成硬度很高的积屑瘤，它可以代替前刀面和切削刃进行切削，使刀具的几何角度、背吃刀量发生变化。其轮廓很不规则，因而使工件表面上出现深浅和宽窄都不断变化的刀痕，有些积屑瘤嵌入工件表面，增加了表面粗糙度。

切削加工时的振动也可使工件表面粗糙度值增大。

3. 工艺因素

从上述表面粗糙度的成因可知，从工艺的角度考虑，可以分为与切削刀具有关的因素、与工件材质有关的因素和与加工条件有关的因素。现就切削加工和磨削加工分别叙述。

(1) 切削加工后的表面

① 刀具的几何形状、材料及刃磨质量对表面粗糙度的影响

从几何因素看，减少刀具的主、副偏角，增大刀尖圆弧半径，均能有效地降低表面粗糙度。

刀具的前角值适当增大，刀具易于切入工件，塑性变形小，有利于降低表面粗糙度。但前角太大，刀刃有嵌入工件的倾向，反而使表面变粗糙。图 4-49 为在一定条件下加工钢件时刀具前角与工件加工表面粗糙度的关系曲线。

当前角一定时，后角越大，切削刃钝圆半径越小，刀刃越锋利，同时还能减小后刀面与加工表面间摩擦和挤压，有利于减小表面粗糙度值。但后角太大则削弱了刀具的强度，容易产生切削振动，使表面粗糙度值增大。图 4-50 为在一定条件下刀具后角与工件加工表面粗糙度的关系曲线。

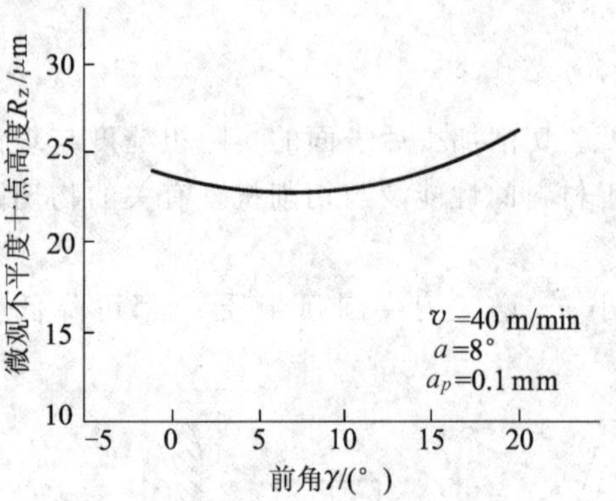

图 4-49 前角对表面粗糙度的影响

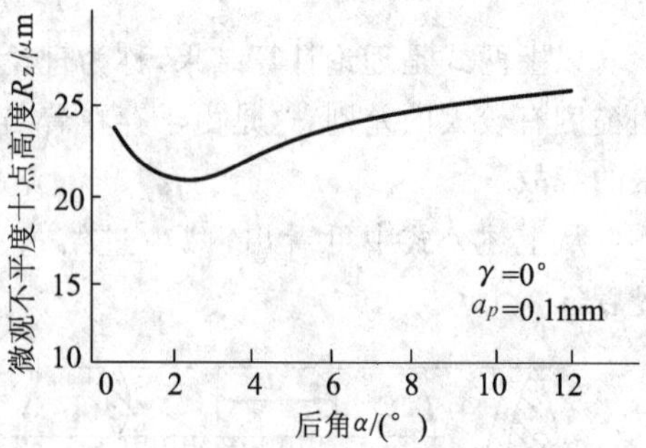

图 4-50 后角对表面粗糙度的影响

刀具的材料及刃磨质量影响积屑瘤、鳞刺的产生，如用金刚石车刀精车铝合金时，由于摩擦系数小，刀面上就不会产生切屑的黏附、冷焊现象，因此能降低粗糙度值。

② 工件材料性能对表面粗糙度的影响

与工件材料相关的因素包括材料的塑性、韧性及金相组织等。一般来讲，韧性较大的塑性材料易于产生塑性变形，与刀具的黏结作用也较大，加工后表面粗糙度值大。相反，脆性材料则易于得到较小的表面粗糙度值。

③ 加工条件对表面粗糙度的影响

a. 切削速度 v_c 一般情况下，低速或高速切削时，因不会产生积屑瘤，故表面粗糙度值较小，如图 4-51 所示。但在中等速度下，塑性材料由于容易产生积屑瘤和鳞刺，因此表面粗糙度值大。

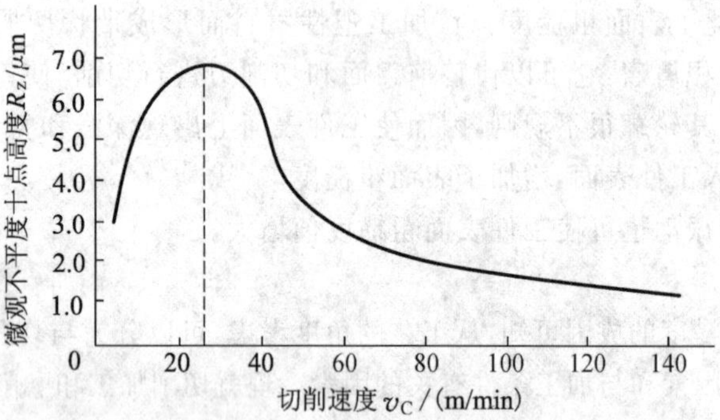

图 4-51 切削速度与表面粗糙度的关系

b. 背吃刀量 a_p。它对表面粗糙度的影响不明显，一般可忽略，但当 a_p＜0.02～0.03 mm 时，刀尖与工件表面发生挤压与摩擦，从而使表面质量恶化。

c. 进给量 f。减小进给量 f 可以降低切削残留面积高度 R_{max}，减小表面粗糙度值。但进给量太小，刀刃不能切削而形成挤压，增大了工件的塑性变形，反而使表面粗糙度值增大。

另外，合理选择润滑液，提高冷却润滑效果，减小切削过程中的摩擦，能抑制积屑瘤和鳞刺的生成，有利于减小表面粗糙度值，如选用含有硫、氯等表面活性物质的冷却润滑液，润滑性能增强，作用更加显著。

(2) 磨削加工后的表面

磨削加工是通过表面具有随机分布磨粒的砂轮和工件的相对运动来实现的。在磨削过程中,磨粒在工件表面上滑擦、耕犁,切下切屑,在加工表面刻划出无数微细的沟槽,沟槽两边伴随着塑性隆起,形成表面粗糙度。

① 磨削用量对表面粗糙度的影响

a. 砂轮速度。提高砂轮速度可以增加工件单位面积上的刻痕,同时塑性变形造成的隆起量随着砂轮速度的增大而下降,所以粗糙度值减小。

b. 工件速度。在其他条件不变的情况下,提高工件速度,磨粒在单位时间内在工件表面上的刻痕数减少,因而将增大磨削表面粗糙度值。

c. 磨削深度。磨削深度增加,磨削过程中磨削力及磨削温度都增加,磨削表面塑性变形增大,从而增大表面粗糙度值。

② 砂轮对表面粗糙度的影响

a. 砂轮的粒度。砂轮的粒度越细,单位面积上的磨粒数越多,工件表面上的刻痕密而细,则表面粗糙度值越小。但磨粒过细时,砂轮易堵塞,磨削性能下降,反而使粗糙度值增大。

b. 砂轮的硬度。砂轮硬度的大小应合适。砂轮太硬,磨粒钝化后仍不能脱落,使工件表面受到强烈摩擦和挤压作用,塑性变形程度增加,表面粗糙度值增大或使磨削表面烧伤。砂轮太软,磨粒易脱落,常会产生磨损不均匀现象,而使表面粗糙度值增大。

c. 砂轮的修整。砂轮修整的目的是为了去除外层已钝化的或被磨屑堵塞的磨粒,保证砂轮具有足够的等高微刃。微刃等高性越好,磨出工件的表面粗糙度值越小。

③ 工件材料对表面粗糙度的影响

工件材料硬度太大,砂轮易磨钝,故表面粗糙度值变大。工件材料太软,砂轮易堵塞,磨削热增大,也得不到较小的表面粗糙度值。塑性、韧性大的工件材料,其塑性变形程度大,导热性差,不易得到较小的表面粗糙度值。

4.4.3 影响加工表面物理力学性能的因素

机械加工过程中,工件由于受到切削力、切削热的作用,其表面与基体材料性能有很大不同,发生了物理力学性能的变化。

1. 表面层的加工硬化

在机械加工过程中,工件表层金属受到切削力的作用产生强烈的塑性变形使晶体间产生剪切滑移,晶粒严重扭曲,并产生晶粒的拉长、破碎和纤维化,这时工件表面的强度和硬度提高,塑性降低,这种现象称为加工硬化,又称冷硬化。

表面层的硬化程度决定于塑性变形的力、变形速度和变形时的温度。切削力越大,塑性变形越大,因而硬化程度越大。变形速度越大,塑性变形越不充分,硬化程度相应减小。变形时的温度不仅影响塑性变形程度,还会影响变形后金相组织的回复,即回复作用的速度大小取决于温度的高低、温度持续的时间及硬化程度的大小。因此,加工硬化是强化作用和回复作用的综合结果。

影响表面层加工硬化的因素包括以下几个方面:

(1) 切削力。切削力越大,塑性变形越大,则硬化程度和硬化层深度就越大。例如,当进给量 f、背吃刀量 a_p 增大或刀具前角 γ_0 减小时,都会增大切削力,使加工硬化严重。

(2) 切削温度。切削温度增高时，回复作用增加，使得加工硬化程度减小。如切削速度很高或刀具钝化后切削，都会使切削温度不断上升，部分地消除加工硬化，使得硬化程度减小。

(3) 工件材料。被加工工件的硬度越低，塑性越大，切削后的冷硬现象越严重。

2. 表面层的金相组织变化与磨削烧伤

(1) 表面层金相组织变化与磨削烧伤的原因

机械加工时，切削所消耗的能量大部分转化为切削热，导致加工表面温度升高。当工件表面温度超过金相组织变化的临界点时，就会产生金相组织的变化。一般的切削加工，由于单位切削截面所消耗的功率不是太大，所以产生金相组织变化的现象很少。但对于磨削加工来说，由于单位面积上产生的切削热比一般切削方法大几十倍，易使工件表面层的金相组织发生变化，引起表面层的硬度和强度下降，产生残余应力甚至引起显微裂纹，这种现象称为磨削烧伤。根据磨削的温度不同，磨削烧伤分为以下几种类型：

① 回火烧伤。磨削淬火钢时，若磨削区温度未超过相变温度，但超过马氏体的转变温度，这时马氏体转变为硬度较低的回火屈氏体或索氏体，此现象为回火烧伤。

② 淬火烧伤。磨削淬火钢时，若磨削区的温度超过相变临界温度时，在切削液的急冷作用下，工件最外薄层金属转变为二次淬火马氏体组织。其硬度比原来的回火马氏体高，但是又脆又硬。在这层下面的一层温度较低，冷却也较慢，会变为过回火组织，这种现象称为淬火烧伤。

③ 退火烧伤。干磨时，当磨削区温度超过相变临界温度，表层金属空冷冷却比较缓慢而形成退火组织，其强度和硬度大幅度下降，这种现象称为退火烧伤。

磨削烧伤时，表面会出现黄、褐、紫、青等烧伤色，这是工件表面在瞬时高温下产生的氧化膜颜色。不同烧伤色表面烧伤程度不同。对于较深的烧伤层，虽然在加工后期采用无进给磨削可除掉烧伤色，但烧伤层却未除掉，成为使用过程中的隐患。

(2) 影响磨削烧伤的因素

① 磨削用量。当磨削深度 a_p 增大时，工件表面及表面下不同深度的温度都将提高，容易造成烧伤；增大砂轮速度 v_c 会加重磨削烧伤的程度。当工件纵向进给量 f 增大时，磨削区温度增高，但热源作用时间减少，因而可减轻烧伤。但提高工件速度会导致其表面粗糙度值变大，为弥补此不足，可提高砂轮速度。实践证明，同时提高工件速度和砂轮速度可减轻工件表面烧伤。

② 砂轮材料。对于硬度太高的砂轮，钝化砂粒不易脱落，砂轮容易被切屑堵塞。因此，一般用软砂轮为好。砂轮结合剂最好采用具有一定弹性的材料，保证磨粒受到过大切削力时会自动退让，如树脂、橡胶等。一般来讲，粗粒度不容易引起磨削烧伤。

③ 冷却方式。采用切削液带走磨削区热量可避免烧伤，然而现有的冷却方式效果不理想。这是由于旋转的砂轮表面上产生强大的气流层，没有多少切削液能进入磨削区，因此必须改进冷却方式以提高冷却效果。

采用高压大流量冷却一方面可增加冷却效果，另一方面可以对砂轮表面进行冲洗，使切屑不致堵塞砂轮。机床应配有防护罩，防止冷却液飞溅。

为减轻高速旋转的砂轮表面的高压附着气流的作用，一种方式是加装如图 4-52 所示的空气挡板，以使切削液能顺利地注射到磨削区。这种方法对于高速磨削更为必要。

另一种方式为内冷却,如图 4-53 所示,砂轮多孔隙且能渗水。当切削液引入砂轮的中心腔后,由于离心力的作用,切削液再经过砂轮内径向有孔的薄壁套的孔隙从砂轮四周的边缘甩出,这样切削液可直接进入磨削区,发挥有效的冷却作用。

此外,还可把砂轮放在溶化的硬脂酸溶液中浸透,取出冷却后即成为含油砂轮。磨削时,磨削区的热源使砂轮边缘部分硬脂酸溶化而洒入磨削区起冷却润滑作用。

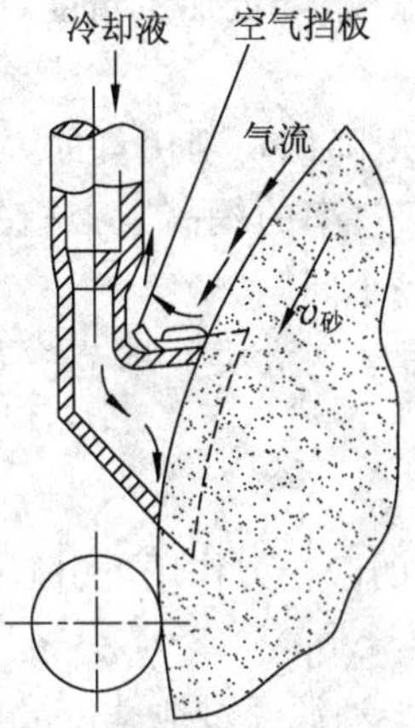

图 4-52　带空气挡板的冷却液喷嘴

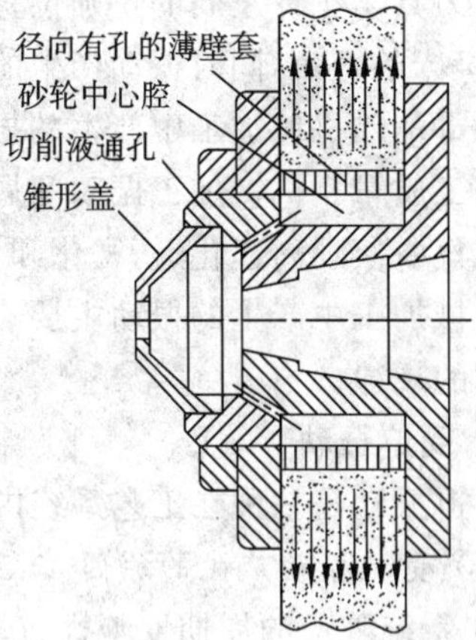

图 4-53　内冷却装置

3. 表面残余应力

产生表面残余应力的主要因素有以下 3 个方面。

(1) 冷塑变形引起的残余应力

在机械加工过程中,因切削力的作用使工件表面受到强烈的塑性变形,尤其是切削刀具对已加工表面的挤压和摩擦,使表面产生伸长型塑性变形,表面积趋向增大,但受到里层的限制,产生了残余压应力,与里层产生的残余拉伸应力相平衡。

(2) 热塑变形引起的残余应力

切削加工过程中,表面受到切削热的作用使表层局部温度高于里层,因此表层金属产生的热膨胀变形大于里层。当切削过程结束时,表层温度下降较快,故收缩变形大于里层,由于受到里层金属的限制,工件表面将产生残余拉应力。其切削温度愈高,则残余拉应力愈大,甚至会出现裂纹。

(3) 金相组织变化引起的残余应力

切削时产生的高温会引起表面层金相组织的变化。不同的金相组织有不同的密度,如马氏体密度 $\rho_M=7.75\ g/cm^3$,奥氏体密度 $\rho_A=7.96\ g/cm^3$,珠光体密度 $\rho_P=7.78 g/cm^3$,铁素体密度 $\rho_F=7.88\ g/cm^3$。表面层金相组织变化的结果造成了体积的变化,表面层体积膨胀时,因为受到基体的限制,产生了压应力,反之则产生拉应力。以磨削淬火钢为例,淬火钢原来的组织是马氏体,磨削加工后,表面可能产生回火,马氏体变为接近珠光体的屈氏体或索氏体,密度增大而体积减小,表层产生残余拉应力。如果表层产生二次淬火层(淬火烧伤),即原表层的残余奥氏体转变为马氏体,密度减小而体积增大,工件表层就产生残余压应力。

综上所述,冷塑变形、热塑变形及金相组织变化均会引起工件表面产生残余应力。实际上,已加工表面残余应力是这三者综合作用的结果。在不同的加工条件下,残余应力的大小、符号及分布规律可能有明显的差异。切削加工时起主要作用的常常是冷态塑性变形，所以工件表面常产生残余压应力。磨削加工时，热态塑性变形或金相组织变化通常是产生残余应力的主要因素，所以表面层常产生残余拉应力。

4.4.4 机械加工振动理论

机械加工中，刀具与工件之间常常产生周期性往复运动，即机械加工振动。它不仅改变了刀具与工件之间的正确位置，使工件表面产生振纹，降低加工精度，而且还会缩短刀具、机床的寿命，同时振动产生的噪声污染环境。

为了消除机械加工中产生的振动，生产中常常采用降低切削用量的办法，以换取必要的加工质量。机械加工振动问题的解决与机床加工效率的提高紧密相关；同时，它也是机械设备实现高速化、精密化和自动化必须解决的一个问题。

机械加工中产生的振动主要有受迫振动和自激振动两大类。本节主要介绍这两大类振动的规律。

1. 受迫振动

受迫振动是一种在工艺系统内部或外部周期交变的激振力作用下引起的振动。

(1) 受迫振动产生的原因

① 系统外部的周期性干扰力。例如，机床附近的振动源经过地基传给正在加工的机床，从而引起工艺系统的振动。

② 机床高速旋转件的不平衡。例如，联轴节、带轮、卡盘等由于形状不对称、材质不均匀或其他原因造成质量偏心产生离心力引起受迫振动。

③ 机床传动机构的缺陷。例如，制造不精确或安装不良的旋转零部件会产生周期性干扰力，有可能成为机械加工受迫振动的根源。

④ 往复运动的部件引起的惯性力。具有往复运动部件的机床，当它们换向时，惯性力及液压系统中液压件的冲击现象都会引起振动。

⑤ 切削过程中的冲击。在铣削、拉削过程中，刀齿在切入工件和切出工件时，或加工断续表面等出现的断续切削现象所引起的冲击力，也会引起振动。

(2) 受迫振动的数学描述

图 4-54 为内圆磨削系统动力学模型，系统运动微分方程式为

$$m\ddot{x}+\delta\dot{x}+kx=F\sin\omega t \tag{4-24}$$

式中：m——等效质量，kg；

x——振动位移，m；

δ——阻尼系数，kg/s；

$\dot{x}$——振动速度，m/s；

$\ddot{x}$——振动加速度 m/s^2；

F——振动力幅值，N；

ω——激振力圆频率，rad/s。

令 $\delta/2m=\alpha$（衰减系数），$\sqrt{k/m}=\omega_0$（无阻尼振动固有频率），$F/m=f$ 得

$$\ddot{x}+2\alpha\dot{x}+\omega_0{}^2x=f\sin\omega t \tag{4-25}$$

式(4-25)是一个二阶常系数线性非齐次微分方程。根据微分方程理论，在 $\alpha<\omega_0$ 的减幅阻尼情况下，它的解由令 $f=0$ 而得到的齐次方程的通解和非齐次方程的一个特解组成：

$$x=A_1e^{-\alpha t}\sin(\sqrt{\omega_0^2-\alpha^2 t}+\phi_1)+A_2\sin(\omega t-\phi) \tag{4-26}$$

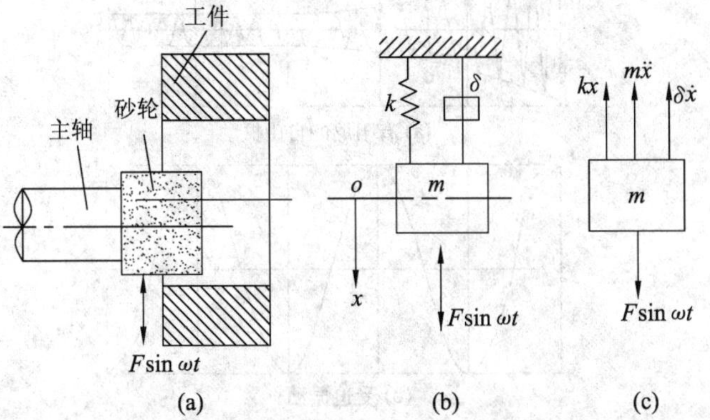

图 4-54 内圆磨削振动系统

式(4-26)的第一项(通解)为有阻尼的自由振动过程,如图 4-55a 所示,经过一段时间后,这部分振动衰减为零。式(4-26)的第二项(特解)是圆频率等于激振圆频率的受迫振动,如图 4-55b 所示。图 4-55c 为两种解叠加后的振动过程,可以看出经过过渡过程以后,受迫振动成为稳定的振动过程。进入稳态后的振动方程为

$$x=A\sin(\omega t-\phi) \tag{4-27}$$

式中:A——受迫振动的幅值;

ϕ——振动体位移相对于激振力的相位角;

t——时间。

其中受迫振动的振幅为

$$A=\frac{f}{\sqrt{\omega_0^2-\omega^2+4\alpha^2\omega^2}}=\frac{A_0}{\sqrt{(1-\lambda^2)^2+(2\zeta\lambda)^2}} \tag{4-28}$$

相位角为

$$\phi=\arctan\frac{2\zeta\lambda}{1-\lambda^2} \tag{4-29}$$

式中:A_0——系统在静态力作用下的静位移,$A_0=\frac{f}{\omega_0^2}=\frac{F/m}{k/m}=\frac{F}{k}$;

λ——频率比,$\lambda=\frac{\omega}{\omega_0}$;

ζ——阻尼比,$\zeta=\frac{\alpha}{\omega_0}=\frac{\delta/2m}{\sqrt{k/m}}=\frac{\delta}{\delta_c}$;

δ_c——临界阻尼系数,$\delta_c=2\sqrt{km}$。

由此可见受迫振动的特性如下:

① 受迫振动是由周期性激振力引起的,不会被阻尼衰减,振动本身也不能使激振力变化。

② 受迫振动的振动频率与外界激振力的频率相同,而与系统的固有频率无关。

③ 受迫振动的幅值既与振力的幅值有关,又与工艺系统的动态特性有关。

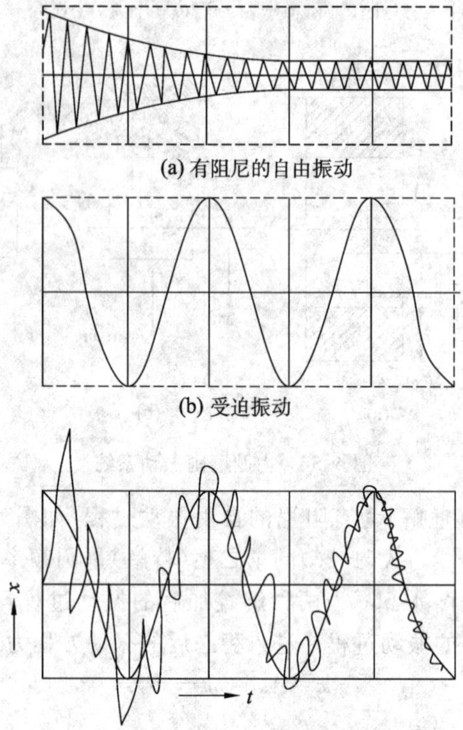

(a) 有阻尼的自由振动

(b) 受迫振动

(c) 有阻尼的自由振动和受迫振动

图 4-55 受迫振动的时间响应

以频率比 $\lambda=\omega/\omega_0$ 为横坐标，以动态放大系数 $\eta=A/A_0$（受迫振动的振幅与系统静位移的比值）为纵坐标，以阻尼比 ζ 为参变量，作出受迫振动的幅频特性曲线，如图 4-56 所示。

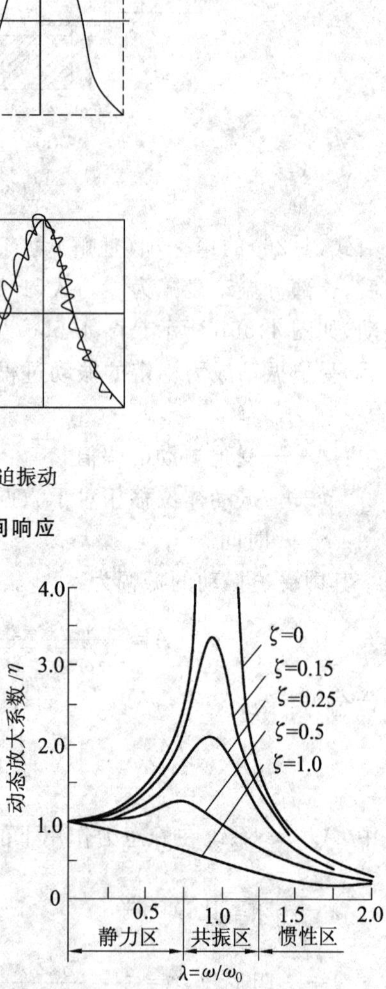

图 4-56 幅频特性曲线

从图中可以看出：

① 当激振力的频率很小时，$\eta\approx1$，此时的振幅相当于把激振力作为静载荷加在系统上，使系统产生静位移。这种现象发生在 $0\leqslant\lambda\leqslant0.7$ 的范围，故称此范围为静态区。

② 当激振频率增大时，λ 也变大，振幅迅速增高。当 $\lambda\approx1$ 时，振幅急剧增加，这种现象称为共振，$0.7\leqslant\lambda\leqslant1.3$ 的区域称为共振区。为了避免共振，常把固有频率前后20%～30%的区域都作为“禁区”，激振力的频率应避免出现在这个区域。

③ 当激振力的频率增大到 $\lambda>1$ 时，$\eta\to0$，振幅迅速下降，甚至振动消失。这表明振动系统的惯性跟不上激振力的变化，工程上把 $\lambda\geqslant1.3$ 的区域称为惯性区。在惯性区内，阻尼的影响大大减小，系统的振幅小于静位移，并且可用增加系统的刚度来提高系统的抗振性。

2. 自激振动及其控制

(1) 自激振动系统的组成

由自激振动系统本身引起的交变力作用而产生的振动，称为自激振动，通常又称为颤振，其振动频率与系统的固有频率相近。由于维持振动所需的交变力是由振动过程本身产生的，所以一旦振动系统的运动停止，交变力随之消失，工艺系统的自激振动也就停止。因此，通常将自激振动看成是由振动系统(工艺系统)和调节系统(切削过程)两个环节组成的闭环系统，如图 4-57 所示。

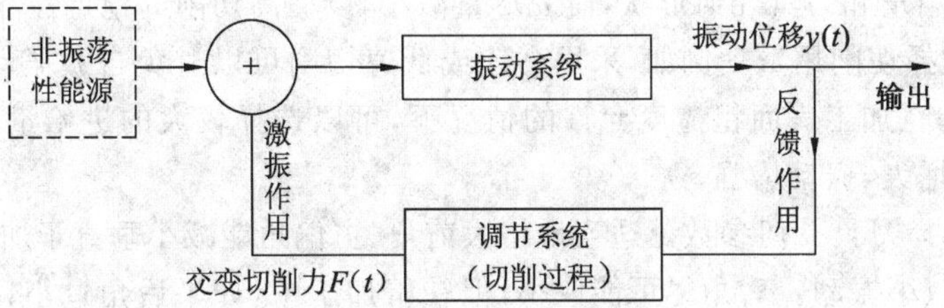

图 4-57　自激振动系统框图

由图可见，自激振动系统维持稳定振动的条件是：在一个振动周期内，从能源经调节系统输入到振动系统的能量等于系统阻尼所消耗的能量。

(2) 产生自激振动的机理

① 再生效应原理

切削或磨削加工时，后一次走刀和前一次走刀总会有部分重叠。在本身稳定的切削过程中，偶然的扰动(如刀具碰到工件材料上的硬质点、余量不均等)会引起工件与刀具发生相对的自由振动，从而在切削表面上留下振纹。当第二次走刀时，刀具将在有波纹的表面上切削，切削厚度就有周期性的变化，引起切削力的周期性变化。切削力的交变分量使刀具与工件之间产生相对振动，在后一刀的切削表面上形成新的振纹，这种振纹与动态切削力的相互影响作用就称为再生效应。

② 负摩擦原理

在车削塑性材料时，由切削理论可知，开始径向切削分力随切削速度的增大而增大，但自某一速度开始，随切削速度的增加而减小。在力－速度关系曲线下降区，极易引起自激振动。径向切削分力主要取决于切屑与刀具相对运动所产生的摩擦力。

③ 振型耦合原理

振动系统实际上都是多自由度的，图 4-58 所示是一个二自由度振动系统。设切削前工件表面是光滑的，即不考虑再生效应，当刀架系统产生了角频率为 ω 的振动，则刀架将在 x_1 和 x_2 两个方向上同时振动，刀具振动的轨迹一般为椭圆形的封闭曲线。若它的旋向是顺时针的，则刀具沿 ACB 的轨迹切入工件，它的运动方向和切削力 $\boldsymbol{F}$ 的运动方向相反，$\boldsymbol{F}$ 做负功。当沿着 BDA 轨迹退出时，$\boldsymbol{F}$ 力做正功。由于切出时的平均切削厚度大于切入时的平均切削厚度，故切削力的正功大于负功，在一个振动

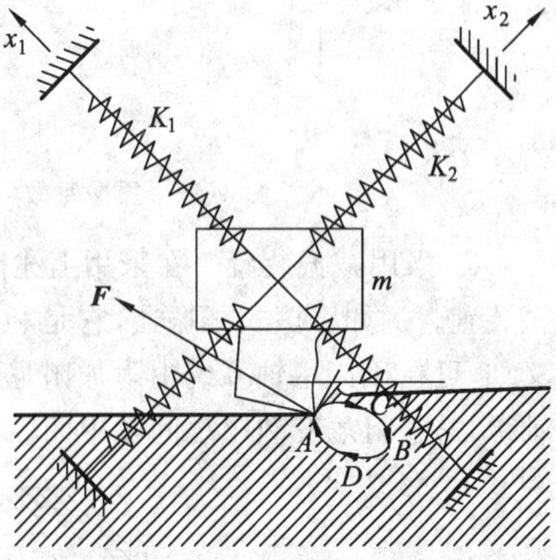

图 4-58　振型耦合原理示意图

周期中,有多余的能量输入振动系统,维持系统的振动。如果刀具和工件相对运动轨迹沿着 *ADBC* 的方向进行,则切削力 **F** 做的负功大于正功,振动不能维持,将不断衰减下去。

(3) 自激振动的控制

① 减小重叠系数 μ。如果本次切削和上一次切削路径不重叠,就从根本上消除了再生效应的作用,因而也就不会有再生型自激振动产生。图 4-59 列出了不同加工方式的 μ 值。车螺纹时(如图 4-59a 所示),$\mu=0$,工艺系统不会有再生型自激振动产生。切断工件时(如图 4-59b 所示),$\mu=1$,再生效应最大。对于一般外圆纵向切削,$\mu=0\sim1$,此时应通过改变切削用量和刀具几何形状,使 μ 尽量减小,以提高切削的稳定性。

② 合理选择切削用量。例如,采用高速或低速切削可以避免自激振动,增大进给量可使振幅减小,在加工表面粗糙度允许的情况下,可以选择较大的进给量以避免自激振动。切削深度增大,振动增强。

③ 合理选择刀具几何参数。适当地增大前角、主偏角能减小垂直于加工表面的法向分力 $\boldsymbol{F}_y$,从而减小振动。后角尽可能取小,但在精加工中,如果后角过小,刀刃不容易切入工件,后刀面与加工表面间的摩擦可能过大,反而容易引起自激振动。

④ 增加切削阻尼。适当减小刀具后角($\alpha_0=2^\circ\sim3^\circ$)可以增大工件和刀具后刀面之间的摩擦阻尼;必要时可在后刀面上磨出带有负后角的消振棱,如图 4-60 所示。

⑤ 提高工艺系统的刚度。为提高机床结构的刚度,应找出其薄弱环节,采取刮研结合面、增强连接刚度以提高其抗振性。例如,为提高刀具和工件夹持系统的动刚度,可采用死定尖代替活定尖,减小尾座套筒的悬伸长度等方法。

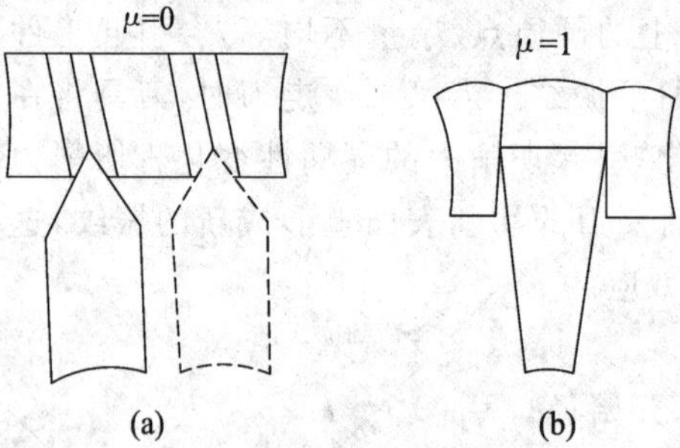

图 4-59 重叠系数

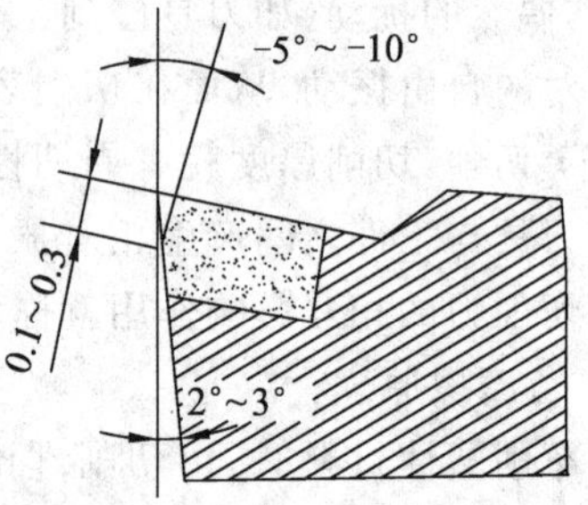

图 4-60 车刀消振棱

⑥ 采用减振装置。在采用上述措施后仍然不能达到减振要求时,可考虑使用各种减振装置。例如摩擦式减振器,它是利用固体或液体的摩擦阻尼来消耗振动能量的器件。又如,可在机床主轴系统中附加阻尼减振器,如图 4-61 所示,它相当于间隙很大的滑动轴承,通过阻尼套和阻尼间隙中的黏性油的阻尼作用来减振。

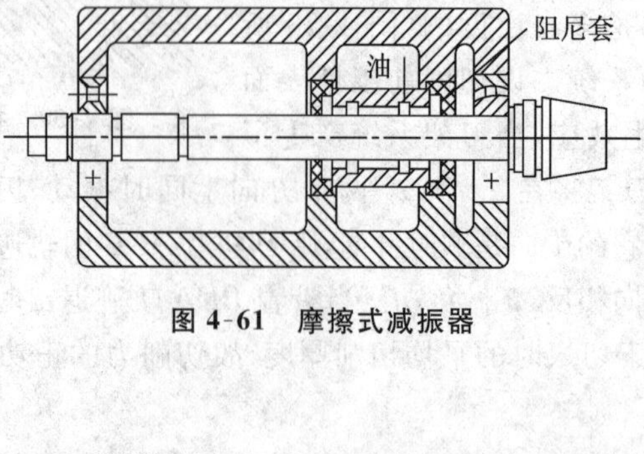

图 4-61 摩擦式减振器

练习与思考

4-1 加工表面的几何特征包括哪些方面?

4-2 零件的表面质量如何影响零件的使用性能?

4-3 试述影响零件表面粗糙度的几何因素。

4-4 采用粒度为30号的砂轮磨削钢件和粒度为60号的砂轮磨削钢件,哪一种情况表面粗糙度 Ra 值更小?

4-5 什么是加工硬化?评定加工硬化的指标有哪些?

4-6 试述磨削烧伤的原因。

4-7 为什么表面层金相组织的变化会引起残余应力?

4-8 受迫振动与自激振动的区别是什么?

4-9 消除或减小自激振动的方法有哪些?

4-10 车削加工时,工件的热变形对加工精度有何影响?如何减小热变形的影响?

4-11 如何减小或消除机床受力变形对加工精度的影响?

4-12 在卧式镗床上镗削箱体孔时,试分析:① 采用刚性镗杆;② 采用浮动镗杆和镗模夹具,影响镗杆回转精度的主要因素有哪些?

4-13 何谓加工精度、加工误差、公差?它们之间有什么区别?

4-14 车床床身导轨在垂直平面内及水平面内的直线度对车削轴类零件的加工误差有什么影响?影响程度各有何不同?

4-15 试分析滚动轴承的外环内滚道及内环外滚道的形状误差所引起主轴回转轴线的运动误差。它对被加工零件精度有什么影响?

4-16 试分析在车床上加工时产生下述误差的原因:

(1) 在车床上镗孔时,引起被加工孔圆度误差和圆柱度误差。

(2) 在车床三爪自定心卡盘上镗孔时,引起内孔与外圆不同轴度、端面与外圆的不垂直度。

4-17 在车床上用两顶尖装夹工件车削彻长轴时,出现题4-17图所示误差是什么原因?应采用什么办法来减少或消除?

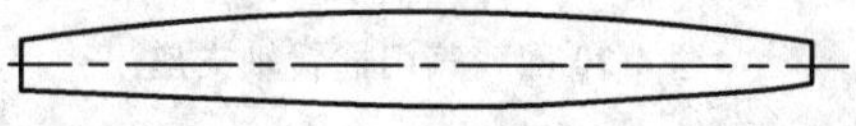

(a)

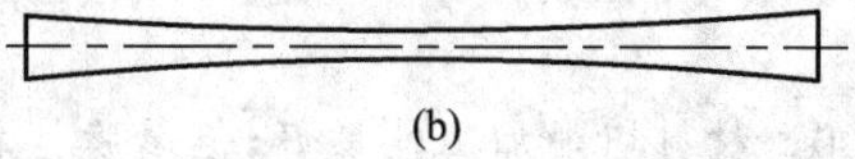

(b)

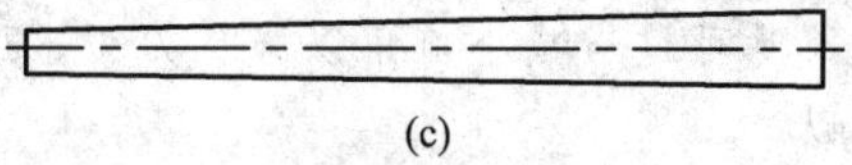

(c)

题4-17图

4-18 车削加工时,工件的热变形对加工精度有何影响?如何减小热变形的影响?

4-19 如何减小或消除机床受力变形对加工精度的影响?

4-20 试编制气门摇臂轴支座(如题4-20图所示)的加工工艺过程

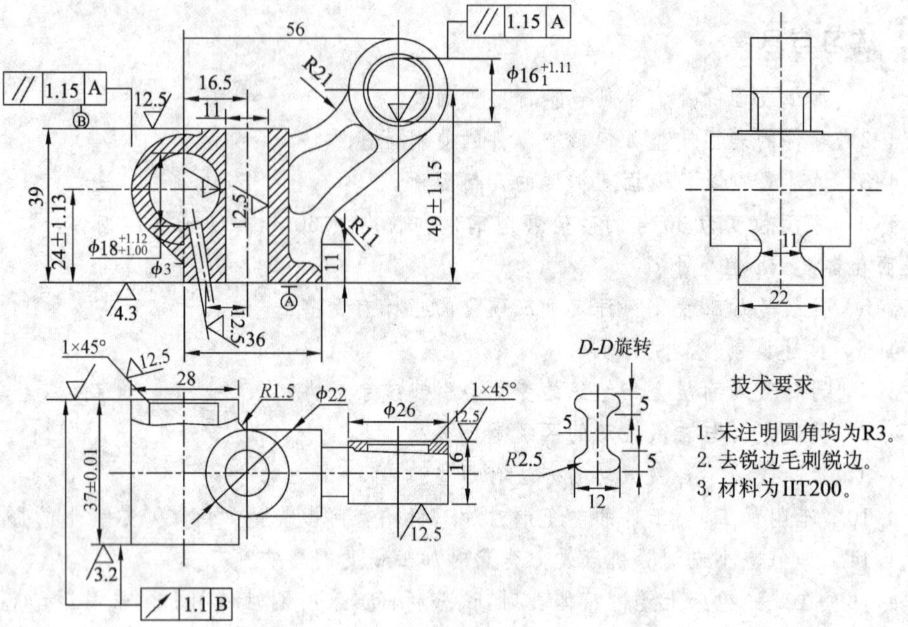

(a) 零件图

(b) 立体图

题 4-20 图　气门摇臂轴支座

提示：

1. 零件工艺性分析

(1) 零件材料：HT200。材料切削加工性良好，但属脆性材料，易产生崩碎，切屑加工中有冲击。选择刀具参数时可适当减小前角以强化刀刃；刀具材料选择范围较大，高速钢及 YG 硬质合金都可以。

(2) 组成表面分析：ϕ11 圆孔及其上下端面，ϕ16 内孔及其两端面，ϕ18 内孔及其两端面，ϕ3 斜孔，倒角，各外圆表面，各外轮廓表面。

(3) 主要表面分析：ϕ16，ϕ18 孔用于支承零件，为工作面，孔表面粗糙度要求 Ra1.6 μm，ϕ11 孔底面为安装（支承）面，亦是该零件的主要基准。

(4) 主要技术要求：ϕ16 内孔轴心与底面 A 的平行度保持在 0.05 mm 以内；ϕ18 内孔轴心与底面 A 的平行度保持在 0.05 mm 以内；ϕ18 内孔两端面与顶面 B 的跳动保持

在0.1 mm以内。

2. 零件制造工艺设计

(1) 毛坯选择:根据零件材料、形状、尺寸、批量大小等因素,选择砂型铸件。

(2) 基准分析:底面A是零件的主要设计基准,也比较适合作为零件上众多表面加工的定位基准。

(3) 零件安装方案:加工底面A、顶面B时,均可采用虎钳安装(互为基准);$\phi11$,$\phi16$,$\phi18$内孔表面加工,均采用专用夹具安装,且主要定位基准均为底面A;加工斜孔仍采用专用夹具安装,主要定位基准为$\phi18$孔两端面。

(4) 零件表面加工:底面A、顶面B采用铣削加工;$\phi11$孔,$\phi3$斜孔采用钻削加工;$\phi16$,$\phi18$孔及其端面采用镗削加工。

3. 填写工艺文件

4. 零件加工过程

5. 零件加工特点

零件形状不规则,采用通用夹具安装比较困难,故不少表面采用专用夹具安装;为尽量减小工装数量,虽然有些表面加工要求不算低,但粗、半精加工却在一次安装中逐步完成,因此加工中应注意多次走刀,以减小切削力对零件加工精度、表面质量的影响。

模块5 装配工艺编制及实施

导引

【工作场景】

工作对象：SL300 型罗茨鼓风机，现为中小批量生产。

【任务要求】

本任务要求编制罗茨鼓风机的装配工艺过程卡并回答下列问题：

(1) 装配包含哪些内容？

(2) 装配精度有哪几类？它们之间有何关系？怎样确定装配精度要求？

(3) 保证装配精度的方法有哪些？

(4) 装配的组织形式有哪些？

(5) 产品的装配工艺性有哪些要求？

(6) 过盈配合联接如何装配？

【工作步骤】

(1) 选择基准件(组件或部件)。

(2) 确定各零部件的装配顺序。

(3) 画装配单元系统图(如图 5-1 所示)。

(4) 填写装配工艺卡。

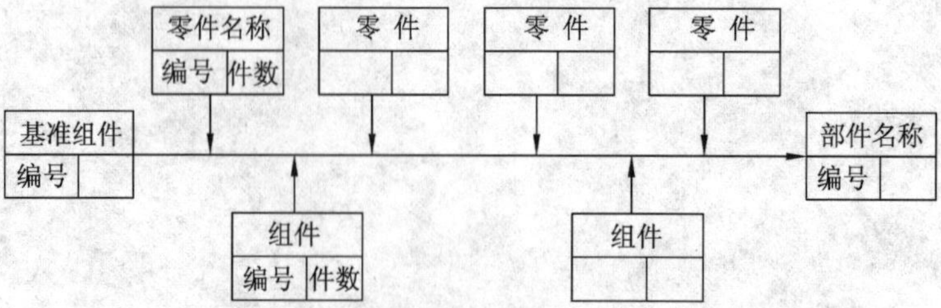

(a) 部件装配系统图

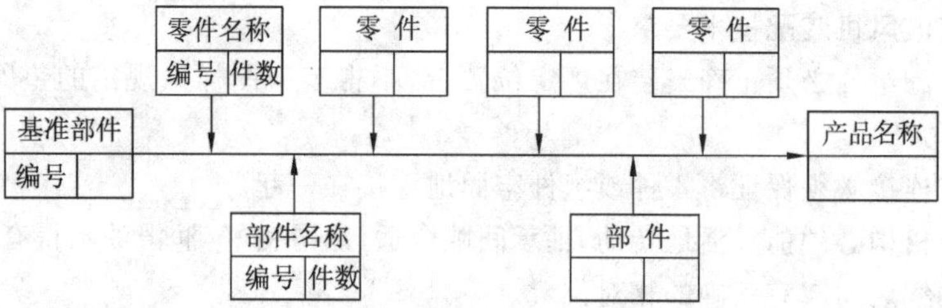

(b) 产品装配系统图

图 5-1 装配单元系统图

5.1 罗茨鼓风机装配工艺编制

图 5-2 是 SL300 型罗茨鼓风机装配图，罗茨鼓风机具有风压大、效率高、送风稳定等特点，广泛应用于化工、电力、环保等行业。

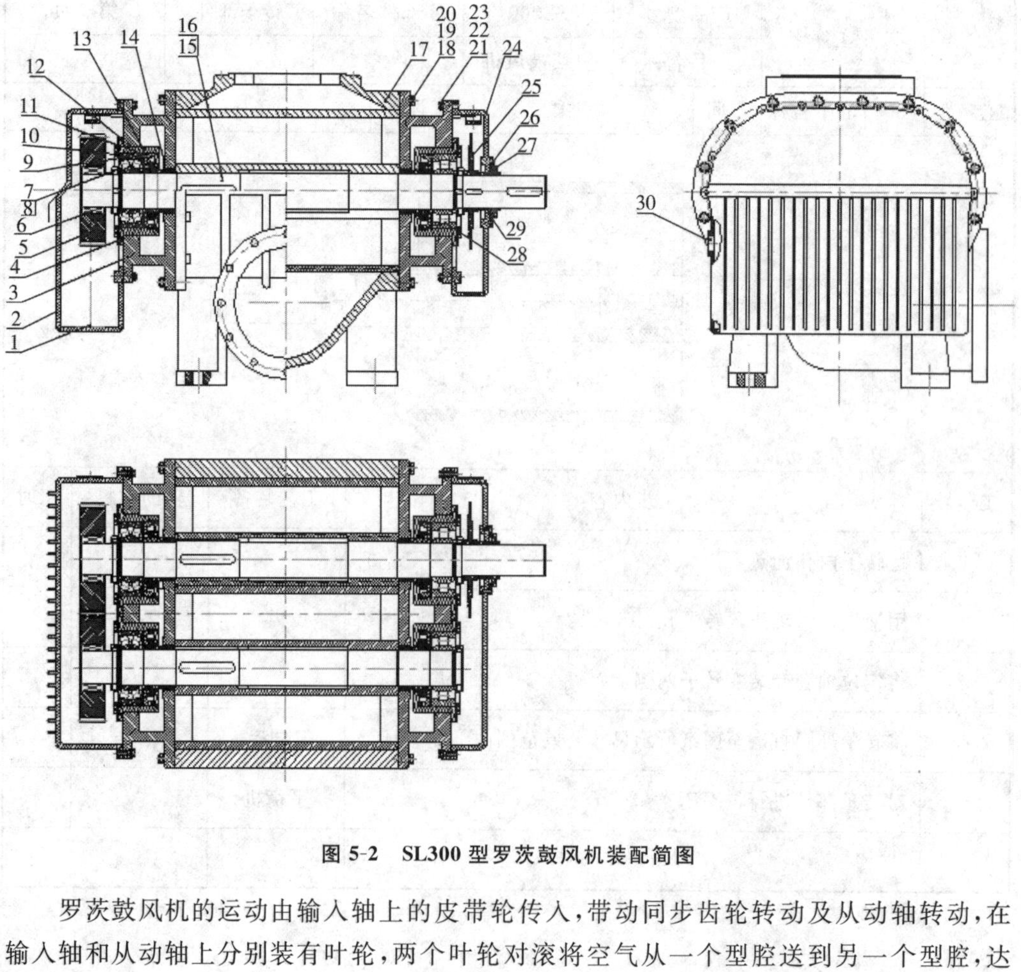

图 5-2 SL300 型罗茨鼓风机装配简图

罗茨鼓风机的运动由输入轴上的皮带轮传入，带动同步齿轮转动及从动轴转动，在输入轴和从动轴上分别装有叶轮，两个叶轮对滚将空气从一个型腔送到另一个型腔，达到鼓风的目的。

1. 罗茨鼓风机装配技术要求

① 零件和组件必须正确安装在规定位置上，不得装入图样未规定的垫圈、衬套之类的零件。

② 固定连接必须保证将零件或组件牢固地连接在一起。

③ 旋转机构必须能灵活地转动，轴承间隙合适，润滑良好，润滑油不得有渗漏现象。

④ 各轴线之间应有正确的相对位置。

⑤ 啮合零件，如同步齿轮必须符合图样规定的技术要求。

2. 罗茨鼓风机的装配工艺过程

① 零件清洗、整形和补充加工(配钻，配攻，配铰等)。

② 零件预装，指相配零件应先试装。

③ 组件装配。

④ 罗茨鼓风机总装配及调整。

3. 罗茨鼓风机装配工艺规程

罗茨鼓风机转子部件装配工艺卡见表5-1；罗茨鼓风机总装配工艺卡见表5-2和5-3。

表5-1 罗茨鼓风机转子部件装配工艺卡(1)

	装配工序卡	产品型号	SL300	零部件名称	转子部件	第 页
		产品名称	罗茨鼓风机			共 页

工序号	30	工序名称	车间		工段		设备		工序工时	

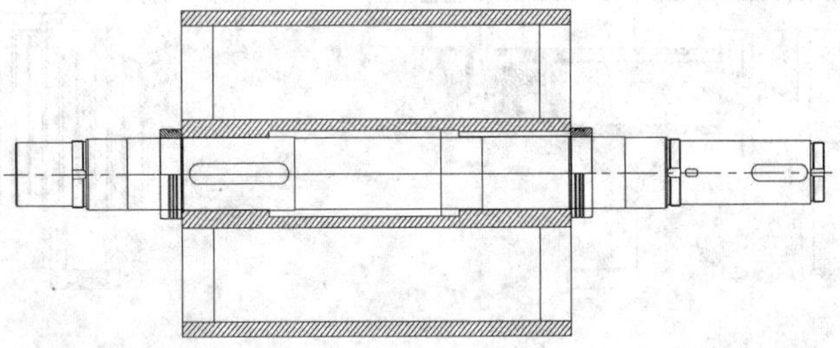

工步号	工步内容	工艺装备	辅助材料	工时
1	将转子内孔加热			
2	用液压机将轴压入转子孔	压力机		
3	将定位轴套套装在转子两侧			
4	将转子外圆打磨至图纸所示尺寸公差范围内	磨床		
5	对转子部件进行校平衡	平衡机		

表5-2　罗茨鼓风机总装工艺卡(1)

	装配工序卡	产品型号	SL300	零部件名称		第1页
		产品名称	罗茨鼓风机			共2页

工序号	80	工序名称		车间		工段		设备		工序工时

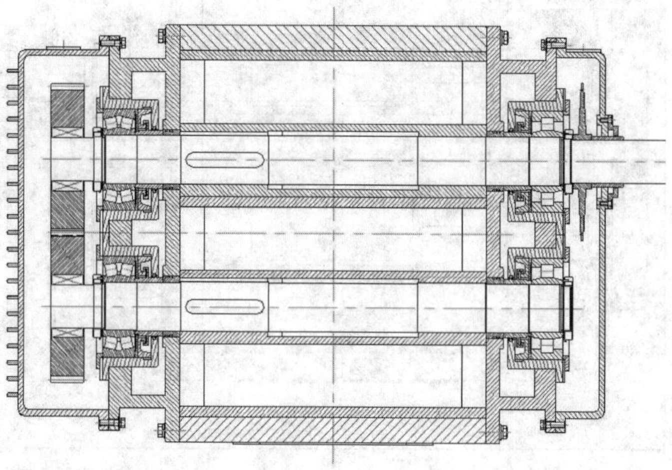

工步号	工步内容	工艺装备	辅助材料	工时
1	将左墙板与机壳螺纹配作，并调整间隙			
2	将转子从右往左装入机壳并调整间隙			
3	装入右墙板，螺纹连接，并调整墙板与机壳的间隙			
4	装入轴承座，与左墙板螺纹连接，预紧，留0.5 mm间隙			
5	轴套与密封架及挡油环装入墙板，挡油环与密封架用圆柱销连接			
6	将轴承装入轴承座并在轴承外侧装上轴承压盖及圆螺母和止推垫片			
	以同样方式装入右侧墙板，将墙板、轴承、轴承座等装在主从动轴上			

表 5-3　罗茨鼓风机总装工艺卡(2)

装配工序卡	产品型号	SL300	零部件名称		第 2 页
	产品名称	罗茨鼓风机			共 2 页

工序号	90	工序名称		车间		工段		设备		工序工时

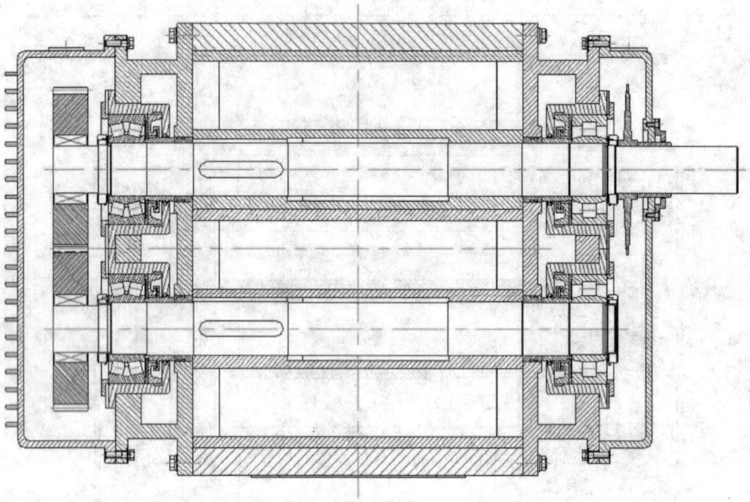

工步号	工步内容	工艺装备	辅助材料	工时
1	用胀紧套将一对同步齿轮装在主从动轴上，并调整齿与齿之间的间隙			
2	将转子从右往左装入机壳并调整间隙			
3	将齿轮与左墙板螺栓连接			
4	将甩油盘从主轴右侧装在轴承外端，并用油封轴套将其定位，限制其轴向位移			
5	将副油箱与右墙板螺栓连接			
6	将骨架油封装入油封盖，并将此部件与副油箱体用螺栓连接			
	以同样方式装入右侧墙板，将墙板、轴承、轴承座等装在主从动轴上			

5.2 知识梳理——装配工艺的理论知识

5.2.1 装配的基本概念

1. 装配的概念

任何机电产品都是由若干个零件、组件和部件所组成的。按照规定的技术要求，将零件、组件和部件进行配合和连接，使之成为半成品或成品的工艺过程称为装配。把零件、组件装配成部件的过程称为部件装配，把若干零件装配成组件的过程称为组装，而将零件、组件和部件装配成最终产品的过程称为总装配。装配是机械制造过程中的最后一个阶段。为了使产品达到规定的技术要求，装配不仅包括零件、组件、部件的配合和连接等过程，还应包括调整、检验、试验、油漆和包装等过程。

装配不仅对保证设备的质量十分重要，而且还是设备生产的最终检验环节。装配可以发现产品设计上的错误和零件制造工艺中存在的质量问题。机器的质量最终是通过装配质量保证的，若装配不当，即使零件的制造质量都合格，也不一定能够装配出合格的产品。反之，零件的制造质量不是很好，只要在装配中采取合适的工艺措施，也能使产品达到规定的技术要求，并减少工艺成本。因此，研究装配工艺，选择合适的装配方法，制定合理的装配工艺规程，不仅是保证设备装配质量的手段，也是提高生产效率与降低制造成本的有力措施。

2. 装配精度

装配精度是装配工艺的质量指标。正确地规定设备和部件的装配精度是产品设计的重要环节之一，它不仅关系到产品质量，也影响到产品制造的经济性。装配精度是制定装配工艺规程的主要依据，也是选择合理的装配方法和确定零件加工精度的依据。

装配精度的内容包括零部件间的配合精度和接触精度、位置尺寸精度和位置精度、相对运动精度等。

（1）零部件间的配合精度和接触精度

① 零部件间的配合精度是指配合面间达到规定的间隙或过盈的要求。它关系到配合性质和配合质量，现已有国家标准《公差和配合》。例如，轴和孔的配合质量要求。

② 零部件间的接触精度是指配合表面、接触表面达到规定的接触面积与接触点分布的情况。它影响接触刚度和配合质量。例如，导轨接触面间、锥体配合和齿轮啮合等处的接触精度要求。

（2）零部件间的位置尺寸精度和位置精度

① 零部件间的位置尺寸精度是指零部件间的距离精度。例如，轴向距离和轴线距离（中心距）精度等。

② 零部件间的位置精度包括平行度、垂直度、同轴度和各种跳动等。

（3）零部件间的相对运动精度

这是指有相对运动的零部件间在运动方向和运动位置上的精度。其中，运动方向上的精度包括零部件间相对运动时的直线度、平行度和垂直度等；运动位置上的精度即传动精度，是指内联系传动链中始末两端传动元件（源动件与执行件）间相对运动精度。

3. 装配精度与零件精度间的关系

零件的精度，特别是关键零件的加工精度对装配精度有很大影响，而且装配精度和与它相关的若干个零部件的加工精度有关。因此，必须合理地规定和控制这些相关零件的加工精度，使得在加工条件允许时，它们的加工误差累计仍能满足装配精度的要求。这样做既能保证装配精度要求，又能简化装配工作，对于大批大量的生产是很有必要的（这种装配方法又叫做完全互换法）。

有时单靠相关零件的加工精度来保证要求较高的装配精度，会使零件的加工精度显著提高并给零件的加工带来较大困难。此时应根据尺寸链的理论，建立装配尺寸链，按较经济的精度加工相关零部件，通过采取一系列的工艺措施（如选配、修配和调整等）形成不同的装配方法来保证装配精度。表 5-4 综合了各种装配方法的适用范围，并举出了一些实例。

表 5-4 各种装配方法适用范围和应用实例

装配方法	适用范围	应用举例
完全互换法	适用于零件少、批量很大、零件可用经济精度加工时	拖拉机、汽车及家用电器的部分部件
不完全互换法	适用于零件数稍多、批量大、零件加工精度需适当放宽时	机床、仪器仪表中的部分部件
分组法	适用成批或大量生产中装配精度很高，零件数很少，又不便采用调整装配时	中小型柴油机的活塞与气缸、活塞与活塞销、滚动轴承的内外圈与滚子
修配法	适用单件小批量生产中装配精度要求高且零件数很多时	车床尾座垫板、机床工作台面及导轨面
调整法	除必须采用分组法装配外，调整法可适用于各种场合的装配	机床导轨的楔形镶条、内燃机气门间隙的调整螺钉，滚动轴承调整轴向间隙的隔套和圆螺母

5.2.2 制定装配工艺规程的原则与步骤

装配工艺规程是指导装配生产的主要技术文件，制定装配工艺规程是生产技术准备的一项重要工作。

1. 装配工艺规程的主要内容

① 分析产品图样，划分装配单元，确定装配方法。

② 拟定装配顺序，划分装配工序。

③ 计算装配时间定额。

④ 确定各工序装配技术要求、质量检查方法和检查工具。

⑤ 确定装配时零部件的输送方法及所需要的设备与工具。

⑥ 选择和设计装配过程中所需的工具、夹具及专用设备。

2. 制定装配工艺规程的基本原则

(1) 制定装配工艺规程的基本原则

① 保证产品装配质量，力求提高质量，以延长产品的使用寿命。

② 合理地安排装配顺序和工序，尽量减少钳工手工劳动量，缩短装配周期，提高装配效率。

③ 尽量减少装配占地面积，提高单位面积的生产率。

④ 要尽量减少装配工作形成的成本。

(2) 制定装配工艺规程所依据的原始资料

① 产品的装配图及验收技术的标准。这包括产品的总装图和部件装配图，要求能清楚地表示出下列各项：所有零件相互连接的结构视图及必要的剖视图；零件的编号；装配时应保证的尺寸；配合件的配合性质及精度等级；装配的技术要求；零件及总成的明细表等。为了在装配时对某些零件进行补充机械加工和核算装配尺寸链，有时还需要某些零件图。产品的验收技术条件、检验内容和方法也是制定装配工艺规程的重要依据。

② 产品的生产纲领。生产纲领决定了产品的生产类型。生产类型不同，致使装配的生产组织形式、工艺方法、工艺过程的划分、工艺装备的多少、手工劳动的比例等均有很大不同。若设备大批大量的生产，应尽量选择专用装配设备和工具。

③ 生产条件。当在现有条件下制定装配工艺规程时，应了解工厂实际的装配工艺装备、工人技术水平、装配车间面积等。如果是新建厂，则应适当选择先进的装备和工艺方法。

3. 制定装配工艺规程的步骤和内容

(1) 研究分析产品装配图及验收技术条件

① 了解产品及部件的具体结构、装配技术要求和检验验收的内容及方法。

② 审核产品图样的完整性、正确性，分析审查产品的结构工艺性。

③ 研究设计人员所确定的装配方法，进行必要的装配尺寸链分析与计算。

(2) 确定装配方法与装配组织形式

选择合理的装配方法是保证装配精度的关键。要结合具体生产条件，从机械加工和装配的全过程着眼，应用尺寸链理论，同设计人员一起研究、讨论并最终确定装配方法。

装配方法与装配组织形式的选择主要取决于产品结构特点（如质量大小、尺寸及复杂程度）、生产纲领和现有生产条件。装配的组织形式主要分固定式和移动式两种。对于固定式装配，其全部装配工作在一个固定的地点进行，产品在装配过程中不移动，该方法多用于单件小批生产或重型产品的成批生产（如机床的装配）。移动式装配是将零部件用输送带或移动小车按装配顺序从一个装配点移动至下一个装配点，各装配点完成一部分工作，全部装配点的工作总和形成产品的全部装配工作（如汽车发动机的装配）。根据零部件移动方式的不同又可分为连续移动、间歇移动和变节奏移动3种装配方式。移动式装配常用于大量生产时组成流水作业装配线或自动装配线。

(3) 划分装配单元和确定装配顺序

将产品划分为可进行独立装配的单元是制定装配工艺规程中的最重要步骤，这对于大批大量生产结构复杂的产品尤为重要。只有划分好装配单元，才能合理地安排装配顺序和划分装配工序。

无论哪一级装配单元都要选定某一零件或比它低一级的单元作为装配基准件。通常应选体积或质量较大、有足够支承面能够保证装配稳定性的零件、部件或组件作为装配基准件，如床身零件是床身组件的装配基准件；床身组件是床身部件的装配基准组件；床身部件是机床产品的装配基准部件。汽车总装配则以车架部件（底盘）作为装配主体和装配基准部件。

划分好装配单元并确定装配基准零件之后，即可安排装配顺序。确定装配顺序的要求是保证装配精度，以及使装配连接、调整、校正和检验工作能顺利地进行，前面工序不妨碍质量等。为了清晰地表示装配顺序，常用装配单元系统图来表示。装配单元系统图是表示产品零、部件间相互装配关系及装配流程的示意图。装配顺序一般是先难后易、先内后外、先下后上，预处理工序安排在前。

(4) 装配工序的划分与设计

装配工序确定后，就可将工艺过程划分为若干个工序，并进行具体装配工序的设计。装配工序的划分主要是确定工序集中与工序分散的程度。工序的划分通常和工序设计一起进行。工序设计的主要内容如下：

① 制定工序的操作规范。例如，过盈配合所需压力、变温装配(热套)的温度值、紧固螺栓连接的预紧扭矩、装配环境等。

② 选择设备与工艺装备。若需要专用装备与工艺装备，则应提出设计任务书。

③ 确定工时定额，并协调各工序内容。在大批大量生产时，要平衡工序的节拍，均衡生产，实施流水装配。

(5) 编制装配工艺文件

单件小批生产时通常只绘制装配系统图，装配时按产品装配图及装配系统图工作。成批生产时，通常还制定部件、总装的装配工艺过程卡，写明工序次序，简述工序内容、设备名称、工装夹具名称及编号、工人技术等级和时间定额等。

(6) 制定产品检验与试验规范

其内容包括以下几方面：

① 检测和试验的项目及检验质量指标。

② 检测和试验的方法、条件与环境要求。

③ 检测和试验所需工艺装备的选择与设计。

④ 质量问题的分析方法和处理措施。

5.2.3 产品结构的装配工艺性

产品结构的装配工艺性和零件结构的机械加工工艺性一样，对机械产品的整个生产过程有较大的影响，也是评价机械产品设计的指标之一。因此，设计人员在产品设计时，必须充分地考虑其装配工艺性。根据机械产品的装配实践和装配工艺的需要对产品结构的装配工艺性提出以下基本要求。

1. 产品应能分成若干个独立装配的装配单元

从装配单元工艺角度来说，机械产品都是由若干个装配单元组成的。一个产品的装配单元可划分为5级，即零件、合件、组件、部件和产品。它们之间的关系可以用装配单元系统图来表示，如图5-1所示。其中，合件也称结合件，它是由两个或两个以上零件结合成的不可拆卸的整体件；组件是若干个零件和合件的组合体；部件是由若干个零件、合件和组件组合成的能完成某种功能的组合体。

在装配时，以某一个零件(或合件、部件)为基础，这个零件(或合件、部件)即称为基础件，其余的零件或合件及组件或部件按一定的顺序装配到基础件上，成为下一级的装配单元。由于在总装配之前可以单独进行部件装配，部件装配后就可以进行部件试验和调整，这就为提高机械设备的产品质量和保证其性能打下良好基础，也有利于企业之间的协作和产品的配套，易于组织部件(总成)的专业化生产。

2. 要有正确的装配基准

如同工件在机械加工时的定位一样，零件在装配单元上的正确位置是靠零件装配基准(基面)间的配合和接触来实现的。因此,为使零件装配时正确定位,就应该有正确的装配基准,而且装配时的零件定位也应符合六点定位原理。

图 5-3 是某运输车车桥主动锥齿轮轴承座组件装配图(两种设计方案)。轴承座装配至后桥壳体内时,其装配基面为轴承座的两段外圆和法兰端面。轴承座装配基面与后桥壳内孔配合,与端面接触后限制了 5 个自由度,绕轴线旋转的自由度不必限制。这样轴承座在后桥壳体内就有正确定位了。两种设计方案的定位原理相同,但图 5-3a 的装配工艺性差。

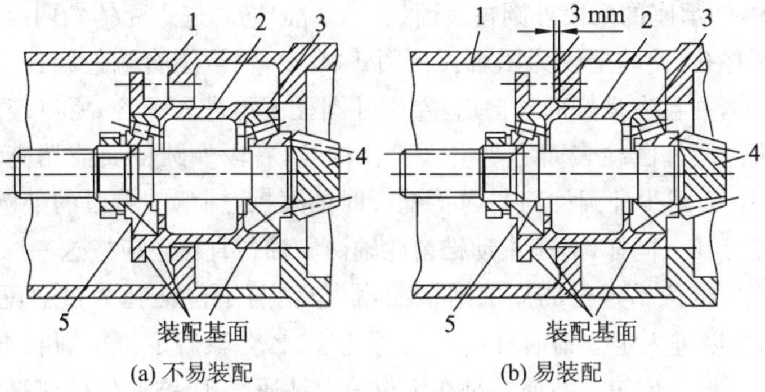

1—后桥壳体;2—轴承座;3—大锥角圆锥滚子轴承;4—主动锥齿轮轴;5—圆锥滚子轴承

图 5-3　轴承座组件装配基准面两种设计方案

图 5-4 是汽车后桥主减速器装配图。减速器和差速器装入后桥壳体内时,装配基面为支承端面和内、外圆柱面(也称内、外止口)。由于绕止口轴线旋转的自由度会影响到半轴齿轮的位置,从而影响半轴的装配,增加半轴的附加载荷,因此有些汽车在减速器与后桥壳体的接触面上,还要用圆柱定位销来限制绕轴线旋转的自由度。两个壳体定位销孔的尺寸及位置尺寸、定位销的尺寸均要求较严格,否则不易保证半轴的装配精度。

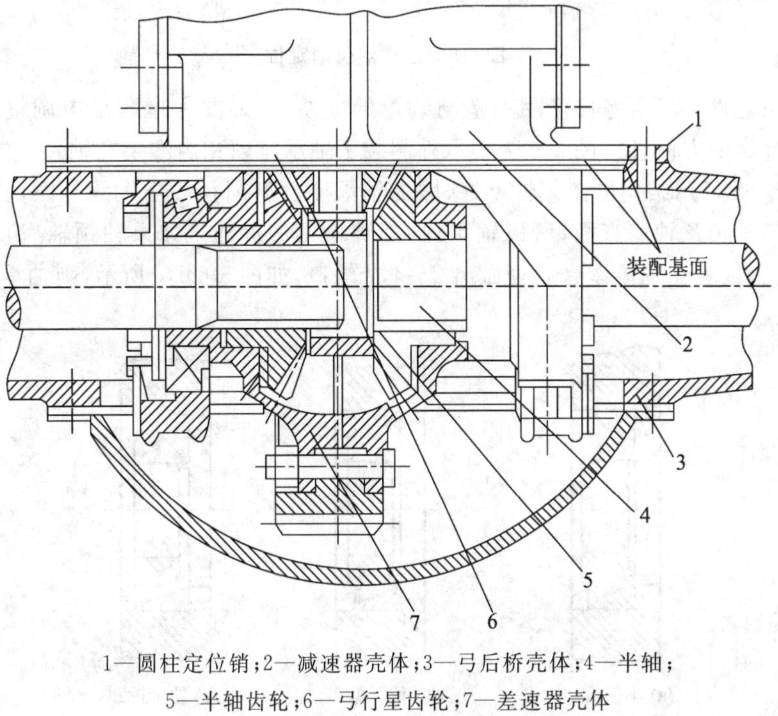

1—圆柱定位销;2—减速器壳体;3—弓后桥壳体;4—半轴;
5—半轴齿轮;6—弓行星齿轮;7—差速器壳体

图 5-4　汽车后桥主减速器装配基面

3. 应便于装配和拆卸

产品设计时，要考虑零件结构便于装配和拆卸。在装配过程中发现问题或进行调整时，常需要进行中间拆装。因此，产品结构若能便于拆装和调整，就能节省装配时间，提高生产率。具有正确的装配基准是便于拆装的前提条件。此外，应注意的是组件的几个表面不应该同时装入基准零件（如箱体）的配合孔中，而应按先后依次进入装配。

下面举几个便于拆装和调整的实例予以说明。

在图 5-3 中，轴承座的两段外圆柱表面（装配基准）同时进入壳体的两配合孔中，由于不易同时对准两圆柱孔，使装配较为困难。在图 5-3b 中，轴承座右端外圆柱表面先进入壳体的配合孔中 3 mm，并且有良好的导向后，左端外圆柱面再进入配合，所以装配较方便，工艺性也好。为保证左段外圆柱表面容易引入壳体内孔，右段外圆柱面前端应倒角，倒角角度一般为 15°～30°。为减少外圆柱面与内孔配合时的摩擦，轴承座右段的外圆柱直径要略小于左段外圆柱面直径。同样，对于主动锥齿轮轴两段轴颈直径也应按这一原则设计。

图 5-5 是圆柱定位销定位的局部结构图，定位销与定位销孔为过盈配合。当定位销孔设计成盲孔时，因进入定位销时孔内空气不能逸出，会阻碍定位销顺利进入。合理的设计如图 5-5b 所示，将定位销孔钻通或是在定位销上钻通气孔、铣通气槽或平面，便于销子的拆卸。当底板不能开通孔时，则可用带螺纹的定位销，以便用取销器取出定位销。

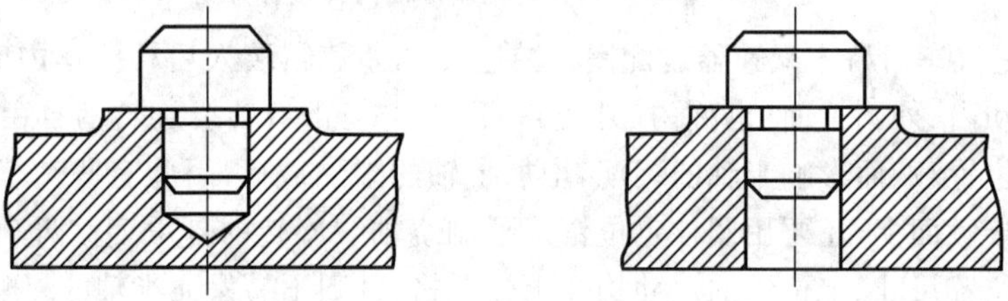

(a) 装拆不便　　(b) 装拆方便

图 5-5　圆柱定位销定位

装配工艺性不仅要考虑产品制造与装配的方便性，还要考虑装配中调整、修配及使用中维修拆卸的方便性。图 5-6 为轴承外圈装于轴承座内和内圈装在轴颈上的 3 种结构方案。图 5-6a 所示结构的工艺性不好，因为轴承座台肩内径等于轴承外圈内径，而轴承内圈外径等于轴颈轴肩直径，所以轴承内、外圈均无法拆卸。如果轴颈轴肩直径小于轴承内圈外径，或者在轴承座台肩处做出 2～4 个缺口，如图 5-6 b，c 所示，则轴承内、外圈都便于拆卸。

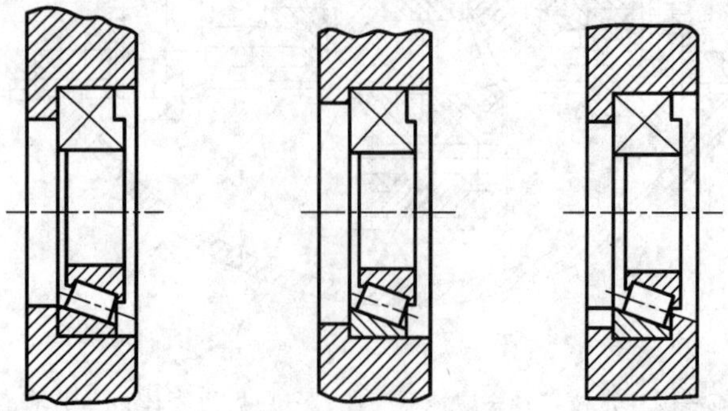

(a) 不便拆卸　　(b) 便于拆卸　　(c) 便于拆卸

图 5-6　轴承座台肩与轴颈轴肩的结构

4. 正确选择装配方法

装配精度是靠正确选择装配方法和零件制造精度来保证的。装配方法对部件的装配生产率和经济性有很大影响。设计人员设计结构时应使结构尽量简单，尽可能采用完全互换装配法装配，以提高生产率。因此在装配精度要求不高，零件尺寸公差在加工过程中采用经济精度时，都应采用完全互换法解算尺寸链。只有当装配精度要求较高，用完全互换法解算尺寸链使零件尺寸公差过小时，才考虑采用其他装配方法。在采用补偿法(调整装配法和修配装配法)时，应合理地选择补偿环。补偿环的位置应尽可能便于调节或拆卸。

5. 应尽量减少装配时的修配量和机械加工量

为了在装配时尽量减少修配工作量，首先应减少不必要的配合面。因为配合面过大、过多，零件机械加工就困难，同时使装配时的手工修配量增加。

装配时要尽量减少机械加工，否则不仅会影响装配工作的连续性，延长装配周期，而且会增加装配车间的机械加工设备。这些设备既占面积，又易使装配工作杂乱。此外，机械加工所产生的切屑若不清除干净而残留在装配的产品总成中，极易增加机件的磨损，甚至会产生严重的事故而损坏整台机械产品。

对于某些需要装配时进行机械加工的结构，设计人员可以考虑修改设计，以避免装配时的机械加工。图 5-7 为齿轮轴组件定位方案，图 5-7a 中间齿轮与花键轴是用两个锁紧螺钉固定的，装配时需按已加工好的齿轮的螺孔位置配钻花键轴上装锁紧螺钉的孔。如将图 5-7a 结构改成图 5-7b 结构，用对开环作轴向定位，就可以避免装配时的机械加工。因此，图 5-7b 所示结构的工艺性较好。

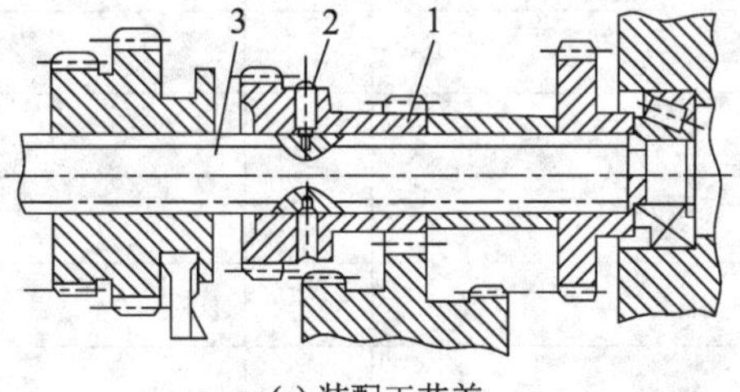

(a) 装配工艺差

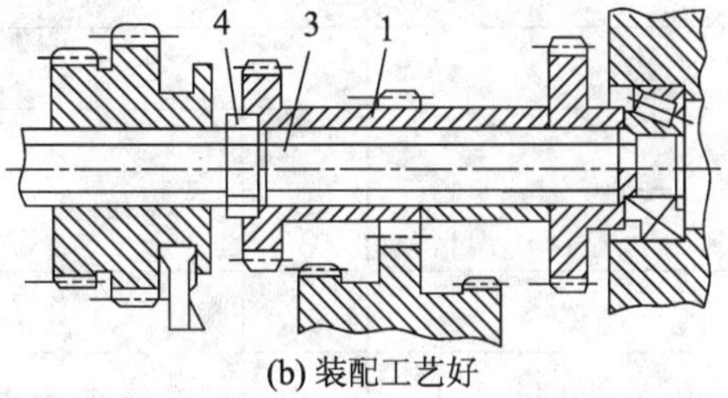

(b) 装配工艺好

1—齿轮；2—锁紧螺钉；3—弓花键轴；4—对开环

图 5-7　齿轮轴向定位的两种方案

5.2.4 装配工艺规程的格式

装配工艺规程是指导装配生产的技术性文件，是制定装配生产计划、组织装配生产以及设计装配工艺的主要依据。装配工艺过程卡的主要作用是从装配过程的角度组织生产，它是设计装配生产线的主要依据。装配工序卡则是对每个装配工序的装配内容和装配方法、检验项目进行规范和指导。装配过程中的一切活动都必须符合装配工艺规程的规定，装配工艺规程的格式见表5-5和表5-6。

表5-5 装配工艺过程卡片

	装配工艺过程卡片	产品型号		零(部)件图号			
		产品名称		零(部)件名称		共( )页	第( )页

	工序号	工序名称	工序内容	装配部门	设备及工艺装备	辅助材料	工时定额/min
横图							
横校							
底图号							
装订号							

										设计(日期)	审核(日期)	标准化(日期)	会签(日期)	
标记	处数	更改文件号	签字	日期	标记	处数	更改文件号	签字	日期					

表5-6 装配工序卡

	装配工序卡片		产品型号		零(部)件图号						
			产品名称		零(部)件名称			共( )页		第( )页	
	工序号		工序名称		车间		工段	设备		工序工时	
	简图										
	工步号	工步内容						工艺装备		辅助材料	工时定额/min
描图											
描校											
底图号											
装订号											
								设计(日期)	审核(日期)	标准化(日期)	会签(日期)
	标记	处数	更改文件号	签字	日期	标记	处数	更改文件号	签字	日期	

5.3 知识链接——装配尺寸链原理与应用

5.3.1 有关装配尺寸链的概念

机械产品的装配精度是由相关零件的加工精度和合理的装配方法共同保证的。因此,如何查找哪些零件对某装配精度有影响,进而选择合理的装配方法和确定这些零件的加工精度,就成了机械制造和机械设计工作中的一个重要课题。为了正确并定量地解决上述问题,就需将尺寸链基本理论应用到装配中,即建立装配尺寸链并计算、求解尺寸链。

5.3.2 建立装配尺寸链的方法

在装配尺寸链的研究分析中,建立装配尺寸链是十分关键的内容。只有建立的装配尺寸链是正确的,解算装配尺寸链才有意义。建立装配尺寸链是在完整的装配图或示意图中进行的。装配精度和相关零件精度之间的关系构成装配尺寸链。显然,最后形成的封闭环是装配精度,相关零件的设计尺寸是组成环。建立装配尺寸链就是根据封闭环(装配精度)查找组成环(相关零件设计尺寸),并画出尺寸链图,判别组成环的性质(增环、减环)。

在装配关系中,对装配精度有直接影响的零部件的尺寸和位置关系都是装配尺寸链的组成环。如同工艺尺寸链一样,装配尺寸链的组成环也分为增环和减环。

例如，在图 5-8 所示轴与孔配合的装配关系中，装配后要求轴孔有一定的间隙。轴孔间的间隙 A_0 就是该尺寸链的封闭环，它是由孔尺寸 A_1 和轴尺寸 A_2 装配后形成的尺寸。此时，孔尺寸 A_1 增大，间隙 A_0（封闭环）也随之增大，故 A_1 为增环，而轴尺寸 A_2 为减环。其尺寸链方程为

$$A_0 = A_1 - A_2$$

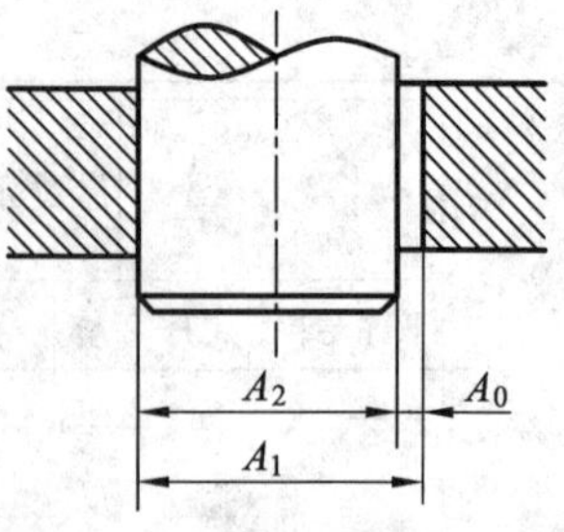

图 5-8　轴孔配合的装配尺寸链

装配尺寸链一般可分为 4 类：

(1) 直线尺寸链。直线尺寸链由长度尺寸组成，且各环尺寸彼此平行，如图 5-9 所示。

(2) 角度尺寸链。角度尺寸链由角度、平行度、垂直度等构成。例如，卧式车床精度标准 G13 项：横刀架横向移动对主轴轴线的垂直度公差为 0.02 mm/300 mm（偏差方向 $\alpha \geqslant 90°$）。该项要求可简化为如图 5-9 所示的角度装配尺寸链。本尺寸链只有组成环 A_1 和 A_2：A_1 为主轴箱部件装配后主轴回转轴线与机床身前Ⅴ形导轨在水平面的平行度；A_2 为床鞍的上燕尾形导轨对下Ⅴ形导轨的垂直度。精度标准 G13 项：横刀架横向移动对主轴轴线的垂直度公差为 0.02 mm/300 mm（偏差方向 $\alpha \geqslant 90°$）即为封闭环 A_0。

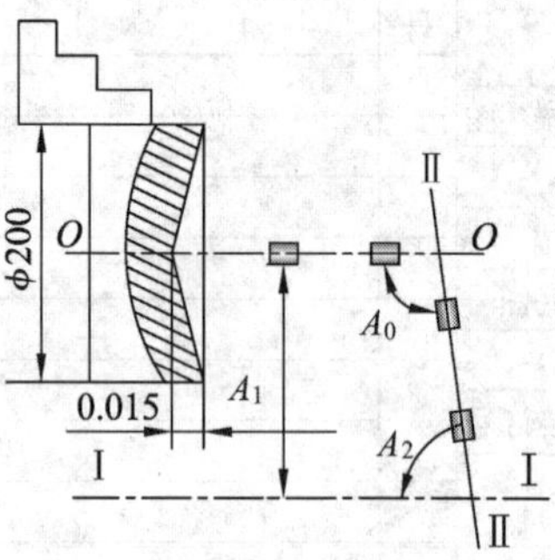

图 5-9　车床横刀架横向移动对主轴轴线的垂直度的角度装配尺寸链

(3) 平面尺寸链。平面尺寸链由成角度关系布置的长度尺寸构成，且各环处于同一或彼此平行的平面内。例如，车床溜板箱装配在溜板下面时，溜板箱齿轮 O_2 与溜板横进给齿轮 O_1 应保持适当的啮合间隙。该装配关系构成的尺寸链，如图 5-10 所示。其中，X_1，Y_1 为溜板上齿轮 O_1 的坐标尺寸；X_2，Y_2 为溜板箱上齿轮 O_2 的坐标尺寸；d_1，d_2 分别为两齿轮的分度圆半径；P_0 为两齿轮的啮合侧隙，是封闭环。

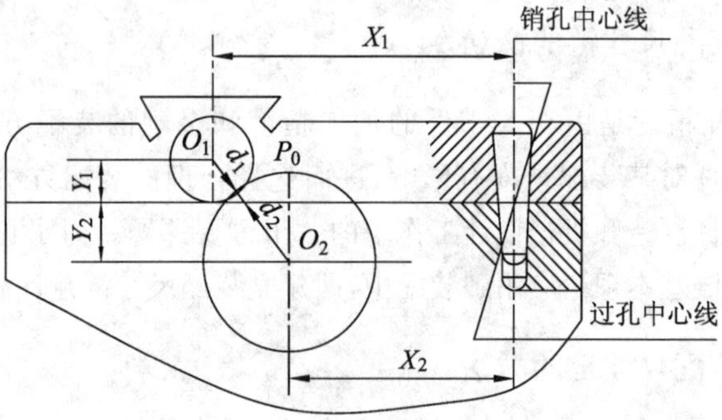

图 5-10　平面装配尺寸链

(4) 空间尺寸链。空间尺寸链是由位于三维空间的尺寸构成的尺寸链。由于它在一般机器装配中较为少见，故此处不予介绍。

5.3.3　装配尺寸链的查找方法

正确地查明装配尺寸链的组成，并建立尺寸链是进行尺寸链计算的基础。

1. 装配尺寸链的查找方法

首先根据装配精度要求确定封闭环，再取封闭环两端的任一个零件为起点，沿装配

精度要求的位置方向，以装配基准面为查找的线索，分别找出影响装配精度要求的相关零件(组成环)，直至找到同一基准零件，甚至是同一基准表面为止。

2. 查找装配尺寸链应注意的问题

(1) 装配尺寸链应进行必要的简化

机械产品的结构通常都比较复杂，对装配精度有影响的因素很多，在查找尺寸链时，可不考虑那些影响较小的因素，使装配尺寸链适当简化。

例如，图5-11表示车床主轴与尾座中心线等高性问题。影响该项装配精度的因素有e_1，e_2，e_3，e_4，如图5-12所示，其中，A_1为主轴锥孔中心线至尾座底板距离；A_2为尾座底板厚度；A_3为尾座顶尖套锥孔中心线至尾座底板距离；e_1为主轴滚动轴承外圆与内孔的同轴度误差；e_2为尾座顶尖套锥孔与外圈的同轴度误差；e_3为尾座顶尖套与尾座孔配合间隙引起的向下偏移量；e_4为床身上安装主轴箱和尾座的平导轨面的高度差。

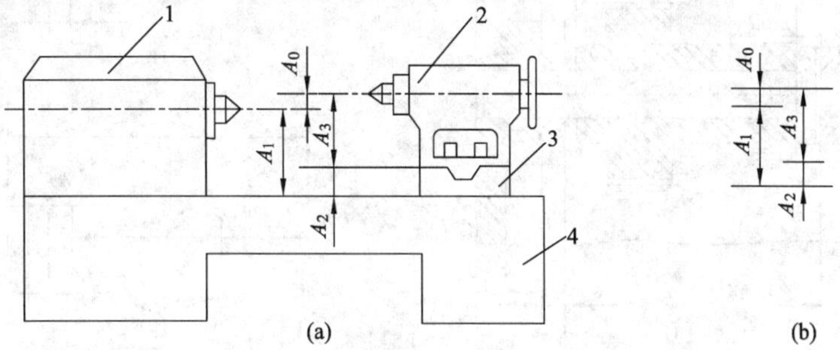

1—主轴箱；2—尾座；3—尾座底板；4—床身

图5-11 主轴箱主轴与尾座套筒中心线等高结构示意图

由以上分析可知：车床主轴与尾座中心线等高性的装配尺寸链如图5-12所示。但由于e_1，e_2，e_3，e_4的数值相对于A_1，A_2，A_3，A_0的误差而言是较小的，其对装配精度影响也较小，故装配尺寸链可以简化。但在精度装配中，应当计入所有对装配精度有影响的因素，不可随意简化。

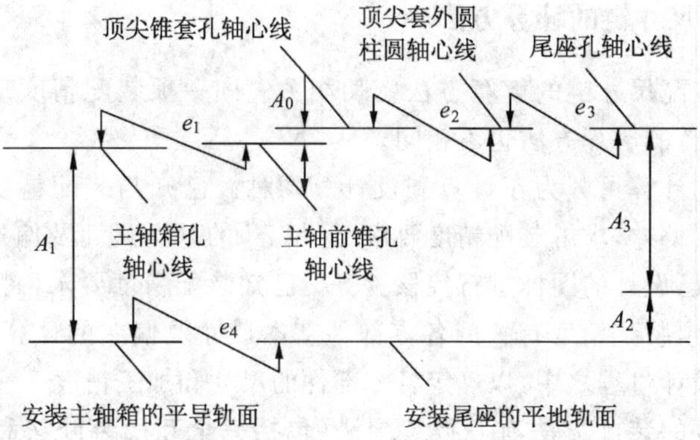

图5-12 车床主轴与尾座中心线等高性装配尺寸链

(2) 装配尺寸链组成的“一件一环”原则

由尺寸链的基本理论可知，在装配精度既定的条件下，组成环数越少，则各组成环分配到的公差值就越大，零件加工越容易、越经济。因此，在产品结构设计时，应在满足产品工作性能的条件下，尽量简化产品结构，使影响产品装配精度的零件数尽量减少。

在查找装配尺寸链时,每个相关的零部件只应有一个尺寸作为组成环列入装配尺寸链,即将连接两个装配基准面间的位置尺寸直接标注在零件图上。这样组成环的数目就等于有关零部件的数目,即“一件一环”,这就是装配尺寸链的最短路线(环数最少)原则。

图 5-13c 所示齿轮装配后轴向间隙尺寸链就体现了“一件一环”的原则。如果把图中的轴向尺寸标注成如图 5-13b 所示的两个尺寸,则违反了“一件一环”的原则,其装配尺寸链的构成显然不合理。

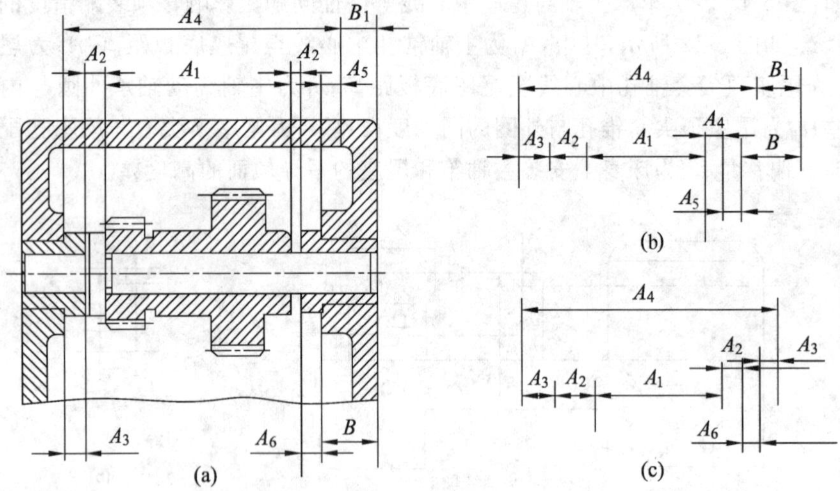

图 5-13 装配尺寸链的“一件一环”原则

(3) 装配尺寸链的“方向性”

在同一装配结构中,在不同位置方向都有装配精度要求时,应按不同方向分别建立装配尺寸链。例如,为保证正常啮合,蜗杆副传动结构应同时保证蜗杆副两轴线间的距离精度、垂直度精度、蜗杆轴线与蜗轮中间平面的重合精度,这是 3 个不同位置方向的装配精度,因而需要在 3 个不同方向分别建立尺寸链。

5.3.4 装配尺寸链的计算方法

装配方法与装配尺寸链的解算方法密切相关。同一项装配精度采用不同的装配方法时,其装配尺寸链的解算方法也不相同。

装配尺寸链的计算可分为正计算和反计算两种。已知与装配精度有关的相关零部件的基本尺寸及其偏差,求解装配精度要求(封闭环)的基本尺寸及偏差的计算过程称为正计算,它用于对已设计的图样进行校核验算。已知装配精度要求(封闭环)的基本尺寸及偏差,求解与该项装配精度有关的各零部件基本尺寸及偏差的计算过程称为反计算,它主要用于产品设计过程之中,以确定各零部件的尺寸和加工精度。

获得装配精度的装配方法有互换装配法(包括完全互换装配法和不完成互换装配法)、分组装配法、修配装配法和调整装配法。想要获得装配精度,就需要解相应的装配尺寸链,现分述如下。

1. 互换装配法

按互换程度的不同,互换装配法有完全互换装配法和不完全互换装配法两种。

1）完全互换装配法

（1）完全互换装配法概念

在全部产品中，装配时各组成环不需挑选或改变其大小、位置，装入后即能达到封闭环的公差要求，这种装配方法称为完全互换装配法。

［例 5-1］ 图 5-14 为某减速器的齿轮轴组件装配示意图。齿轮轴在两个滑动轴承中转动，两轴承又分别压入左箱体和右箱体的孔内，装配要求齿轮轴台肩和轴承端面间的轴向间隙为 0.2～0.7 mm。试建立轴向间隙为装配精度的尺寸链并计算各尺寸的公差及偏差。

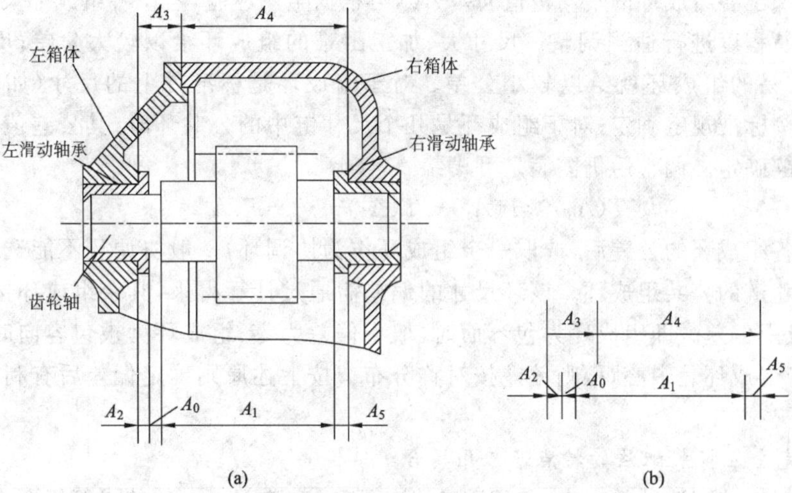

图 5-14 某减速器的齿轮轴组件装配示意图

解 一般按下列步骤建立尺寸链。

① 确定封闭环。

装配尺寸链的封闭环是装配精度 A_0＝0.20～0.70 mm。

② 查找组成环。

装配尺寸链的组成环是相关零件的相关尺寸。所谓“相关尺寸”就是指该相关零件上的某设计尺寸，它的变化会引起封闭环的变化。查找的步骤是先找出相关零件，再确定相关零件上的相关尺寸。

a. 查找相关零件。从封闭环两端所依的零件出发、以零件的装配基准为联系，逐个找到基准件，最后由基准件把两端封闭，其间经过的所有零件都是相关零件。本例中封闭环 A_0 两端所依的零件分别是齿轮轴和左滑动轴承，这两个零件就是相关零件。与左端和左滑动轴承的装配基准相联系的是左箱体（基准件），故左箱体也是相关零件。右端和齿轮轴的装配基准相联系的是右滑动轴承，和它的装配基准相联系的右箱体（也是基准件），故右滑动轴承和右箱体也是相关零件。左、右箱体通过接合止口封闭。因此，轴向间隙为封闭环的装配尺寸链的相关零件是齿轮轴、左滑动轴承、左箱体、右箱体和右滑动轴承。

b. 确定相关零件上的相关尺寸。确定相关尺寸应遵守“一件一环”原则（或称“尺寸链最短”原则），以使尺寸链环数最少，从而有利于保证装配精度。遵守这条原则的最理想方案是每个相关零件上仅有一个尺寸作为相关尺寸，即相关零件上装配基准间的尺寸作为相关尺寸。本例中的尺寸 A_1，A_2，A_3，A_4 和 A_5 都是相关尺寸，它们就是以 A_0 为封闭环的装配尺寸链中的组成环。

c. 画尺寸链图并确定组成环的性质。将封闭环和所找到的组成环画成尺寸链图，如图 5-14 b 所示。组成环中与封闭环箭头方向相同的环是减环，图中 A_1，A_2，A_5 是减环；组成环中与封闭环箭头方向相反的环是增环，图中 A_3，A_4 是增环。

d. 计算各尺寸的公差及偏差。已知封闭环的尺寸及公差，求组成环的尺寸及公差，就要用到反算法。反算法中有"等公差法"和"等精度法"两种方法。"等精度法"计算很麻烦，所以此处按照"等公差法"来计算。

首先求出各组成环的平均极值公差 A_M，再根据生产经验，考虑各组成环尺寸的大小和加工难易程度进行适当调整。尺寸大、加工困难的组成环给以较大公差；反之，尺寸小、加工容易的组成环就给以较小公差。对于组成环是标准件上的尺寸(如轴承尺寸等)，则仍按标准规定确定；对于组成环是几个尺寸链中的公共环时，其公差值由要求最严的尺寸链确定。调整后仍需满足下式：

$$T(A_0) \geqslant T(A_1) + T(A_2) + \cdots + T(A_{n-1})$$

确定各组成环的公差后，选取一个组成环作为协调环，一般协调环不能选取标准件或几个尺寸链的公共组成环。该环尺寸的偏差需通过计算得来，其余组成环按"入体原则"确定极限偏差。即组成环为包容面时，取下偏差为零；组成环为被包容向时，取上偏差为零；若组成环是中心距，则偏差按对称分布。按上述原则确定偏差后有利于组成环的加工。

(2) 完全互换装配法的特点及应用场合

完全互换装配法的特点有：装配质量稳定可靠，对装配工人的技术等级要求较低，装配工作简单、经济、生产率高，既便于组织流水装配和自动化装配，又可保证零部件的互换性，便于组织专业化生产和协作生产，容易解决备件供应。因此，完全互换装配法是比较先进和理想的装配方法。

但是，当封闭环要求较严和组成环数目较多时，完全互换装配法会提高零件的精度要求，加工比较困难。因此，只要各组成环的加工在技术上能实现，且经济上合理时，应该尽量优先采用完全互换装配法，尤其在成批、大量生产时更应如此。例如，大批大量生产汽车、拖拉机、缝纫机和自行车等产品时，大多采用完全互换装配法。

2) 不完全互换装配法

(1) 概念及尺寸链的计算方法

不完全互换装配法是指在绝大多数产品中，装配时的各组成环不需挑选或改变其大小、位置，装入后即能达到封闭环的公差要求。不完全互换装配法采用概率法计算，为保证绝大多数产品的装配精度要求，尺寸链中封闭环的统计公差应小于或等于封闭环的公差要求。不完全互换装配法需满足下式：

$$T(A_0) \geqslant \sqrt{T(A_1)^2 + T(A_2)^2 + \cdots + T(A_{n-1})^2}$$

(2) 不完全互换装配法的特点及应用场合

不完全互换装配法的特点和完全互换装配法的特点相似，只是互换程度不同。不完全互换装配法采用统计公差公式计算，扩大了组成环的公差，尤其是在环数较多，组成环又呈正态分布时，扩大的组成环公差最显著，因而对组成环的加工更为方便，但这样做会有少数产品超差。为了避免超差，采用不完全互换装配法时应有适当的工艺措施。只有当放大组成环公差所得到的经济效果超过为避免超差所采取的工艺措施化的代价后，才可能采用不完全互换装配法。它常应用于生产节拍不是很严格的成批生产中。例如，机床和仪器仪表等产品中，封闭环要求较宽的多环尺寸链应用较多。

2. 分组装配法

上述两种互换装配法达到封闭环公差要求是靠限制组成环的加工误差来保证的。当封闭环公差要求很严时，采用互换装配法会使组成环的加工很困难或很不经济。为此，当尺寸链环数不多时，可采用分组装配法。分组装配法是先将组成环的公差相对于互换装配法所求之值增大若干倍，使其能较经济地加工；然后将各组成环按其实际尺寸大小分为若干组，各对应组分别进行装配，从而达到封闭环公差要求。由于分组装配法中，同组零件具有互换性，所以又称分组互换法。分组装配法采用极值公差公式计算。

1) 尺寸链的计算方法

[例5-2] 如图5-15a所示发动机中活塞销与活塞销孔相配，装配技术要求中规定：活塞销与活塞销孔在冷态装配时，应有0.002 5～0.007 5 mm的过盈量，即最大过盈量Y_{max}和最小过盈量Y_{min}分别为

$$Y_{max}=D_{min}-d_{max}=-0.0075\ \text{mm}$$
$$Y_{min}=D_{max}-d_{min}=-0.0025\ \text{mm}$$

式中：D_{max}——活塞销孔的最大直径，mm；

D_{min}——活塞销孔的最小直径，mm；

d_{max}——活塞销的最大直径，mm；

d_{min}——活塞销的最小直径，mm。

因此，封闭环的公差T_0为

$$T_0=0.0075-0.0025=0.0050\ \text{mm}$$

若采用完全互换法装配，则销与销孔的平均公差$T_m=0.0025$ mm(当销与销孔的基本尺寸为28 mm时，查表得到其公差等级为IT2)，显然制造这样精度的销与销孔既困难又不经济。因此在实际生产中采用分组装配法，先将销与销孔的公差在同方向放大4倍，即由0.002 5 mm放大到0.010 mm，即$d=\phi 28_{-0.010}^{\ 0}$ mm；$D=\phi 28_{-0.015}^{-0.005}$ mm。

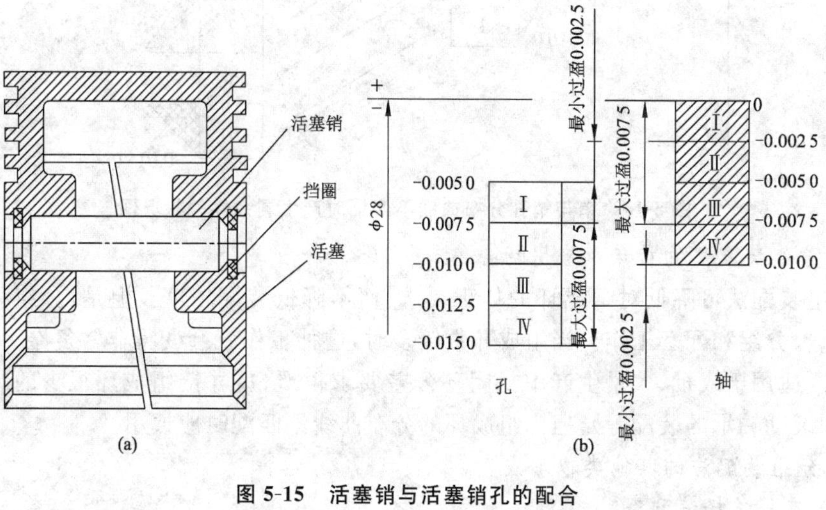

图5-15　活塞销与活塞销孔的配合

这样活塞销可用无心磨床加工，活塞销孔可用金刚镗床加工。此后用精密量具测量

尺寸，并按尺寸大小分成4组，涂上不同的颜色加以区别，或装入不同容器内，再按各对应组进行装配，即大的活塞销配大的活塞销孔，小的活塞销配小的活塞销孔，装配后仍能保证过盈量的要求。具体分组情况如图5-15b和表5-7所示。

表5-7 活塞销和活塞销孔的分组尺寸

组别	标志颜色	活塞销直径/mm $d=\phi28_{-0.0100}^{0}$	活塞销孔直径/mm $D=\phi28_{-0.0150}^{-0.0050}$	配合情况	
				最小过盈量/mm	最大过盈量/mm
Ⅰ	红	$\phi28_{-0.0025}^{0}$	$\phi28_{-0.0075}^{-0.0050}$	−0.002 5	−0.007 5
Ⅱ	白	$\phi28_{-0.0050}^{-0.0025}$	$\phi28_{-0.0100}^{-0.0075}$		
Ⅲ	黄	$\phi28_{-0.0075}^{-0.0050}$	$\phi28_{-0.0125}^{-0.0100}$		
Ⅳ	绿	$\phi28_{-0.0100}^{-0.0075}$	$\phi28_{-0.0150}^{-0.0125}$		

正确采用分组装配法的关键是保证分组后各对应组的配合性质和配合公差满足设计要求，同时对应组内相配件的数量应配套。为此应满足以下条件：

① 配合件的公差应相等，公差要向同方向增大，增大的倍数应等于分组数。从图5-15b中可知本实例满足要求。

② 由于装配精度取决于分组公差，故配合件的表面粗糙度和形状公差均需与分组公差相适应，不能随尺寸公差的增大而放大。表面粗糙度和形状公差一般应小于分组公差的50%。因此，分组法的组数不能任意增加，它受零件表面粗糙度和形状公差的限制。

③ 为保证对应组内相配件的数量配套，相配件的尺寸分布应匹配（最好相同），如同为正态分布或同方向的正态分布，否则将会如图5-16那样产生剩余零件。为此，在实际生产中常常专门生产一些与剩余件配套的零件，以解决积压剩余件问题。

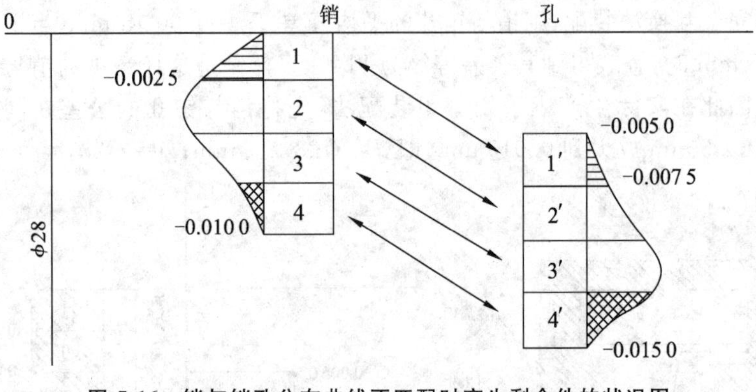

图5-16 销与销孔分布曲线不匹配时产生剩余件的状况图

2）分组装配法的特点及应用场合

分组装配法可降低对组成环的加工要求，而不降低装配精度。但是，分组装配法增加了测量、分组和配套工作。当组成环数较多时，这种工作就会变得非常复杂。所以，分组装配法适用于成批、大量生产中封闭环公差要求很严、尺寸链组成环很少的装配尺寸链中（如滚动轴承的装配等），但当组成环的分布曲线不匹配时应慎用。

3）分组装配法的其他类似形式

（1）直接选择装配法

该法也是先将组成环的公差相对于互换装配法所求之值增大，但不需预先测量分组，而是在装配时直接从待装配的零件中选择合适的零件进行装配，满足装配精度要求。例如，对于发动机中活塞与活塞环的装配，为了避免活塞环可能在活塞的环槽内卡住，装配工人可凭经验直接挑选合适的活塞环进行装配。这种方法的缺点是装配精度在很大程度上取决于工人的技术水平，而且装配工时也不稳定。因此，这种方法常用于封闭环公差要求不太严、产品的产量不大或生产节拍要求不很严格的成批生产中。

(2) 复合选择装配法

该法是分组装配和直接选择装配的复合形式。它先将组成环的公差相对于互换法所求之值增大，零件加工后预先测量、分组，装配时工人将在各对应组内进行选择装配。因此，这种方法吸取了前两种方法的特点，既能提高装配精度，又不必过多增加分组数。但是，装配精度仍然要依赖工人的技术水平，工时也不稳定。这种方法常用于相配件公差不等时，作为分组装配法的一种补充形式。例如，发动机中的气缸与活塞的配合多采用复合选择装配法。

3. 修配装配法(简称修配法)

在成批生产中，若封闭环公差要求较严，组成环又较多时，用互换装配法势必要求组成环的公差很小，这会增加加工的困难，并影响加工经济性。若用分组装配法，又会因环数多使测量、分组和配套工作变得十分困难和复杂，甚至造成生产上的混乱。在单件小批生产时，当封闭环公差要求较严时，即使组成环数很少，也会因零件生产数量少而不能采用分组装配法。此时，常采用修配装配法达到封闭环公差要求。

修配装配法是将尺寸链中各组成环的公差相对于互换装配法所求之值增大，使其能按该生产条件下的经济精度制造，装配时去除补偿环(预先选定的某一组成环)部分材料以改变其实际尺寸，使封闭环达到其公差与极限偏差要求。补偿环(或称修配环)用来补偿其他各组成环由于公差放大后所产生的累积误差。因修配装配法是修配环逐个修配，所以零件不能互换。修配装配法通常采用极值公差公式计算。

1) 选择补偿环和确定其尺寸及极限偏差

采用修配装配法的关键是正确选择补偿环和确定其尺寸及极限偏差。

(1) 选择补偿环

选择补偿环应满足以下要求：

① 要便于装拆，易于修配。一般应选形状比较简单、修配面较小的零件。

② 尽量不选公共组成环。因为公共组成环难以同时满足几个装配要求，所以应选只与一项装配精度有关的环。

(2) 确定补偿环的尺寸及极限偏差

确定补偿环尺寸及极限偏差的出发点是要保证修配时的修配量足够和最小。为此，首先要了解补偿环被修配时对封闭环的影响是逐渐增大还是逐渐变小，不同的影响有不同的计算方法。

第一种情况：越修配补偿环，封闭环尺寸越大，简称“越修越大”。

第二种情况：越修配补偿环，封闭环尺寸越小，简称“越修越小”。

具体计算步骤和方法如下：

① 选择补偿环。

② 确定各组成环公差。

③ 计算补偿环的最大修配量。

④ 确定除补偿环以外各组成环的极限偏差。

⑤ 计算补偿环的尺寸及极限偏差。

2）尺寸链的计算

［**例 5-2**］ 图 5-13 为卧式车床床头和尾座两顶尖的等高度要求的装配尺寸链。按规定，当最大工件回转直径为 800～1 250 mm 时，等高度在 0～0.06 mm（只许尾座高）。已知：$A_1=202$ mm，$A_2=46$ mm，$A_3=156$ mm。试确定其装配尺寸链。

解 （1）确定装配尺寸链的计算方法。

① 确定封闭环：$A_0=0\sim0.06$ mm（只许尾座高）$=0^{+0.06}_{0}$

② 判别组成环：A_1为减环，A_2，A_3为增环。按完全互换法公式计算，各组成环的平均公差为 $A_M=0.06/3=0.02$ mm。

显然，各组成环的平均公差太小，加工困难，不宜用完全互换法，可采用修配法。

（2）采用修配法解算过程。

① 选择补偿环：由于尾座底板的形状简单，表面面积相对较小，便于刮研修配，故选择 A_2为补偿环。

② 确定各组成环公差：根据各组成环所采用的加工方法的经济精度确定其公差，取 $T_1=T_3=0.1$ mm，底板采用半精刨加工，$T_2=0.15$ mm。

③ 计算补偿环的最大修配量：$F_{max}=\sum_{i=1}^{n-1}T_i-T_0=(0.1+0.1+0.15)-0.06=0.29$ mm 。

④ 确定除补偿环以外各组成环的极限偏差：$A_1=202\pm0.05$ mm，$A_3=156\pm0.05$ mm。

⑤ 计算补偿环 A_2的尺寸及极限偏差。

首先，判别补偿环 A_2修配时对封闭环 A_0的影响。从图中可看出，越修配补偿环 A_2，封闭环 A_0越小，属于“越修越小”的情况。

其次，计算补偿环 A_2的尺寸和极限偏差。

根据公式：

$$A_{\sum\min}=\sum_{i=1}^{m}\overrightarrow{A}_{i\min}-\sum_{j=m+1}^{n-1}\overleftarrow{A}_{j\max}$$

$$\begin{aligned}A_{2\min}&=A_{0\min}-A_{3\min}+A_{1\max}\\&=0-(155-0.05)+(202+0.05)\\&=46.1\text{ mm}\end{aligned}$$

由于 $T_2=0.15$ mm，所以 $A_{2max}=46.25$ mm。

最大可修配量为 $A'_{0max}=A_{2max}+A_{3max}-A_{1min}=46.25+156.05-(202-0.05)=0.35$mm。但由于 $A_0=0\sim0.06$ mm（只许尾座高）$=0^{+0.60}_{0}$，所以实际最大修配量为 $0.35-0.06=0.29$ mm。而如果装配后 A_0位于 0～0.06 mm 范围内，则最小修配量为 0，即无需修配（刮研）就已经达到装配要求。但由于底板采用半精刨加工，其表面质量（刮研后的接触面积、接触刚度等）并未达到装配要求，所以必须对底板刮研或磨削，而此时最小修配量为 0，即已经没有修配量，所以将 A_2加大，即给 A_2一定的余量，具体可以取 0.1 mm。此时由 $A_2=46^{+0.25}_{+0.10}$mm 变为 $A_2=46^{+0.35}_{+0.20}$mm。

当修配环被修配后封闭环变小时，应保证修配后封闭环的实际尺寸最小值不小于规定的最小尺寸，这时可由

$$A_{\sum_{\min}} = \sum_{i=1}^{m} \overrightarrow{A}_{i\min} - \sum_{j=m+1}^{n-1} \overleftarrow{A}_{j\max}$$

求出修配环的一个极限尺寸。反之，当修配环被修配后封闭环变大时，应保证修配后封闭环的实际尺寸最大值不大于规定的最大尺寸，这时可由

$$A_{\sum_{\max}} = \sum_{i=1}^{m} \overrightarrow{A}_{i\max} - \sum_{j=m+1}^{n-1} \overleftarrow{A}_{j\min}$$

求出修配环的一个极限尺寸，然后按照经济加工精度确定修配环的公差即可。

修配环的修配量等于各组成环公差放大后封闭环的实际误差与封闭环的规定公差之差。

(3) 修配法的特点及应用场合

修配装配法可降低对组成环的加工要求，利用修配补偿环的方法可获得较高的装配精度，尤其是尺寸链中环数较多时，其优点更为明显。但是，修配工作需要技术熟练的工人，又大多是手工操作，逐个修配，所以生产率低。此外，修配法没有一定节拍，不易组织流水装配，产品没有互换性。因此，在大批大量生产中很少采用修配法，在单件小批生产中则广泛采用。在中批生产中，一些封闭环要求较严的多环装配尺寸链大多采用修配法。例如，机床制造时较多地采用修配法，既保证了封闭环的公差要求，又提高了接触表面的接触精度。

(4) 修配法的种类

实际生产中修配的方式较多，常见的有以下3种。

① 单件修配法

在装配时，选定某一固定的零件作为补偿环，用去除补偿环的部分材料达到封闭环要求的方法称为单件修配法。

② 合并加工修配法

将两个或两个以上零件合并在一起当作一个补偿环进行修配的方法称为合并加工修配法。它能减少尺寸链的环数，有利于减少修配量。

③ 自身加工修配法

在机床制造中，利用机床本身的切削加工能力，用自己加工自己的方法称为自身加工修配法。例如，牛头刨床、龙门刨床及龙门铣床总装后，刨或铣工作台面，可以较容易地保证工作台面和滑枕或导轨面的平行度；在车床上加工自身三爪定心的法兰盘的关键表面，可保证主轴回转轴线和三爪自定心卡盘定位面的同轴度；在万能卧式铣床上用专用夹具镗削刀杆支架的锥孔等，都是自身加工修配法的实例。自身加工修配法在机床制造中应用较广。图5-17为转塔车床的自加过程中，转塔上刀杆支架孔的加工可安排在转塔安装以后，由转塔车床的自加工获得。

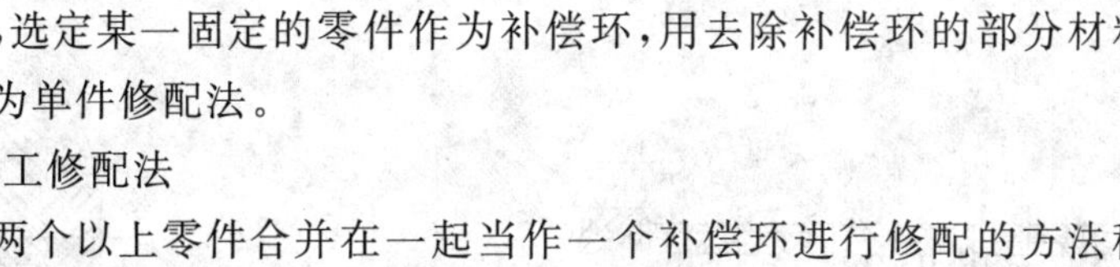

图5-17 转塔车床的自加工修配法

4. 调整装配法(简称调整法)

封闭环公差要求较严而组成环又较多的装配尺寸链,也可用调整装配法(简称调整法)达到要求。调整法是将尺寸链中各组成环的公差相对于互换装配法所求之值增大,使其能按经济精度制造,装配时用调整的方法改变补偿环(预先选定的某一组成环)的实际尺寸或位置,使封闭环达到其公差与极限偏差要求的方法。一般以螺栓、斜面、挡环、垫片或孔轴联结中的间隙作为补偿环(或称调整环),用来补偿其他各组成环由于公差放大后所产生的累积误差。调整法通常采用极值公式计算。调整法和修配法的补偿原则是相似的,但方法有所不同。

根据调整方法的不同,调整法分为可动调整法、固定调整法和误差抵消调整法 3 种,现分述如下。

1) 可动调整法

采用调整的方法改变补偿环的位置,使封闭环达到其公差与极限偏差要求的方法称为可动调整法。常用的补偿环有螺栓、斜面、挡环或孔轴联结中的间隙等。图 5-18 为卧式车床横刀架采用楔块调整丝杠和前后螺母间隙的装置,楔块就是可动调整法中的补偿环。该装置中将螺母做成前螺母和后螺母两个,前螺母的右端做成斜面,在前、后螺母之间装入一个左端做成斜面的楔块。调整间隙时,先将前螺母固定螺钉放松,然后拧紧楔块的调节螺钉,将楔块向上拉。前螺母右端斜面和楔块左端斜面的作用使前螺母向左移动,从而消除丝杠和螺母之间的间隙。又如,图 5-19 为主轴箱中用调节螺钉调整轴承间隙或过盈后,再用螺母锁紧的装置。该装置用以保证轴承既有足够的刚度,又不至于过分发热。

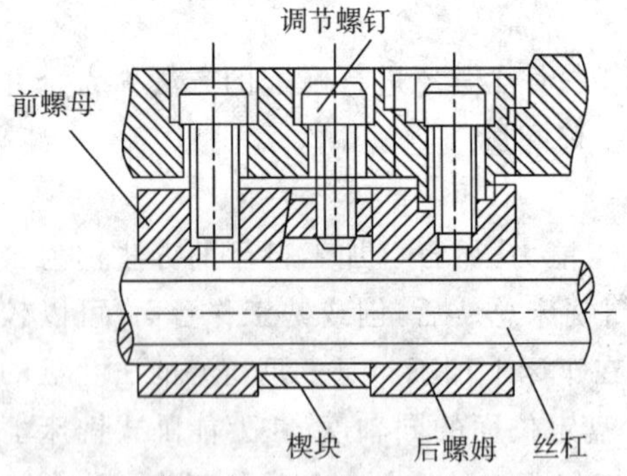

图 5-18 斜楔调整丝杆螺母间隙的装置

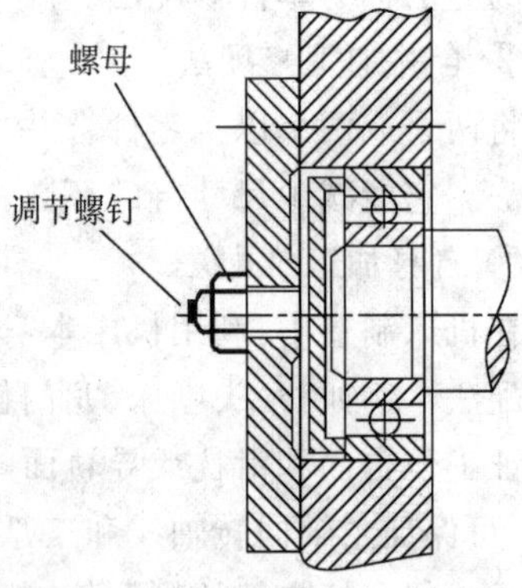

图 5-19 轴承间隙调整装置

可动调整法不但调整方便,能获得比较高的精度,而且还可以补偿由于磨损和变形等所引起的误差,使设备恢复原有精度。所以,在一些传动机构或易磨损机构中常用可动调整法。但是,因可动调整法中可动调整件削弱了机构的刚性,所以在刚性要求较高或机构比较紧凑而无法安排可动调整件时,可采用其他调整法。

2) 固定调整法

(1) 基本概念

采用调整的方法改变补偿环的实际尺寸,使封闭环达到其公差与极限偏差要求的方法称为固定调整法。补偿环要形状简单,便于装拆,常用的补偿环有垫片、挡环、套筒等。改变补偿环实际尺寸的方法是根据封闭环公差与极限偏差的要求,分别装入不同尺寸的补偿环。例如，补偿环是减环，因放大组成环公差后使封闭环实际尺寸较大时，就取较大的补偿环装入；反之，当封闭环实际尺寸较小时，就取较小的补偿环装入。为此，需要预先按一定的尺寸要求制成若干组不同尺寸的补偿环，供装配时选用。

(2) 确定补偿环的组数和各组的尺寸

采用固定调整法时，计算装配尺寸链的关键是确定补偿环的组数和各组的尺寸。

① 确定补偿环的组数。首先要确定补偿量 F。采用固定调整法时，由于放大组成环公差，装配后的实际封闭环的公差必然超出设计要求的公差，其超差量需用补偿环补偿，该补偿量 F 等于超差量，可用下式计算：

$$F=T_{0L}-T_0 \tag{5-1}$$

式中：T_{0L}——实际封闭环的极值公差(含补偿环)；

T_0——封闭环公差的要求值。

其次，要确定每一组补偿环的补偿能力 S。若忽略补偿环的制造公差 T_K，则补偿环的补偿能力 S 就等于封闭环公差要求值 T_0；若考虑补偿环的公差 T_K，则补偿环的补偿能力为

$$S=T_0-T_K \tag{5-2}$$

当第一组补偿环无法满足补偿要求时，就需用相邻一组的补偿环来补偿，所以相邻组补偿环基本尺寸之差应等于补偿能力 S，以保证补偿作用的连续进行。因此，分组数 Z 可用下式表示

$$Z=\frac{F}{S}+1 \tag{5-3}$$

计算得到分组数 Z 后，要取整至邻近的较大整数。

② 计算各组补偿环的尺寸。由于各组补偿环的基本尺寸之差等于补偿能力 S，所以只要先求出某一组补偿环的尺寸，就可推算其他各组的尺寸。比较方便的办法是先求出补偿环的中间尺寸，再求各组尺寸。

补偿环中间尺寸可先由各环中间偏差关系式求出补偿环的中间偏差后再求得。

当补偿环的组数 Z 为奇数时，求出的中间尺寸就是补偿环中间一组尺寸的中间值。其余各组尺寸的中间值相应增加或减小各组之间的尺寸差 S 即可。

当补偿环的组数 Z 为偶数时，求出的中间尺寸是补偿环的对称中心，再根据各组之间的尺寸差 S 安排各组尺寸。

补偿环的极限偏差也按“入体原则”标注。

(3) 尺寸链的计算步骤和方法

解算尺寸链的步骤和方法如下：

① 选择补偿环组成环(要求：形状简单，制造容易，装拆也方便)。

② 确定各组成环的公差和偏差。

③ 计算补偿环的补偿能力。

④ 确定补偿环的组数。

⑤ 确定各组补偿环的尺寸。

a. 计算补偿环的中间偏差和中间尺寸。

b. 确定各组补偿环的尺寸。

下面通过实例说明采用固定调整法时尺寸链的计算步骤和方法。

[**例 5-3**] 图 5-20 a 为主轴齿轮组件的装配示意图。按照装配技术要求，当隔套(尺

寸 A_2)、齿轮(尺寸 A_3)、垫圈(尺寸 A_K)和弹性挡圈(尺寸 A_4)装在主轴(尺寸 A_1)上后，齿轮的轴向间隙 A_0 应在 0.05～0.20 mm 范围内。已知：$A_1=115$ mm，$A_2=8.5$ mm，$A_3=95$ mm，$A_4=2.5$ mm，$A_K=9$ mm。求各环的偏差。

解 (1) 建立以轴向间隙 $A_0=0.05\sim0.20$ mm 为封闭环的装配尺寸链图(如图 5-20 b 所示)。其中，A_1 是增环，其余是减环。若采用完全互换装配法，则各组成环的平均极值公差为

$$T_M=T_0/(n-1)=0.15/5=0.03\ \text{mm}$$

显然，公差值太小，加工困难，不宜采用完全互换装配法，改用固定调整法。

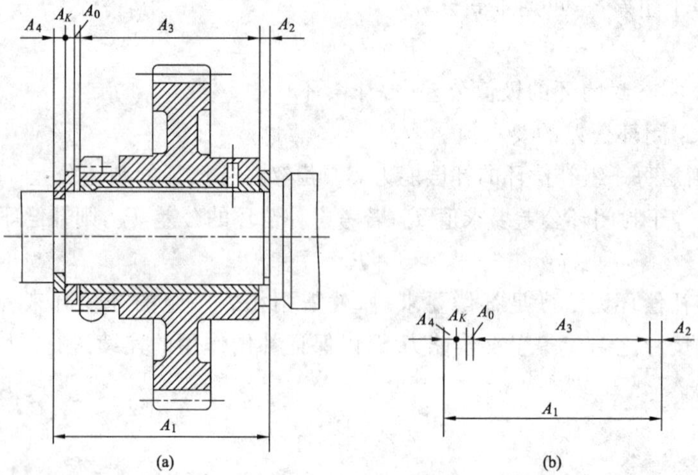

图 5-20 齿轮组件的装配示意图和装配尺寸链

(2) 采用固定调整法的解算过程如下。

① 选择补偿环。由于组成环垫圈 A_K 的形状简单，制造容易，装拆也方便，故选择 A_K 为补偿环。

② 确定各组成环的公差和偏差。根据各组成环所采用加工方法的经济精度确定其公差为：$T_1=0.15$ mm，$T_2=0.1$ mm，$T_3=0.1$ mm，$T_4=0.12$ mm，$T_K=0.03$ mm。

按"入体原则"确定各组成环(除补偿环外)的极限偏差：$A_1=115^{+0.15}_{0}$ mm，$A_2=8.5_{-0.1}^{0}$ mm，$A_3=95_{-0.1}^{0}$ mm，$A_4=2.5_{-0.12}^{0}$ mm。

计算各环的中间偏差：

$$\Delta_0=\frac{0.05+0.2}{2}=+0.125\ \text{mm}$$

$$\Delta_1=\frac{0.15}{2}=+0.075\ \text{mm}$$

$$\Delta_2=\frac{-0.1}{2}=-0.05\ \text{mm}$$

$$\Delta_3=\frac{-0.1}{2}=-0.05\ \text{mm}$$

$$\Delta_4=\frac{-0.12}{2}=-0.06\ \text{mm}$$

③ 计算补偿量 F 和补偿环的补偿能力 S。按式(5-1)可得

$$F=T_{0L}-T_0=0.15+0.1+0.1+0.12+0.03-0.15=0.35\ \text{mm}$$

按式(5-2)可得

$$S=T_0-T_K=0.15-0.03=0.12\ \text{mm}$$

④ 确定各组补偿环的组数 Z。根据式(5-3)可得

$$Z=\frac{F}{S}+1=\frac{0.35}{0.12}+1=3.92\approx 4$$

⑤ 确定各组补偿环的尺寸。

a. 计算补偿环的中间偏差和中间尺寸

$$\begin{aligned}\Delta_K&=\Delta_1-\Delta_0-(\Delta_2+\Delta_3+\Delta_4)\\&=[0.075-0.125-(-0.05-0.05-0.06)]\\&=+0.11\ \text{mm}\end{aligned}$$

$$A_{KM}=(9+0.11)=9.11\ \text{mm}$$

b. 确定各组补偿环的尺寸。因补偿环的组数为偶数，故求得的 A_{KM} 就是补偿环的对称中心，各组尺寸的中间值分别为

$$A_{K1M}=(9.11+0.12+\frac{0.12}{2})=9.29\ \text{mm};\quad A_{K2M}=(9.11+\frac{0.12}{2})=9.17\ \text{mm};$$

$$A_{K3M}=(9.11+\frac{0.12}{2})=9.05\ \text{mm};\quad A_{K4M}=(9.11-0.12-+\frac{0.12}{2})=8.93\ \text{mm}$$

因而各组尺寸为：$A_{K1}=9.29\pm0.015$ mm； $A_{K2}=9.17\pm0.015$ mm；$A_{K3M}=9.05\pm0.015$mm；$A_{K4M}=8.93\pm0.015$ mm。

按“入体原则”标注补偿环的极限偏差可得

$A_{K1}=9.305^{0}_{-0.03}\approx 9.31^{0}_{-0.03}$ mm； $A_{K2}=9.185^{0}_{-0.03}\approx 9.19^{0}_{-0.03}$ mm；

$A_{K3}=9.065^{0}_{-0.03}\approx 9.07^{0}_{-0.03}$ mm； $A_{K4}=8.945^{0}_{-0.03}\approx 8.95^{0}_{-0.03}$ mm

(3) 固定调整法的特点及应用场合

固定调整法可降低对组成环的加工要求，利用调整的方法改变补偿环的实际尺寸，从而获得较高的装配精度，尤其是尺寸链中环数较多时，该方法的优点更为明显。固定调整法在装配时不必修配补偿环，没有修配法的一些缺点，所以在大批大量生产中采用较多。固定调整法没有可动调整法中改变位置的补偿件，因而刚性较好，结构比较紧凑。但是，固定调整法在调整时要拆换补偿环，装拆和调整比较费事，所以设计时要选择装拆方便的结构。另外，由于要预先做好若干组不同尺寸的补偿环，这也给生产带来不便。为了简化补偿件的规格，生产中常用“多件组合法”。“多件组合法”把补偿环(如垫片)做成几种规格，如厚度分别为 0.1，0.2，0.5 mm 等，根据需要把不同规格的垫片组合起来满足封闭环公差要求(如同量规组合使用或调整车刀高度的垫铁一样)。为了提高“多件组合法”的调整精度，生产中采用“套筒和垫片”的组合法，其中垫片的最小间隔为0.1 mm，套筒的间隔值为 0.02 mm(如做成 15.02，15.04，15.06，15.08，15.10 mm 等 5 种)。调整时，用垫片作粗调整，用套筒作精调整。

固定调整法常用于大批大量生产和中批生产，以及封闭环要求较严的多环装配尺寸链中，在比较精密的机械传动中用调整法还能补偿使用过程中的磨损和误差，恢复原有精度。例如，精密机械、机床和传动机械中的锥齿轮啮合精度的调整，轴承间隙或预紧度的调整等，一般采用固定调整法。

3) 误差抵消调整法

误差抵消调整法是通过调整几个补偿环的相互位置，使其加工误差相互抵消一部分，从而使封闭环达到其公差与极限偏差要求的方法。误差抵消调整法和可动调整法相

似，所不同的是补偿环是矢量，且多于一个。常见的补偿环是轴承件的跳动量、偏心量和同轴度等。

下面以车床主轴锥孔轴线的径向圆跳动为例，(如图 5-21 所示)说明误差抵消调整法的原理。

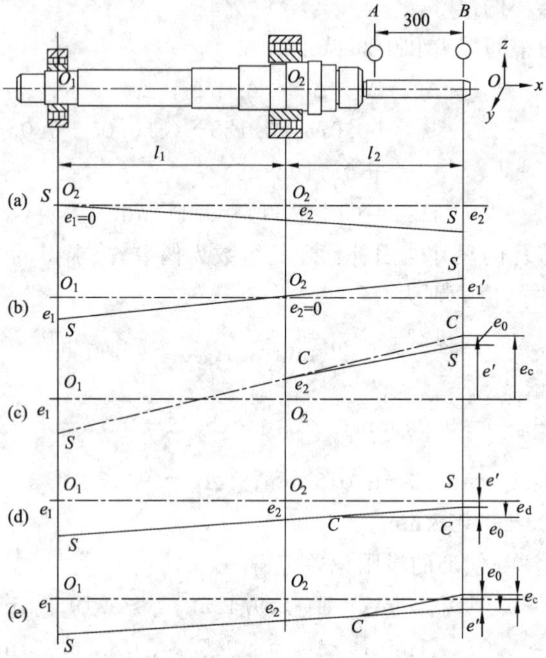

图 5-21 主轴锥孔轴线径向跳动的误差抵消调整法

图中，e_1 为后端轴承的误差；e_2 为前端轴承的误差；e_0 为主轴的内锥面和支撑轴径外圆柱面的同轴度误差。

e'—e_1 和 e_2 对主轴的装配精度的影响有 5 种方案，其装配精度分别为 e_1'，e_2'，e_c，e_d，e_e。

误差抵消调整法可在不提高轴承和主轴加工精度条件下提高装配精度。与其他调整法一样，它常用于机床制造，且封闭环要求较高的多环装配尺寸链中。但由于误差抵消调整法需事先测出补偿环的误差方向和大小，装配时需技术等级高的工人，因而增加了装配前和装配时的工作量，并给装配组织工作带来一定的麻烦。误差抵消调整法多用于批量不大的中小批生产和单件生产。

比较图 5-21a 和图 5-21b 可以看出，前后端轴承的精度对装配精度影响的大小程度不一样，前端轴承的影响要大些，因此在设计时，一般前端轴承的精度要选得高些。在不提高轴承和主轴加工精度条件下，比较图 5-21c 和图 5-21d，可以发现，d 方案的装配精度要比 c 方案的装配精度高得多。即使后端轴承的精度下降，调整到 e 方案时，获得的装配精度更高。

如考虑到 e_0(主轴的内外圆的同轴度误差)，e'—e_1 和 e_2 对主轴的装配精度的影响的方向，调整到如图 5-20e 所示方案时，其误差相互抵消，主轴的装配精度最高。由此可见，调整法十分重要。

4) 装配方法的选择

上述各种装配方法各有特点。其中有些方法对组成环的加工要求不严，但装配时要求较严格；相反，有些方法对组成环的加工要求较严，而在装配时就比较方便简单。选择装配方法的出发点是使产品制造的全过程达到最佳效果，具体考虑的因素有封闭环公差要求（装配精度）、结构特点（组成环环数等）、生产类型及具体生产条件。

一般说来，只要组成环的加工比较经济可行，就要优先采用完全互换装配法。成批生产而组成环又较多时，可考虑采用不完全互换装配法。

当封闭环公差要求较严而且采用互换装配法将使组成环加工比较困难或不经济时，就采用其他方法。大量生产时，环数少的尺寸链采用分组装配法；环数多的尺寸链采用调整法。单件小批生产时，常采用修配法。成批生产时可灵活应用调整法、修配法和分组装配法（后者在环数少时采用）。

一种产品究竟采用何种装配方法来保证装配精度，通常在设计阶段就应确定。因为只有在装配方法确定后，才能通过尺寸链的解算，合理地确定各个零部件在加工和装配中的技术要求。但是，同一种产品的同一装配精度要求，在不同的生产类型和生产条件下，可能采用不同的装配方法。例如，在大量生产时采用完全互换法或调整法保证装配精度，在小批生产时可用修配法。因此，工艺人员特别是主管产品的工艺人员必须掌握各种装配方法的特点及其装配尺寸链的解算方法，以便在制定产品的装配工艺规程和确定装配工序的具体内容时，或在现场解决装配质量问题时，根据具体工艺条件审查或确定装配方法。

练习与思考

5-1 装配包括哪些内容？

5-2 装配精度有哪几类？它们之间的关系如何？怎样确定装配精度要求？

5-3 装配尺寸链和工艺尺寸链有何区别？

5-4 试说明建立装配尺寸链的方法、步骤和原则。

5-5 制定装配工艺规程的基本要求及主要依据有哪些？

5-6 如题 5-6 图所示为 CA6140 车床主轴前支承结构，根据技术要求，主轴前端法兰盘与主轴箱体端面间隙应为 0.38～0.95 mm。试建立该装配精度的装配尺寸链，并用极值法求出各有关尺寸的极限偏差值。

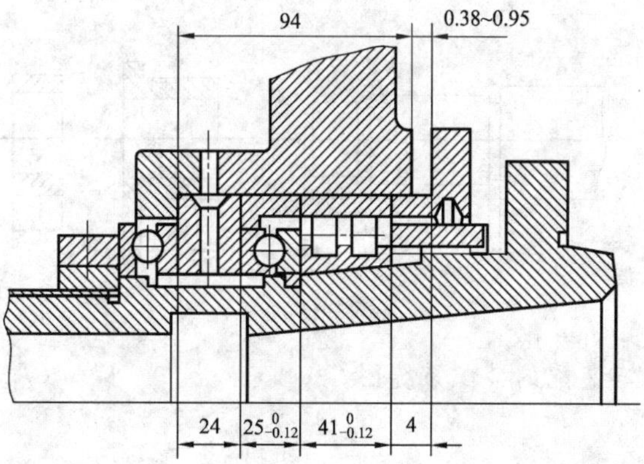

题 5-6 图

5-7　题 5-7 图所示为车床溜板箱小齿轮与齿条啮合精度的装配尺寸链，装配精度要求小齿轮齿顶与齿条齿根的径向间隙为 0.10～0.17 mm，现采用修配法装配，选取 A_2 为修配环，即修磨齿条的安装面。设 $A_1=53_{-0.1}^{\ 0}$ mm，$A_2=28(T_{A2}=0.1)$ mm，$A_3=20_{-0.1}^{\ 0}$ mm，$A_4=(48\pm0.05)$ mm，$A_5=53_{-0.1}^{\ 0}$ mm。试求修配环 A_2 的上、下偏差，并验算最大修配量。可否选择 A_1 为修配环（即修配溜板箱的结合面）？

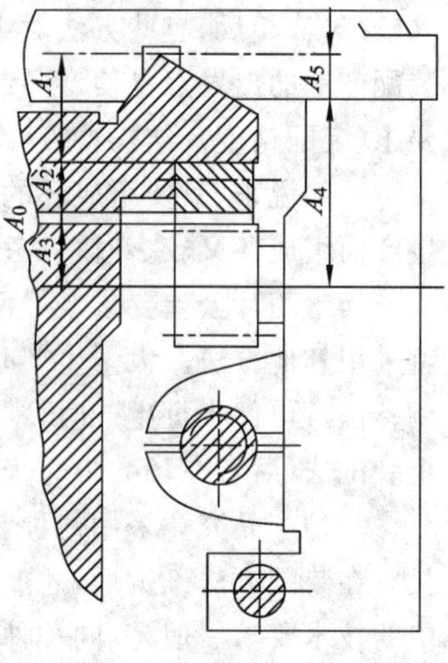

题 5-7 图

5-8　试归纳总结 5 种装配方法的特点及应用场合。

5-9　什么是装配单元？为什么要把机器划分为独立的装配单元？

5-10　装配的组织形式有几种？各有何特点？各应用于什么场合？

5-11　产品结构的装配工艺性包括哪些内容？举例说明。

5-12　试说明零件的清洗方法。

5-13　试说明不可拆连接的装配方法。

5-14　试说明整体轴承的装配要点。

5-15　题 5-15 图所示为离合器齿轮轴部装配图。为保证齿轮灵活转动，要求装配后轴套与隔套的轴向间隙为 0.05～0.20 mm。试合理确定并标注各组成环（零件）的有关尺寸及其偏差。

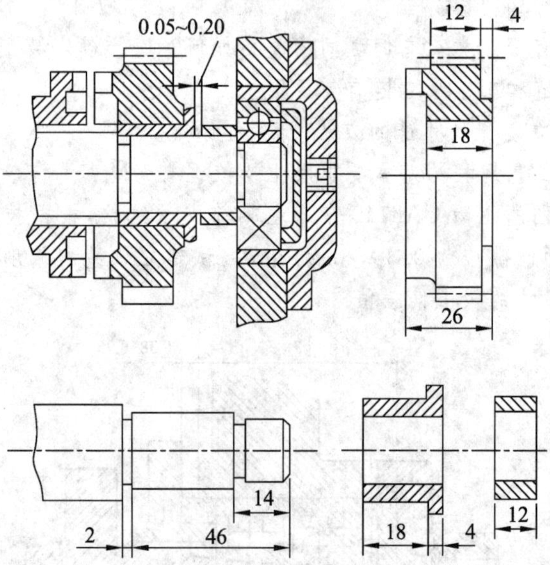

题 5-15 图

5-16　画出自行车装配的装配系统图。

模块 6 零件关键工序专用夹具设计

导引

在机床中可以用通用夹具(如三爪卡盘)直接装夹某些工件,但对特殊零件或特殊的工序用通用夹具无法装夹,必须对该零件的该工序进行专门的夹具设计。

【工作场景】

如图 6-1 所示,套筒零件在本工序需钻 $\phi 5$ mm 孔,工件材料为 Q235A 钢,批量 N 为 2 000 件。套筒零件三维图如图 6-2 所示。

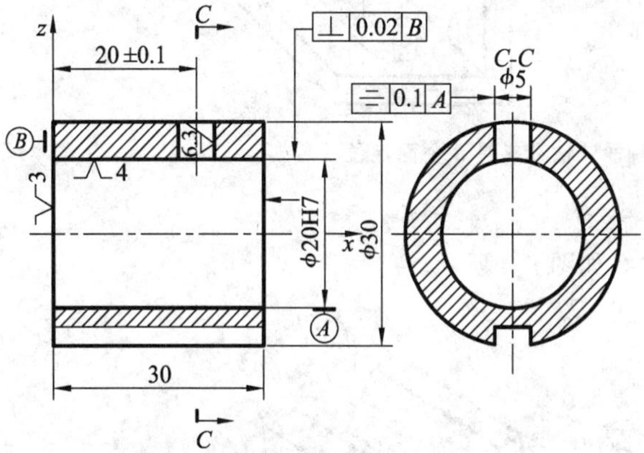

图 6-1　套筒零件钻 $\phi 5$ mm 工序图

图 6-2　套筒零件三维图

加工要求:

(1) $\phi 5$ mm 孔轴线到端面 B 的距离为 20±0.1 mm。

(2) $\phi 5$ mm 孔对 $\phi 20$H7 孔的对称度为 0.1 mm。

【工作步骤】

(1) 确定钻 $\phi 5$ mm 孔的钻床夹具定位方案。

方案一:以外圆和端面定位(3 个面定位)。

方案二:以外圆和端面定位(V 形块定位)。

方案三:以内孔和端面定位(心轴定位)。

(2) 确定钻 $\phi 5$ mm 孔的钻床夹具夹紧方案。

方案一:夹紧外圆。

方案二:夹紧外圆。

方案三:在另一端面夹紧。

(3) 确定对刀引导方案。在上方加钻套和钻模板。

(4) 确定夹具体。夹具体采用倒“T”形结构。

6.1 专用夹具简明设计过程

6.1.1 钻床夹具简明设计过程

1. 套筒零件钻孔夹具设计

(1) 3 个面定位

套筒零件钻孔夹具 3 个面定位方案如图 6-3 所示。

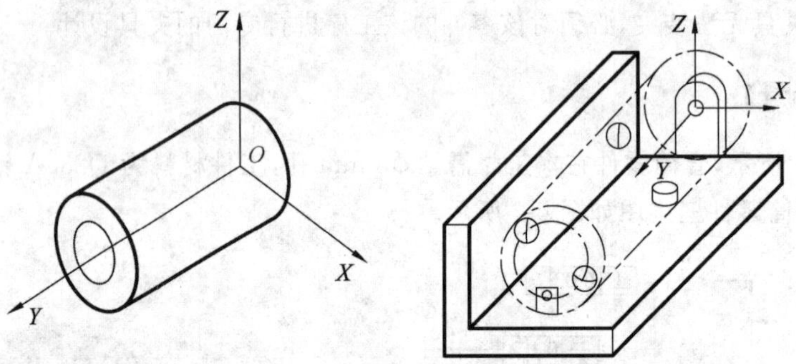

图 6-3 套筒零件钻孔夹具 3 个面定位

(2) V 形块定位

套筒零件钻孔夹具 V 形块定位方案如图 6-4 所示。

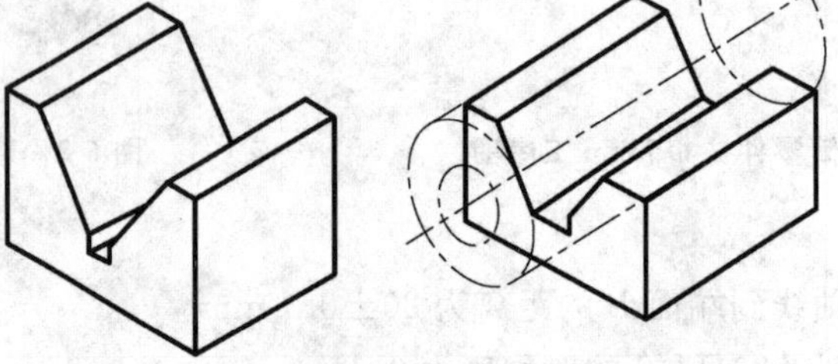

图 6-4 套筒零件钻孔夹具 V 形块定位

(3) 心轴定位

套筒零件心轴定位方案如图 6-5 所示。

2. 套筒零件钻孔夹具的组成

由于零件加工中要使用各类机床,其夹具结构也是千差万别,但就其组成元件的基本功能来看,都有以下几个共同的部分。为了便于说明,以图 6-5 所示的钻床夹具为例。

一般夹具由定位元件(定位销,销轴)、夹紧元件(销轴,开口垫圈,螺母)、对刀引导元件(快换钻套,钻模板)、支撑元件(夹具体)和与机床连接的连接元件组成。

(1) 定位元件

定位支承元件的作用是确定工件在夹具中的正确位置并支承工件,是夹具的主要功能元件之一,如图6-5中的定位心轴和定位销。定位支承元件的定位精度将直接影响工件加工的精度。

(2) 夹紧元件

夹紧元件的作用是将工件压紧夹牢,并保证在加工过程中工件的正确位置不变,如图6-5中的螺母、销轴的右半部分和开口垫圈。

(3) 对刀元件或导向元件

这些元件的作用是保证工件加工表面与刀具之间的正确位置。用于确定刀具在加工前正确位置的元件称为对刀元件;用于确定刀具位置并引导刀具进行加工的元件称为导向元件,如图6-5中的钻模板。

(4) 支撑元件——夹具体

夹具体是夹具的基体骨架,用来配置、安装各夹具元件使之组成一整体。常用的夹具体为铸件结构、锻造结构、焊接结构和装配结构,形状有回转体形和底座形等。

(5) 连接元件和其他装置或元件

这种元件用于将夹具与机床连接并确定夹具对机床主轴、工作台或导轨的相互位置。

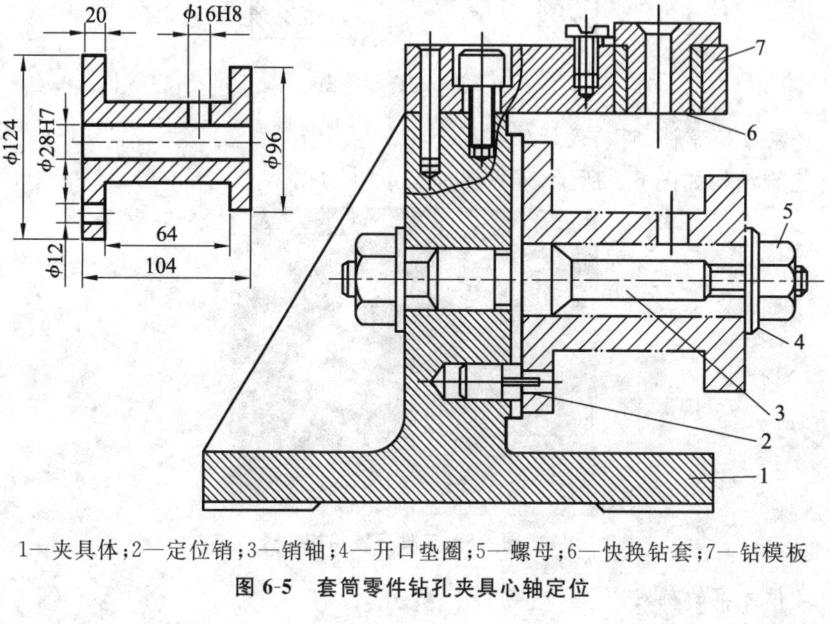

1—夹具体;2—定位销;3—销轴;4—开口垫圈;5—螺母;6—快换钻套;7—钻模板

图6-5　套筒零件钻孔夹具心轴定位

根据加工需要,有些夹具上还设有分度装置、靠模装置、上下料装置、工件顶出机构、电动扳手和平衡块等,以及标准化的其他连接元件。

上述各组成部分中,定位元件、夹紧元件、夹具体是夹具的基本组成部分。

6.1.2　车夹具设计

1. 齿坯外圆和端面车夹具设计

在如图6-6所示,齿轮坯以内孔和一小端面定位,车削外圆和大端面。

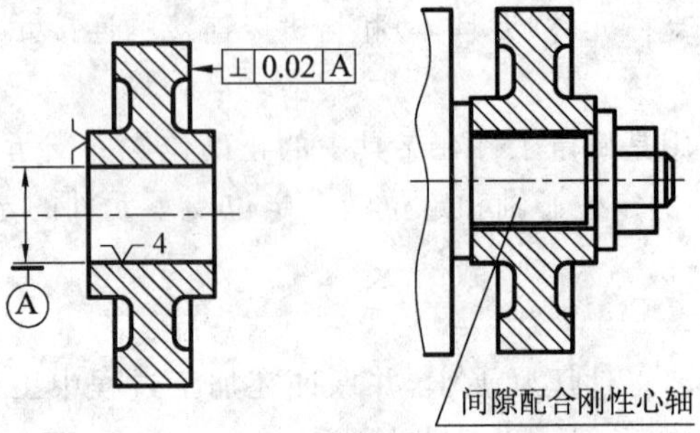

图 6-6　齿轮坯加工及其车削夹具示意简图

2. 连杆内孔和端面车床夹具设计

在如图 6-7 所示连杆零件图中，需要加工 ϕ40 的孔，请设计车床夹具。

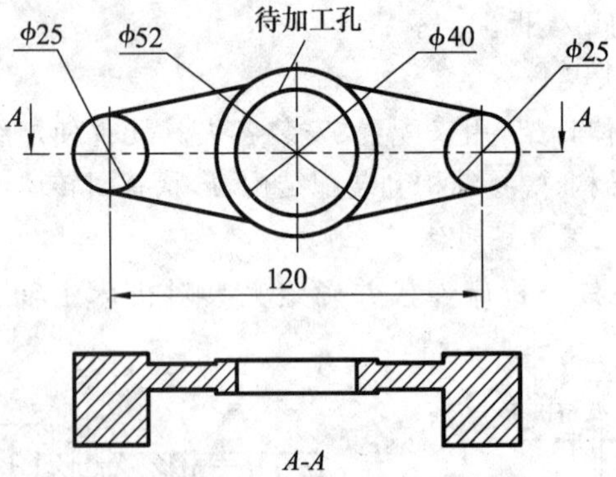

图 6-7　连杆零件图

(1) 研究原始资料，明确设计任务

工件三维结构如图 6-8 所示，现需要加工 ϕ40 的孔。

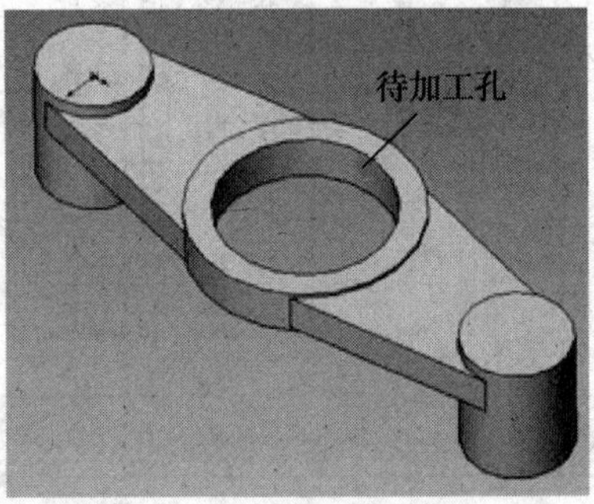

图 6-8　工件三维结构

(2) 定位方案的确定

① 确定要限制的自由度

根据加工工序的尺寸、形状和位置精度要求，工件定位时需限制 4 个方向的自由度：沿 X，Y 方向的水平运动以及轴向转动。

② 选择定位基面确定定位元件

根据零件的结构特点，定位基面选择外圆柱表面，定位元件为 V 形块。

固定 V 形块：限制 X 方向的移动，Y 方向的移动和转动。

活动 V 形块：限制 X 方向的转动(如图 6-9 所示)。

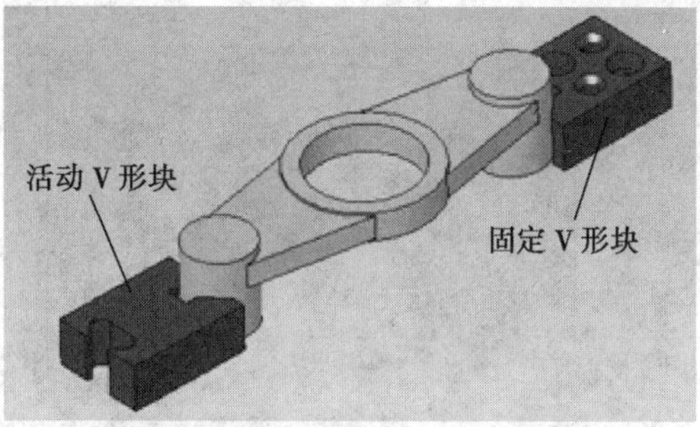

图 6-9 装配三维结构图(定位配置)

(3) 夹紧方案的确定

根据零件的定位方案,采用移动压板式螺旋夹紧机构。夹紧位置和方向如图 6-10 所示。

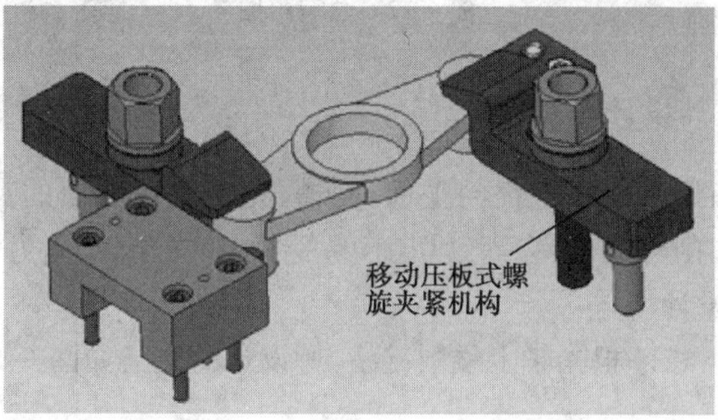

图 6-10 装配三维结构图(夹紧配置)

(4) 夹具体的选择

根据零件外形和车床主轴夹具的结构特点,选择相应结构形状和尺寸的夹具体,如图 6-11 所示。

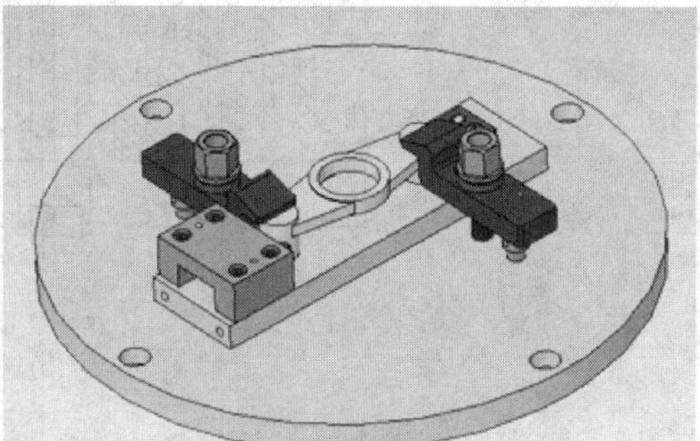

图 6-11 花盘

(5) 绘制夹具总装配图,如图 6-12 所示。

(6) 绘制夹具工程图。

(7) 确定工件的加工精度要求。

定位误差 ΔD:因为设计基准和定位基准不重合,所以基准不重合误差为 0.4 mm,基准位移误差为 0.087 mm,定位误差为 0.487 mm,小于工件在该工序的尺寸公差。

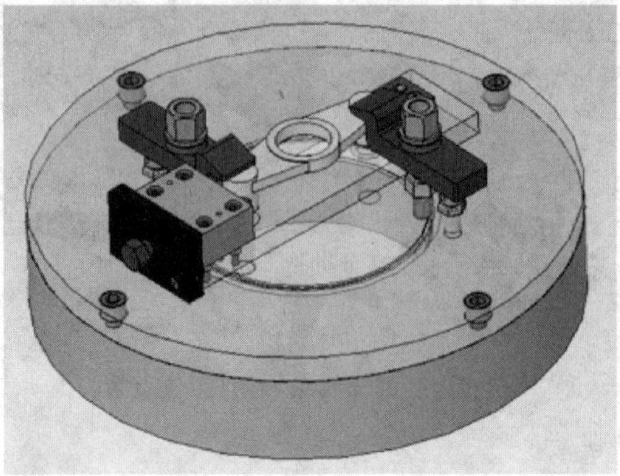

图 6-12　总装配图

6.1.3　铣床夹具设计

铣床夹具主要指用于加工零件的平面、沟槽、花键及成形面的夹具，适用于铣床、平面磨床。其特点是切削力大，刀齿断续切削，易受冲击、振动，夹紧力大。

1. 铣键槽夹具设计

如图 6-13a 所示，在一根光轴上铣削键槽，所设计的夹具如图 6-13b 所示。

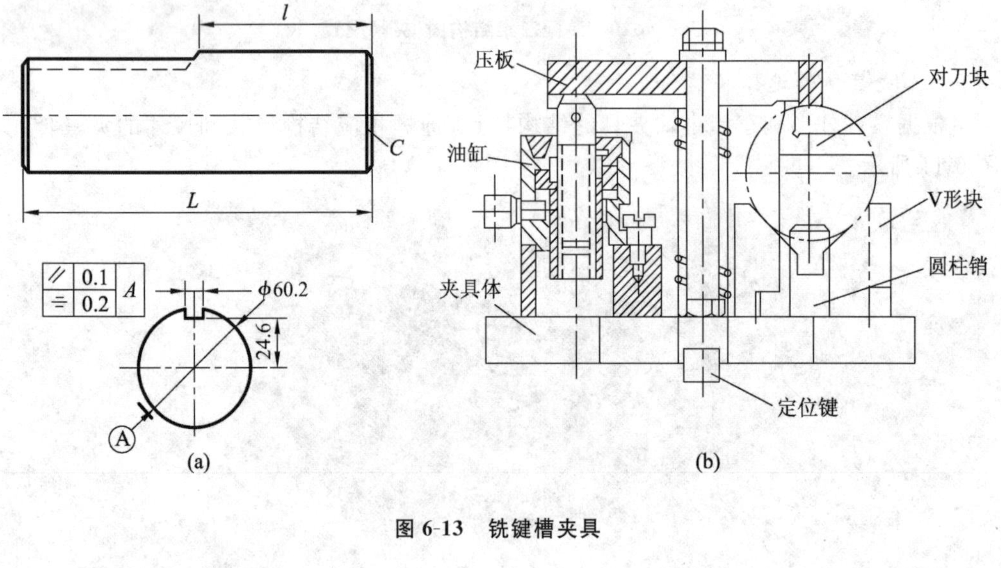

图 6-13　铣键槽夹具

2. 铣十字槽夹具设计

(1) 研究原始资料，明确设计任务。

工件为一水泵叶轮，要求设计一副铣床夹具，用在卧式铣床上加工两条互成 90°的十字槽，如图 6-14 所示。

(2) 定位方案的确定。

① 确定要限制的自由度。根据加工工序的尺寸，形状和位置精度要求，工件定位时需完全限制 6 个自由度：沿 X,Y,Z 方向的水平运动以及转动。

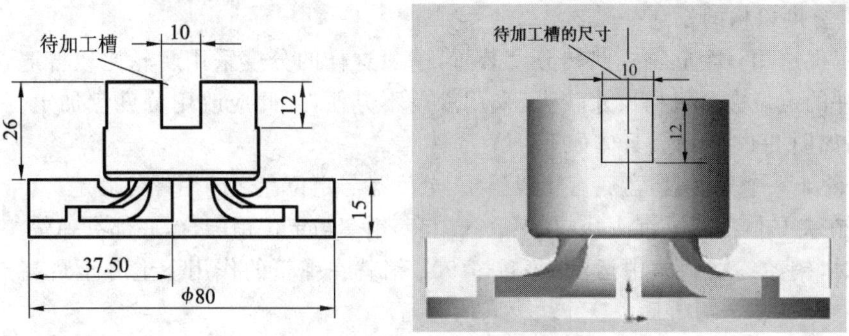

图 6-14　水泵叶轮铣槽加工示意图

② 确定定位方案。定位基面为平面和孔，将加工过的叶轮底面放置在一个大的圆形定位盘上，以大平面定位，消除 X、Y 方向的转动自由度和 Z 方向的移动自由度。用一个定位销与叶轮上的孔相配合，以此消除 X、Y 的移动自由度。利用两块开槽的压板从两个方向卡住叶片，并将它们固定在定位盘上，这样就消除了 Z 方向的转动自由度。定位方式如图 6-15 所示。

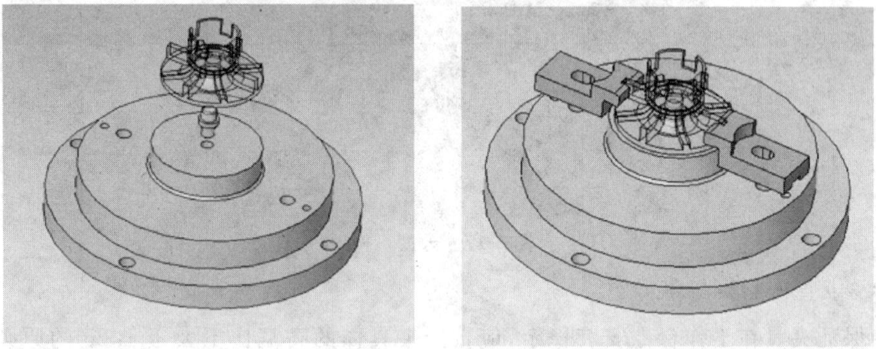

(a) 圆柱孔定位和平面定位　　(b) 圆柱孔定位和平面定位

图 6-15　圆柱孔定位和平面定位

(3) 夹紧方案的确定。

选用螺旋夹紧，工件以中心孔及底面在定位销和定位盘的端面上定位，并使叶轮上的叶片与压板头部的缺口对中，旋转螺母，通过杠杆使两块压板同时夹紧工件。夹紧位置和方向如图 6-16 所示。压板选用移动式弯曲压板，它的优点是可以实现快速装拆。

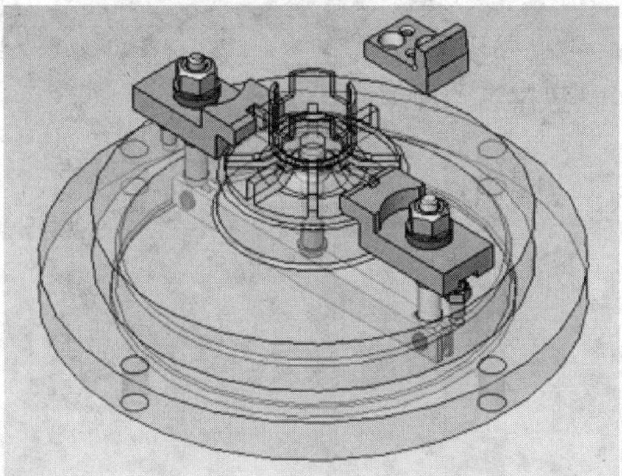

图 6-16　夹紧机构

(4) 分度机构的设计。

该工件选用一个立轴式回转分度装置,一般这样的分度采用棘轮比较普遍,但是由于该工件的定位夹紧机构尺寸较大,采用棘轮不方便,因此应改用分度盘加定位销的分度方案,如图 6-17 所示。具体如下:

① 设计一个分度盘,盘底有 4 段斜槽,分度盘与定位盘之间用螺钉固定。

② 在夹具体上开一沉头孔,孔中放入销套,销套与定位销配合,底部有弹簧。当分度盘转动时,销始终在斜槽中运动,每转过 90°,销就在弹簧的作用下上升至最高点,反靠夹紧。

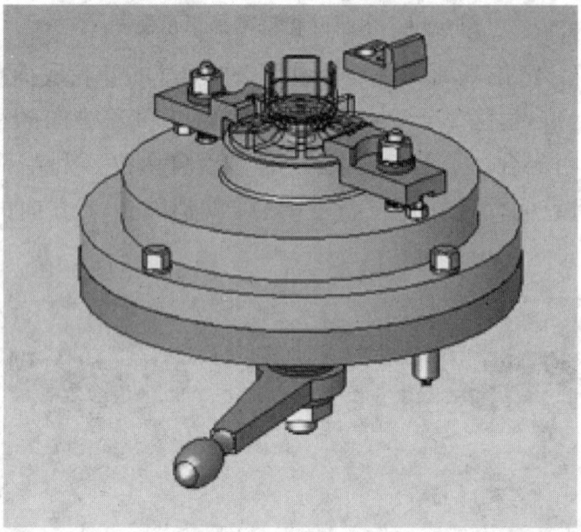

图 6-17 分度机构

(5) 夹具体与定位键。

为保证夹具在工作台上安装稳定,应按照夹具体的高宽比不大于 1.25 的原则确定其宽度,并在两端设置耳座,以便固定。

定位键位置如图 6-18 所示。

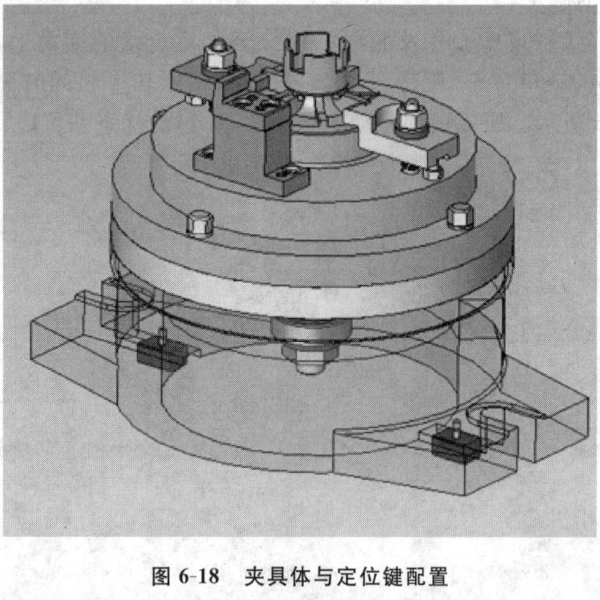

图 6-18 夹具体与定位键配置

(6) 绘制夹具装配草图。

(7) 绘制夹具装配工作图(三维),如图 6-19 所示。

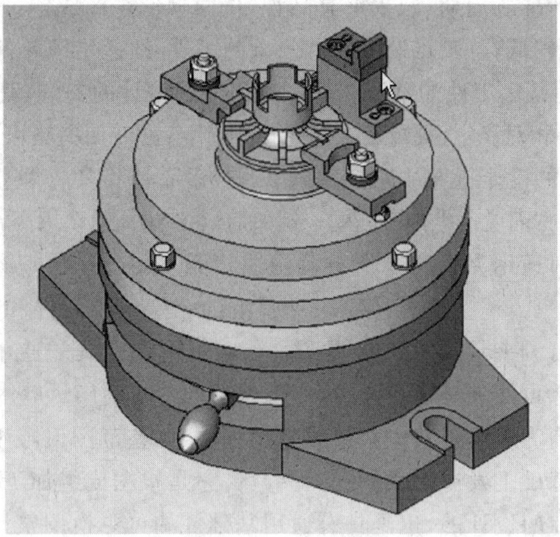

图 6-19 总装配图三维结构图

6.2 知识梳理——专用夹具设计概述

6.2.1 夹具的功用和分类

机床夹具是在机械制造过程中用来固定加工对象,使之占有正确位置,以接受加工或检测并保证加工要求的机床附加装置,简称为夹具。

在机床上加工工件时,必须用夹具装好夹牢工件。将工件装好,就是在机床上确定工件相对于刀具的正确位置,这一过程称为定位。将工件夹牢,就是对工件施加作用力,使之在已经定位好的基础上可靠地夹紧,这一过程称为夹紧。从定位到夹紧的全过程,称为装夹。机床夹具的主要功能就是完成工件的装夹工作。工件装夹情况的好坏将直接影响工件的加工精度。

1. 夹具的作用

夹具具有以下作用:使工件装夹迅速,减少辅助时间;保证一定的加工精度,特别是相互位置精度;发挥机床潜力,扩大使用范围;减轻劳动强度,保证安全生产;平衡工序时间,便于生产过程自动化。

2. 机床夹具的分类

机床夹具的种类很多,形状千差万别。为了设计、制造和管理的方便,人们往往按某一属性进行分类。

(1) 按应用范围划分。按应用范围分为通用夹具、专用夹具、可调夹具、成组夹具、组合夹具。

通用夹具是指结构、尺寸已标准化,且具有一定的通用性,在使用中不加或稍加调整即可装夹不同工件的夹具。例如,三爪自定心卡盘、四爪单动卡盘、万能分度头、回转工作台、机用平口钳、中心架、电磁吸盘等。通用夹具的特点是适用性强、不需调整或稍加调整即可装夹一定形状范围内的各种工件。这类夹具已商品化，且成为机床附件。采用这类夹具可缩短生产准备周期，减少夹具品种，从而降低生产成本，其缺点是夹具的加工精度不高，生产率也较低，且较难装夹形状复杂的工件，故适用于单件小批量生产。

专用夹具是指为某一工件的某道工序加工而专门设计的夹具，其特点是针对性极强，没有通用性。在产品相对稳定、批量较大的生产中，用各种专用夹具可获得较高的生产率和加工精度。专用夹具的设计制造周期较长，随着现代多品种及中、小批生产的发展，专用夹具在适应性和经济性等方面已产生许多问题。例如，对毛坯的质量要求高，设计制造周期长。

可调夹具是针对通用夹具和专用夹具的缺陷而发展起来的一类新型夹具。对不同类型和尺寸的工件，只需调整或更换原来夹具上的个别定位元件和夹紧元件便可使用。它一般又分为通用可调夹具和成组夹具两种。通用可调夹具的通用范围大，适用性广，加工对象不太固定。可调夹具在多品种、小批量生产中得到广泛应用。

成组夹具是专门为成组工艺中某组零件设计的，调整范围仅限于本组内的工件。这是在成组加工技术基础上发展起来的一类夹具。它是根据成组加工工艺的原则，针对一组形状相近的零件专门设计的，也是具有通用基础件和可更换调整元件组成的夹具。这类夹具从外形上看和通用可调夹具不易区分，但它与通用可调夹具相比，具有使用对象明确、设计科学合理、结构紧凑、调整方便等优点。

组合夹具是一种模块化和已商品化的夹具。标准的模块元件具有较高精度和耐磨性，可组装成各种夹具，夹具用毕即可拆卸，留待组装新的夹具。由于使用组合夹具可缩短生产准备周期，元件能重复多次使用，并具有可减少专用夹具数量等优点，因此在单件、中小批多品种生产和数控加工中是一种较经济的夹具。

(2) 按动力源划分。按夹具夹紧动力源可将夹具分为手动夹具和机动夹具两大类。为减轻劳动强度和确保安全生产，手动夹具应有扩力机构与自锁性能。常用的机动夹具有气动夹具、液压夹具、气液夹具、电动夹具、电磁夹具、真空夹具和离心力夹具等。

(3) 按使用机床划分。这是专用夹具设计所用的分类方法。按使用的机床可把夹具分为车床夹具、铣床夹具、钻床夹具、镗床夹具、磨床夹具、齿轮机床夹具、数控机床夹具等。

6.2.2 工件的定位

1. 基准的概念及其分类

基准就是用来确定生产对象上几何要素间的几何关系所依据的点、线、面，如图 6-20 所示的中心线、端面。

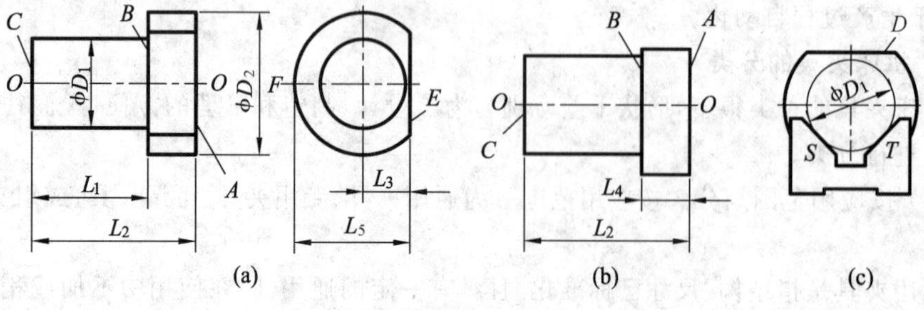

图 6-20 零件的设计基准与工艺基准

基准可分为设计基准和工艺基准。工艺基准又可分为定位基准、测量基准、装配基准和工序基准。

2. 工件的装夹方式

安装包括定位和夹紧两项内容。

加工前,使工件在机床上或夹具上占有正确加工位置的过程称为定位。

用施加外力的形式,把工件已确定的定位位置固定下来的过程称为夹紧。这个定位、夹紧的过程,称为装夹或安装。定位在前,夹紧在后,定位是首要的。

工件的装夹方法有找正装夹法和夹具装夹法两种。

(1) 找正装夹方法是以工件的有关表面或专门划出的线痕作为找正依据,用划针或指示表进行找正,将工件正确定位,并可靠夹紧,进行加工。这种方法安装简单,不需专门设备,但精度不高,生产率低,因此多用于单件小批量生产。找正装夹方法又可以分为直接找正和划线找正。

直接找正法是用百分表、划针或用目测在机床上直接找正工件,使工件获得正确位置的方法。图6-21为直接找正法示例,其中图6-21a为磨内孔时工件的找正,图6-21b为刨槽时工件的找正。

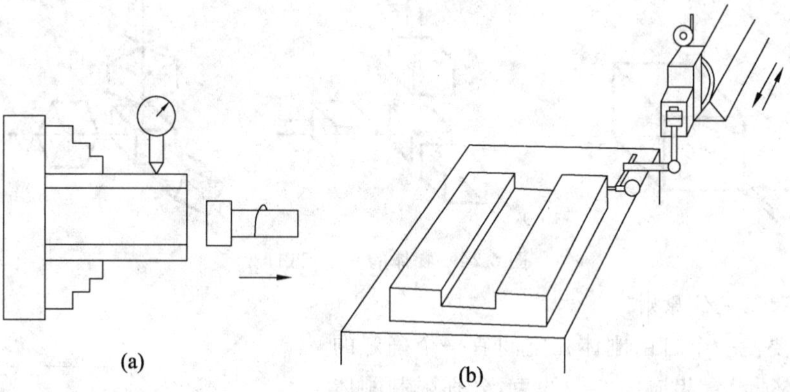

(a)　　(b)

图6-21　直接找正法

划线找正法是指当零件形状较复杂(底面不平)时,可先用划针在工件上画出中心线、对称线或各加工表面的加工位置,然后再按划好的线来找正工件在机床上的位置的方法。划线时需借助可调支撑。图6-22为划线找正安装。

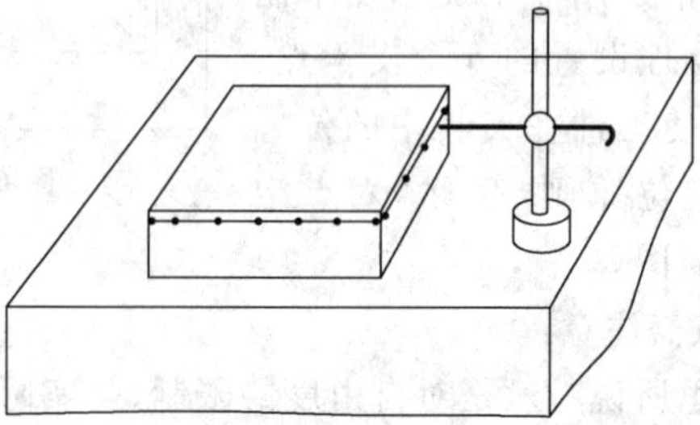

图6-22　划线找正法示例

(2) 使用能保证工件迅速定位与夹紧的装置进行安装的方法称为夹具装夹法，如图 6-23 所示。

夹具安装法的特点如下：

① 安装效率高、成本低。

② 可保证重复定位精度。

③ 减轻劳动强度，保证生产节拍。

④ 扩大机床使用范围。

夹具安装法广泛用于大批、中批生产及单件小批生产中无夹具安装就无法保证精度的工件加工。

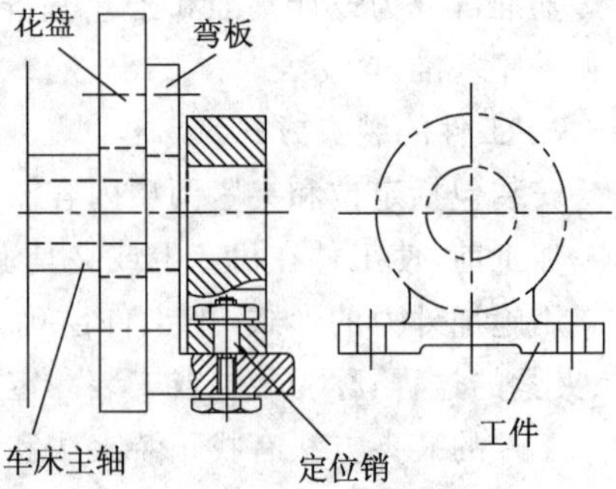

图 6-23　使用夹具安装工件

3. 六点定位原理

(1) 自由度的概念

由刚体运动学可知，一个自由刚体，在空间有且仅有 6 个自由度。它在空间的位置是任意的，即它既能沿 3 个坐标轴 Ox，Oy，Oz 移动，称为移动自由度，分别表示为 $\vec{x}$，$\vec{y}$，$\vec{z}$；又能绕 3 个坐标轴 Ox，Oy，Oz 转动，称为转动自由度，分别表示为 $\widehat{x}$，$\widehat{y}$，$\widehat{z}$。图 6-24 为物体的 6 个自由度。

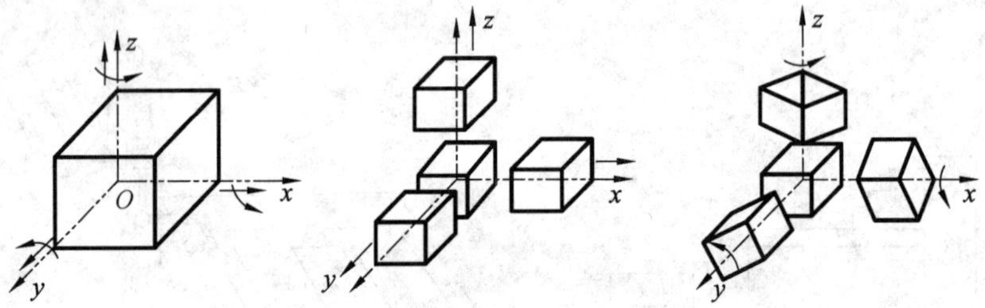

图 6-24　物体的 6 个自由度

(2) 六点定位原则

如果要使一个自由刚体在空间有一个确定的位置，就必须设置相应的 6 个约束，分别限制刚体的 6 个运动自由度。在讨论工件的定位时，工件就是所指的自由刚体。如果给工件的 6 个自由度都加以限制，工件在空间的位置也就完全被确定下来了。因此，定位实质上就是限制工件的自由度。

分析工件定位时，通常是用一个支承点限制工件的一个自由度。用合理设置的 6 个支承点，限制工件的 6 个自由度，使工件在夹具中的位置完全确定，这就是六点定位原则，简称“六点定则”。图6-25为六点定位简图。

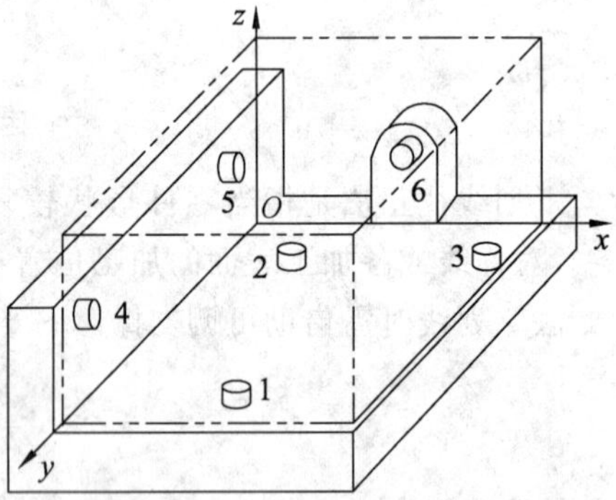

图 6-25　六点定位简图

六点定位原理有两点需注意：

① “点”的含义。这里所说“点”是对自由度的限制，与实际接触点不同；它是加工过程中由定位元件抽象而来的点。

② 与理论力学、机构学自由度概念差别——夹紧与定位概念分开；工件、夹具是弹性体。

通过上述分析，可知六点定位原则有几个主要特点：

① 定位支承点是定位元件抽象而来的。在夹具的实际结构中，定位支承点是通过具

体的定位元件体现的,即支承点不一定用点或销的顶端,而常用面或线来代替。根据数学概念可知,两个点决定一条直线,3个点决定一个平面,即一条直线可以代替两个支承点,一个平面可代替3个支承点。在具体应用时,还可用窄长的平面(条形支承)代替直线,用较小的平面来替代点。

② 定位支承点与工件定位基准面始终保持接触,才能起到限制自由度的作用。

③ 分析定位支承点的定位作用时不考虑力的影响。工件的某一自由度被限制,是指工件在某个坐标方向有了确定的位置,并不是指工件在受到使其脱离定位支承点的外力时不能运动。为使工件在外力作用下不能运动,应使用夹紧装置来完成。

4. 工件定位中的几种情况

(1) 完全定位。完全定位是指不重复地限制了工件的6个自由度的定位。当工件在3个坐标方向 x,y,z 均有尺寸要求或位置精度要求时,一般采用这种定位方式。图6-26的连杆钻孔定位方案和图6-27的连杆铣平面定位方案均属完全定位。

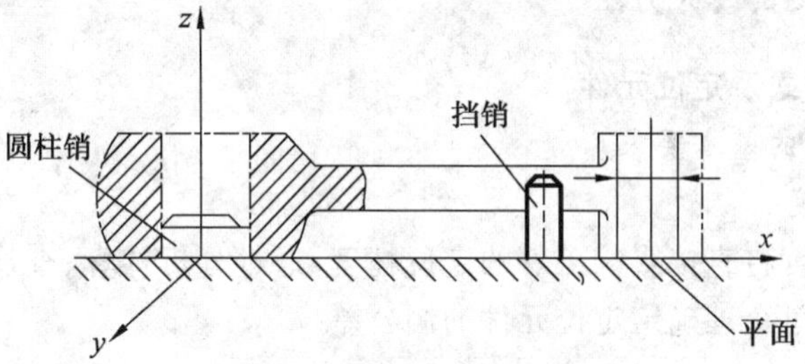

图 6-26 连杆钻孔定位方案

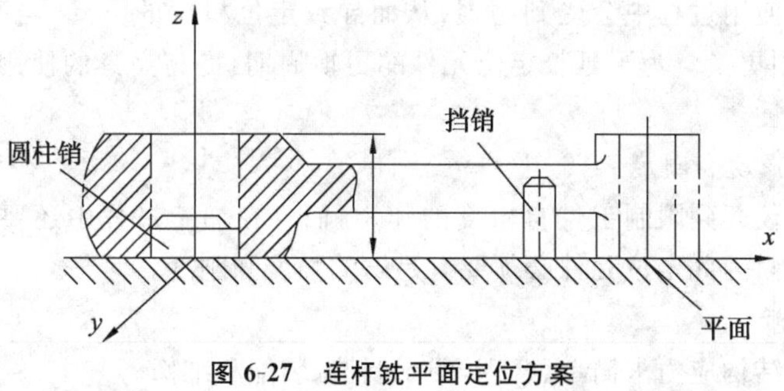

图 6-27 连杆铣平面定位方案

(2) 不完全定位。根据工件的加工要求,有时并不需要限制工件的全部自由度,这样的定位方式称为不完全定位。在长方体工件上铣通槽应该限制5个自由度。在车床上车外圆只要限制4个自由度。

由此可知,工作在定位时应该限制的自由度数目应由工序的加工要求而定,不影响加工精度的自由度可以不加限制。采用不完全定位可简化定位装置,因此不完全定位在实际生产中应用广泛。

不完全定位主要有两种情况:

① 工件本身相对于某个点、线是完全对称的,则工件绕此点、线旋转的自由度无法被限制(即使被限制也无意义)。例如球体绕过球心轴线的转动,圆柱体绕自身轴线的转动等。

② 工件加工要求不需要限制某一个或某几个自由度。如加工平板上表面,要求保证平板厚度及与下平面的平行度,则只需限制3个自由度。

(3) 欠定位。工件加工时必须限制的自由度未被完全限制,称为欠定位。欠定位不能保证工件的正确安装,因而是不允许的。

(4) 过定位。工件某一个自由度(或某几个自由度)被两个(或两个以上)约束点约束,称为过定位。图 6-28 为滚、插齿时工件的过定位。

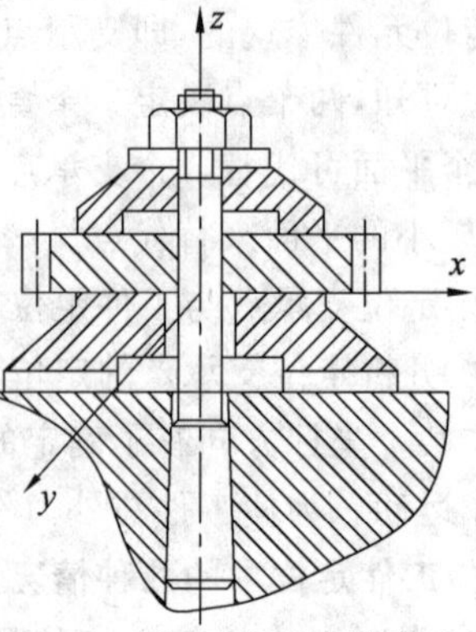

图 6-28 滚、插齿时工件的过定位

过定位是否允许,要视具体情况而定。如果工件的定位面经过机械加工,且形状、尺寸、位置精度均较高,则过定位是允许的。有时过定位仍是必要的,因为合理的过定位不仅不会影响加工精度,还会起到加强工艺系统刚度和增加定位稳定性的作用。如果工件的定位面是毛坯面,或虽经过机械加工,但加工精度不高,这时过定位一般是不允许的,因为它可能造成定位不准确或定位不稳定,或发生定位干涉等情况。

6.2.3 专用夹具设计方法

1. 常见定位方式及定位元件

1) 对定位元件的基本要求

(1) 足够的精度

定位元件的精度将直接影响工件的定位精度,通过分析计算、查设计手册、参考工厂现有资料或经验等可合理确定定位元件的制公差。

(2) 耐磨性好

定位元件在使用过程中会受到磨损,从而导致定位精度的下降,当磨损到一定程度时,定位元件必须更换。为了延长定位元件的更换周期,提高夹具的使用寿命,定位元件应有较好的耐磨性。

(3) 足够的强度和刚度

定位元件不仅起到限制工件自由度的作用,而且在加工过程中还要承受工件重力、切削力、夹紧力等,因此定位元件必须要有足够的强度和刚度。

(4) 工艺性好

定位元件的结构应力求简单、合理,便于制造、装配和维修。

2) 常见定位方式及定位元件

(1) 工件以平面定位

在机械加工中,大多数工件都以平面作为主要定位基准,如箱体、机体、支架、圆盘等零件。在设计和分析定位方案时,应根据工件定位基准面与定位元件工作表面接触面积的大小、长短及接触形式,来判断定位元件所相当的支承点数目及其所限制的工件自由度。当接触面积较大时,相当于 3 个支承点,限制工件 3 个自由度;当接触面窄长时,相当于两个支承点,限制工件的两个自由度;当接触面积较小时,只相当于一个支承点,限制工件一个自由度。

工件以平面定位时,常用的定位元件有固定支承、可调节支承、浮动支承和辅助支承等。除辅助支承外,其余支承均可对工件起定位作用。

① 固定支承。固定支承有支承钉和支承板。支承钉结构如图 6-29 所示:A 型支承钉是平头支承钉,用于精基准平面的定位;当定位基准面是粗糙不平的粗基准表面时,应选用 B 型的球头支承钉,使其接触良好;C 型的网纹支承钉常用于侧面定位,它能增大摩擦系数,防止工件受力后滑动。

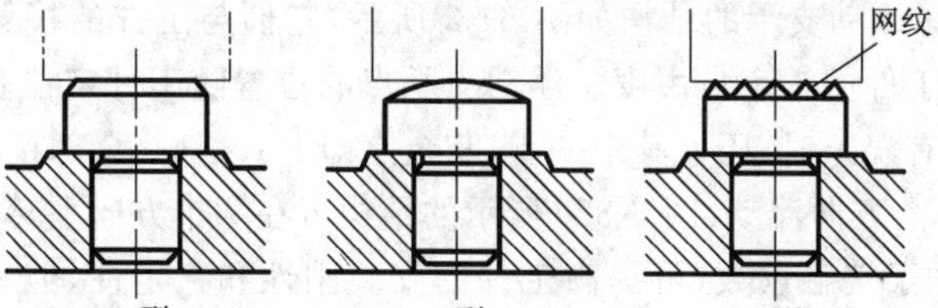

图 6-29 常用支承钉的形式

大中型工件以精基准平面定位时，多采用支承板定位，可使接触面增大，避免压伤基准面，减少支承的磨损。图 6-30 为支承板的结构形式。其中，A 型结构是光面支承板，结构简单，便于制造，但沉头螺钉处的积屑难于清除，宜作侧面或顶面反向支承；B 型是带斜槽的支承板，因易于清除切屑和容纳切屑，宜作底面支承，常用于以推拉方式装卸工件的夹具和自动线夹具。当几个支承钉或支承板在装配后要求等高时，应磨平工作表面，以保证它们在同一平面上。

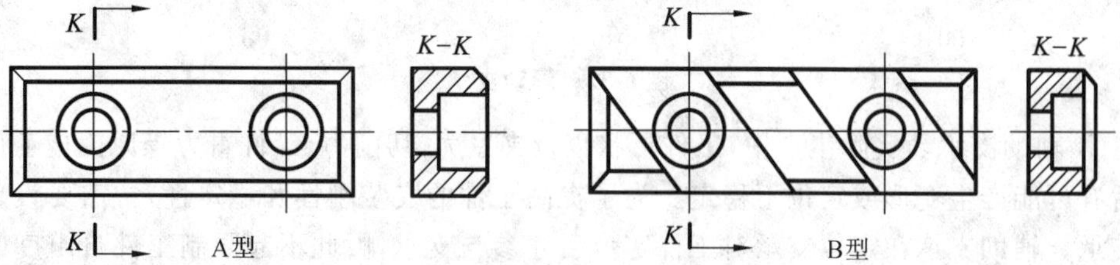

图 6-30 常用支承板的结构形式

② 可调节支承。图 6-31 所示调节支承（GB/T 2230－91）、圆柱头调节支承（GB/T 2229－91）、六角头支承（GB/T 2227－91）属于支承高度可调节的支承，以保证工序有足够和均匀的加工余量。

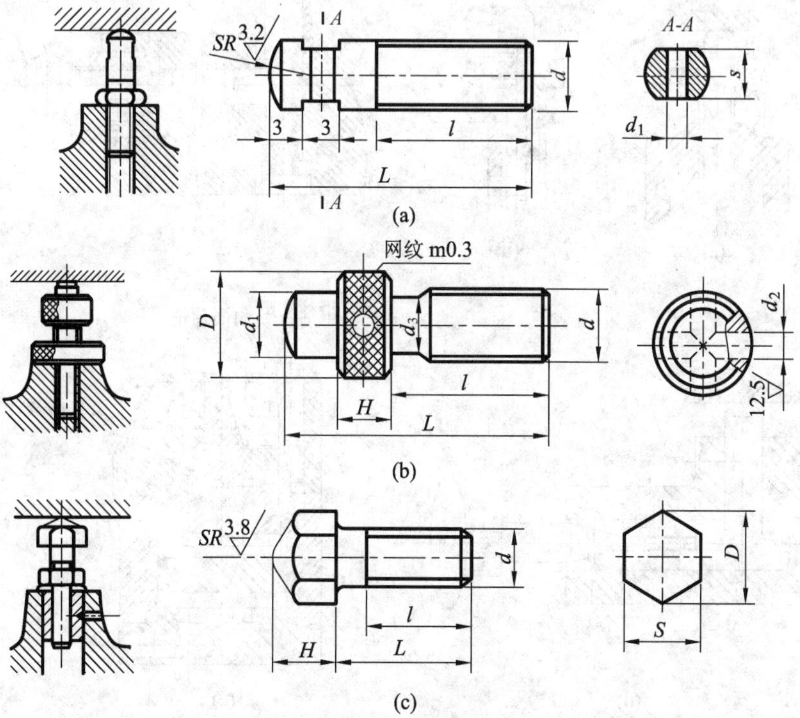

图 6-31 可调节支承

③ 浮动支承。浮动支承的结构如图 6-32 所示，它们与工件的接触点虽然是两点或三点，但仍只限制工件的一个自由度。浮动支承点的位置随工件定位基准面的变化而自动调节，当基准面有误差时，压下其中一点，其余点即上升，直至全部接触为止。图6-32a，b 所示支承均为一个方向浮动；图 6-32c 所示的结构可在两个方向上转动。

浮动支承增加了接触点数，可提高工件的安装刚性和稳定性，但夹具结构复杂。浮动支承适用于工件以毛面定位或刚性不足的场合。

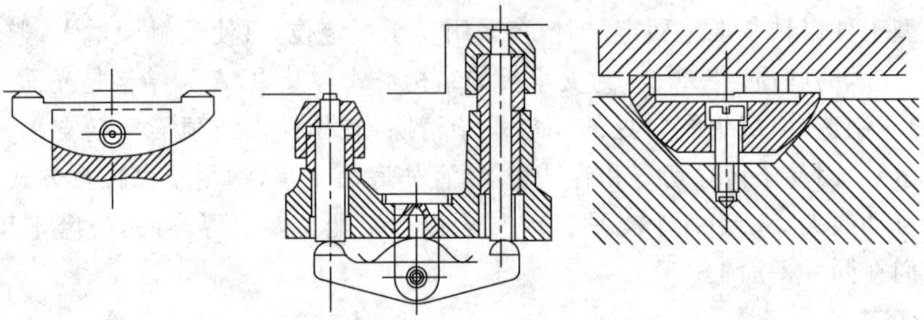

(a) (b) (c)

图 6-32 浮动支承

④ 辅助支承。实际生产中，工件形状以及夹紧力、切削力、工件重力等原因使工件定位后有可能产生变形或定位不稳定。为了提高工件的安装刚性和稳定性，常需要设置辅助支承。辅助支承在定位支承对工件定位后才参与支承，因此不起限制工件自由度的作用。图 6-33 为几种常用的辅助支承结构。

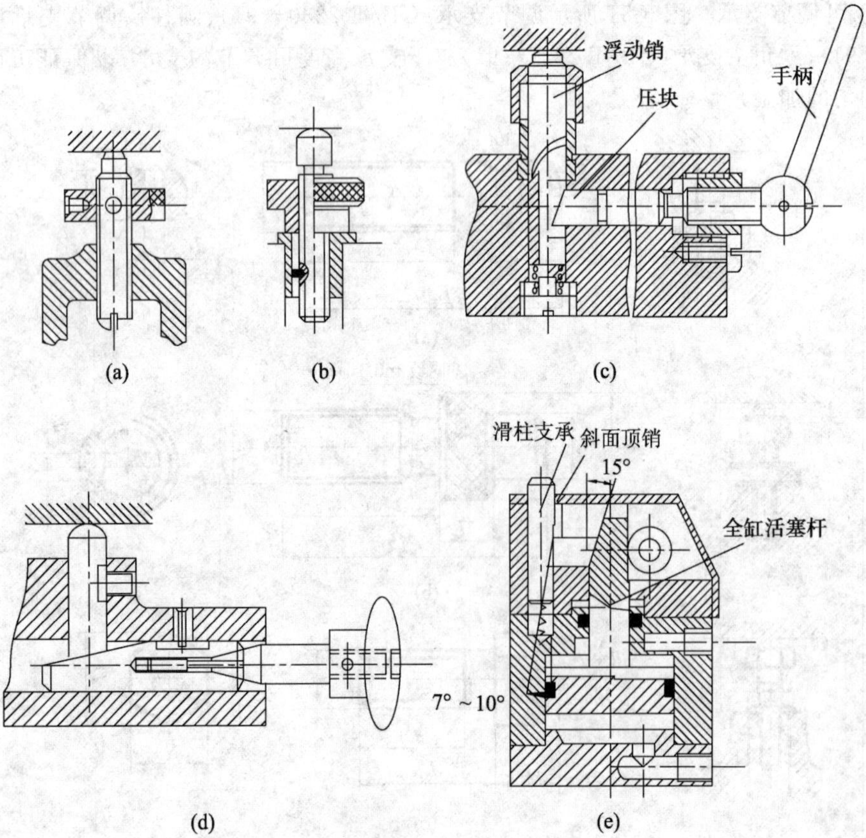

图 6-33 辅助支承

图 6-33a 所示的结构最简单，但在调节时需转动支承，这样可能会损伤工件的定位面。图 6-33b 所示结构避免了上述缺点，拧螺母调节，支承只做上下直线移动。这两种结构动作较慢，拧动时用力不当会破坏工件的既定位置。图 6-33c 所示结构为自动调节支承，靠弹簧推动滑柱支承与工件表面接触，转动手柄，用斜面顶销锁紧。斜面顶销的斜角不能大于自锁角(7°～10°)，否则会在锁紧时使滑柱支承顶起工件而破坏定位。图 6-33d 所示结构为推引式辅助支承，它适用于工件较重的场合。工件定位后，推动手柄，使滑柱支承与工件接触，然后转动手柄旋进螺纹，使锥面将斜楔开槽锥孔胀开而锁紧于孔内。斜楔的斜角一般可取 8°～10°，若斜角过小，则滑柱升程小；若斜角过大，则需较大的锁紧力。图 6-33e 所示结构为弹簧自引式气动锁紧辅助支承，它由气缸活塞杆的斜面推动斜面顶销，将滑柱支承锁紧。

每次卸下工件后各种辅助支承必须松开，装上工件后再调整和锁紧。

由于辅助支承会使夹具结构复杂，操作时间增加，因此当定位基准面精度较高，允许重复定位时往往用增加固定支承的方法增加支承刚度。

平面还可以与其他形状的表面组合，作为组合定位基准对工件进行定位。

(2) 工件以圆孔定位

工件以圆孔定位的方式常有两种：以外圆柱面定位和以外圆锥面定位。

工件以圆孔在外圆柱上定位时也有长孔、短孔之分，所限制自由度状况同于外圆柱面定位，即长孔限 4 个自由度，短孔限两个自由度，也可与端面配合，共限工件 5 个自由度。孔的长短主要依据定位工作面与基准孔接触的相对长度加以区分。

工件以圆孔在外圆锥面上定位时，由于是间隙配合，所以径向位置不定，且使工件定位不稳，易发生倾斜。定位锥面又有大小锥度之分，小锥度定位面可限工件除绕轴线转动外的 5 个自由度；大锥度定位面则只能限制工件的 3 个移动自由度。

工件以圆孔定位时，常用的定位件有圆柱定位销、圆柱定位心轴、小锥度心轴及圆锥定位销等。

① 圆柱定位销。图 6-34 为常见的几种圆柱定位销结构。当工件直径小于10 mm时，为避免销子因撞击而折断或因热处理淬裂，常将根部制成 R 圆角，夹具体上钻有沉孔，使定位销圆角部分沉入孔内而不影响定位(图 6-34a)。大批量生产时，为方便更换定位销，可采用图 6-34 所示的带衬套结构。为使工件易于装入，定位销头部制成 15°倒角。定位销、衬套及夹具体间的配合可按加工要求参照相关标准。

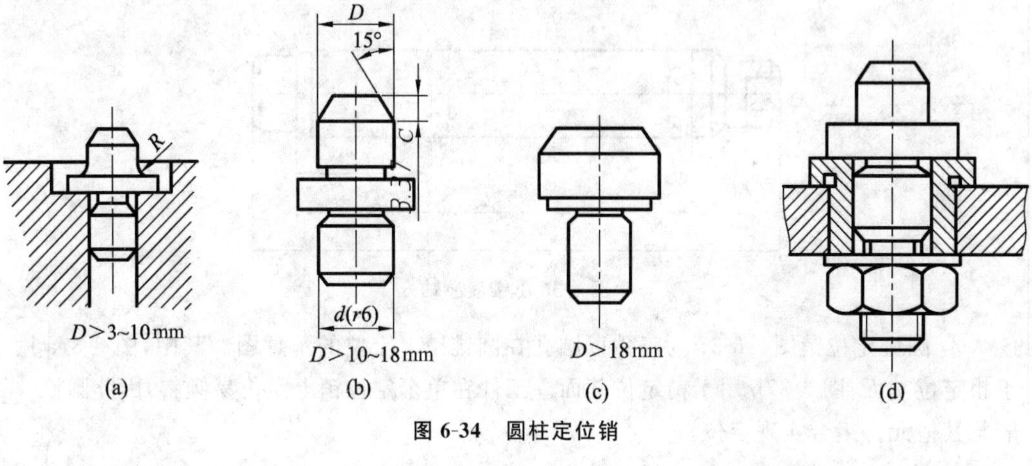

图 6-34 圆柱定位销

② 圆柱定位心轴。图 6-35 为几种常见的圆柱心轴。其中图 6-35a 为间隙配合心轴，装卸工件方便，但定心精度不高，图 6-35b 为过盈配合心轴，它适合用于加工外圆及端面，由导向部分、工件部分及安装部分组成。当工件孔长径比大于 1 时，为方便装卸工件，工作部分应有适当锥度。安装部分由同轴度很高的两顶尖孔与拨盘配套和传递扭距的削扁方组成。心轴上凹槽为车削端面时退刀所用，这种心轴结构简单，易制造，定心精度高，但工件拆装不方便，易损伤定位孔，常在定心精度要求比较高时使用。图 6-35c 为花键心轴，用于以花键孔定位的工件加工。当工件定位孔长径比大于 1 时，工作部分应稍带锥度。

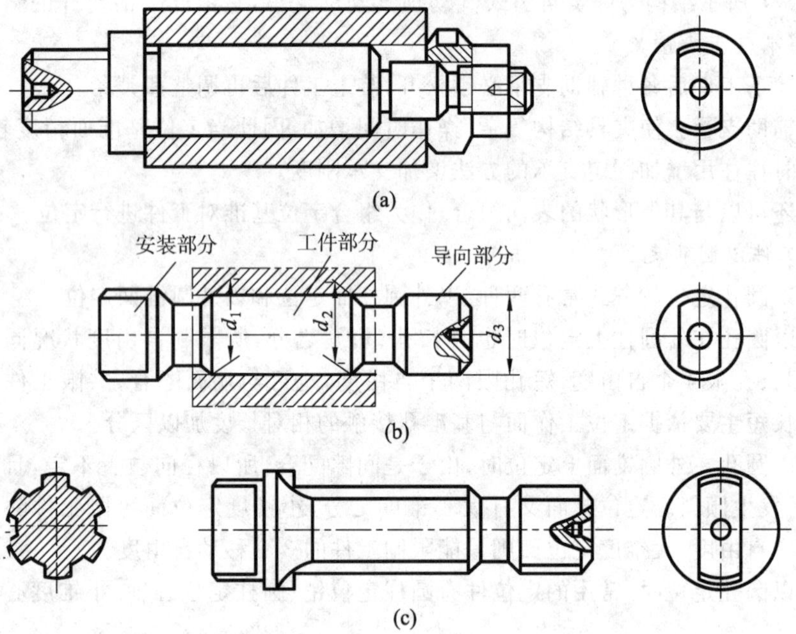

图 6-35　圆柱心轴

③ 小锥度心轴。如图 6-36 所示，工件在小锥度心轴上定位时以工件孔和心轴工作面的弹性变形来夹紧工件，定位精度高，但轴向位移公差大，工件易倾斜且装卸不方便，不宜加工端面，一般只用于精度不低于 IT7 的精车、精磨加工。为保证心轴有足够的刚度，当心轴长径比大于 8 时，应将工件按定位孔的公差范围分组使用心轴。

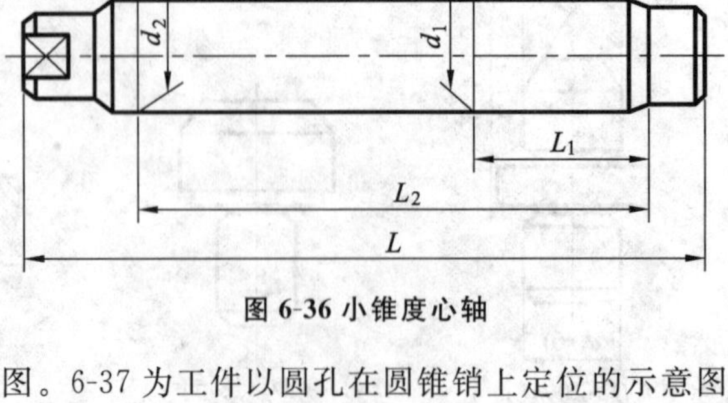

图 6-36 小锥度心轴

④ 圆锥定位销图。6-37 为工件以圆孔在圆锥销上定位的示意图。其中，图 6-37a 用于粗定位基面；图 6-37b 用于精定位基面。工件在单个定位销上定位易倾斜，因此圆锥一般与其他元件组合实现定位。

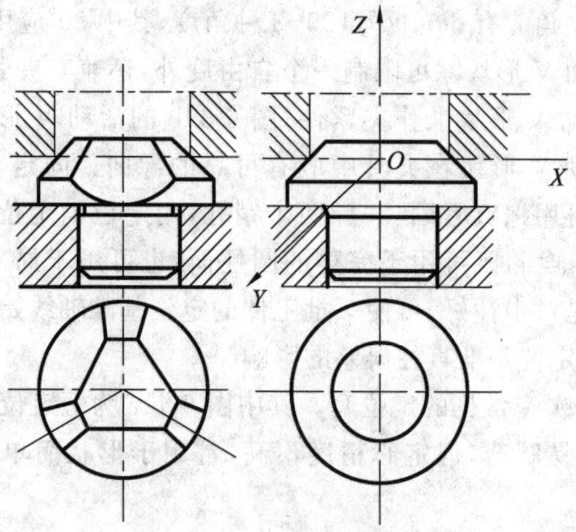

(a) (b)

图 6-37 圆锥销定位

(3) 工件以外圆表面定位

生产中的轴盘及轴套类零件常以外圆柱面定位，要求其中心与规定轴线(如车床、磨床主轴等)相重合。工件以外圆柱面定位，常用的定位方式有 3 种：圆柱孔、V 形块及半圆孔定位。

工件外圆柱面可直接放于定位孔中定位，一般长圆柱限制两个移动及两个转动共 4 个自由度，短圆柱只限制两个移动自由度。生产中往往以端面相配合，长圆柱配小端面，短圆柱配大端面，均限制除绕轴线转动以外的 5 个自由度。

当工件以外圆柱定位却无法使用定位孔，且工件水平向(或对称性)要求高时，或用工件上一段小于 180°的圆弧定位时，均可采用 V 形块定位。V 形块所限制的自由度类似圆柱孔，即长 V 形块限制 4 个自由度，短 V 形块限两个自由度。

对不适于圆孔定位的大型轴类零件还可采用半孔定位，一般下半孔定位(固定于夹具)，上半孔(装于可卸盖)夹紧，所限自由度情况同圆柱孔定位。

工件以外圆柱面定位所用定位件既可将圆孔作于夹具本体(适用于中小尺寸工件)，也可将定位孔做成衬套式零件固定于夹具体，或做成沿圆周分布的定位块，还可采用不同结构的 V 形块，半圆套等。

① V 形块。V 形块的结构及参数可参见 GB/T 2208—1991。图 6-38 为几种常用的 V 形块结构。其中图 6-38a 为用于精基准的短 V 形块；图 6-38b 为用于精基准的长 V 形块；图 6-38c 为可用于粗基准面和阶梯定位面；图 6-38d 为镶硬垫块或镶硬质合金 V 形块，可用于大工件的定位，定位面可根据工件条件及使用中的磨损状况方便地进行更换。

(a) (b) (c) (d)

图 6-38 V 形块的典型结构

V 形块的两斜面夹角 α 有 60°,90°,120° 3 种角度,其中 90°应用最多。V 形块有活动式和固定式两种。活动 V 形块除可限制一个自由度外,还兼有夹紧作用。图 6-39a 为加工轴承座孔时采用活动 V 形块兼作夹紧件;图 6-39b 的活动 V 形块只起定位(防转)作用。兼作夹紧件的活动 V 形块在夹具中应有可靠的导向。固定 V 形块在夹具上的安装,应先调整好位置,再用螺钉紧固,并配两个销孔,用定位销定位。V 形块既可用于精基准面,又可用于粗基准面,既可用于完整的圆柱面,也可用于局部的圆柱面,如图 6-40 所示。它的突出优点是对中性好,可使一批工件的定位基准轴线始终对中在 V 形块两斜面的对称面上,而不受定位基准直径误差的影响。

② 定位套。图 6-41 为常见的定位套。其中图 6-41a 为短定位套;图 6-41b 为长定位套。定位套结构简单,易制造,但定心精度不高,常用于形状简单的小型零件的精基准定位。

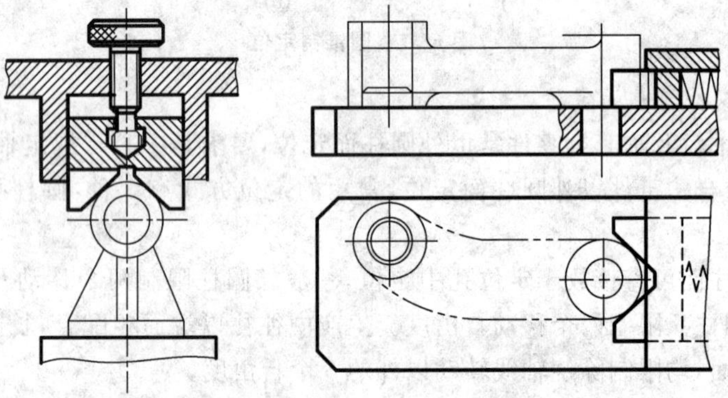
(a) (b)

图 6-39 活动 V 形块的应用

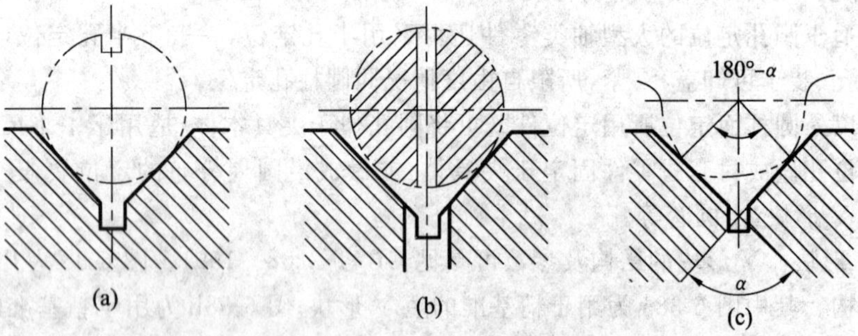

(a) (b) (c)

图 6-40 圆柱面在 V 形块中定位

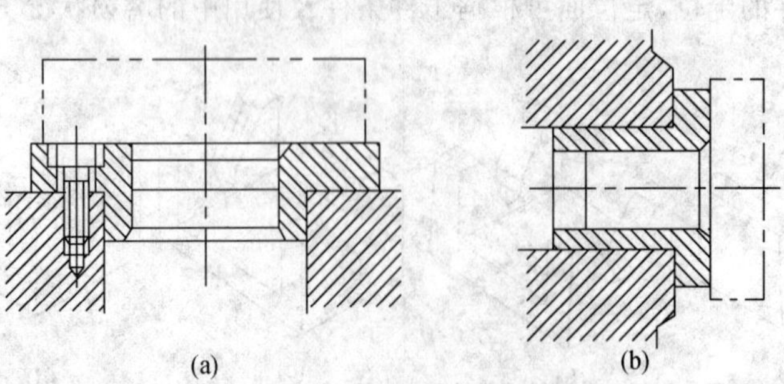
(a) (b)

图 6-41 定位套

③ 半圆套。图 6-42 为两种结构的半圆套定位装置，图 6-42a 为可卸式定位装置，图 6-42b 为铰链式定位装置。半圆套主要用于大型轴类零件及不变轴向装夹的零件。

④ 圆锥套。图 6-43 为常用的反顶尖，由顶尖体，螺钉和圆锥套组成。工件以圆柱面的端部在圆锥孔中定位，锥孔内有齿纹，可带动工件旋转。顶尖体的锥柄部分插入机床主轴孔中，螺钉用来传递扭矩。

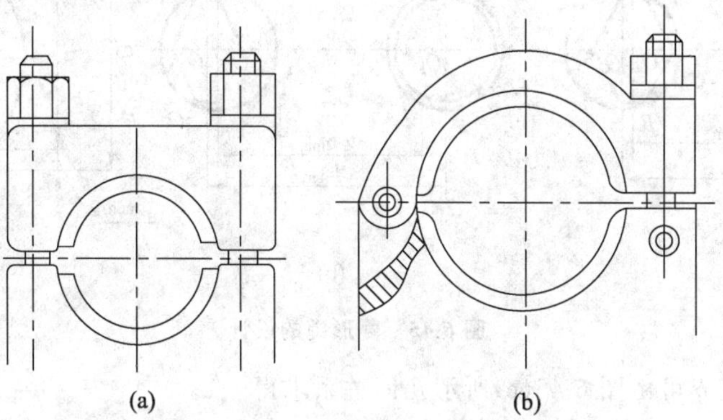

图 6-42　半圆套定位装置

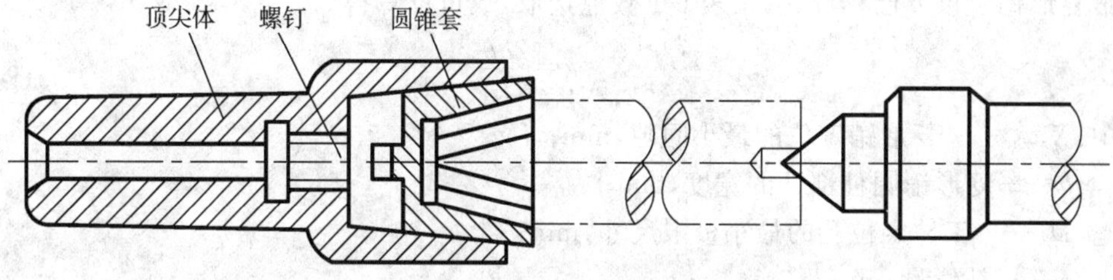

图 6-43　工件在圆锥套中的定位

(4) 工件以一面两孔定位

在加工箱体、支架类零件时常用工件的一面两孔定位，基准统一，相应的定位元件为支承板、定位销和菱形销。但应注意，当工件上两定位孔与销的配合间隙不大，而中心距误差较大时，就会使装卸工件发生干涉。因此，应正确选择菱形销的直径和削边后圆柱部分的宽度，以防止产生过定位。

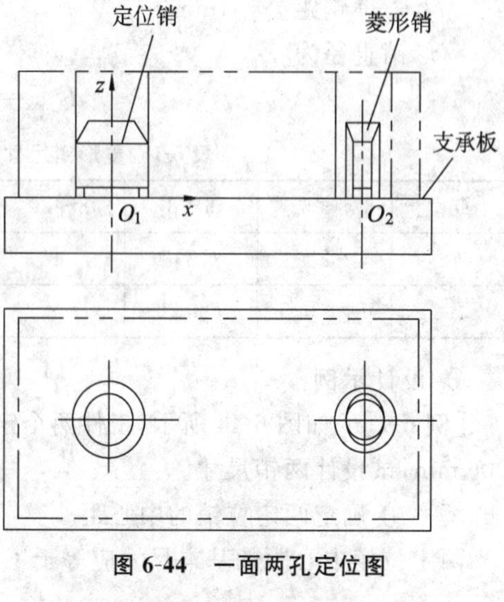

图 6-44　一面两孔定位图

① 定位方式。图 6-44 为工件以一面两孔定位图。工件以平面作为主要定位基准，用支承板限制工件的 $\hat{z}\hat{x}\hat{y}$ 由度；其中一个孔用圆柱定位销定位，限制工件 x，y 两个自由度；另一个孔用菱形销定位，仅限制工件的一个转动自由度 $\hat{z}$。菱形销作为防转支承，其长边方向应与两销的中心连线相垂直。

② 菱形销的设计。当孔距为最大极限

尺寸，销距为最小极限尺寸时，菱形销的干涉点在 A，B 处，如图 6-45a 所示。当孔距为最小极限尺寸，销距为最大极限尺寸时，菱形销的干涉点则在 C，D 处，如图 6-45b 所示。为了满足顺利装卸工件的要求，需控制菱形销直径 d_2 和经削边后的圆柱部分宽度 b。

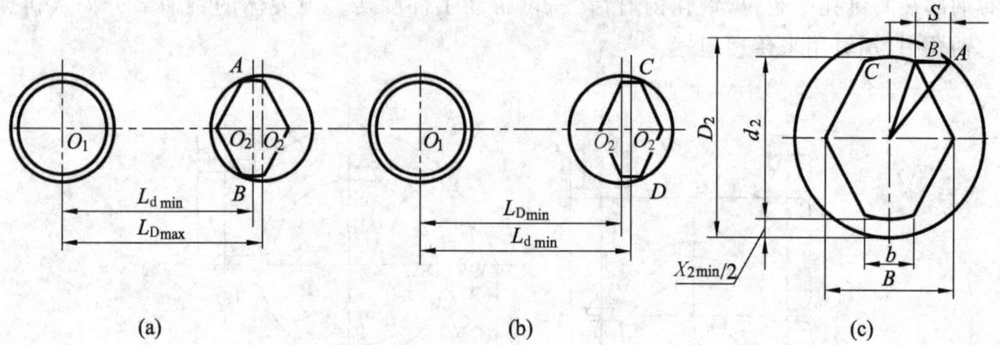

图 6-45 菱形销的设计

菱形销宽度 b 可由图 6-45(c)所示几何关系求得

$$b=\frac{D^2 X_{2\,\min}}{2a} \tag{6-1}$$

菱形销宽度 b 已标准化，按表 6-1 数值选取，故可反算得

$$X_{2\,\min}=\frac{2ab}{D_2} \tag{6-2}$$

式中：$X_{2\,\min}$——菱形销定位的最小间隙，mm；

b——菱形销圆柱部分的宽度，mm；

D_2——工件定位孔的最小极限尺寸，mm；

a——补偿量，mm。

又

$$a=\frac{\delta_{LD}+\delta_{Ld}}{2} \tag{6-3}$$

式中：δ_{LD}——孔距公差，mm；

δ_{Ld}——销距公差，mm。

菱形销直径为

$$d_{2\,\max}=D_2-X_{2\,\min} \tag{6-4}$$

表 6-1 菱形销尺寸参考表(GB/T 2203—91) mm

D_2	3～6	6～8	8～20	20～24	24～30	30～40	40～50
b	2	3	4	5	5	6	8
B	$D_2-0.5$	D_2-1	D_2-2	D_2-3	D_2-4	D_2-5	D_2-5

③ 设计示例。

[例 6-1] 如图 6-44 所示，工件两个定位孔为 $2\times\phi 12_{0}^{+0.027}$，两定位孔中心距为 80 ± 0.06 mm，试设计两销尺寸。

解 ① 确定两定位销的中心距。

两定位销中心距的基本尺寸应等于工件两定位孔距的平均尺寸，其公差一般为$\delta_{LD}=(1/3\sim1/5)\delta_{LD}$。因 $L_D=80\pm0.06$ mm，故取 $L_d=\frac{1}{3}L_D=80\pm0.02$ mm。

② 选择圆柱定位销 d_1 为 $\phi 12\ \mathrm{g6} = \phi 12^{-0.006}_{-0.017}$ mm。

③ 确定菱形销直径 d_2。选择菱形销宽度 b，按附表 6-1 取 $b=4$ mm。

按式(6-3)求补偿量 a。

$$a=\frac{\delta_{LD}+\delta_{Ld}}{2}=\frac{0.12+0.04}{2}=0.08\ \mathrm{mm}$$

按式(6-2)计算 $X_{2\min}$。

$$X_{2\min}=\frac{2ab}{D_2}=\frac{2\times 0.08\times 4}{12}=0.053\ \mathrm{mm}$$

按式(6-4)计算菱形销的直径 $d_{2\max}$。

$$\begin{aligned} d_{2\max} &= D_2 - X_{2\min} \\ &= 12-0.053 \\ &= 11.947\ \mathrm{mm} \end{aligned}$$

取公差带为 h6，其下偏差为 -0.011 mm，故菱形销的直径为

$$d_2=\phi 11.947\ \mathrm{h6}=\phi 11.947^{0}_{-0.011}\ \mathrm{mm}=\phi 12^{-0.053}_{-0.064}。$$

常用的定位元件所能限制的自由度见表 6-2。

表 6-2　常见定位元件所能限制的自由度

工件定位基准面	定位元件	定位方式简图	定位元件特点	限制的自由度
	支承钉	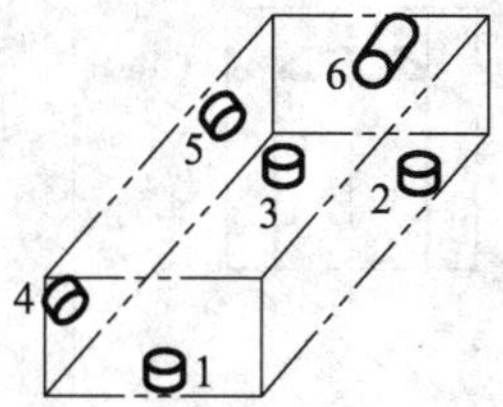		1,2,3—$\vec{z}$,$\widehat{x}$,$\widehat{y}$； 4,5—$\vec{y}$,$\widehat{z}$； 6—$\vec{x}$
平面 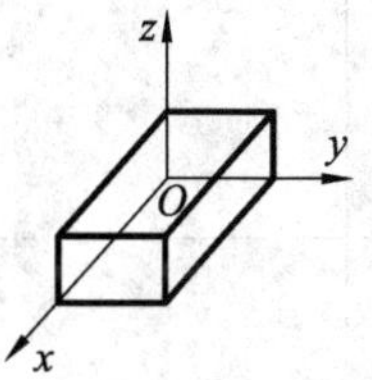	支承板	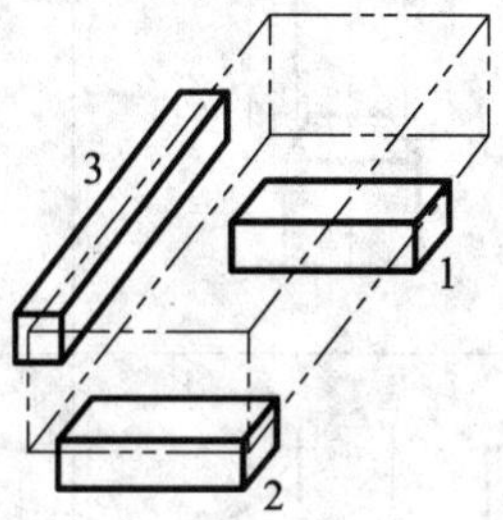	每个支承板也可设计成两个以上小支承板	1,2—$\vec{z}$,$\widehat{x}$,$\widehat{y}$ 3—$\vec{y}$,$\widehat{z}$
	固定支承与浮动支承	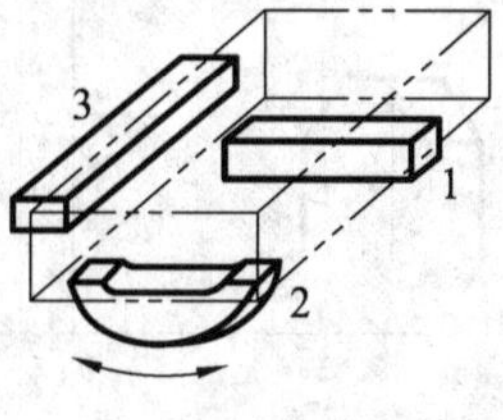	1,3—固定支承； 2—浮动支承	1,2—$\vec{z}$,$\widehat{x}$,$\widehat{y}$； 3—$\vec{y}$,$\widehat{z}$

续表

工件定位基准面	定位元件	定位方式简图	定位元件特点	限制的自由度
平面 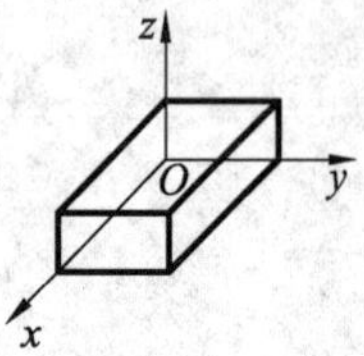 	固定支承与辅助支承	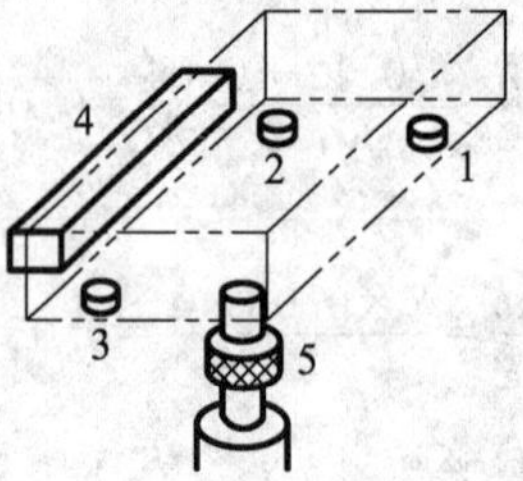 	1,2,3,4—固定支承； 5—辅助支承	1,2,3—$\vec{z}$,$\widehat{x}$,$\widehat{y}$； 4—$\vec{y}$,$\widehat{z}$； 5—增强刚性，不限制自由度
圆孔 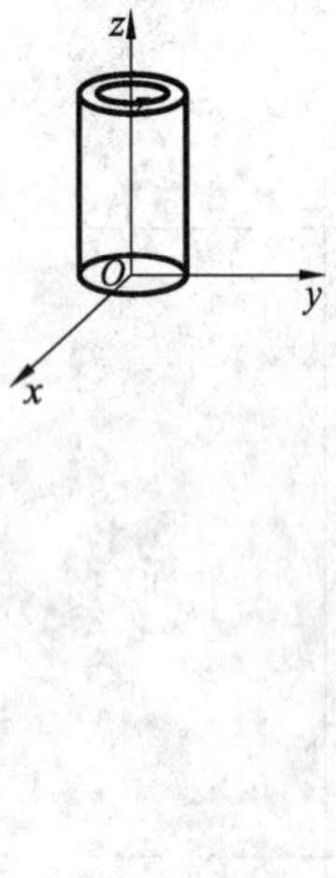 	定位销（心轴）	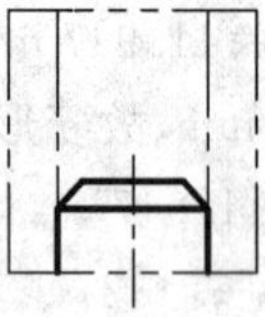	短销（短心轴）	$\vec{x}$,$\vec{y}$
		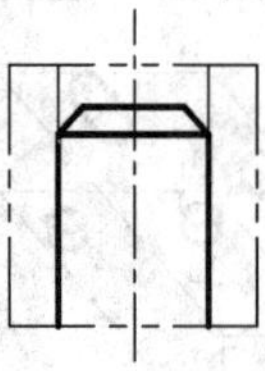	长销（长心轴）	$\vec{x}$,$\vec{y}$,$\widehat{x}$,$\widehat{y}$
	锥销	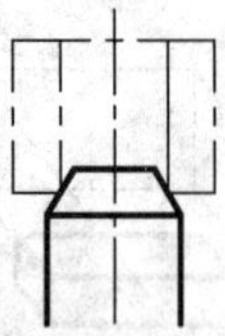	单锥销	$\vec{x}$,$\vec{y}$,$\vec{z}$
		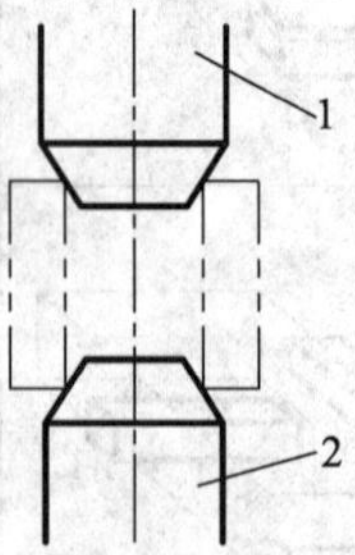 	1—固定销 2—活动销	1—$\vec{x}$,$\vec{y}$,$\vec{z}$ 2—$\widehat{x}$,$\widehat{y}$

续表

工件定位基准面	定位元件	定位方式简图	定位元件特点	限制的自由度
外圆柱面 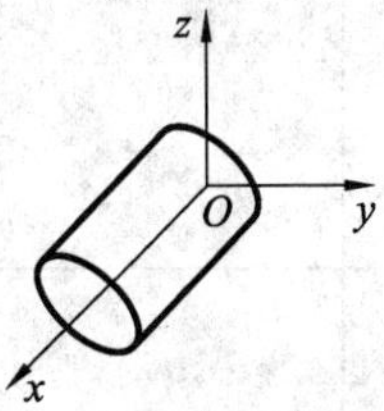	支承板或支承钉	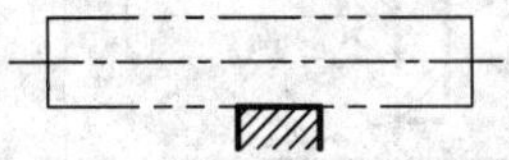	短支承板或支承钉	$\vec{z}$（或$\widehat{y}$）
		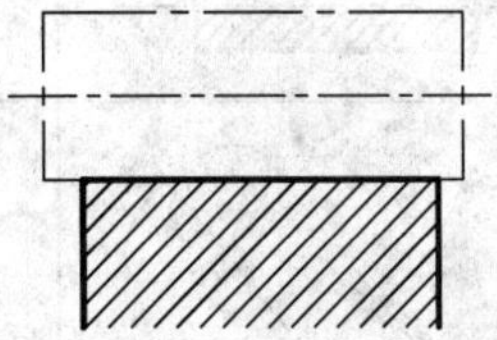	长支承板或两个支承钉	$\vec{z}$，$\widehat{y}$
	V形架	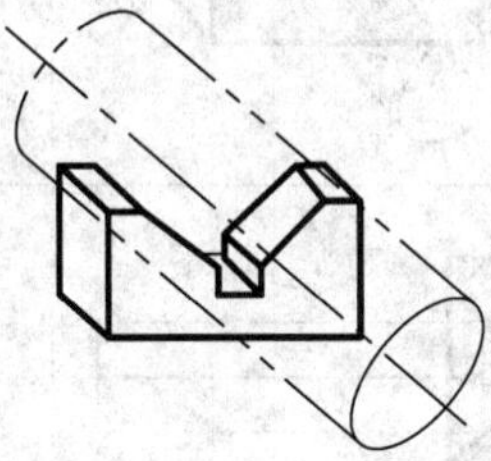	短 V 形块	$\vec{y}$，$\widehat{z}$
		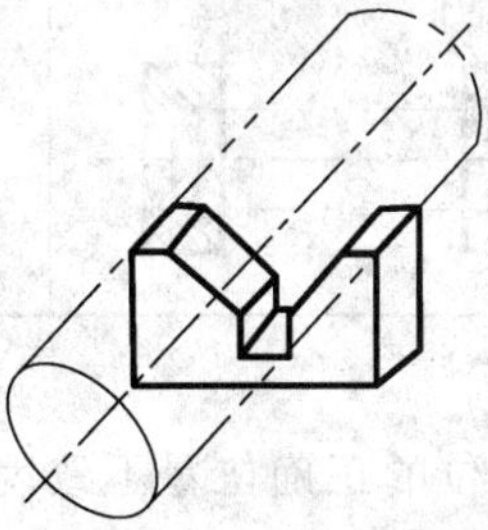	短 V 形块	$\vec{y}$，$\widehat{z}$
		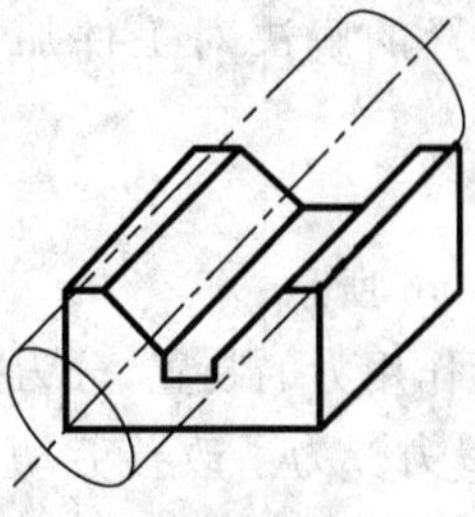	长 V 形块	$\vec{z}$，$\vec{y}$ $\widehat{z}$，$\widehat{y}$

续表

工件定位基准面	定位元件	定位方式简图	定位元件特点	限制的自由度
外圆柱面 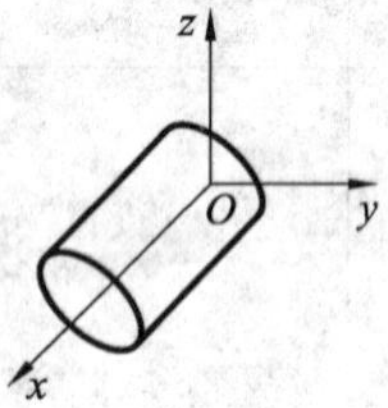	定位套	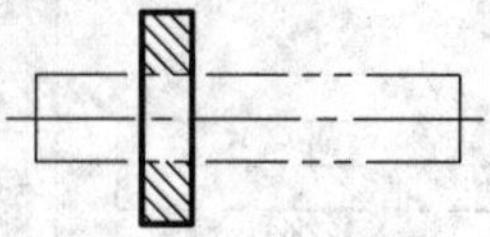	短套	$\vec{y},\vec{z}$
		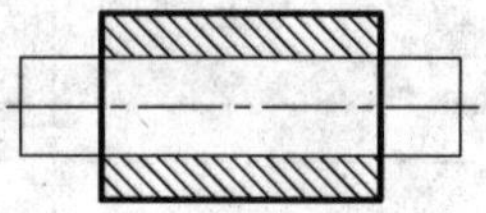	长套	$\vec{y},\vec{z}$ $\overset{\frown}{y},\overset{\frown}{z}$
	半圈套	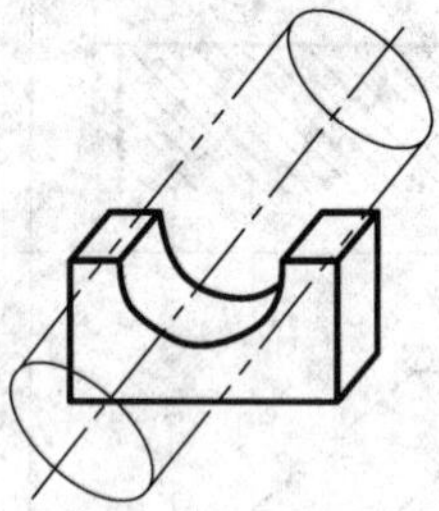	短半圈套	$\vec{y},\vec{z}$
			长半圈套	$\vec{y},\vec{z}$ $\overset{\frown}{y},\overset{\frown}{z}$
	锥套	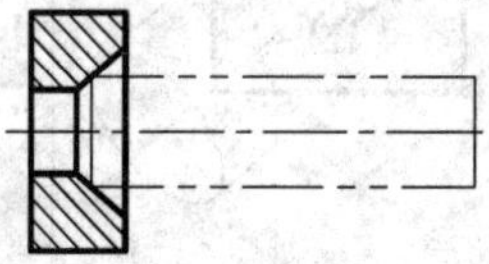	单锥套	$\vec{x},\vec{y},\vec{z}$
		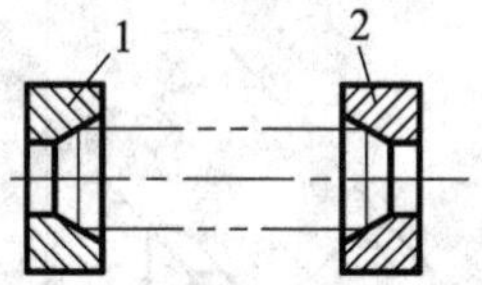	1—固定锥套；2—活动锥套	$\vec{x},\vec{y},\vec{z}$ $\overset{\frown}{y},\overset{\frown}{z}$

2. 工件夹紧

工件加工过程中为确保工件定位的正确位置不致因切削力、惯性力、离心力及工件重力等外力的作用而发生位移和振动，并保证加工质量和生产安全，必须采用一定的装置将工件夹紧。这种在工件定位后，将工件固定并使工件在加工过程中保持定位位置不变的装置，称为夹紧装置。夹紧装置的解决对工件加工中的技术和经济效益有重大影响。

1）夹紧装置的组成

夹紧装置由 3 部分组成，如图 6-46 所示。

① 动力源装置。它是产生夹紧作用力的装置，分为手动夹紧和机动夹紧两种。手动夹紧的力源为人力，使用比较费时费力。为了改善劳动条件和提高生产率，目前在大批量生产中均采用机动夹紧。机动夹紧的力源来自气动、液压、气液联动、电磁、真空等动力夹紧装置。图 6-46 中的气缸就是一种动力源装置。

② 传力机构。它是介于动力源和夹紧元件之间传递动力的机构。传力机构的作用如下：改变作用力的方向；改变作用力的大小；具有一定的自锁性能，以便在夹紧力消失

后仍能保证整个夹紧系统处于可靠的夹紧状态，这一点在手动夹紧时尤为重要。图6-46中的就是杠杆传力机构。

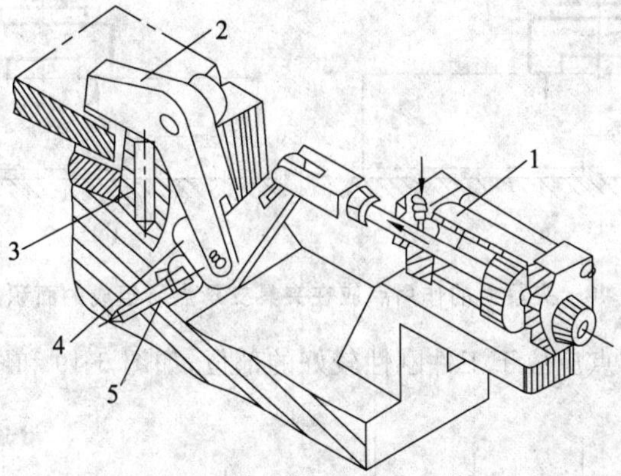

1—气缸(动力装置)；2—压板(夹紧机构)；3—弹簧销；4—偏心轮；5—调整螺钉

图6-46 夹紧装置组成示例

③ 夹紧元件。它是直接与工件接触完成夹紧作用的最终执行元件。图6-47中的压板就是夹紧元件。

2）夹紧装置的基本要求

① 夹紧时不能破坏工件在夹具中占有的正确位置。

② 夹紧力要适当，既要保证工件在加工过程中不移动、不转动、不振动，又不因夹紧力过大而使工件表面损伤、变形。

③ 夹紧机构的操作应安全、方便、迅速、省力。

④ 结构应尽量简单，制造、维修要方便。

3）夹紧力的确定

为确保工件加工中有正确的夹紧，合理、合适夹紧力的确定至关重要。夹紧力包括方向、作用点和大小3个要素，故夹紧力的确定应根据工件结构特点、加工要求、加工状况及定位件结构及其布置形式等方面综合考虑。

(1) 确定夹紧力作用点的原则

① 夹紧力的作用点应正对支承元件或位于支承元件所形成的支承平面内，如图6-47和图6-48所示。

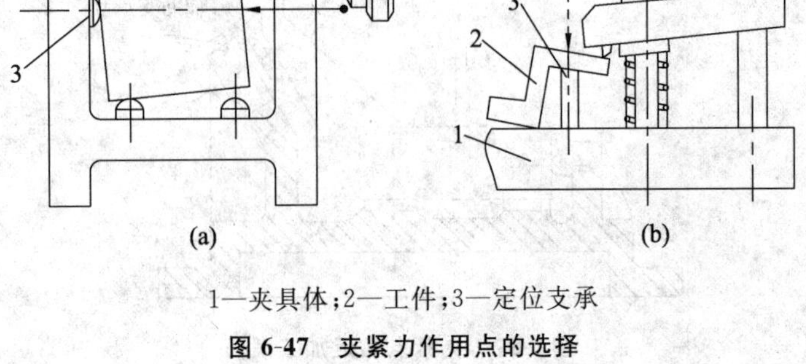

1—夹具体；2—工件；3—定位支承

图6-47 夹紧力作用点的选择

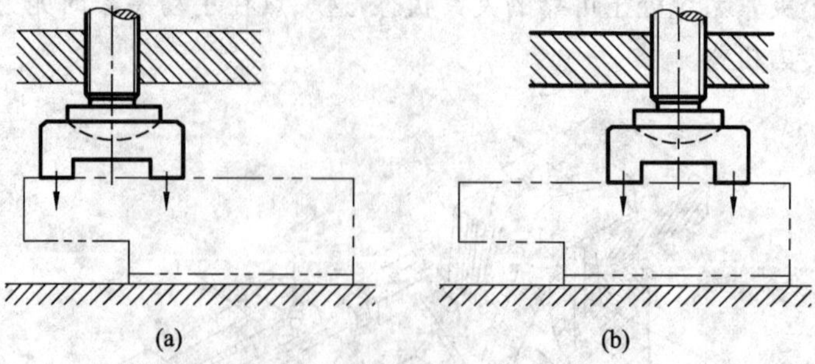

图 6-48 夹紧力的作用点应在夹具支承点所组成的面积之内

② 夹紧力的作用点应位于工件刚性较好的部位，如图 6-49 和图 6-50 所示。

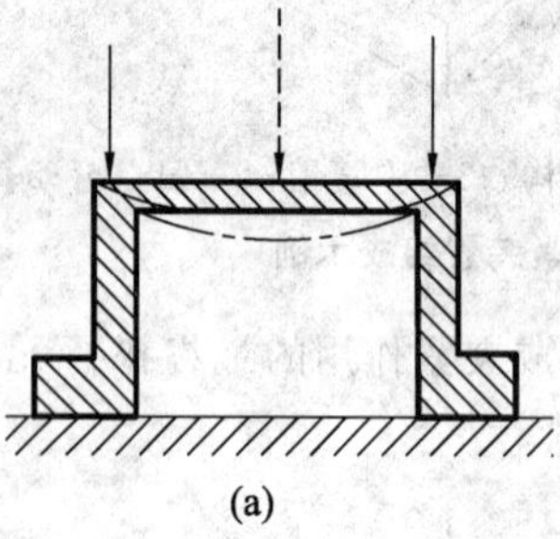

图 6-49 夹紧力作用点对工件变形的影响

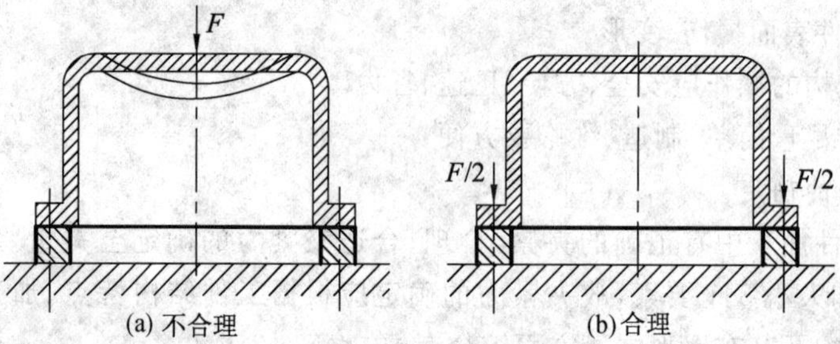

图 6-50 夹紧力作用部位

③ 夹紧力的作用点应尽量靠近加工面，以减小切削力对夹紧点的力矩，防止或减小工件的加工振动或弯曲变形，如图 6-51 所示。

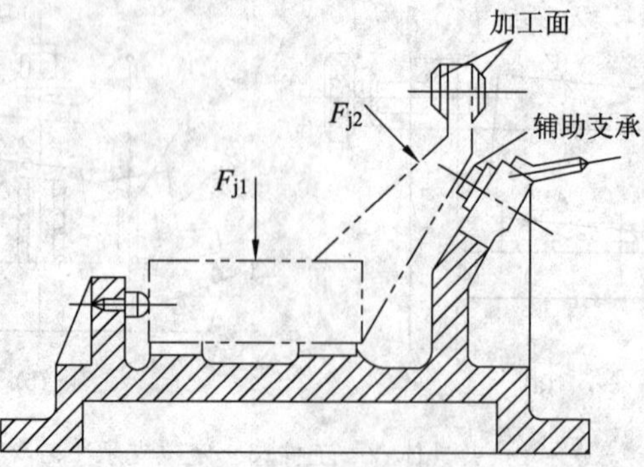

图 6-51 夹紧点靠近加工表面

（2）确定夹紧力作用方向的原则

① 夹紧力的方向应使定位基面与定位元件接触良好，以保证工件定位准确可靠。

② 夹紧力的方向应与工件刚度最大的方向一致，以减小工件变形，如图 6-52 所示。

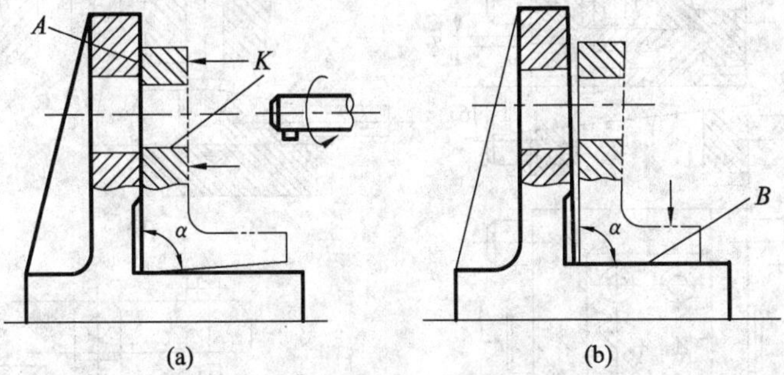

图 6-52　夹紧力垂直指向主要支承面

③ 夹紧力的方向应尽量与工件受到的切削力、重力等的方向一致，以减小夹紧力，如图 6-53 所示。

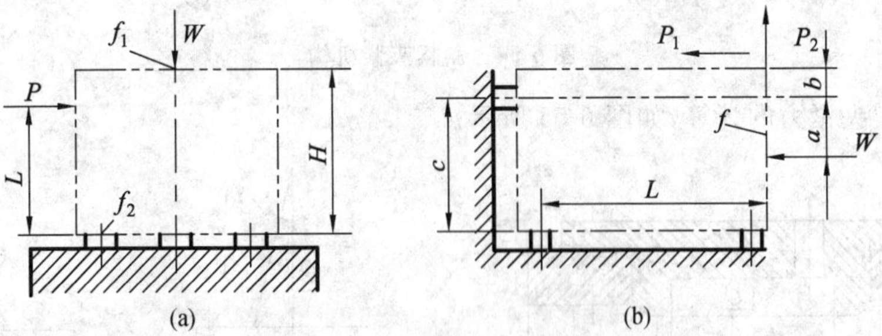

图 6-53　夹紧力的方向应有利于减少所需要的夹紧力

（3）夹紧力的计算方法

一般采用机动（气动、液动）夹紧装置时，需对夹紧力进行计算，而采用手动夹紧机构时，常根据经验或类比法确定所需的夹紧力。

（4）夹紧力大小的估算

根据工件在最不利情况下切削力的平衡，求夹紧力，然后乘以安全系数 K。K 值在粗加工时取 2.5～3，精加工时取 1.5～2。

4）典型夹紧机构

常用夹紧机构如斜楔夹紧机构、螺旋夹紧机构、圆偏心夹紧机构、定心对中夹紧机构、联动夹紧机构。

（1）斜楔夹紧机构

斜楔夹紧机构是利用楔块上的斜面直接或间接（如用杠杆）将工件夹紧的机构。斜楔是夹紧机构中最基本的增力和锁紧元件。图 6-54 为几种斜楔夹紧机构的应用实例。

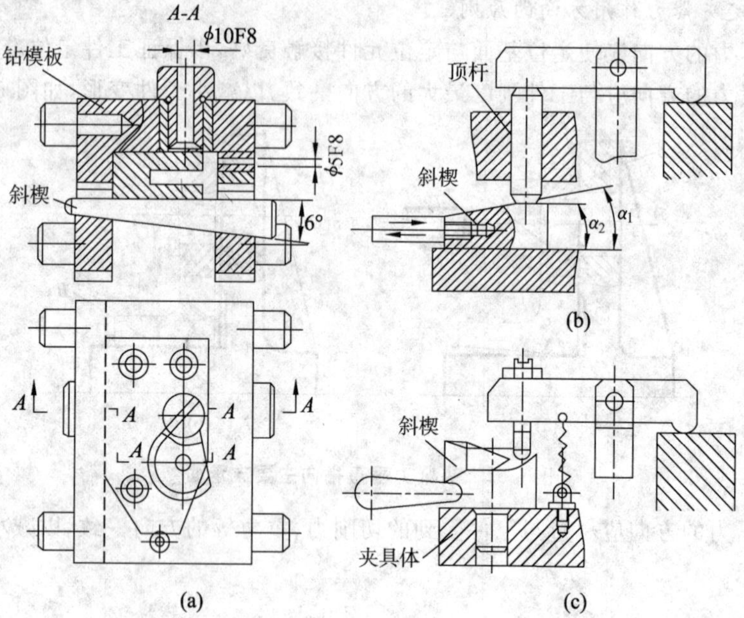

图 6-54 斜楔夹紧机构

① 斜楔夹紧力的计算，如图 6-55 所示。

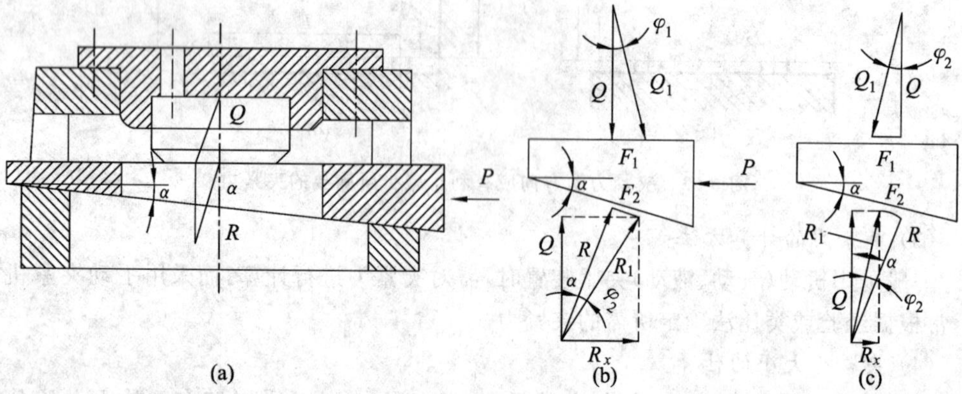

图 6-55 斜楔夹紧原理及受力分析

斜楔受作用力 P 后产生的夹紧力 Q 为

$$Q=\frac{P}{\tan\varphi_1+\tan(\alpha+\varphi_2)}$$

式中：Q——斜楔对工件的夹紧力；

α——斜楔的升角；

P——加在斜楔上的作用力；

φ_1——斜楔与工件间的摩擦角；

φ_2——斜楔与夹具间的摩擦角。

② 斜楔夹紧机构的自锁条件，如图 6-56 所示。

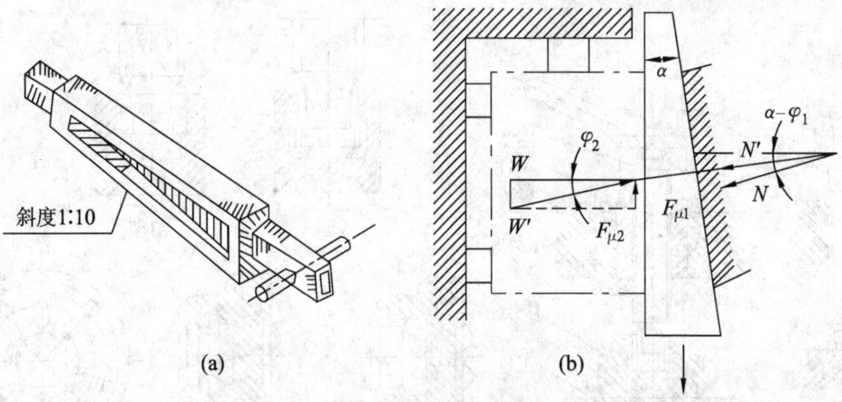

图 6-56　自锁斜楔机构及自锁条件分析

自锁性：外力 Q 消失后，机构在摩擦力作用下仍能夹紧工件的能力。

自锁条件：$\alpha \leqslant \varphi_1 + \varphi_2$，也就是斜楔的升角小于斜楔与工件、斜楔与夹具体之间的摩擦角之和。

一般钢铁接触面的摩擦系数 $f=0.1\sim0.15$，故摩擦角 $\varphi=5^\circ\sim7^\circ$，相应的升角 $\alpha=10^\circ\sim14^\circ$。

③ 斜楔夹紧机构的结构特点。夹紧力增大的倍数等于夹紧行程的缩小倍数。斜楔夹紧机构的夹紧力与原始作用力之比称为增力比。斜楔增力比为

$$i=\frac{Q}{P}=\frac{1}{\tan\varphi_1+\tan(\alpha+\varphi_2)}$$

由上式可知：α 减小，Q 增大，则 i 增大，夹紧行程增加，自锁性变好，而且改变了原始作用力的方向。

④ 斜楔夹紧机构适用范围。斜楔夹紧机构结构简单，有增力作用但增力比小（受升角的影响）且夹紧行程小，自锁能力差，夹紧松开时操作不便，效率低下，多用于机动夹紧机构中。

⑤ 斜楔升角的选择。选用斜楔夹紧机构时，应根据需要确定斜楔升角 α。凡有自锁要求的楔块夹紧，其斜楔升角 α 必须小于 2φ（φ 为摩擦角），为可靠起见，通常取 $\alpha=6^\circ\sim8^\circ$。在现代夹具中，斜楔夹紧机构常与气压、液压传动装置联合使用，由于气压和液压可保持一定压力，楔块斜角 α 不受此限，可取更大些，一般在 $15^\circ\sim30^\circ$内选择。

(2) 螺旋夹紧机构

由螺钉、螺母、螺栓或螺杆等带有螺旋机构的元件与垫圈、压板或压块等组成的夹紧机构称为螺旋夹紧机构。螺旋面可视为楔的斜面绕在圆柱体上而成的，所以其原理与斜楔夹紧相似。由于螺旋升角 α 等于斜楔楔角 α，所以螺旋夹紧机构能获得较大夹紧力及良好自锁性，同时因缠绕于螺钉表面的螺旋线可以很长，故夹紧行程也较大，加之它结构简单，容易制造，因此螺旋夹紧机构是目前夹具上用得最多的一种夹紧机构。

单螺旋夹紧机构如图 6-57 所示。

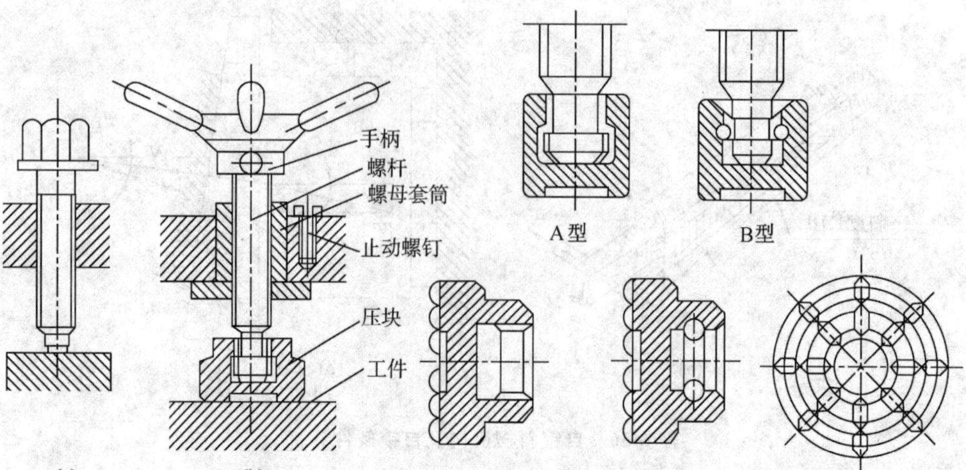

图 6-57　典型单螺旋夹紧机构及压块结构

单螺旋夹紧力为

$$Q=\frac{PL}{r'\tan\varphi_1+r_1\tan(\alpha+\varphi_2)}$$

扩力比为

$$i=\frac{Q}{P}=\frac{L}{r'\tan\varphi_1+r_1\tan(\alpha+\varphi_2)}$$

式中：r_1——螺纹中径；

r'——夹压表面的当量摩擦半径。

可见螺旋机构的扩力比比斜楔机构大得多。

螺旋夹紧机构结构简单，夹紧可靠，增力比大，行程不受限制，多用于手动夹紧。当结构尺寸受限制时，可采用钩形压板机构，如图 6-58 所示。

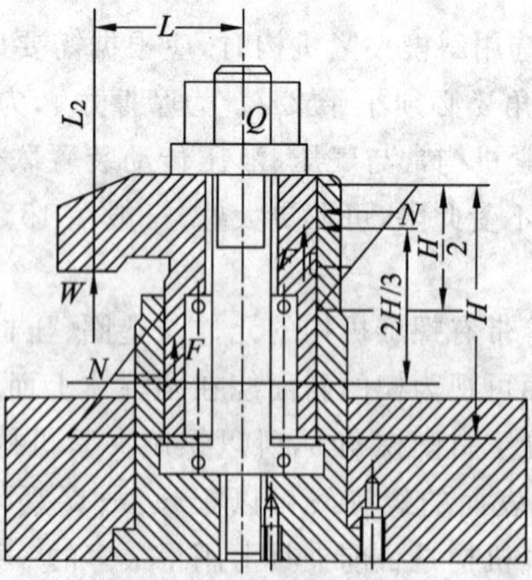

图 6-58　钩形压板机构

(3) 螺旋压板夹紧机构

夹紧机构中，结构形式变化最多的是螺旋压板机构。图 6-59 为常用的 5 种典型的螺旋压板机构。图 6-59a，b 两种机构的施力螺钉位置不同，图 6-59a 减力增加夹紧行程，图 6-59b 为不增力但可改变夹紧力的方向。图 6-59c 中采用了铰链压板增力但减小了夹紧行程，使用上受工件尺寸形状的限制。图 6-59d 为 GB/T 2197－91 钩形压板，其结构紧凑，很适应夹具上安装夹紧机构位置受到限制的场合。图 6-59e 为 GB/T 2872－91自调式压板，它能适应工件高度在0～200 mm 范围内的变化，其结构简单，使用方便。

螺旋夹紧机构结构简单，扩力比大，自锁性好，行程不受限制，但动作慢，适用于手动夹紧。

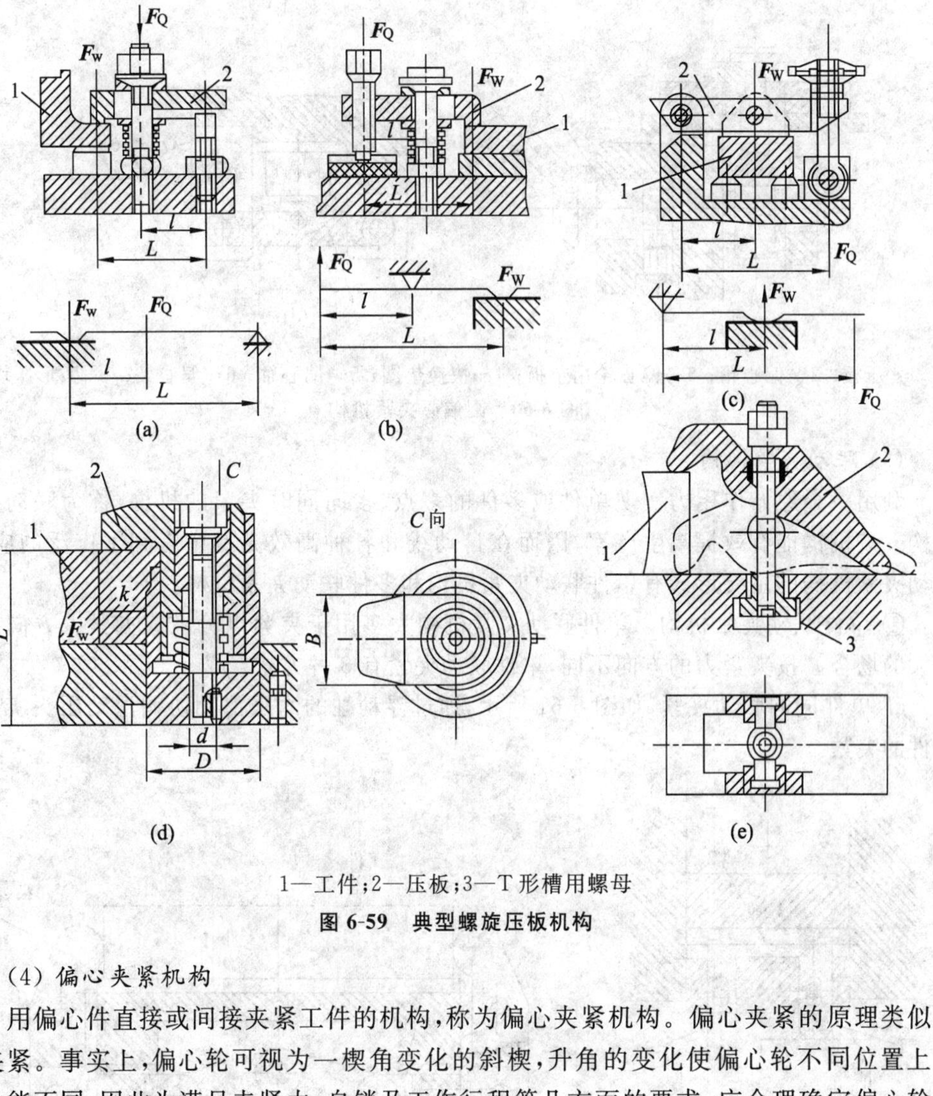

1—工件；2—压板；3—T 形槽用螺母

图 6-59 典型螺旋压板机构

(4) 偏心夹紧机构

用偏心件直接或间接夹紧工件的机构，称为偏心夹紧机构。偏心夹紧的原理类似斜楔夹紧。事实上，偏心轮可视为一楔角变化的斜楔，升角的变化使偏心轮不同位置上工作性能不同，因此为满足夹紧力、自锁及工作行程等几方面的要求，应合理确定偏心轮的工作段。总体来讲，利用偏心轮夹紧可迅速夹紧，但夹紧力、自锁性能均差于斜楔夹紧与螺母夹紧机构，故一般用于切削力、振动较小的手动夹紧。图 6-60 为常见的几种圆偏心夹紧机构。图 6-60a，b 中采用的是圆偏心轮，图 6-60c 中采用的是偏心轴，图 6-60d 中采用的是有偏心圆弧的偏心叉。

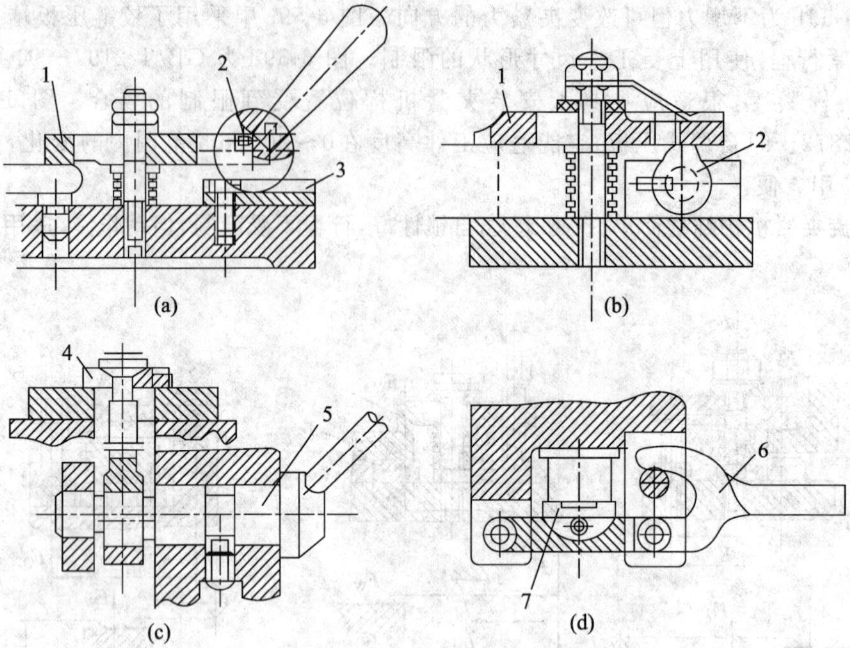

1—压板；2—偏心轮；3—偏心轮用垫板；4—快换垫圈；5—偏心轴；6—偏心叉；7—弧形压块

图 6-60　圆偏心夹紧机构

(5) 联动夹紧机构

利用一个原始作用力实现单件或多件的多点、多向同时夹紧的机构，称为联动夹紧机构。该机构能有效提高生产率，因而在自动线和各种高效夹具中得到了广泛的应用。联动夹紧机构的主要形式有单件联动夹紧机构和多件联动夹紧机构。

① 单件联动夹紧机构。单件联动夹紧机构大多用于夹紧点分散或夹紧力方向差别较大的场合。按夹紧力的方向不同，单件联动夹紧有 3 种方式。

a. 单件同向联动夹紧，如图 6-61 所示，通过浮动柱的水平滑动协调浮动压头实现对工件的夹紧。

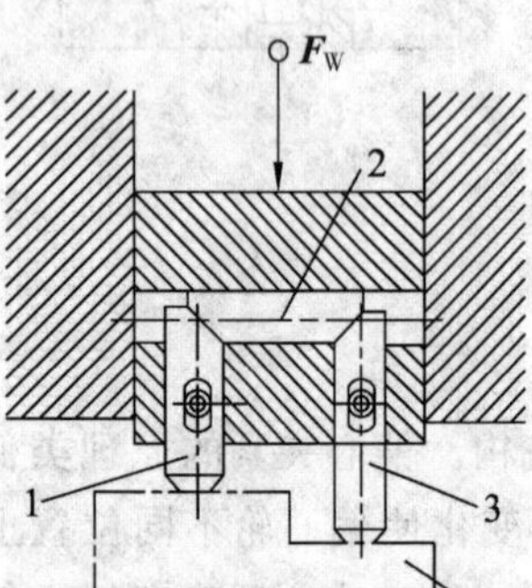

1,3—浮动压头；2—浮动柱；
4—工件

图 6-61　单件同向多点联动夹紧机构

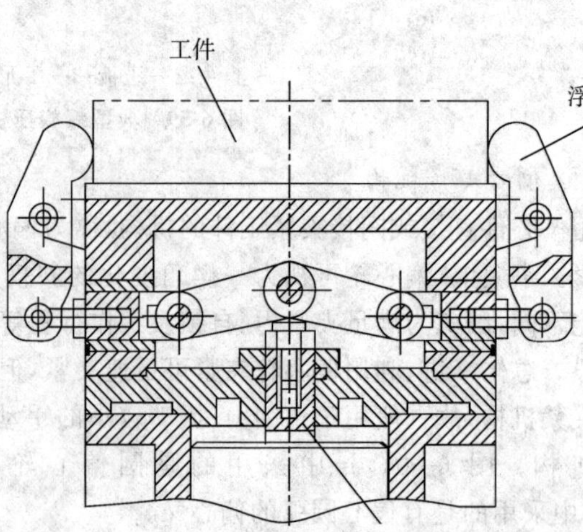

图 6-62　单件对向联动夹紧机构

b. 单件对向联动夹紧,图6-62为对向侧夹紧联动夹紧机构。当液压缸中的活塞杆向下移动时,通过双臂铰链使浮动压板相对转动,最后将工件夹紧。

c. 互垂力或斜交力的联动夹紧。图6-63a为双向浮动四点联动夹紧机构。由于摇臂可以转动并与摆动压块铰链连接,因此当拧紧螺母时,便可从两个相互垂直的方向上实现四点联动夹紧。图6-63b为通过摆动压块实现斜交力两点联动夹紧的浮动压头。

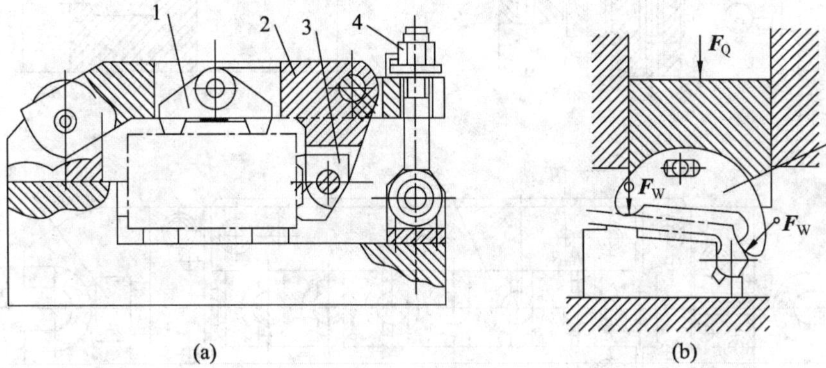

1,3—摆动压块；2—摇臂；4—螺母

图6-63　互垂力或斜交力的联动夹紧机构

② 多件联动夹紧机构。多件联动夹紧机构,多用于中、小型工件的加工。按其对工件施力方式的不同,一般分为如下几种形式。

a. 平行式多件联动夹紧。图6-64a为浮动压板机构对工件平行夹紧的实例。由于压板、摆动压块和球面垫圈可以相对转动,均是浮动件,故旋动螺母可同时平行夹紧每个工件。图6-64b为液性介质联动夹紧机构。密闭腔内的不可压缩液性介质既能传递力,又能起浮动环节的作用。旋紧螺母时,液性介质推动各个柱塞,使它们与工件全部接触并夹紧。

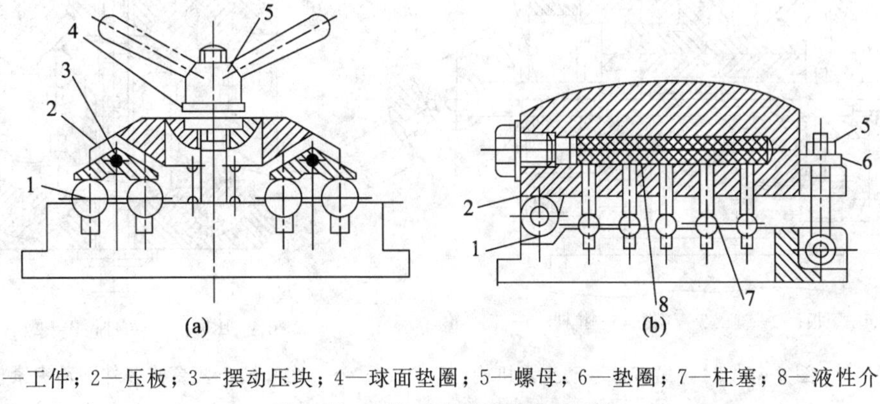

1—工件；2—压板；3—摆动压块；4—球面垫圈；5—螺母；6—垫圈；7—柱塞；8—液性介质

图6-64　平行式多件联动夹紧机构

b. 连续式多件夹紧。如图6-65所示,7个工件以外圆及轴肩在夹具的可移动V形块中定位,用螺钉夹紧。V形块既是定位、夹紧元件,又是浮动元件。除左端第一个工件外,其他工件也是浮动的。

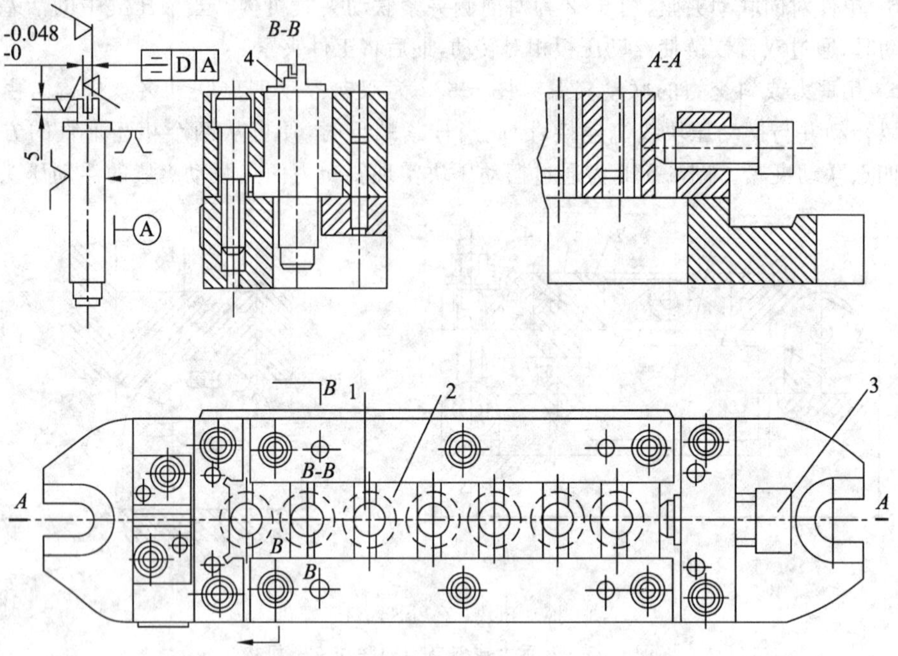

1—工件；2—V 形块；3—夹紧螺钉；4—对刀块

图 6-65　连续式多件联动夹紧机构

c. 对向式多件联动夹紧。如图 6-66 所示，两对向压板利用球面垫圈及间隙构成了浮动环节。当旋动偏心轮时，迫使压板 4 夹紧右边的工件，与此同时拉杆右移使压板 1 将左边的工件夹紧。这类夹紧机构可以减小原始作用力，但相应增大了对机构夹紧行程的要求。

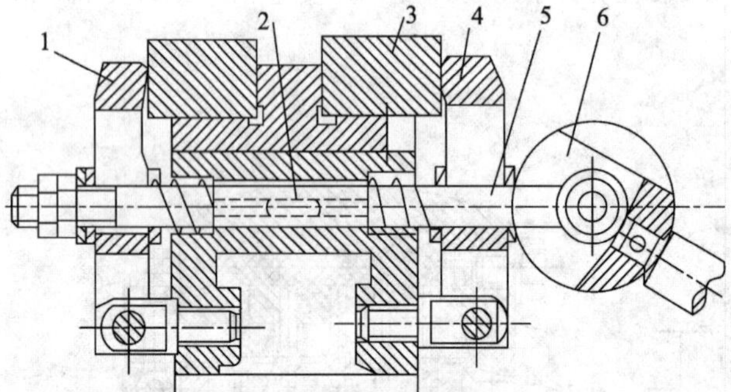

1,4—压板； 2—键； 3—工件； 5—拉杆； 6—偏心轮

图 6-66　对向式多件联动夹紧机构

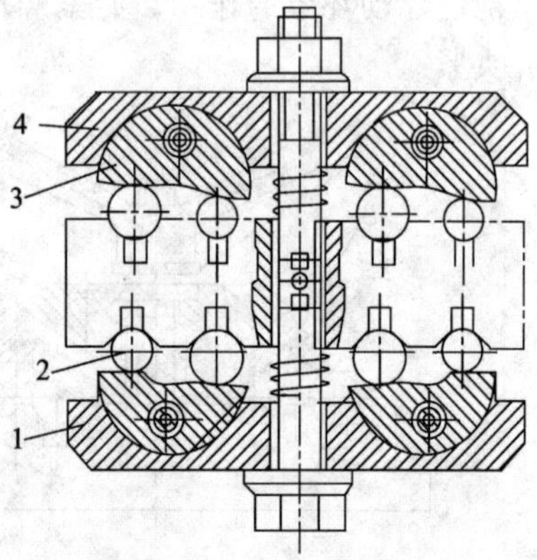

1,4—压板； 2—工件； 3—摆动压块

图 6-67　复合式多件联动夹紧机构

d. 复合式多件联动夹紧。凡将上述多件联动夹紧方式合理组合构成的机构，均称为复合式多件联动夹紧。图 6-67 为平行式和对向式组合的复合式多件联动夹紧的实例。

5）定心夹紧机构

定心夹紧机构的工作原理：当工件被加工面以中心要素（轴线、中心平面等）为工序基准时，为使基准重合以减少定位误差，就必须采用定心夹紧机构。

定心夹紧机构具有定心（对中）和夹紧两种功能，如图 6-68 所示的三爪自定心卡盘。

3个夹爪为定心夹紧元件，能等速趋近或离开卡盘中心(夹爪保持等距性行程)，使其工作面相对中心总保持相等的距离。当工件定位直径不同时，通过端面螺纹使夹爪的等距移动来调整，使工件工序基准(轴线)与卡盘中心保持一致。

以定心夹紧元件均分定位基面公差的原理，即为定心夹紧机构的工作原理。

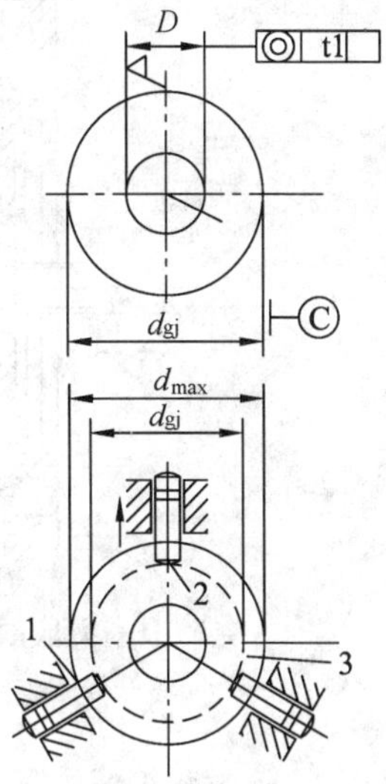

1—夹爪；2—夹爪工作面；3—工件

图6-68　定心夹紧的工作原理

3. 各类典型机构的特点及适用范围

定心夹紧机构按其定心作用原理可分为两种类型：一种是依靠传动机构使定心夹紧元件同时做等速移动，从而实现定心夹紧，如螺旋式、杠杆式、楔式机构等；另一种是定心夹紧元件本身做均匀地弹性变形(收缩或扩张)，从而实现定心夹紧，如弹簧筒夹、膜片卡盘、波纹套、液性塑料等。下面介绍常用的几种结构。

(1) 螺旋式定心夹紧机构

螺旋式定心夹紧机构如图6-69所示，旋动有左、右螺纹的双向螺杆，使滑座1和5上的V形块钳口2和4做相向等速移动，从而实现对工件的定心夹紧，反之便可松开工件。V形块钳口可按工件需要更换，对有中精度要求的夹紧机构可借助调节杆实现。

这种定心夹紧机构的特点是结构简单、工作行程大、通用性好，但定心精度不高，一般为$\phi 0.05 \sim \phi 0.1$ mm，主要适用于粗加工或半精加工中需要行程大而定心精度要求不高的工件。

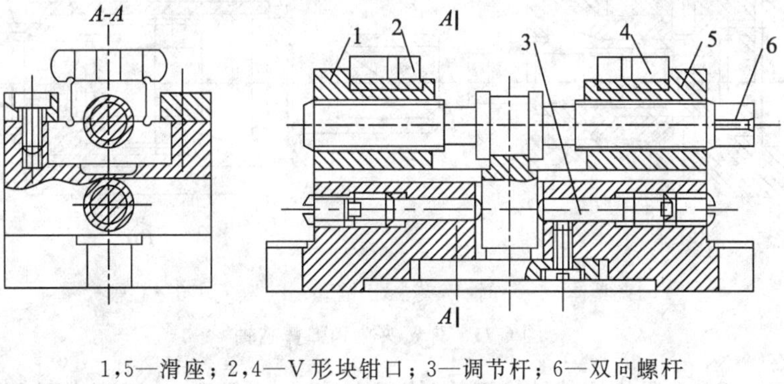

1,5—滑座；2,4—V形块钳口；3—调节杆；6—双向螺杆

图6-69　螺旋式定心夹紧机构

(2) 楔式定心夹紧机构

图6-70为机动的楔式夹爪自动定心机构。当工件以内孔及左端面在夹具上定位后，气缸通过拉杆使6个夹爪左移，由于本体上斜面的作用，夹爪左移的同时向外胀开，将工件定心夹紧；反之，夹爪右移时，在弹簧卡圈的作用下使夹爪收拢，将工件松开。

这种定心夹紧机构的结构紧凑且传动准确，定心精度一般可达$\phi 0.02 \sim \phi 0.07$ mm，比较适合于工件以内孔作定位基面的半精加工工序。

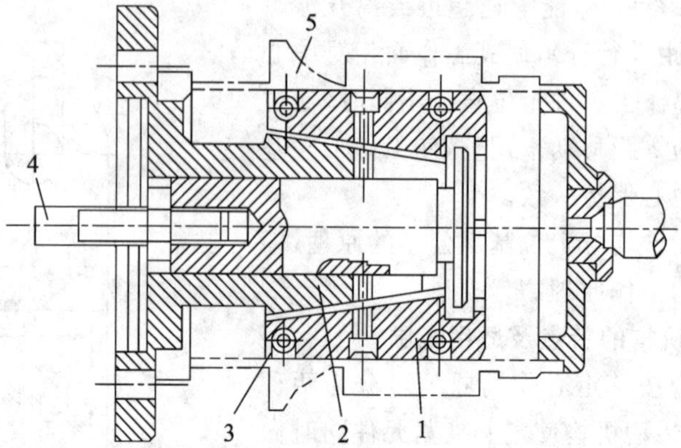

1—夹爪；2—本体；3—弹簧卡圈；4—拉杆；5—工件

图 6-70 机动楔式夹爪自动定心机构

(3) 弹簧筒夹式定心夹紧机构

这种定心夹紧机构常用于安装轴套类工件。图 6-71a 为用于装夹工件以外圆柱面为定位基面的弹簧夹头。旋转螺母时，锥套内锥面迫使弹性筒夹上的簧瓣向心收缩，从而将工件定心夹紧。图 6-71b 是用于工件以内孔为定位基面的弹簧心轴。因工件的长径比 $L/d>1$，故弹性筒夹的两端各有簧瓣。旋转螺母时，锥套的外锥面向心轴的外锥面靠拢，迫使弹性筒夹的两端簧瓣向外均匀扩张，从而将工件定心夹紧。反向转动螺母，带退锥套，便可卸下工件。

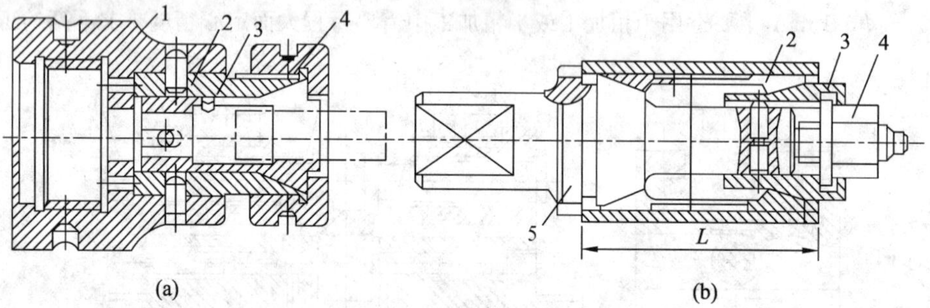

1—夹具体；2—弹性筒夹；3—锥套；4—螺母；5—心轴

图 6-71 弹簧夹头和弹簧芯轴

弹簧筒夹定心夹紧机构的结构简单、体积小、操作方便迅速，因而应用十分广泛。其定心精度可稳定在 $\phi0.04 \sim \phi0.1$ mm，有时可高达 $\phi0.01 \sim \phi0.02$ mm。为保证弹性筒夹正常工作，工件定位基面的尺寸公差应控制在 0.1～0.5 mm 范围内，故一般适用于精加工或半精加工场合。

6.3 知识链接——常见夹具定位误差计算

6.3.1 定位误差的定义

为保证工件的加工精度，工件应有正确的定位，即除应限制工件必要的自由度使工件具有确定的位置外，还应使实施定位后所产生的误差在工件误差允许范围以内，实现工件安装时的准确定位。

被加工表面的设计基准相对于定位元件起定位作用的结构要素，在加工尺寸方向上的最大变动量称为定位误差。它包括基准不重合误差和基准位移误差(又叫定位副制造误差)

6.3.2　定位误差的组成

造成定位误差的原因有两个：一是由于定位基准与设计基准不重合，称为基准不重合误差(定基误差)，用 Δ_B 表示；二是由于定位副制造误差而引起定位基准的位移，称为基准位移误差，用 Δ_Y 表示。

1. 基准不重合误差的计算

基准不重合误差因所选定位基准与工序基准不重合而引起，其值为两基准间的最大变化量(即两基面间公差)，因此计算时可在确定定位基准与工序基准的基础上，寻求两基面间的关系。具体分3步：

① 确定基准。定位基准为该工序所选安装时定位的依据，必须在要求保证的工序尺寸方向上，作为已知条件在题目中说明或标注于工序图中；工序基准则为该工序用以表达加工表面(粗实线)位置尺寸的基准。

② 基准是否重合。经确认的定位基准与工序基准若为同一表面，则基准不重合误差 $\Delta_B=0$；若不重合，则需进行计算。

③ 基准不重合时的误差计算。基准不重合误差为两基面间的最大变量。因此，两基面间若有直接尺寸标注，则尺寸公差即为 Δ_B；若无直接尺寸，而只有间接尺寸，则需利用尺寸间关系如尺寸链(见模块三)进行求解。若定位基准变动方向与对应工序尺寸不在同一方向，则需两基面间距离公差投影于工序尺寸方向，即

$$\Delta_B=\delta_S\cos\beta$$

式中：δ_S——定位基准与工序基准间尺寸公差；

β——基准间尺寸与工序尺寸之夹角。

2. 基准位移误差的计算

基准位移误差 Δ_Y 是因定位副制造误差而引起的，因此当定位副结构不同时基准位移误差的计算也不同。

(1) 工件以平面定位

工件若以粗基准平面定位，定位面与限位面间不可能有很好的贴合，但该定位方案往往出现在加工开始或加工要求不高的情况下，故此时的误差也就不必计算。

工件若以加工过的精基准平面定位，则定位面与限位面间会有良好的接触状态，定位基面的位置可看成是不动的。因此，基准位移误差为0，即 $\Delta_Y=0$。

(2) 工件外圆在圆孔中定位

工件在外圆定位时，其定位基准为轴的中心线，定位基面为外圆柱面。如图6-72所示，

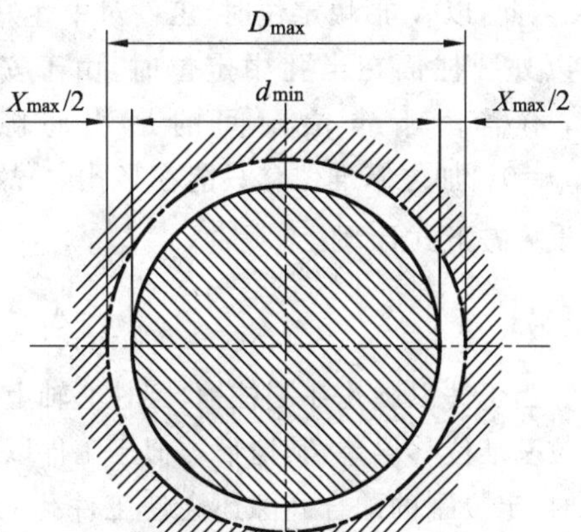

图6-72　圆孔定位时的基准位移误差

由于定位副配合间隙的影响，工件轴线的位置会发生偏移，其偏移方向有两种可能：一是在任意方向；二是只能在某一方向。

当定位基准在任意方向偏移，其最大偏移量取决于定位副间的最大间隙，即

$$\Delta_Y = X_{\max} = D_{\max} - d_{\min} = \delta_D + \delta_d + X_{\min}$$

式中：$X_{\max}$——定位副最大配合间隙，mm；

$D_{\max}$——定位件孔的最大直径，mm；

$d_{\min}$——工件定位圆柱最小直径，mm；

δ_D——定位件孔的直径公差，mm；

δ_d——工件定位圆柱的直径公差，mm；

$X_{\min}$——定位所需最小间隙（设计时确定），mm。

当基准偏向为单方向时，其移动方向最大偏移量为半径方向的最大间隙，即

$$\Delta_Y = \frac{1}{2}X_{\max} = \frac{1}{2}(D_{\max} - d_{\min}) = \frac{1}{2}(\delta_D + \delta_d)$$

若基准偏移方向与工序尺寸方向不一致（夹角为 α）时，应将基准偏移量向工序尺寸方向上投影（乘以 $\cos\alpha$）。

(3) 工件以外圆柱面在 V 形块上定位

工件以外圆柱面在 V 形块上定位时，定位基准为圆柱轴线，定位基准面为外圆柱面。若不计 V 形块的误差，由于工件外圆柱面的制造误差，工件定位基准会产生偏移，如图6-73 所示。

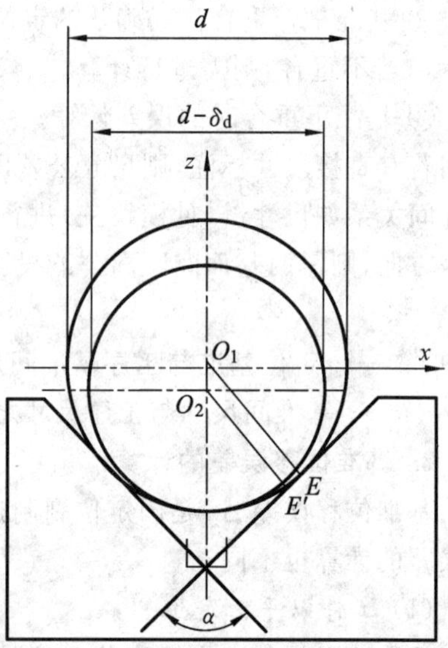

图 6-73 V 形块定位时的基准位移误差

由于工件尺寸公差 δ_d 的影响，工件中沿 Z 向由 O_1 移至 O_2，在 Z 向基准位移量

$$O_1O_2 = \frac{\delta_d}{2\sin\frac{\alpha}{2}} = 0.707\delta_d$$

式中：δ_d——工件定位外圆的直径公差，mm；

$\frac{\alpha}{2}$——V 形块的半角。

若 V 形块制造对称，则工件在 X 向位移为 0。因此，以 V 形块定位时，工件对中性好。当工件以外圆柱面在半孔中定位时，由于安装的方便，不需留下定位副间的最小间隙 X，即 $X_{\min}=0$。加之基准位移只能在半孔内，故基准位移误差按下式计算：

$$\Delta_Y = \frac{1}{2}(\delta_D + \delta_d)$$

当工件以圆孔在圆柱销、圆柱心轴上定位时，由于定位副配合间隙影响，同样会造成定位基准位移误差，其情形类似于工件以外圆柱面在圆孔中定位。当工件用圆柱心轴定位时，定位副的配合间隙还会使工件孔的轴线发生歪斜，并影响工件的位置精度。工件的基准误差计算也可分为 3 步：① 确认工件所采用的定位方式；② 查出该定位方式所对应计算公式；③ 确认公式中各参数并代入公式计算。

3. 定位误差的计算

由于定位误差 Δ_D 由基准不重合误差 Δ_B 和基准位移误差 Δ_Y 组合而成，因此以分别算出的 Δ_B 和 Δ_Y 进行组合即可得 Δ_D。组合时有如下情况：

① $\Delta_Y=0,\Delta_B\neq0$ 时，$\Delta_D=\Delta_B$；

② $\Delta_Y\neq0,\Delta_B=0$ 时，$\Delta_D=\Delta_Y$；

③ $\Delta_Y\neq0,\Delta_B\neq$时，

a. 若工序基准不在定位基面上，则 $\Delta_D=\Delta_B+\Delta_Y$；

b. 若工序基准在定位基面上，$\Delta_D=\Delta_B\pm\Delta_Y$。

"＋"、"－"的判别方法如下：

a. 分析定位基面尺寸由大变小(或由小变大)时，定位基准的变动方向；

b. 当定位基面尺寸做同样变化时，设定位基准不动，分析设计基准变动方向；

c. 若两者变动方向相同即为"＋"，两者变动方向相反即为"－"。

4. 定位误差计算实例

[例 6-2] 如图 6-74 所示，以 A 面定位加工 ϕ20H8 孔，求加工尺寸 40±0.1 mm 的定位误差。

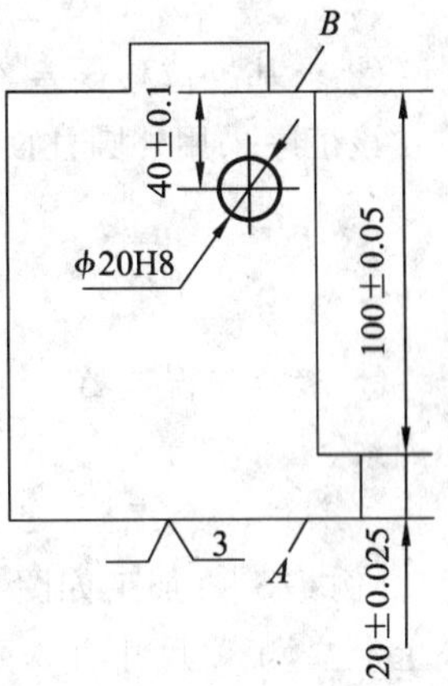

图 6-74 定位误差计算示例

解 设计基准 B 与定位基准 A 不重合，因此将产生基准不重合误差

$$\Delta_B=\sum\delta_{Si}\cos\beta_i=[(0.05+0.1)\cos0^\circ]=0.15$$

$$\Delta_Y=0(\text{定位基面为平面})$$

$$\Delta_D=\Delta_B=0.15$$

[例 6-3] 铣削如图 6-75 所示零件上的斜面，保证尺寸 39±0.04 mm 及角度 30°，工件以外圆面定位，已知 $\alpha=90^\circ$，求加工尺寸 39±0.04 mm 的定位误差。

解 ① 求基准不重合误差 Δ_B。由于该铣削工序定位基准与工序基准重合，所以 $\Delta_B=0$。

② 求基准位移误差 Δ_Y。沿 z 轴方向的基准位移误差为

$$\Delta_Y=\frac{\delta_d}{2\sin\frac{\alpha}{2}}=0.707\times0.04=0.028\text{ mm}$$

③ 求定位误差 Δ_D。

基准位移误差与工序尺寸不在同一方向，对加工尺寸的影响应向加工尺寸方向作投影，即为定位误差 $\Delta_D=\Delta_Y\cos30^\circ=0.024$ mm。

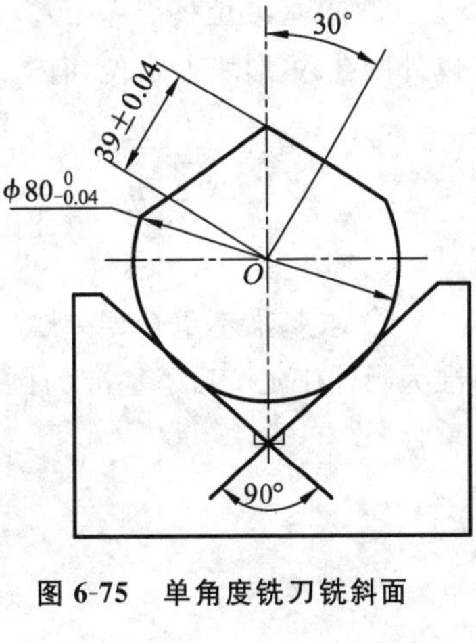

图 6-75 单角度铣刀铣斜面

[例 6-4] 如图 6-76 所示，工件以 $d_1=\phi30$ 外圆柱面在 $\alpha=90^\circ$的 V 形块上定位，加工直径 ϕ10H8 小孔，并保证尺寸 $H=40\pm0.15$，求尺寸 40±0.15 的定位误差。

已知：$d_1=\phi30_{-0.001}^{\ 0}$ mm，$d_2=\phi55_{-0.056}^{-0.010}$ mm，$H=40\pm0.15$ mm，$t=\phi0.03$ mm。

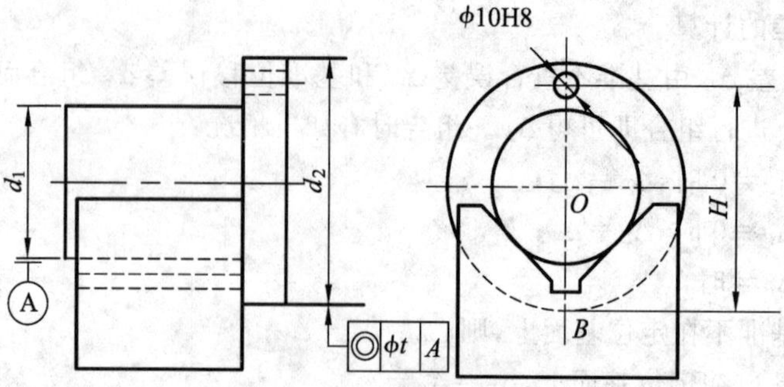

图 6-76　定位误差计算示例

解　① 求基准不重合误差 Δ_B。

该工序定位基准为 ϕ30 外圆中心，设计基准为 ϕ55 外圆下母线，两基准不重合，所以基准间最大变化量为 Δ_B。

$$\Delta_B=\frac{\delta_D}{2}+t(\text{同轴度误差})=\frac{0.046}{2}+0.03=0.053\ \text{mm}$$

② 求基准位移误差 Δ_Y。

该工序采用外圆柱面在 V 形块上定位，有

$$\Delta_Y=\frac{\delta_d}{2\sin\ \frac{\alpha}{2}}=\frac{0.01}{2\sin 45^\circ}=0.007\ \text{mm}$$

③ 求定位误差 Δ_D。由于该工序基准不在定位基面上，所以 Δ_B，Δ_Y 为两个互相独立的因素。

$$\Delta_D=\Delta_B+\Delta_Y=0.053+0.007=0.06\ \text{mm。}$$

［**例 6-5**］　加工如图 6-77 所示轴状零件上的键槽，工件以外圆柱面在 $\alpha=90^\circ$ 的 V 形块上定位，工序尺寸有 3 种标注方法：① 以外圆中心作工序基准，尺寸为 A_1；② 以外圆下母线作工序基准，尺寸为 A_2；③ 以外圆上母线作工序基准，尺寸为 A_3。分别计算 3 种方案下的定位误差。

解　(1) 方案一

① 求基准不重合误差 Δ_B。由于该方案下定位基准、工序基准均为外圆中心，故 $\Delta_B=0$。

② 求基准位移误差 Δ_Y。该工序定位方式为以外圆在 V 形块上定位，有

$$\Delta_Y=\frac{\delta_d}{2\sin\ \frac{\alpha}{2}}=0.707\delta_d$$

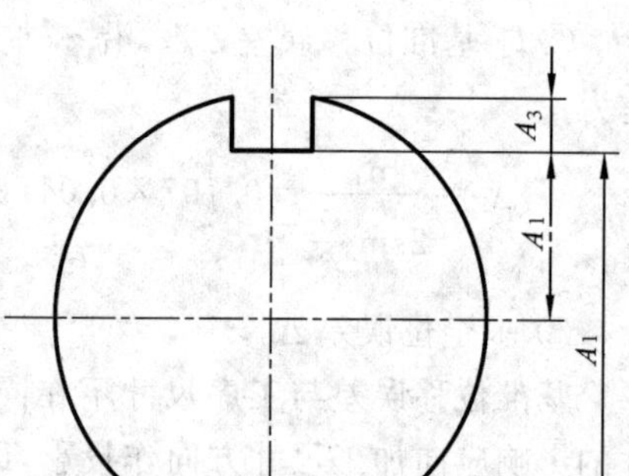

图 6-77　V 形架的定位误差分析

(2) 方案二

① 求基准不重合误差 Δ_B。该方案下定位基准为圆柱中心，工序基准为圆柱下母线，二者不重合，故有

$$\Delta_B=\frac{\delta_d}{2}$$

② 求基准位移误差 Δ_Y（同方案一）。

$$\Delta_Y = 0.707\delta_d$$

③ 求定位误差 Δ_D。由于工序基准位于定位基面，需分析 Δ_Y，Δ_B 的变动方向。当圆柱尺寸变化时，两者变化方向是相反的，两者间关系取“－”号，有

$$\Delta_D = 0.707\delta_d - \frac{1}{2}\delta_d = 0.207\delta_d$$

(3) 方案三

Δ_B，Δ_Y 的计算均与方案二相同。由于该方案工序基准亦位于定位基面，需分析 Δ_B 和 Δ_Y 的变动方向。当圆柱尺寸变化时，两者变动方向是一致的，其间关系取“＋”号，有

$$\Delta_D = 0.707\delta_d + \frac{1}{2}\delta_d = 1.207\delta_d$$

通过以上分析可知，工序基准选择不同，引起的定位误差不同，加工精度及加工难易不同。以上 3 个方案中，第二方案定位误差最小，最易保证加工精度。

通过对定位误差的计算，可对所采用的定位方案的定位精度做评估，一般加工情况下将定位误差 Δ_D 控制在工件对应公差的 1/3～1/5 范围内。

6.4　知识拓展——各类机床夹具

6.4.1　车床夹具

1. 夹具的基本要求

(1) 能稳定保证工件的加工精度。

(2) 能提高机械加工的劳动生产率，降低工件的制造成本。

(3) 结构简单、操作方便、安全和省力。

(4) 便于排屑。

(5) 有良好的结构工艺性，便于夹具的制造、装备、检验、调整和维修；设计时应在保证加工精度的前提下，综合考虑生产率、经济性和劳动条件等因素。

2. 夹具的设计步骤

(1) 研究原始资料，明确设计任务。

(2) 确定夹具的结构方案，绘制结构草图。

① 确定工件的定位、夹紧和引导方案。

② 确定其他元件或装置的结构形式，如定向键、分度装置等。

③ 合理布置各元件或装置，确定夹具体和夹具的总体结构。

(3) 绘制夹具总装配图。

① 总装配图的比例应尽量采用 1∶1 的比例。

② 总装配图视图的选择，主视图应选面对操作者的工作位置。

③ 绘制总装配图的顺序，先用双点划线将工件的外形轮廓、定位基面、夹紧表面及加工表面绘制在各个视图上；视工件为透明体，再绘出定位、对刀引导、夹紧元件及其他元件或装置；最后绘出夹具体，并填写明细表及标题栏。

④ 标注有关的尺寸、公差和技术要求。

(4) 绘制夹具零件图。

夹具总装配图中的非标准零件均要绘制零件图,并按夹具总装配图的要求,确定各零件的尺寸、公差及技术要求。

3. 车床夹具的主要类型

车床主要用于加工零件的内外圆柱面、圆锥面、回转成形面、螺纹以及端平面等。上述各种表面都是围绕机床主轴的旋转轴线而形成的,根据这一加工特点和夹具在机床上安装的位置,将车床夹具分为两种基本类型:一种是安装在主轴上的夹具,另一种是安装在车床拖板上或车身上的夹具。

(1) 安装在车床主轴上的夹具

这类夹具工作时随主轴一起旋转,刀具作进给运动。根据其结构的差异又可分为以下几种:

① 心轴类车床夹具。以内孔为定位基准,外圆需要加工的工件,多以心轴类车床夹具进行加工。

② 卡盘类车床夹具。用卡盘类车床夹具加工的零件,大都是回转体或对称零件,因而卡盘类车床夹具的结构基本上是对称的,回转时的不平衡影响较小。

③ 角铁式车床夹具。角铁式夹具主要使用于以下两种情况:

a. 工件的主要定位基准是平面,要求被加工表面的轴线对定位基准面保持一定的位置关系的情况。

b. 工件定位基准虽然不是与被加工表面的轴线平行或成一定角度的平面,但由于工件外形的限制,不宜采用卡盘式夹具,而必须采用半圆孔或V形块定位的情况。

④ 花盘式车床夹具。花盘式车床夹具的基本特征是夹具体为一个大圆盘形零件。在花盘式夹具上加工的工件一般形状比较复杂。工件的定位基准多数是用圆柱面与其垂直的端面,因而夹具对工件多数也是端面定位和轴向夹紧的。

(2) 安装在拖板上或床身上的专用夹具

某些形状不规则或尺寸较大的工件常常把夹具安装在拖板上,刀具则安装在车床主轴上做旋转运动,夹具做进给运动。

下面主要介绍应用最为广泛的安装在车床主轴上的夹具。

4. 专用车床夹具的典型实例

(1) 角铁式夹具

角铁式车床夹具的结构特点是具有类似角铁的夹具体。在角铁式车床夹具上加工的工件形状较复杂。它常用于加工壳体、支座、接头等零件的圆柱面及端面。当被加工工件的主要定位基准是平面,被加工面的轴线对主要定位基准平面保持一定的位置关系(平行或成一定的角度)时,相应夹具上的平面定位元件设置在与车床主轴轴线相平行或呈一定角度的位置上。

图6-78为角铁式车床夹具。工件采用"一面两销"的定位方式定位,用两个钩形压板夹紧。当被加工表面是孔和端面时,为了便于在加工过程中检验所加工端面的尺寸和被加工孔与定位基准面的角度,靠近加工面处设计有测量基准面及工艺孔。

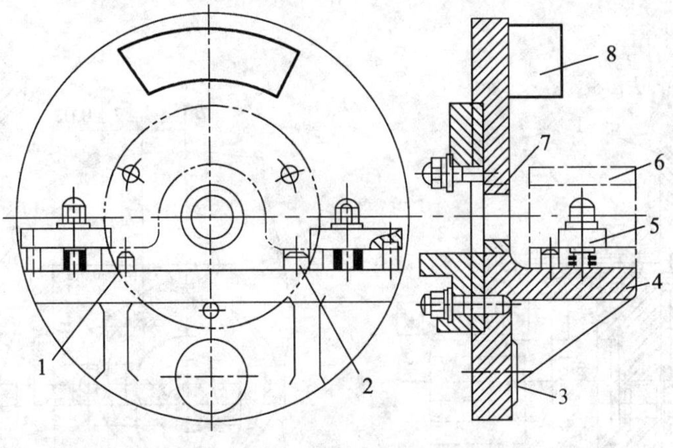

1—削边销；2—圆柱销；3—夹具体；4—支承板；5—压板；6—工件；7—导向套；8—平衡块

图 6-78　角铁式车削夹具

(2) 圆盘式车床夹具

圆盘式车床夹具的夹具体为圆盘形。在圆盘式夹具上加工的工件一般形状都较复杂，多数情况是工件的定位基准为与加工圆柱面垂直的端面。夹具上的平面定位件与车床主轴的轴线相垂直。

图 6-79 为齿轮泵壳体 2-ϕ35 镗孔的工序简图。图 6-80 为该工序使用的圆盘式专用夹具。工件以端面 A，ϕ70 外圆表面及小孔 ϕ9 内圆表面为定位基准，在转盘的 N 面、圆孔 ϕ70 和削边销上定位，用两副螺旋压板夹紧。转盘则由两副螺旋压板压紧在夹具体上。当加工好其中的一个 ϕ35 孔后，拔出对顶销并松开两副螺旋压板，将转盘连同工件一起回转 180°，对顶销即在弹簧力作用下插入夹具体上另一分度孔中，再夹紧转盘后即可加工第二个 ϕ35 孔。专用夹具是利用夹具体上的止口 E 在过渡盘上定位，并通过过渡盘上的凸缘与车床主轴联接，安装夹具时通过找正圆 K（代表夹具的回转轴线）校正夹具与车床主轴的同轴度。

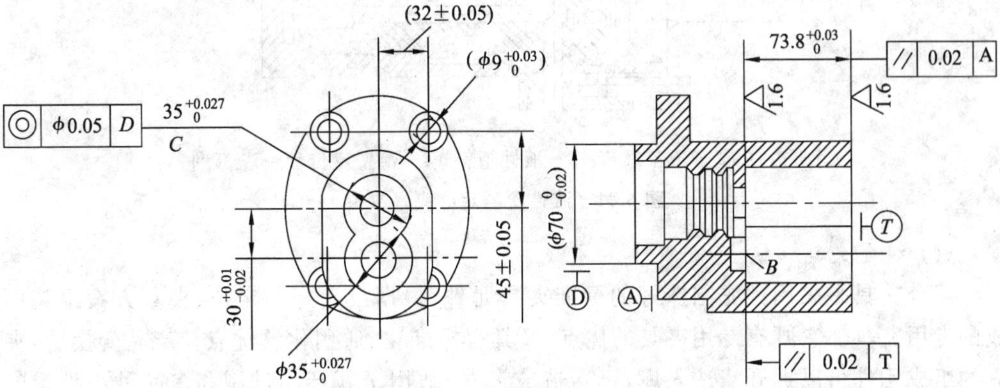

图 6-79　齿轮泵壳体镗孔工序图

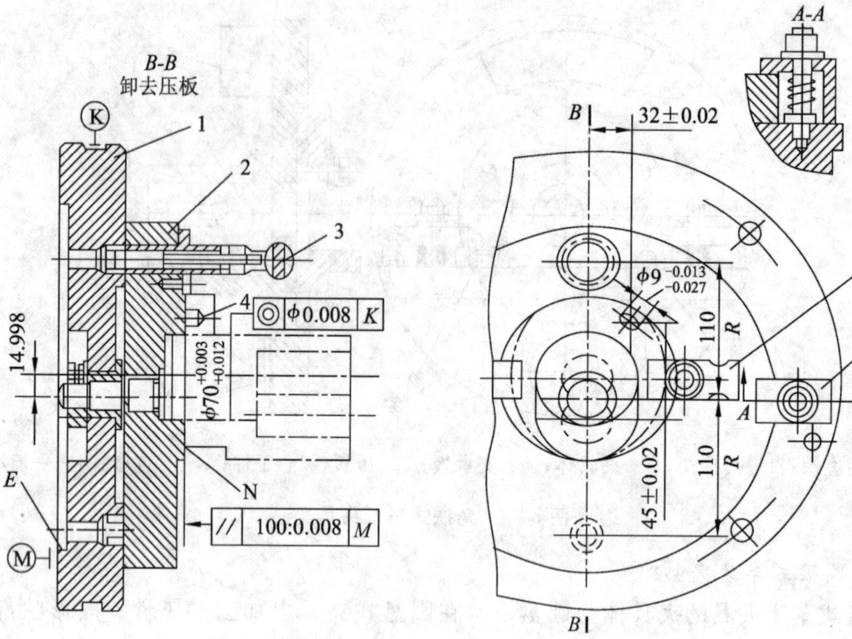

1—夹具体；2—转盘；3—对顶销；4—削边销；5,6—压板

图 6-80　车齿轮泵壳体两孔的夹具

(3) 定心夹紧夹具

回转体工件或以回转体表面定位的工件可以采用定心夹紧夹具。常见的定心夹紧夹具有弹簧套筒、液性塑料夹具(如图 6-81 所示)等。

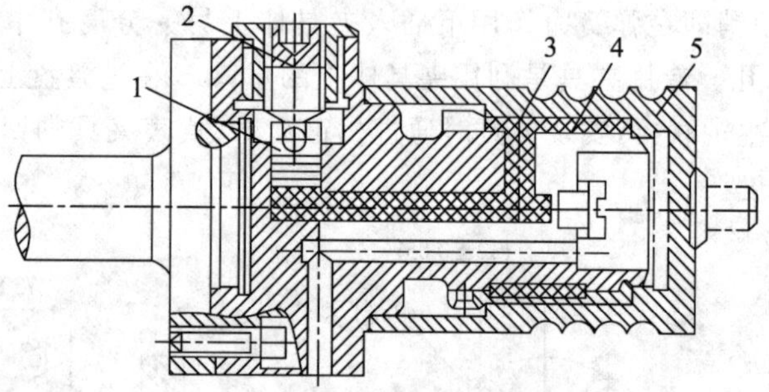

1—滑柱；2—压紧螺钉；3—液性塑料；4—薄壁定位套；5—工件

图 6-81　液性塑料定心夹紧夹具

(4) 组合夹具

组合夹具是采用预先制造好的标准夹具元件，根据设计好的定位、夹紧方案组装而成的专用夹具。它既有专用夹具的优点，又具有标准化、通用化的优点。产品变换后，夹具的组成元件可以拆开清洗入库，不会造成浪费，适用于新产品试制和多品种小批量的生产，在大量采用数控机床、应用 CAD/CAPP/CAM 技术的现代企业机械产品生产过程中具有独特的优点。图 6-82 是一个典型的车床组合夹具。

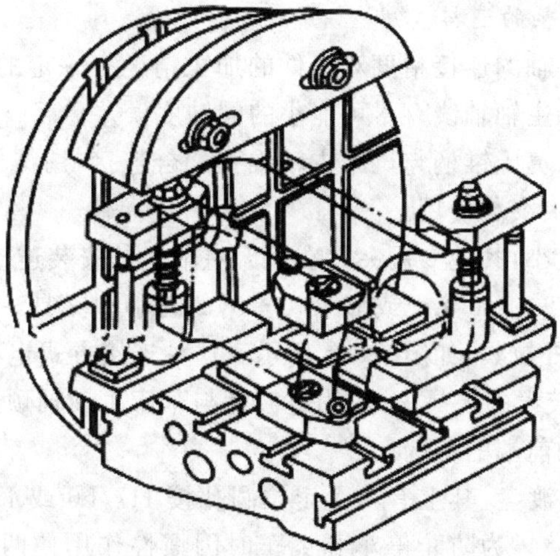

图 6-82　典型的车床组合夹具

5. 车床夹具设计要点

夹具与机床主轴联接，工作时由主轴带动其高速回转。

(1) 定位元件的设计要点

在车床上加工回转面时，要求工件被加工面的轴线与车床主轴的旋转轴线重合，夹具上定位元件的结构和布置必须保证这一点。因此，对于同轴的轴套类和盘类工件，要求夹具定位元件工作表面的中心轴线与夹具的回转轴线重合。对于壳体、接头或支座等工件，被加工的回转面轴线与工序基准之间有尺寸联系或相互位置精度要求时，则应以夹具轴线为基准确定定位元件工作表面的位置。

(2) 夹紧装置的设计要点

在车削过程中由于工件和夹具随主轴旋转，除工件受切削扭矩的作用外，整个夹具还受到离心力的作用。此外，工件定位基准的位置相对于切削力和重力的方向是变化的。因此，夹紧机构必须产生足够的夹紧力，且自锁性能应良好，优先采用螺旋夹紧机构。对于角铁式夹具，还应注意施力方式，防止引起夹具变形。如果采用如图 6-83a 所示的施力方式，会引起悬伸部分的变形和夹具体的弯曲变形，离心力、切削力也会加剧这种变形；若能改用如图 6-83b 所示铰链式螺旋摆动压板机构，压板的变形不影响加工精度。

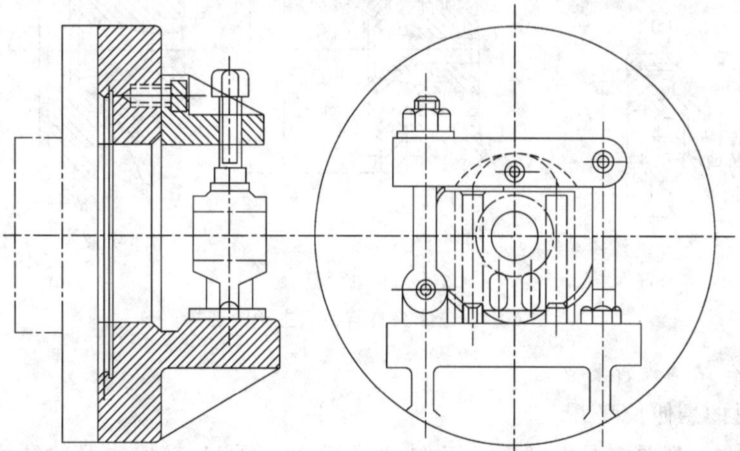

图 6-83　夹紧施力方式的比较

(3) 夹具与机床主轴的连接

车床夹具与机床主轴的连接精度对工件的加工精度有一定的影响。因此，要求夹具的回转轴线与卧式车床主轴轴线有尽可能小的同轴度误差。

心轴类车床夹具以莫氏锥柄与机床主轴锥孔配合连接，用螺杆拉紧。有的心轴则以中心孔与车床前、后顶尖安装使用。

根据径向尺寸的大小，其他专用夹具在机床主轴上的安装连接一般有两种方式：

① 对于径向尺寸 $D<140$ mm 或 $D<(2\sim3)d$ 的小型夹具，一般用锥柄安装在车床主轴的锥孔中，并用螺杆拉紧，如图 6-84a 所示。这种连接方式定心精度较高。

② 对于径向尺寸较大的夹具，一般用过渡盘与车床主轴轴颈连接。过渡盘与主轴配合处的形状取决于主轴前端的结构。

图 6-84b 所示的过渡盘，其上有一个定位圆孔按 H7/h6 或 H7/js6 与主轴轴颈相配合，并用螺纹和主轴连接。为防止停车和倒车时因惯性作用使两者松开，可用压板将过渡盘压在主轴上。专用夹具则以其定位止口按 H7/h6 或 H7/js6 装配在过渡盘的凸缘上，用螺钉紧固。这种连接方式的定心精度受配合间隙的影响。为了提高定心精度，可按找正圆校正夹具与机床主轴的同轴度。

车床主轴前端为圆锥体并有凸缘的结构（如图 6-84c 所示），过渡盘在其长锥面上配合定心，用活套在主轴上的螺母锁紧，由键传递扭矩。这种安装方式的定心精度较高，但端面要求紧贴，制造上比较困难。

图 6-84d 是以主轴前端短锥面与过渡盘连接的方式。过渡盘推入主轴后，其端面与主轴端面只允许有 0.05～0.1 mm 的间隙，用螺钉均匀拧紧后，即可保证端面与锥面全部接触，以使定心准确、刚度好。

过渡盘常作为车床附件备用，设计夹具时应按过渡盘凸缘确定专用夹具体的止口尺寸。过渡盘的材料通常为铸铁。对于各种车床主轴前端的结构尺寸，可查阅有关手册。

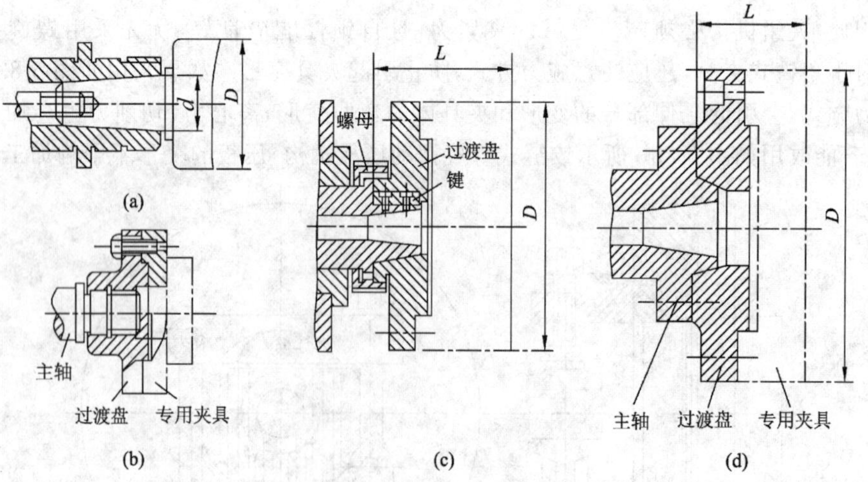

图 6-84 车床夹具与机床主轴的连接

(4) 总体结构设计要点

① 夹具的悬伸长度 L

车床夹具一般是在悬臂状态下工作，为保证加工的稳定性，夹具的结构应紧凑、轻便，悬伸长度要短，尽可能使重心靠近主轴。

夹具的悬伸长度 L 与轮廓直径 D 之比应参照以下数值选取：

直径小于 150 mm 的夹具，$L/D \leqslant 1.25$；

直径在 150～300 mm 之间的夹具，$L/D \leqslant 0.9$；

直径大于 300 mm 的夹具，$L/D \leqslant 0.6$。

② 夹具的静平衡

由于加工时夹具随同主轴旋转，如果夹具的总体结构不平衡，则在离心力的作用下将造成振动，影响工件的加工精度和表面粗糙度，加剧机床主轴和轴承的磨损。因此，车床夹具除了控制悬伸长度外，结构上还应基本平衡。角铁式车床夹具的定位元件及其他元件总是布置在主轴轴线一边，不平衡现象最严重，所以在确定其结构时特别要注意对它进行平衡。平衡的方法有两种：设置平衡块或加工减重孔。

在确定平衡块的重量或减重孔所去除的重量时，可用隔离法进行近似估算。即把工件及夹具上的各个元件隔离成几个部分，互相平衡的各部分可略去不计，对不平衡的部分，则按力矩平衡原理确定平衡块的重量或减重孔应去除的重量。

为了弥补估算法的不准确性，平衡块上(或夹具体上)应开有径向槽或环形槽，以便调整。

③ 夹具的外形轮廓

车床夹具的夹具体应设计成圆形，为保证安全，夹具上的各种元件一般不允许突出夹具体圆形轮廓之外。此外还应注意切屑缠绕和切削液飞溅等问题，必要时应设置防护罩。

(5) 找正孔或找正圆

在车床夹具的夹具体上一般应设置有找正孔或找正圆，如图 6-78 和图 6-83 所示。找正孔或找正圆既是车床夹具在车床主轴上安装时保证车床夹具与车床主轴同轴度的找正基准，也是车床夹具装配时的装配基准，还常常是夹具体本身加工过程中的工艺基准。

因此，在设计车床夹具时除了保证工件达到工序的精度要求外，还应考虑以下几个方面：

① 夹具的结构力求紧凑，轮廓尺寸尽可能小，重量轻，且重心尽可能靠近回转轴线。

② 夹具应有平衡措施，以减小振动等不利影响。平衡块的位置可根据需要进行调节。

③ 夹紧装置除应满足夹紧迅速、可靠等条件外，还应注意夹具旋转的惯性力不应使夹紧力有减小的趋势，以防回转过程中夹紧元件松脱。

④ 夹具上的定位、夹紧元件及其他装置的位置不应大于夹具体的直径；靠近夹紧外缘的元件不应该有突出的棱角，必要时应加防护罩。

⑤ 车床夹具与主轴联接精度对夹具的回转精度有决定性的影响。因此回转轴线与车床主轴轴线要有尽可能高的同轴度。

⑥ 当主轴有高速转动、急刹车等情况时，夹具与主轴之间的联接应该有防松装置。

⑦ 在加工过程中，工件在夹具上应能用量具测量。切屑能顺利排出或清理。

6. 车床夹具的主要技术要求

车床夹具的主要技术要求如下：

① 与工件配合的圆柱面(即定位表面)对回转中心线的同轴度；

② 工件与夹具心轴为双重配合时(如阶梯圆柱面配合)，应提出双重配合部分的同轴度；

③ 定位表面与其轴向定位台肩的垂直度；

④ 夹具定位表面对夹具在机床上安装定位基面的垂直度或平行度；

⑤ 定位表面的直线度和平面度或等高性；

⑥ 各定位表面间的垂直度或平行度。

6.4.2 铣床夹具

1. 铣床夹具的主要类型

按照铣削时的进给方式，通常将铣床夹具分为3类：直线进给式、圆周进给式以及靠模铣床夹具。这里主要介绍前两类铣床夹具。

(1) 直线进给铣床夹具

由于工作台按直线进给方式运动，直线进给的铣床夹具可加工平面、直角面和各种槽等。图6-85为直线进给单件加工铣夹具，在卧式铣床上加工分离叉的两个内侧面。工件以锥头顶销和柱头定位销及右支座的端面在孔中定位限制5个自由度。工件背面靠在支承板上，形成完全定位。拧紧螺母夹紧工件。

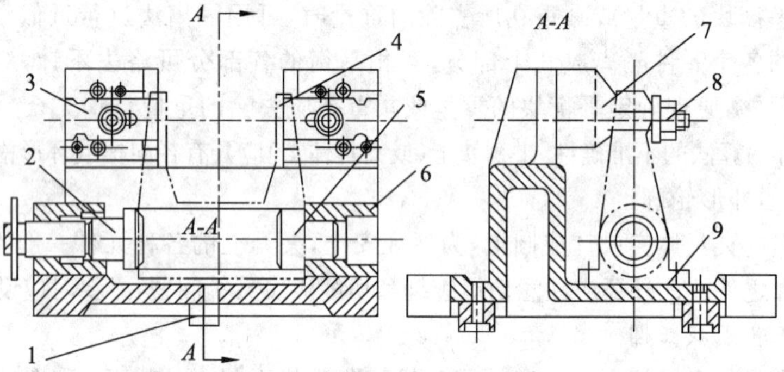

1—定位键；2—锥头顶销；3—压板；4—工件；5—柱头顶销；6—右支座；7—右支承板；8—螺栓、螺母、垫片；9—底座

图6-85 直线进给铣床夹具

(2) 圆周进给的铣床夹具

圆周进给的铣床夹具铣床工作台做连续的回转运动，配合采用气动或液压等高效夹紧装置，生产率高，可加工平面，适用于大批量生产。

图6-86为在立式铣床上圆周进给铣拨叉的夹具，通过电动机、蜗轮副传动机构带动回转工作台回转，夹具上可同时装夹12个工件，工件以一端的孔、端面及侧面为基准面在夹具的定位板、定位销、挡销上定位。由液压缸驱动拉杆，通过开口垫圈夹紧工件。

(3) 靠模仿形铣床夹具

机床工作台的主进给运动和由靠模获得的辅助运动形成的仿形运动，采用靠模夹具可在一般万能铣床上加工出所需的成形面。

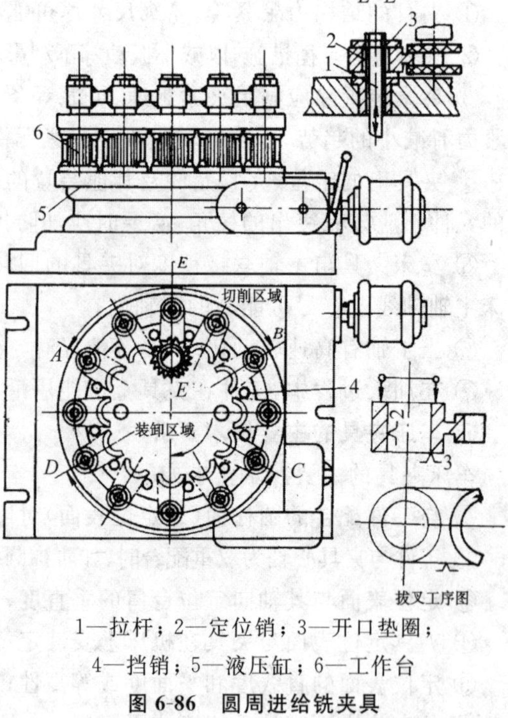

1—拉杆；2—定位销；3—开口垫圈；4—挡销；5—液压缸；6—工作台

图6-86 圆周进给铣夹具

2. 铣床专用夹具的设计特点和要求

(1) 铣削过程由于不是连续切削，极易产生铣削振动。一般铣削的加工余量较大，铣削力也较大，且方向是变化的，因此设计时要注意以下几点：

① 夹具要有足够的刚度和强度。

② 夹具要有足够的夹紧力，夹紧装置自锁性要好。

③ 夹紧力应作用在工件刚度较大的部位上，且作用点和施力方向要恰当。

④ 夹具的重心应尽量低，高度与宽度之比应不大于1～1.25。

⑤ 要有足够的排屑空间。切削和冷却液能顺利排除，必要时可设计排屑孔。

另外，铣床夹具上一般都有定位键，安装在夹具体底面的纵向槽中，一般成对使用，其距离应尽可能布置得远些。小型夹具也可使用一个断面为矩形的长键，通过定位键与铣床工作台T形槽配合，其主要作用是使夹具上定位元件的工作表面相对工作台的进给方向具有正确的位置关系，同时还可以承受部分切削力矩，以减轻夹具体与铣床工作台联接螺栓的负荷，增强夹具在加工过程中的稳定性，如图6-87所示。

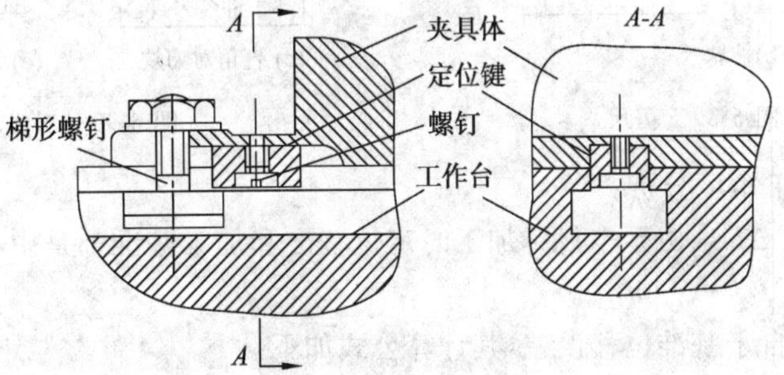

图6-87 夹具体和耳座简图

加工没有相对位置要求的平面时，不需设置定位键，但若铣削扭矩较大时，设置定位键可减轻夹紧螺栓的负荷。

(2) 夹具的总体设计及夹具体。铣床夹具的结构形式在很大程度上取决于定位元件、夹紧装置和其他元件的结构和布置。为使夹具结构紧凑，保证夹具在机床上安装的稳定性，夹具体应有足够的强度和刚度，且使工件的加工表面尽可能靠近工作台面，以降低夹具的重心。夹具体的高宽比应限制在 $H/B \leqslant 1 \sim 1.25$ 的范围内，如图6-88a所示。此外，还应合理地设置加强筋和耳座等。常见耳座结构如图6-88b,c所示，其结构已标准化，设计时可查阅有关资料。如果夹具体较宽，则可在同一侧设置两个耳座，两耳座的中心距要和铣床工作台两 T 型槽中心距一致。对于重型铣床夹具，应在夹具体上设置吊环等，以便搬运。

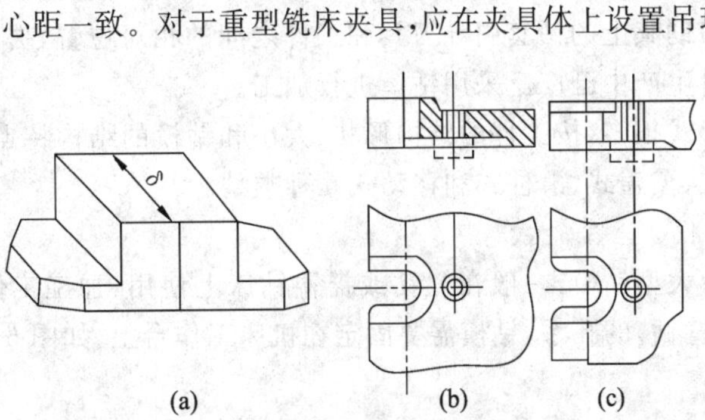

图6-88 定位键

对刀装置应设计在便于对刀的位置，并应放置在工件的切入一端。常用的塞尺如图6-89所示，对刀装置如图6-90所示。

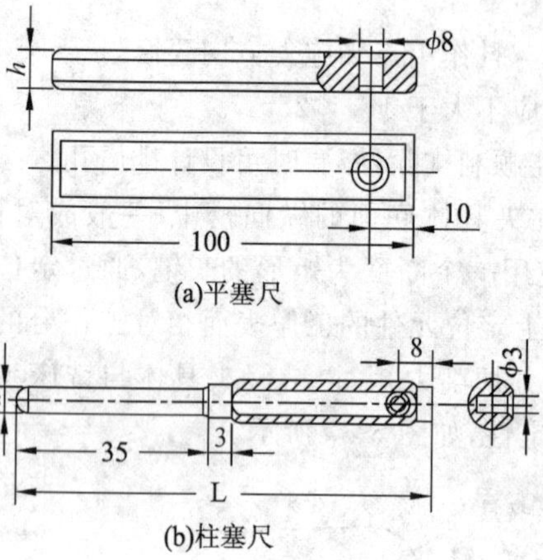

图 6-89 塞尺

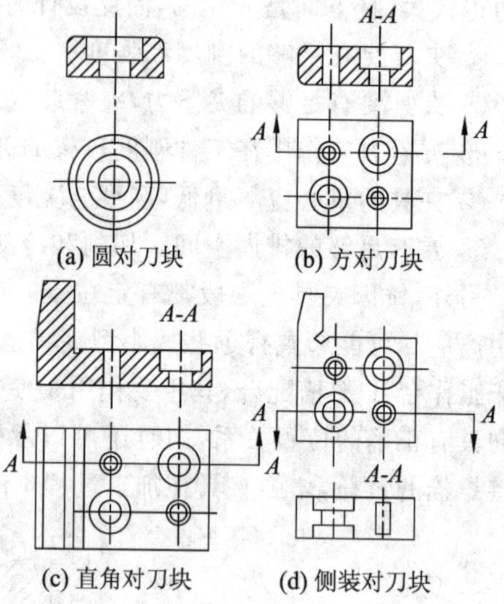

图 6-90 对刀块

(3) 工件加工精度分析。

① 定位误差 ΔD。由于本设计加工时定位基准和加工基准都是中心轴，因此基准不重合误差为零.

定位误差来自于基准位移误差，其计算公式如下。

孔：ϕ12H8　$ES=+0.027$，$EI=0$；

轴：ϕ12g6　$es=-0.006$，$ei=es-\mathrm{IT6}=-0.017$，$\varepsilon=X_{\max=(0.027+0.017)}=0.044$。

② 对刀误差 ΔT。对刀误差等于塞尺厚度的公差，即 $\Delta T=0.014$。

③ 安装误差 ΔA。因加工尺寸在两定位键之间，所以 $\Delta A=X_{\max=(0.027+0.027)}=0.054$。

④ 夹具误差 ΔJ。影响键槽对称度的误差有定位销与孔配合的公差 0.044 和对刀块水平位置尺寸 10 ± 0.015，所以 $\Delta J=(0.044+0.03)=0.074$。

6.4.3 钻床夹具

1. 钻床夹具的主要类型

在钻床上进行孔的钻、扩、铰、锪、攻螺纹加工所用的夹具，称为钻床夹具。钻床夹具简称钻模。钻模借助其上的钻套引导刀具和工件之间的相对位置，提高了加工精度和生产率。在成批大量生产中已广泛采用钻模进行加工。

钻模的结构形式很多，按工件的结构形状、大小和钻模的结构特点，钻模可分为固定式、回转式、翻转式、覆盖式、滑柱式和移动式几种类型。

(1) 固定式钻模

这类钻模多为大型钻模，一般在立钻或摇臂钻床上使用，加工工件上较大的孔或轴线相互平行(用摇臂钻)的孔系，钻模需要固定在机床工作台上，如图6-91所示。

(2) 回转式钻模

回转式钻模的结构形式按其转轴的位置可分为立轴式、卧轴式和斜轴式3种。这类钻模的引导元件——钻套，一般是固定不动的，为了实现工件在一次安装中进行多工位加工的目的，钻模一般采用回转式分度装置。

当工件上的几个被加工的孔是轴线互相平行的轴向孔或是分布在圆柱面上的径向孔时，使用回转式钻模很方便，既可保证加工精度，又可提高生产效率。

图6-92为立轴回转式钻模，用其加工工件上均布的轴向孔。

(3) 翻转式钻模

这类钻模的特点是整个工件和夹具可以一起翻转，既可用来加工同方向的平行孔系，也可用来加工不同方向的孔，如图6-93所示。这类钻模是一种小型夹具，在操作过程中需要人工进行翻动，为了减轻工人的劳动强度，这类钻模的总质量最好不要超过10 kg。对于稍大一些的工件用翻转钻模时，必须设计专门的托架。支柱式钻模是这类钻模的典型结构之一，用于钻同方向上的孔系，其结构特点是用4个支脚来支撑钻模。

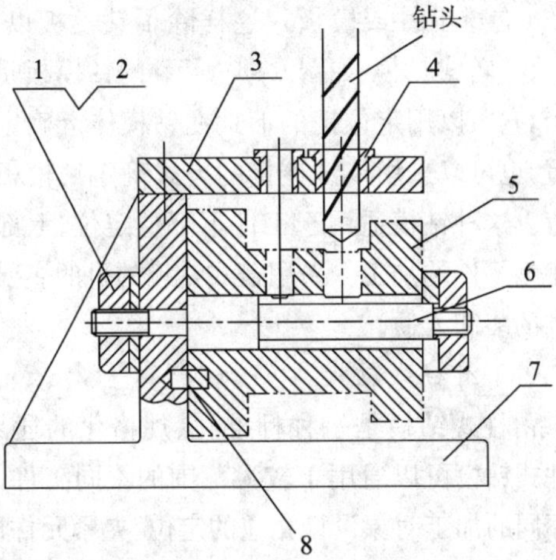

1—螺母；2—垫片；3—钻模板；4—钻模套；5—工件；6—定位心轴；7—夹具体；8—定位销

图6-91 固定式钻模

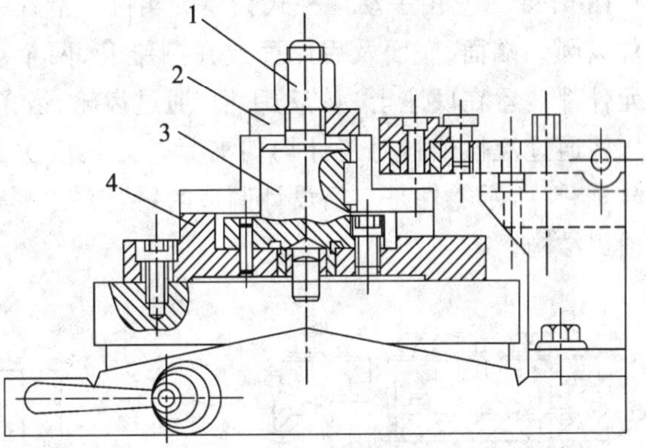

1—夹紧螺母；2—开口垫圈；3—组合定位销；4—定位盘

图6-92 立轴回转式钻模

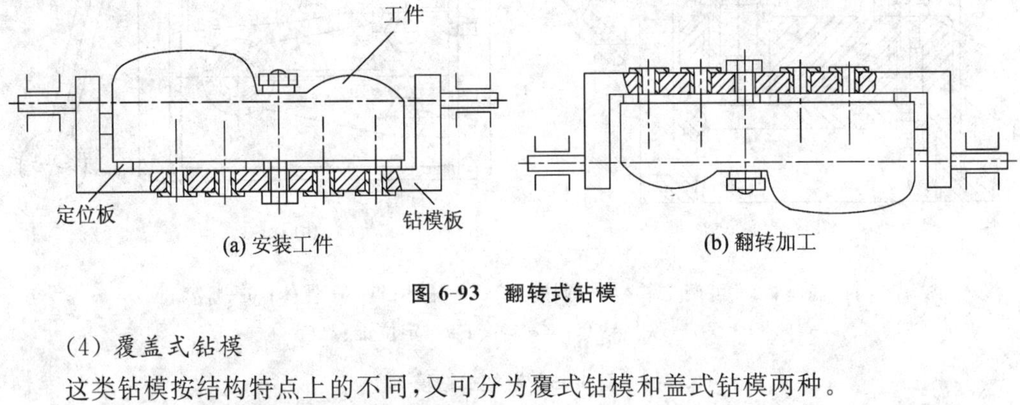

(a) 安装工件　　(b) 翻转加工

图6-93 翻转式钻模

(4) 覆盖式钻模

这类钻模按结构特点上的不同，又可分为覆式钻模和盖式钻模两种。

① 覆式钻模的特点是可将钻模板"覆"在工件上或装在工件中。定位元件、夹紧元件和钻套均装在钻模板上，以保证加工孔的位置精度。这类钻模通常是利用工件上的一个与定位基准平面(上表面)平行的平面或工件的底平面，直接或间接地置于钻床工作台

上，以支撑工件或模板。这样除了钻模板以外，钻模不用设置专门的夹具体。

② 盖式钻模(如图 6-94 所示)的钻模板是活动的盖板，它可以用定位销的形式在钻模体上确定其正确位置，也可以采用铰链连接的方式确定钻模板的正确位置。这种钻模适用于工件下部位定位、上部钻孔的中小型零件的加工。采用盖式钻模的目的主要是为了工件的装卸方便。

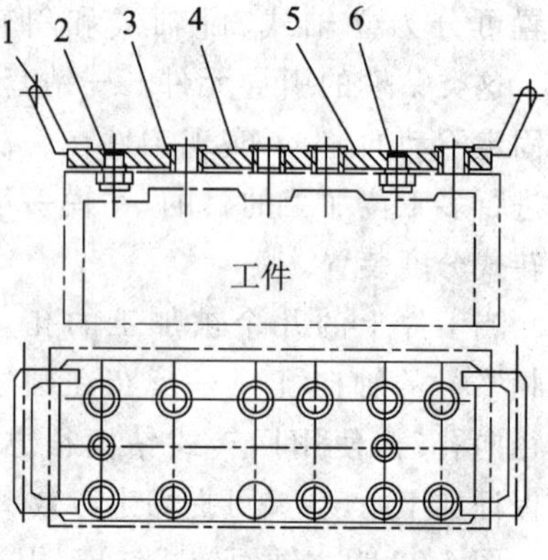

1—把手；2—圆柱销；3—钻套；4—钻模板；5—支承板；6—削边销

图 6-94 盖式钻模

(5) 滑柱式钻模

滑柱式钻模是一种标准化、规格化的通用钻模。滑柱式钻模可以通用于较大范围的不同工件，只需根据不同的加工对象设计相应的定位、夹紧元件即可，因此可简化设计工作。另外，这种钻模不需另行设计专门的夹紧装置，夹紧工件方便、迅速，适用于不同类型的中小型零件的孔加工，尤其是在大批量生产中应用较广。

图 6-95 为应用手动滑柱式钻模的实例。滑柱钻模用来钻、扩、铰拨叉上的ϕ20H7孔。工件以圆柱端面、底面及后侧面放在圆锥套、两个可调支承及圆柱挡销上定位。这些定位元件都装置在底座上。转动手柄，通过齿轮、齿条传动机构使滑柱带动钻模板下降，两个压柱通过液性塑料对工件均匀夹紧。刀具依次由快换钻套引导，进行钻、扩、铰加工。件号 1～9 所示零件是专门设计制造的，钻模板也须进行相应的加工，其他件为滑柱钻模的通用结构。

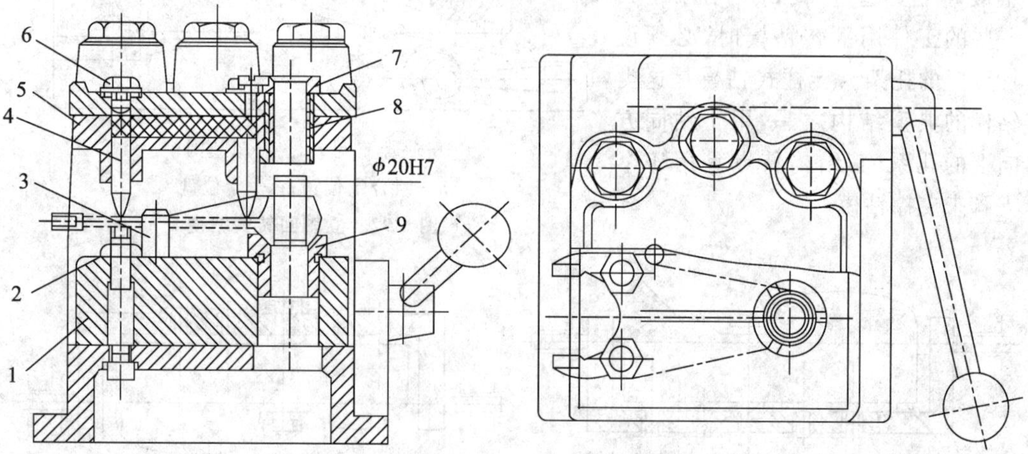

(a) (b)

1—底座；2—可调支承；3—圆柱挡销；4—压柱；5—压柱体；6—螺塞；7—快换钻套；8—衬套；9—定位锥套

图 6-95 滑柱式钻模

(6) 移动式钻模

移动式钻模用在立式钻床上，先后钻销工件同一表面上的多个孔，属于小型夹具。移动的方法有两种：一种是自由移动，另一种是定向移动，用专门设计的轨道和定程机构来控制移动的方向和距离。

图6-96所示的移动式钻模可用于加工连杆大、小头上的孔。工件以端面及大、小头圆弧面作为定位基面，在定位套，固定V形块及活动V形块上定位。先通过手轮推动活动V形块压紧工件，然后转动手轮带动螺钉转动，压迫钢球，使两片半月键向外胀开而锁紧。V形块带有斜面，使工件在夹紧分力作用下与定位套贴紧。移动钻模使钻头分别在两个钻套中导入，从而加工工件上的两个孔。

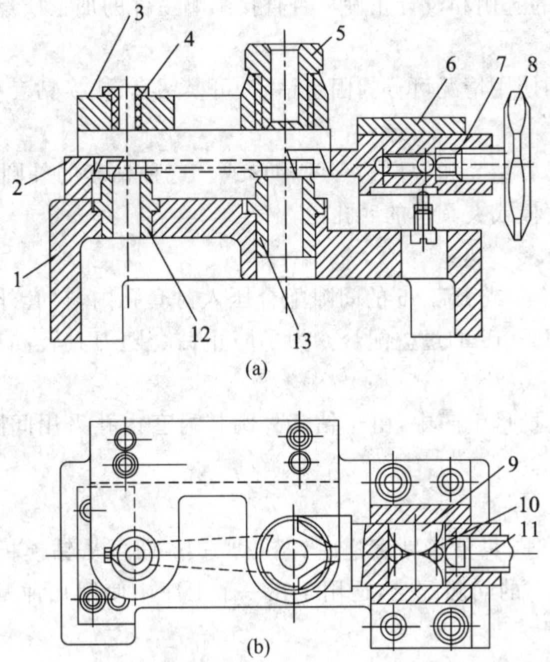

1—夹具体；2—固定V形块；3—钻模板；4,5—钻套；6—支架；7—活动V形块；8—手轮；9—半月键；10—钢球；11—螺钉；12,13—定位套

图6-96 移动式钻模

2. 钻床夹具设计要点

1）钻模类型的选择

在设计钻模时，首先需要根据工件的形状、尺寸、重量、加工要求及生产批量、工厂工艺装备的技术状况等具体条件来选择夹具的结构类型。在选择时应注意以下几点：

① 加工孔径大于10 mm的中小型工件时，由于钻销扭矩大，宜采用固定式钻模。

② 翻转式和自由移动式钻模适用于加工中小件，包括工件在内的总重量不宜大于100 N，否则应采用具有回转式或直线分度装置的钻模。

③ 当加工几个不在同心圆周上的平行孔系时，如果工件和夹具的总重量不超过150 N，宜采用固定式钻模在摇臂钻床上加工。

④ 对于孔的垂直度和孔距精度要求不高的中小型工件，宜优先采用滑柱钻模，以缩短夹紧设计的周期。当孔的垂直度公差小于0.1 mm，孔距位置公差小于±0.15 mm时，如不采取特殊措施，一般不宜采用这类钻模。

⑤ 钻模板和夹具体为焊接结构的钻模，因焊接应力不能彻底消除，精度不能长期保持，故一般只在工件孔距公差要求不高(大于±0.15 mm)时才采用。

⑥ 当工件被加工孔与定位基准的孔距公差小于 0.05 mm 时，应采用固定式钻模和固定式侧面进行加工。

⑦ 在大型工件上加工位于同一平面上的孔时，为简化夹具结构，可采用盖板式钻模。

2）钻套类型与设计

钻套又称导套，它的作用是确定刀具的位置和方向，即引导刀具进入正确的加工位置，并防止刀具在加工过程中发生偏斜和振动，提高刀具的刚性，从而保证工件的加工质量。由此可见，钻套的选用和设计正确与否直接影响工件的加工质量。

（1）钻套的种类

钻套按其结构和使用情况可分为固定钻套、可换钻套、快换钻套和特种钻套。

① 固定钻套

固定钻套分为无肩钻套和带肩钻套两种形式。这种钻套的外圆用 H7/r6 或 H7/n6 的过盈配合压入钻模板或夹具体的底孔内。

② 可换钻套

可换钻套用 H7/g5 或 H7/g6 的间隙配合压入衬套孔内，衬套外圆与钻模板底孔的配合采用 H7/n6 或 H7/r6 的过盈配合。为了防止钻套随刀具转动或被切削顶出，常用螺钉固紧。

可换钻套用于大批量生产中，由于钻套外圆与衬套内孔采用间隙配合的关系，其加工精度不如固定式钻套。

③ 快换钻套

快换钻套更换迅速，只要将钻套逆时针转动一下，即可从钻模板中取出。它与衬套采用 H7/g6 或 H6/g5 的间隙配合，适用于在一个工序中使用几种刀具（钻、扩、铰）依次连续加工的情况。

④ 特种钻套

当工件的结构形状或工序加工条件均不允许采用上述几种标准钻套时，就应视具体情况设计各种形式的特种钻套。

（2）钻套的设计

钻套设计主要指钻套引导部分长度 H 的确定，钻套底部与工件表面间的距离 S 的确定，钻套内径的基本尺寸和公差的确定，钻套孔中心线位置尺寸和公差的确定及钻套材料和热处理的选择等。

① 钻套引导部分长度 H

钻套引导部分长度 H 由工件被加工孔的位置精度和深度、刀具的刚性和工件表面的形状等因素决定。钻套引导部分过短，则引导性不好，降低引导精度；钻套引导部分过长，则增加刀具与钻套之间的摩擦，加速刀具和钻套的磨损，降低使用寿命。

② 钻套底部与工件表面间的距离 S

正确选择钻套底部至工件表面的距离 S，对保证加工质量和提高生产效率均有重要意义。钻削钢料时，如果 S 过小，带状切屑不能及时排出，会堵塞在工件与钻套之间，当切屑过多时，会将钻套顶出，划伤工件表面，甚至折断钻头；如果 S 过大，会使刀具的引偏量过大，降低加工精度。

③ 钻套内径的基本尺寸和公差的确定

若钻套的内径与刀具间的配合间隙过大，直接影响工件上被加工孔的位置精度；若间隙过小，又会加剧刀具与钻套的磨损。因此，钻套内径的基本尺寸应等于所引导刀具的最大极限尺寸。

3）钻模板的设计

用以安装钻套的钻模板，按其与夹具体的连接方式的不同可分为固定式钻模板、铰链式钻模板、可卸式钻模板、悬挂式钻模板。

（1）固定式钻模板

固定式钻模板如图 6-97a 所示，钻模板与钻模体做成一体或将钻模板固定在钻模体上，因此钻模板上的钻套相对于夹具体上的定位元件间的位置固定不变，从而使工件被加工孔的位置精度提高。由于该钻模板是固定式结构，它对某些工件的装卸不够方便。

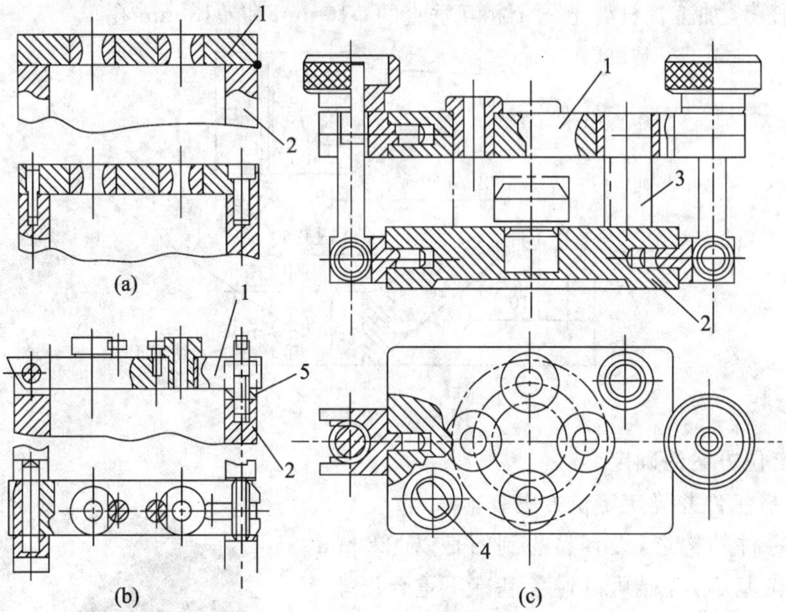

1—钻模板；2—夹具体（支架）；3—圆柱销；4—削边销；5—垫片

图 6-97 夹具上的几种钻模板

（2）铰链式钻模板

当钻模板妨碍工件装卸或钻孔后需攻螺纹、锪孔时，可采用如图 6-97b 所示的铰链式钻模板。

钻模板用铰链装在夹具体上，钻模板可以绕铰链轴翻转。由于铰链轴与孔间的配合间隙一般采用 H8/h7，所以它的精度不如固定式的钻模板高，但装卸工件方便。

（3）可卸式钻模板

可卸式钻模板如图 6-97c 所示，钻模板与夹具体分开而成为一个独立的部分，工件在夹具中每装卸一次，钻模板也跟着装卸一次。钻模板上设有定位元件和引导元件，能保证被加工孔的位置精度；如果定位元件和引导元件做在夹具体上，则加工精度较低。可卸式钻模板以两孔在夹具体上的圆柱销和菱形销定位，并用铰链螺栓将钻模板和工件一起夹紧。加工完毕需先将钻模板卸下，才能装卸工件。此类钻模板装卸费时费力，钻套的位置精度较低，故该钻模板多在使用其他类型钻模板不便于装夹工件时才采用。

(4) 悬挂式钻模板

钻模板通过刀导柱、弹簧与多轴传动头连接,悬挂在机床主轴上,并随机床主轴往复运动。

4) 设计钻模板时应注意的问题

① 钻模板上安装钻套的孔精度(形状、尺寸和位置精度)与加工尺寸直接相关,应合理规定。例如,孔中心距的公差一般取工件相应公差的1/5～1/3。

② 钻模板应具有足够的刚度,以保证钻套位置的准确性,但也要考虑减轻重量。在实际使用中,钻模板的厚度往往根据钻套高度确定,一般在15～30 mm。如果钻套较长,可将钻模板局部加厚,加强钻模板的周边并设置加强筋,以提高钻模板的刚性。

3. 钻床夹具设计实例分析

(1) 研究原始资料,明确设计任务。

加工零件:杠杆臂,如图6-98所示。

加工任务:加工杠杆臂上两个相互垂直的ϕ10 mm和ϕ13 mm孔。

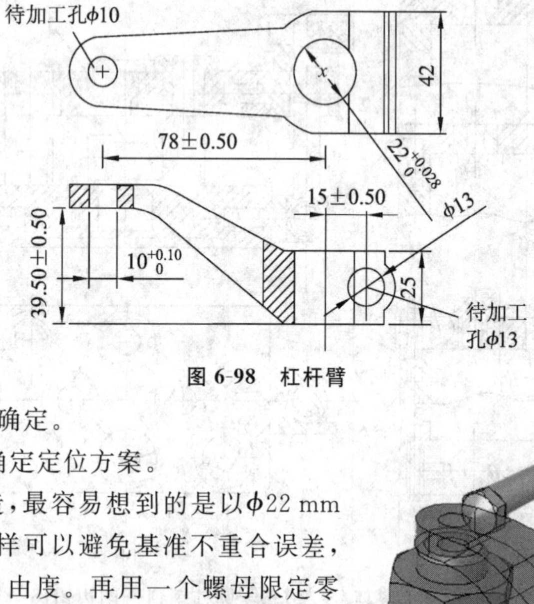

图6-98 杠杆臂

(2) 定位方案的确定。

① 分析工件并确定定位方案。

根据零件的构造,最容易想到的是以ϕ22 mm的孔为定位基准,这样可以避免基准不重合误差,同时可以限定4个自由度。再用一个螺母限定零件上下窜动的自由度,用一个支撑钉限定零件沿ϕ22 mm中心线转动的自由度就可以实现完全定位。

② 定位元件的选择。

定位销插入ϕ22 mm的孔,以限制X,Y方向的移动和转动,共4个自由度。

可调支承钉限定Z方向的转动。用一辅助支承来提高工件的安装刚度和定位的稳定性。定位配置如图6-99所示。

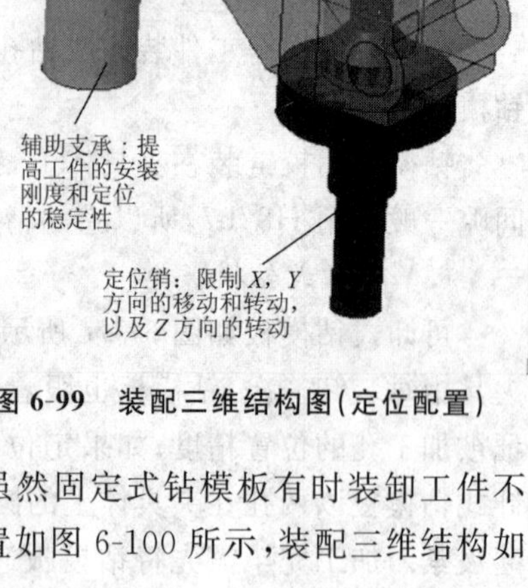

图6-99 装配三维结构图(定位配置)

③ 定位方法。选择圆柱孔定位。

(3) 钻模板类型选择。

根据工件和夹具体的结构,选用固定式钻模板。虽然固定式钻模板有时装卸工件不便,但它结构简单,制造方便,定位精度高。钻模板配置如图6-100所示,装配三维结构如图6-101所示。

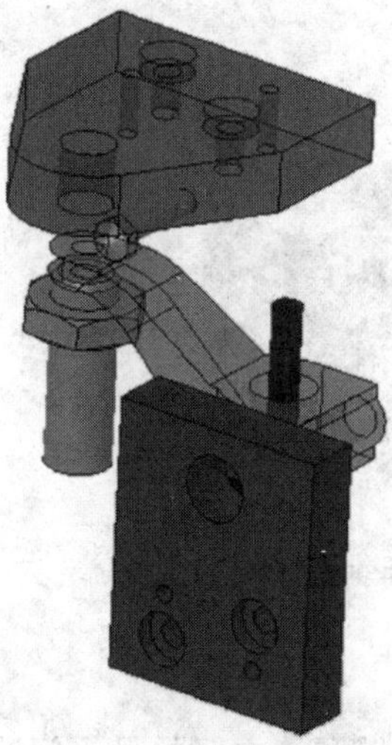

图 6-100 装配三维结构图(钻模板配置)

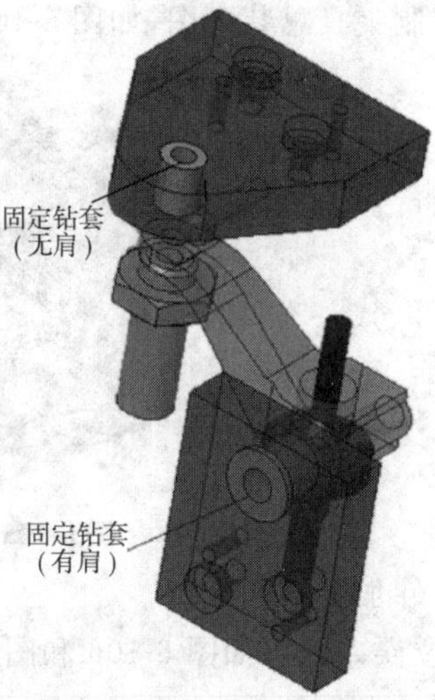

图 6-101 装配三维结构图

(4) 钻套的选择。

由于孔 $\phi10$ 和 $\phi13$ 一次钻孔就可达到要求,因此采用固定式钻套,如图 6-102 所示。其中,$\phi10$ 选无肩,$\phi13$ 选有肩。

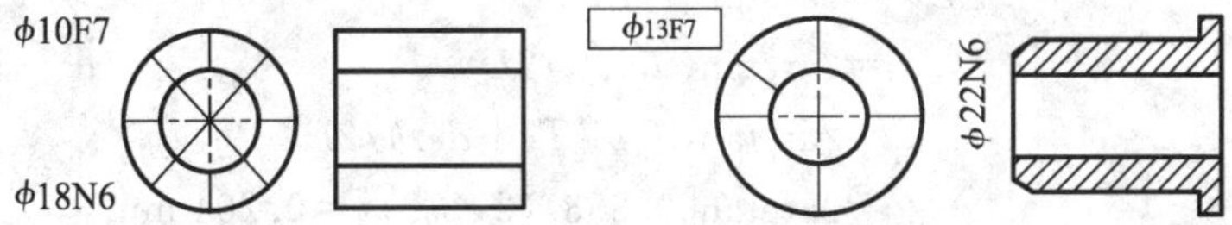

图 6-102 钻套

(5) 夹紧方案的确定。

根据零件的定位方案,采用锁紧螺母和开口垫圈来实现快速锁紧夹紧机构,它与一个加工面位置靠近,增加了刚性,零件夹紧变形也小,但离另一个加工面较远,如图 6-103 所示。为提高刚性,故采用辅助定位元件来固定,该设计采用了螺旋辅助支承。

(6) 夹具体确定。根据条件选用铸造夹具体,如图 6-104 所示。

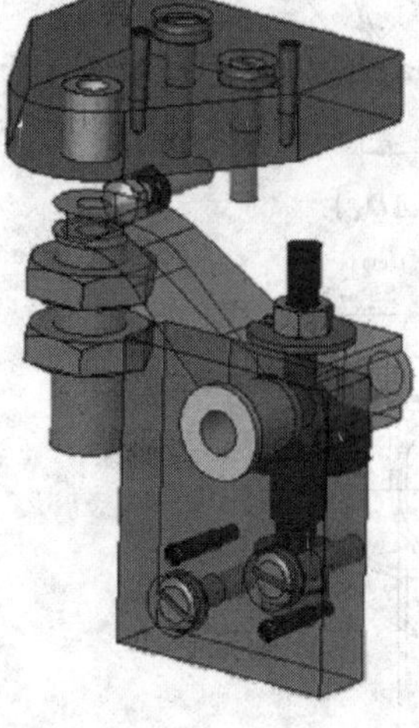

图 6-103 夹紧配置

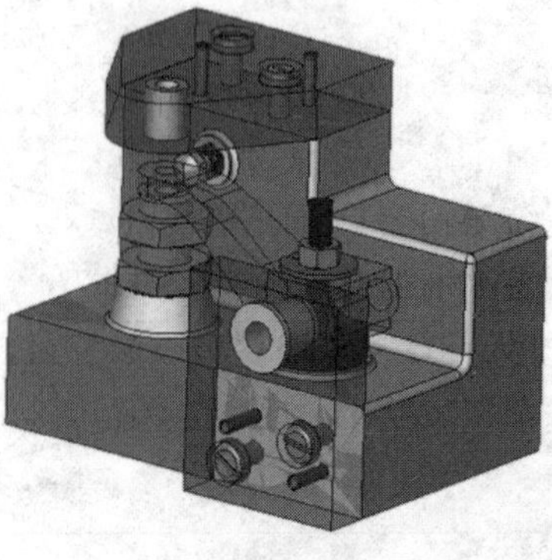

图 6-104 装配三维结构图(夹具配置)

(7) 绘制夹具总装配图,如图 6-105 所示。

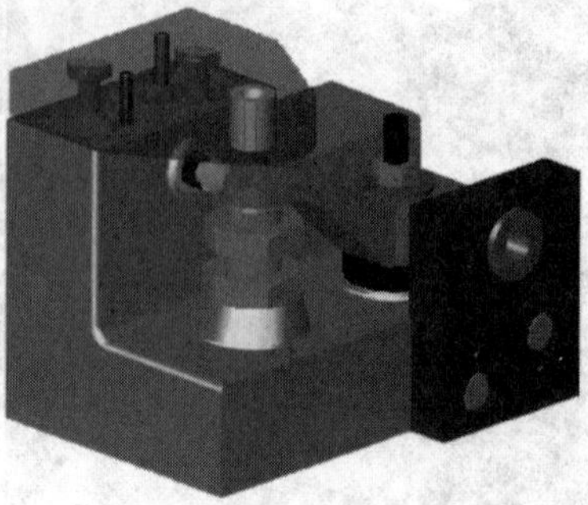

图 6-105 总装配图三维结构图

(8) 工件加工精度分析。

① 定位误差分析如图 6-106 和图 6-107 所示。

此时最大间隙为 T_D+T_d+2det,其中 det 为销和孔之间的最小间隙,因此它产生的定位误差是以销的中心为圆心,最大间隙为半径的圆。

在 X 方向的定位误差为

$\Delta D_X=T_D+T_d+det=0.28+0.033+(0.04-0)=0.353$ mm

在 Y 方向的角度定位误差为

$$\begin{aligned}\Delta D_Y &=2\arctan\theta\\ &=2\arctan(det_{\max}/2L)\\ &=2\arctan(T_D+T_d+det)/2L\\ &=2\arctan[0.353/(2\times78)]=0.264\ \text{mm}\end{aligned}$$

式中:L——两孔间距。

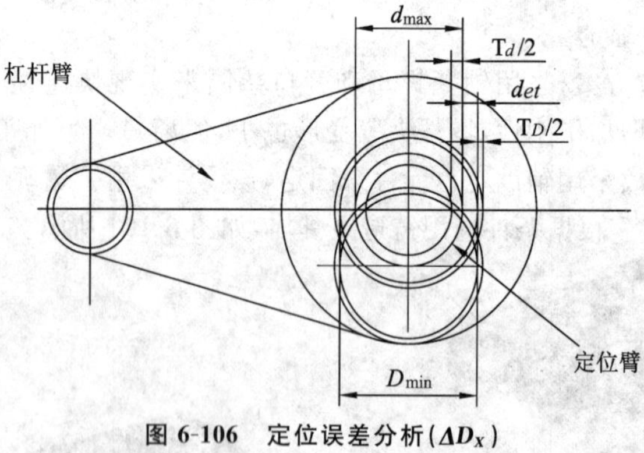

图 6-106 定位误差分析(ΔD_X)

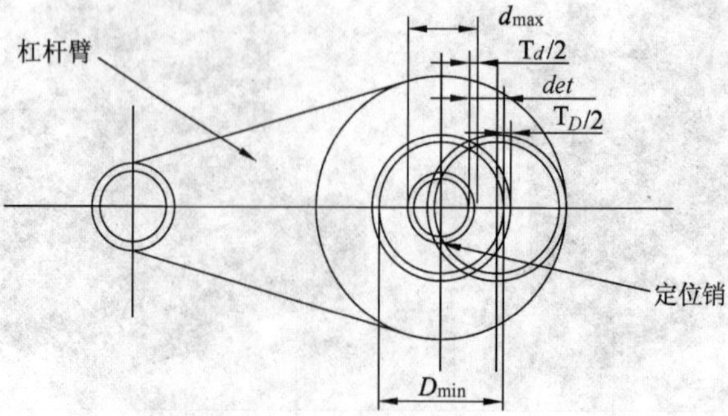

图 6-107 定位误差分析 ΔD_Y

② 对刀误差 ΔT。因加工孔处工件较薄，可不考虑钻头的偏差。钻套导向孔尺寸为 $\phi10F7$ 和 $\phi13F7$，钻头尺寸为 $\phi10-0.036$ 和 $\phi13-0.036$，对刀误差为

$$\Delta T=(0.028+0.036)\text{mm}=0.064\ \text{mm}$$

③ 安装误差 ΔA。$\Delta A=0$。

6.4.4 镗床夹具

1. 镗床夹具的特点和主要类型

镗床夹具又称镗模，主要用于加工箱体、支座等零件上的孔或孔系，用来保证孔的尺寸精度、几何形状精度、孔距和孔的位置精度。它具有钻床夹具的一些特点，工件上孔和孔系的位置精度主要由镗模保证，但镗模的制造精度比钻模高得多。在镗床夹具上通常布置镗套以引导镗杆进行镗孔。按镗套的布置方式不同镗模分为单支承、双支承及无支承3类。

(1) 单支承引导

镗杆在镗模中只有一个位于刀具前面或后面的镗套引导。镗杆与机床采用刚性连接，机床主轴的位置精度直接影响工件孔精度，适用于小孔、短孔加工。图6-108为单支承引导支架导套与工件的关系示意图。其中，图6-109a为单支承前引导方式，用于孔径 $D>60$ mm的场合；图6-109b为单支承后引导方式，用于 $D<60$ mm的场合；图6-109c为单支承后引导的另一方式，用于 $L/D>1$ 且孔径较大的场合，此时镗杆做成等直径。图中，$h=(0.5\sim1)D=20\sim80$ mm，$H=(2\sim3)d$，式中 d 为镗套孔径。

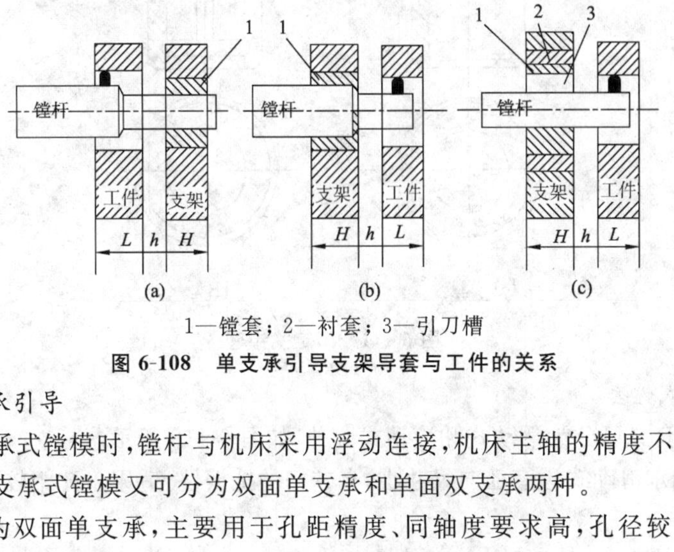

1—镗套；2—衬套；3—引刀槽

图6-108 单支承引导支架导套与工件的关系

(2) 双支承引导

采用双支承式镗模时，镗杆与机床采用浮动连接，机床主轴的精度不影响工件孔的位置精度。双支承式镗模又可分为双面单支承和单面双支承两种。

图6-109为双面单支承，主要用于孔距精度、同轴度要求高，孔径较大的加工。图6-110为单面双支承，主要用于不便设前支承的场合。

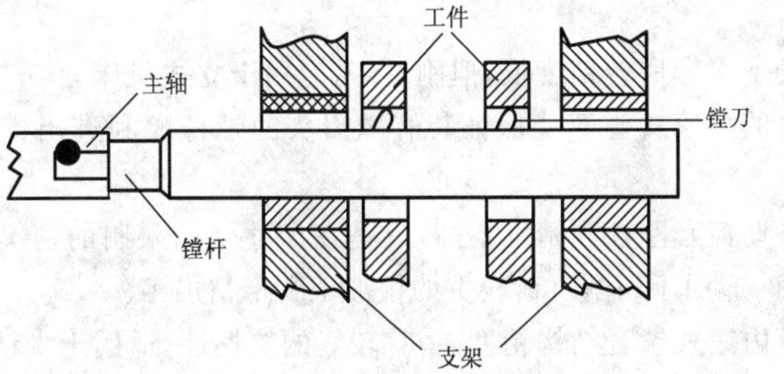

图6-109 双面单支承

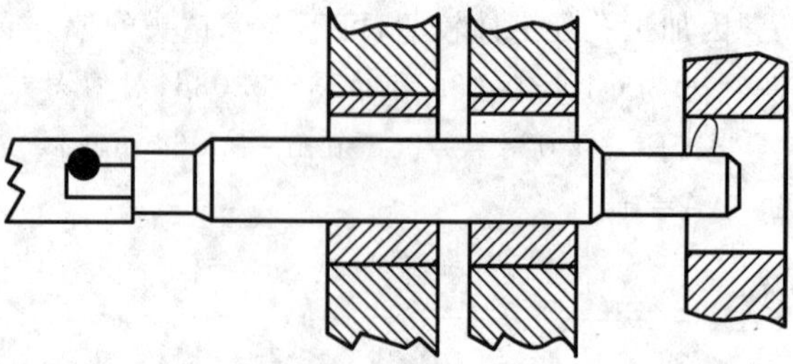

图 6-110 单面双支承

当工件在刚性好、精度高的坐标镗床、加工中心机床或金刚镗床上镗孔时，夹具不设置镗套，被加工孔的尺寸精度和位置精度由机床精度保证。

2. 镗床夹具设计要点

1）镗套设计

镗套有多种类型，通常可分为固定式和回转式镗套。

(1) 固定式镗套

固定式镗套如图 6-111 所示，它外形尺寸小，结构简单，同轴度好，适用于低速扩孔、镗孔。

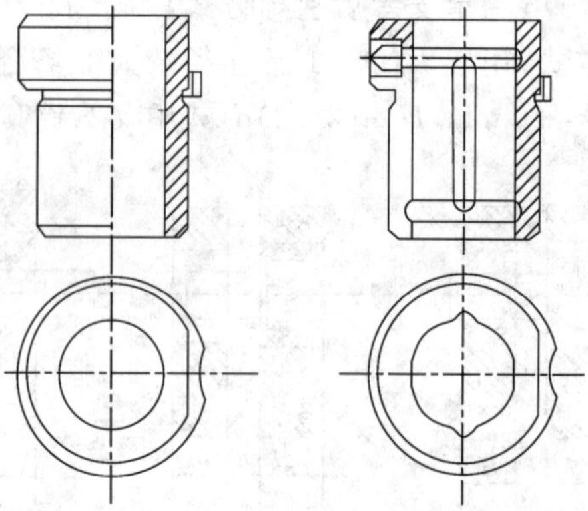

(a) A型　(b) B型

图 6-111 固定式镗套

(2) 回转式镗套

回转式镗套又可分为滑动式和滚动式两种，如图 6-112 所示。

① 滑动轴承滑动式镗套径向尺寸小，有较好的抗振性，适用于孔距较小，转速不高的半精加工。

② 滚动轴承外滚式镗套回转精度稍低，但刚性好，适用于转速高的粗加工和半精加工。

③ 立式滚动下镗套回转精度低，但刚性好，专用于立式机床。

④ 带钩头键的外滚式镗套能保证装有镗刀头的镗杆顺利进出镗套，适用于大批量生产。

⑤ 内滚式滚动镗套刚性和精度不高，只是在尺寸受到限制的情况下才采用，结构精度稍差，但刚性好，适用于切削负荷较重的粗加工和半精加工。

⑥ 滑动轴承内滚式镗套结构精度高，有较好的抗振性，适用于半精镗和精镗孔。

⑦ 滚针轴承外滚式镗套结构紧凑，径向尺寸小，但回转精度、刚性差，仅在孔距受限

制、切削力不大时用于粗加工。

⑧ 滚针轴承内滚式镗套刚性和精度不高，只是在尺寸受到限制时才用。

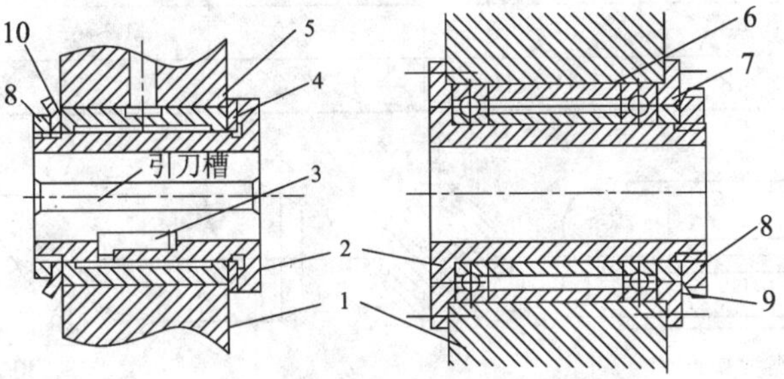

(a) 滑动式　　(b) 滚动式

1—支座；2—镗套；3—沟头键；4—垫片；5—衬套；6—隔套；

7—轴承；8—螺母；9—压盖；10—防松垫

图 6-112　回转式镗套

(3) 镗套材料及技术要求

① 镗套的材料：常用 20 钢或 20Cr 钢渗碳，渗碳深度为 0.8～1.2 mm，淬火硬度为 55～60 HRC。也可用青铜做固定式镗套，适用高速镗孔。大直径镗套可采用铸铁 HT200。一般情况下，镗套的硬度应低于镗杆的硬度。

② 镗套的主要技术要求，一般规定如下：

a. 镗套内径公差为 H6 或 H7。外径公差，粗加工采用 g6，精加工用 g5。

b. 镗套内孔与外圆的同轴度：当内径公差为 H7 时，为 ϕ0.01 mm；当内径公差为 H6 时，其值为 ϕ0.005 mm(外径≤85 mm 时)或 ϕ0.01 mm(外径≥85 mm 时)。内孔的圆度、圆柱度公差一般为 0.01～0.002 mm。

c. 镗套内孔表面粗糙度值为 Ra0.8～0.4 μm，外圆表面粗糙度值为 Ra0.8 μm。

d. 镗套用衬套的内径公差：粗加工采用 H7，精加工采用 H6。衬套的外径公差为 n6。

e. 衬套内孔与外圆的同轴度：当内径公差带为 H7 时，它为 ϕ0.01 mm；当内径公差带为 H6 时，它为 ϕ0.005 mm(外径≤52 mm 时)或 ϕ0.01 mm(外径≥52 mm 时)。

2) 底座的设计

镗模支架和底座为铸铁件，常分开制造，这样便于加工、装配和时效处理。它们要有足够的刚度和强度，以保证加工过程的稳定性。尽量避免焊接结构，宜采用螺钉和销钉刚性连接。支架不允许承受夹紧力。支架设计时除了要有适当壁厚外，还应合理设置加强筋，在底座上平面安装有关元件处设置相应的凸台面。在底座面对操作者一侧应加工有一窄长平面，以便将镗模安装于工作台上时用作找正基面，找正基面的平面度为 0.05 mm。底座上应设置适当数目的耳座，以保证镗模在机床工作台上安装牢固可靠，还应设置供起吊用的吊环螺钉或起重螺栓，以便搬运。

3) 镗杆的设计

镗杆是镗模中的一个重要部件。镗杆直径(见表 6-3)根据工件孔径和镗刀截面尺寸确定。镗杆直径较大时做成镶条式，如图 6-113a 所示；d<50 mm 时做成整体式，如图 6-114所示。一般来说，镗杆直径 d=(0.6～0.8)D(工件孔径)。

表 6-3 镗杆直径、镗孔直径与刀具截面之间的关系 mm

镗孔直径	30～40	40～50	50～70	70～90	90～100
镗杆直径	20～30	30～40	40～50	50～65	65～90
刀具截面	8×8	10×10	12×12	16×16	20×20

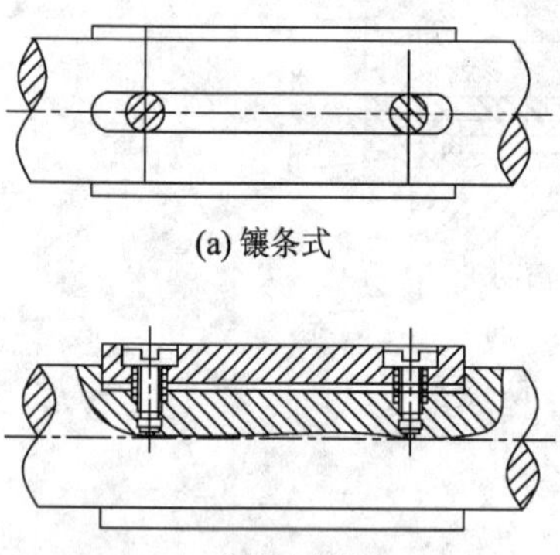

(a) 镶条式

(b) 弹簧键式镶条

图 6-113 镶条式镗杆

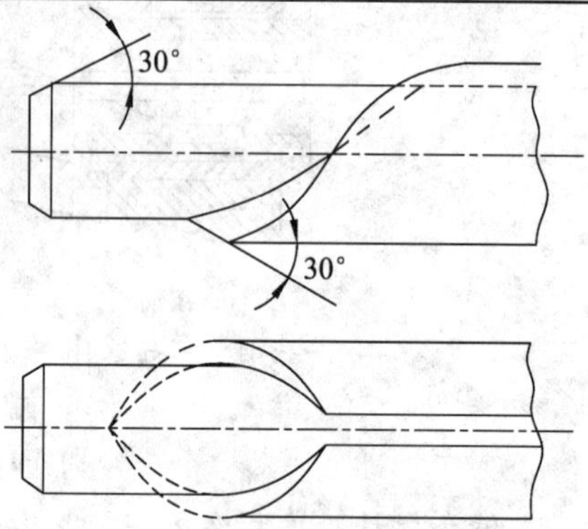

图 6-114 整体式镗杆

整体式镗杆端部开有引导槽，便于退刀后镗杆在加工下一个工件时镗套中安装的键进入镗杆的槽中。

3. 镗床夹具设计实例分析

(1) 研究原始资料，明确设计任务。

工件为一箱体盖，如图 6-113 所示，需加工盖上两个平行的 ϕ100H9 孔。

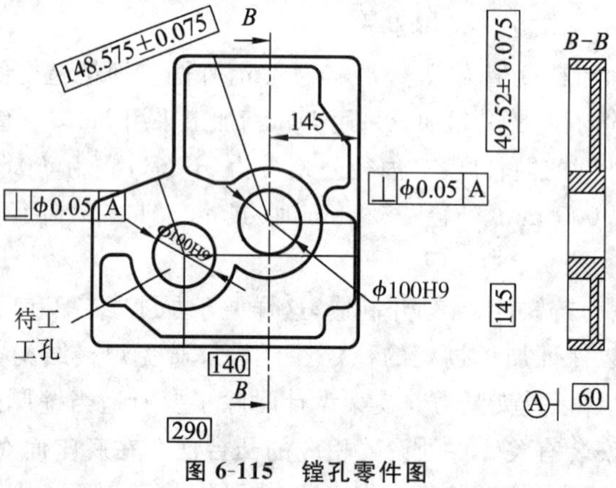

图 6-115 镗孔零件图

(2) 定位方案的确定。

① 确定要限制的自由度。加工工件需限制 5 个方向的自由度：Z 向的转动，X 和 Y 向的移动和转动，但为了进给的方便，也应限制 Z 向的移动。

② 定位元件的选择。

零件地面：限制 Z 方向的移动，X 和 Y 方向的转动。

可调支承钉 1：限制 Y 方向的移动。

可调支承钉 2：限制 X 方向的移动。

可调支承钉 3：限制 Z 方向的转动。

③ 定位方法。工件采用平面定位，如图 6-116 所示。

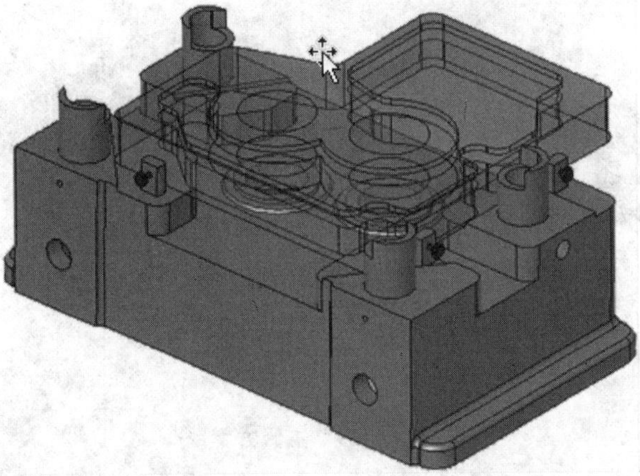

图 6-116　工件的定位方案

（3）导向装置的选择。

本夹具采用导向轴代替镗套，使工件安装方便，夹具结构简单。导向装置及导向装置配置如图 6-117 和图 6-118 所示。

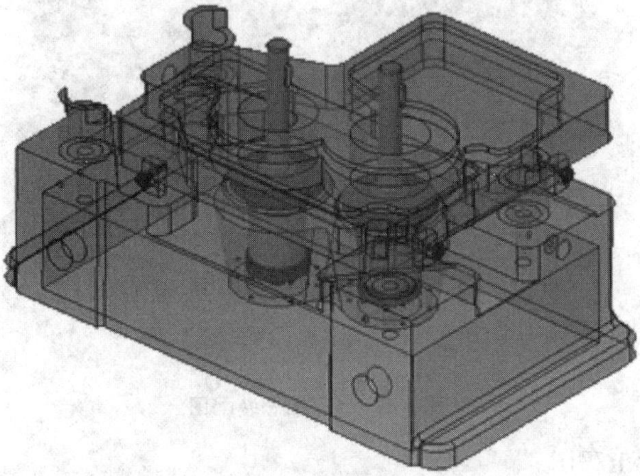

图 6-117　导向装置

图 6-118　装配三维结构图(导向装置配置)

（4）夹紧方案的确定。分别拧 4 个螺母，通过 4 个钩形压板夹紧工件，如图 6-119 所示。

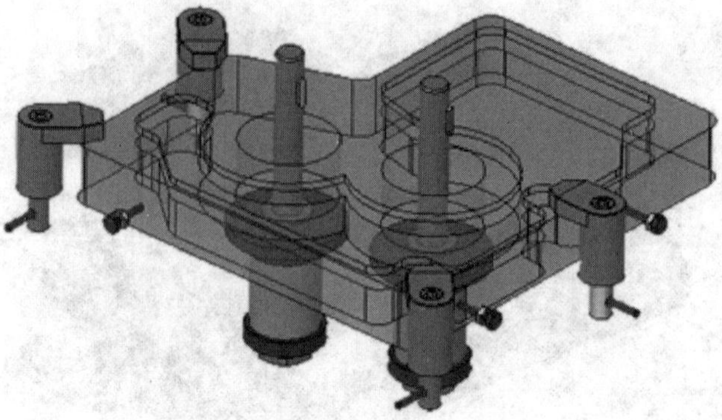

图 6-119 夹紧方案

(5) 确定夹具总装配图如图 6-120 所示。

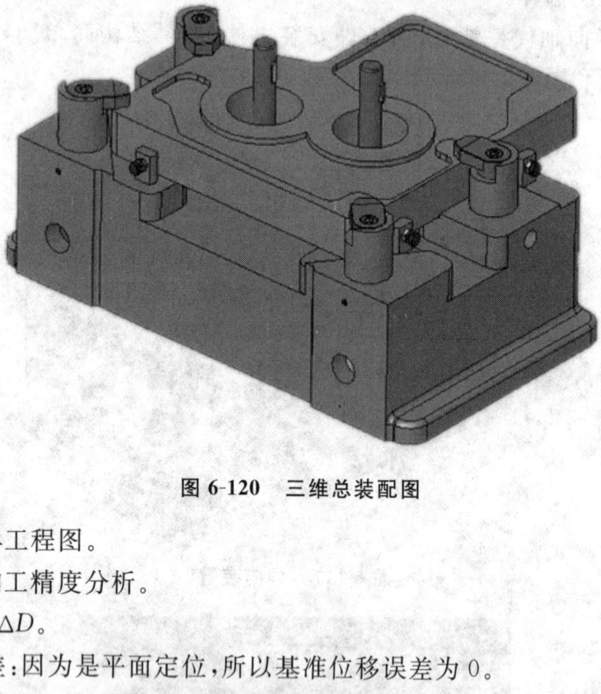

图 6-120 三维总装配图

(6) 绘制夹具工程图。

(7) 工件的加工精度分析。

① 定位误差 ΔD。

基准位移误差:因为是平面定位,所以基准位移误差为 0。

基准不重合误差:工件以被加工孔(导向轴)定位,基准不重合误差为 0。

② 对刀误差 ΔT。由于导向轴 ϕ35h7 与镗刀杆孔 ϕ35H8 相配合,所以对刀误差为

$$\Delta T=0.025+0.039=0.064\ \text{mm}$$

③ 夹具误差 ΔJ。影响工件垂直度的误差有导向轴的垂直度 ϕ0.02 mm 和夹具体的平行度 0.02 mm,所以

$$\Delta J=0.02+0.02=0.04\ \text{mm}$$

4. 专用夹具设计

(1)专用夹具的设计要求

① 元件设计尽可能标准化,通用化。

② 防误操作设计。

③ 运动机构要灵活、准确。

④ 夹具各零部件有良好的结构工艺性。

⑤ 便于维修和更换零件。

⑥ 尽可能地通用化设计。

(2) 专用夹具设计步骤

① 明确设计任务与收集资料

首先,明确设计要求和生产条件,了解工件技术要求、生产纲领,研究加工对象的零件图、工序图、工艺规程和设计任务书,掌握工序要求和加工状态,如结构、材料、相关尺寸精度、前后工序关系、工序内容。

其次,了解机床刀具,如机床规格、技术参数、运动情况、安装结构刀具的结构、精度联接方式等。

最后,资料准备、收集。

② 拟定夹具结构方案绘制草图

设计定位装置→夹紧装置→其他装置(对刀、导向、分度)→夹具体及在机床上的安装方式→绘制草图。

③ 进行分析计算

工件精度要求高时应进行精度分析,计算定位误差与夹紧力。

④ 审查方案与改进设计

绘制草图后要征求意见,送有关部门审查并进行修改。

⑤ 绘制夹具总图

主视图按夹具面向操作者尽量用 1∶1 绘制。工件轮廓以双点划线绘出,并把工件看作透明体,即工件挡住的夹具线也要绘制出来。夹具总图要求表达清楚夹具的工作原理、定位装置和夹紧装置,并标注最大的外形尺寸和与装配有关的尺寸、位置公差、配合代号及其他技术要求。

绘图顺序:工件透明化(双点划线)颜色线→定位元件→夹紧元件与装置→刀具对刀、导向元件→夹具体。

尺寸标注:夹具轮廓尺寸(升降)运动范围;定位元件上定位表面的尺寸以及各定位表面之间尺寸;定位表面对刀、导向元件尺寸;主要配合尺寸、定位元件与夹具体;夹具与机床的联系。

技术要求的规定:定位件之间的相互位置;定位件与导元件之间的相互位置要求;对刀件与校正面间的位置(定向键);夹具与机床上安装的位置精度;编写零件明细表。

⑥ 绘制夹具零件图

夹具中的非标准件都应绘制零件图并按总图要求标注尺寸、公差、表面粗糙度和技术要求。

(3) 夹具总图上尺寸公差及技术要求的制订

① 夹具总图上应标注的尺寸和公差

a. 最大轮廓尺寸——明确在机床上所占空间。

b. 与定位有关的尺寸、公差——便于控制定位误差。

c. 与夹具在机床上安装有关的技术要求——控制夹具安装误差。

d. 刀具与定位元件的位置尺寸和公差——控制调刀或导向误差。

e. 其他装配尺寸及技术要求——明确夹具内部各组成元件连接副之间的位置关系。

② 夹具公差值的确定

直接与工件公差相关的夹具公差

$$T_j(\text{夹具公差})=(1/3\sim1/5)T_g(\text{工件公差})$$

注意：标注时应以工件平均尺寸作为夹具的基本尺寸。

若工件未注尺寸公差，T_j 取为 IT9～IT11；

若工件未注位置公差，T_j 取为 IT7～IT9；

若工件未注角度公差，T_j 取为±3～10′。

练习与思考

6-1 什么是机床夹具？夹具有哪些作用？

6-2 机床夹具由哪几个组成部分？各起什么作用？

6-3 工件的装夹方式有哪几种？试述它们的特点和应用场合。

6-4 举例说明基准的种类及其定义。

6-5 什么是六点定位？什么是完全定位和不完全定位？举例说明。

6-6 什么是欠定位、过定位？在生产中这两种现象是否都不允许存在？举例说明。

6-7 试分析在如题 6-7 图所示的定位方案中，各定位元件限制了工件的哪几个自由度？其中有无过定位现象？

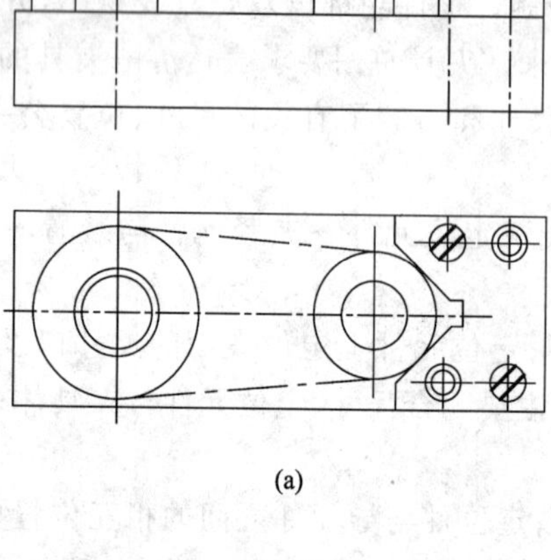

(a)

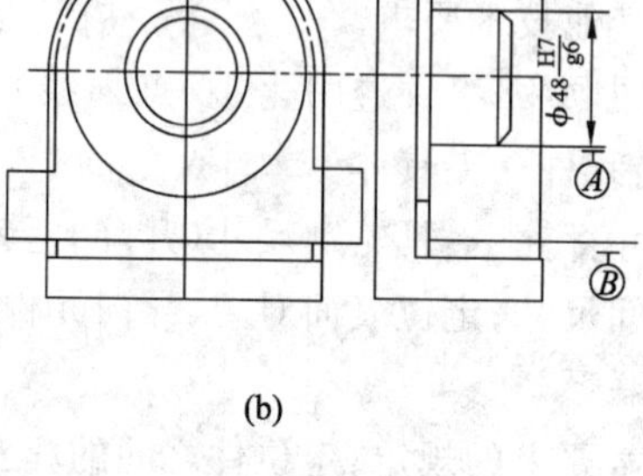

(b)

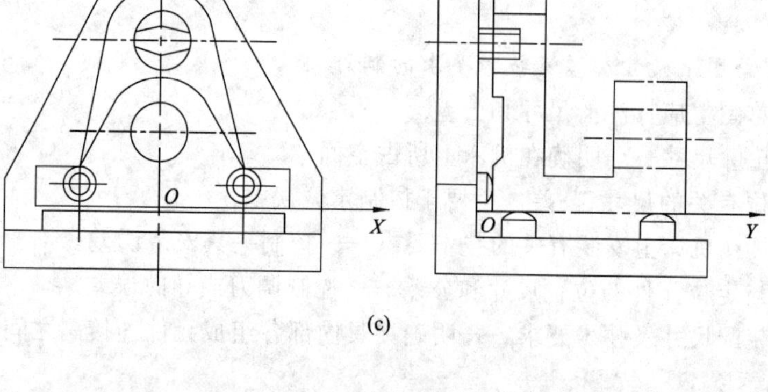

(c)

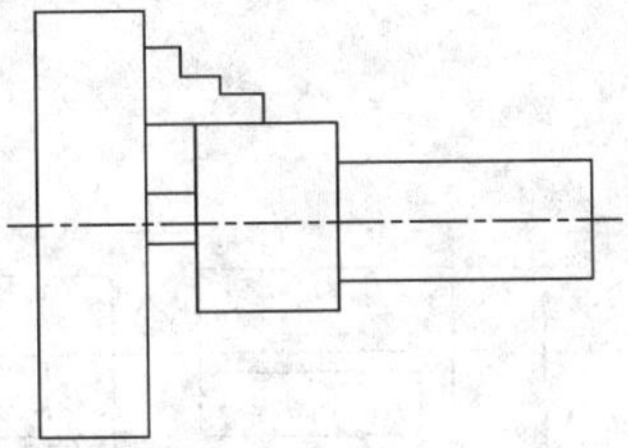

(d)

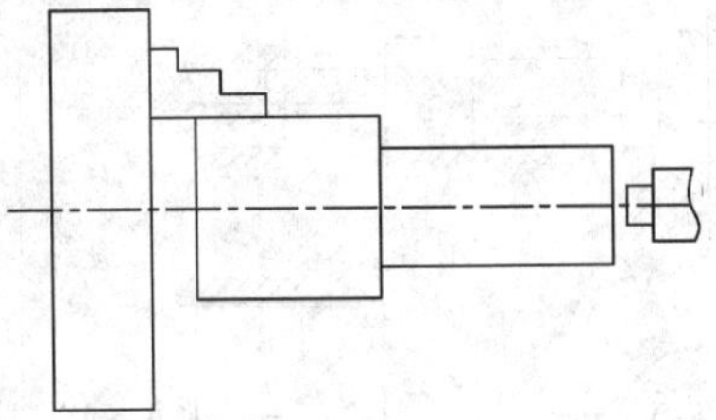

(e)

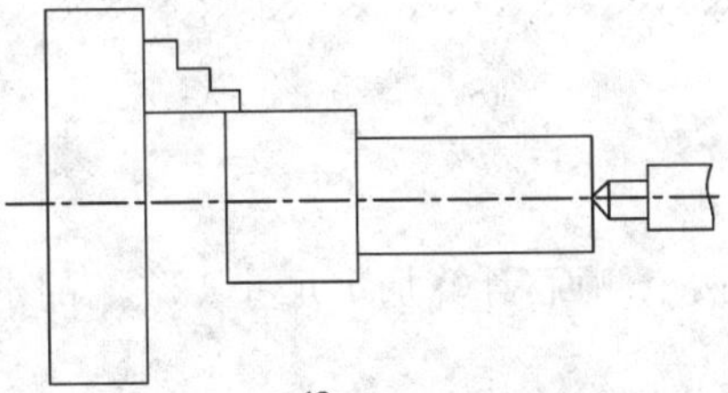

(f)

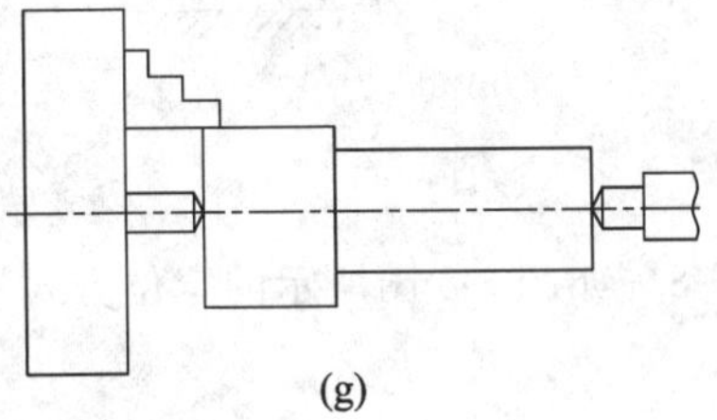

(g)

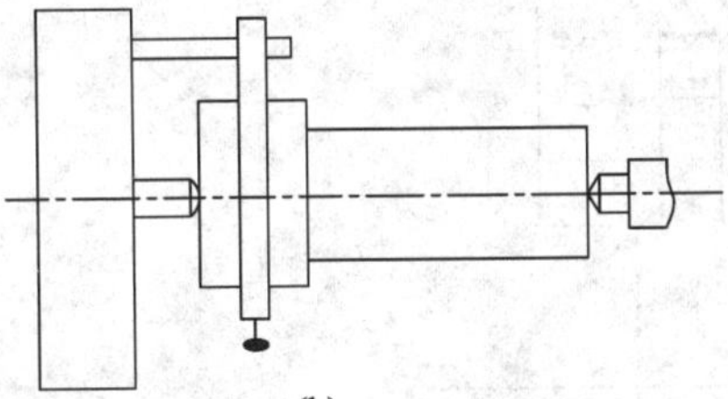

(h)

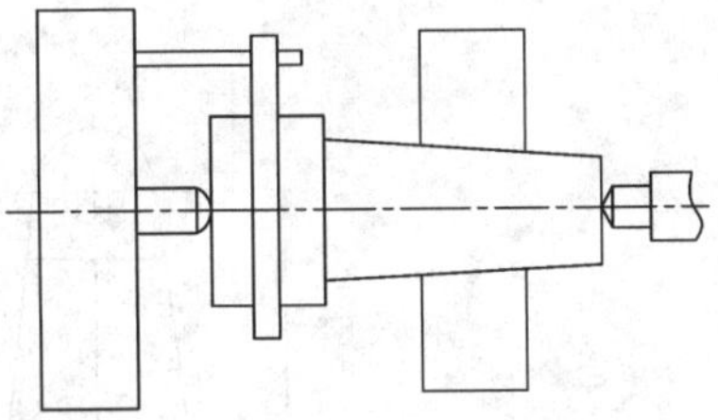

(i)

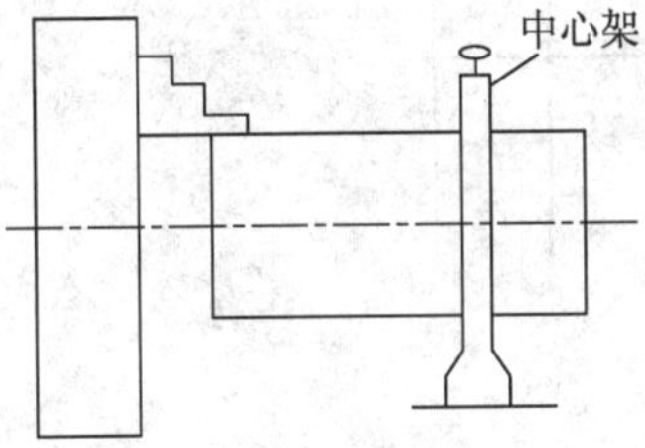

(j)

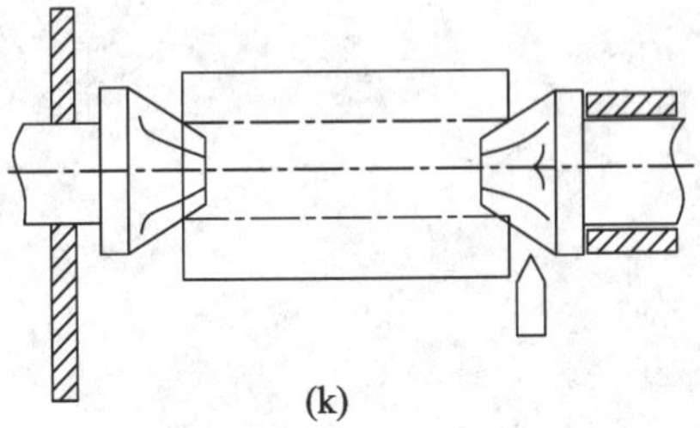

(k)

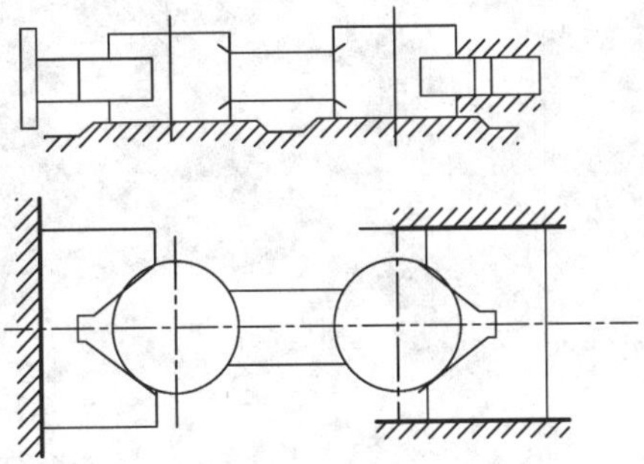

(l)

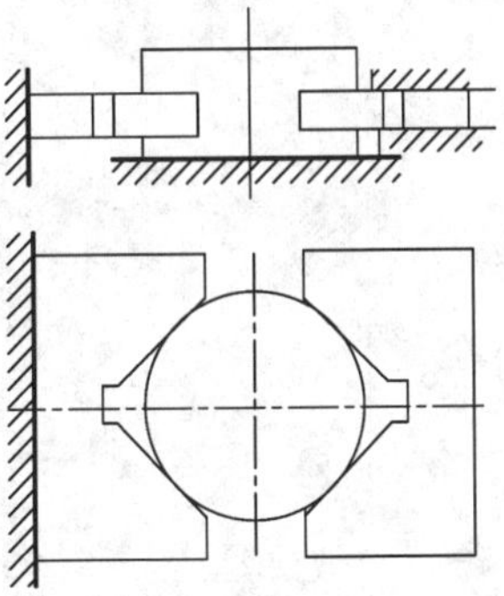

(m)

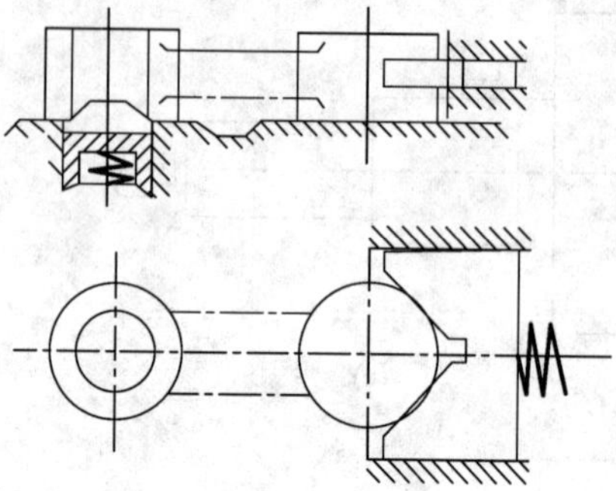

(n)

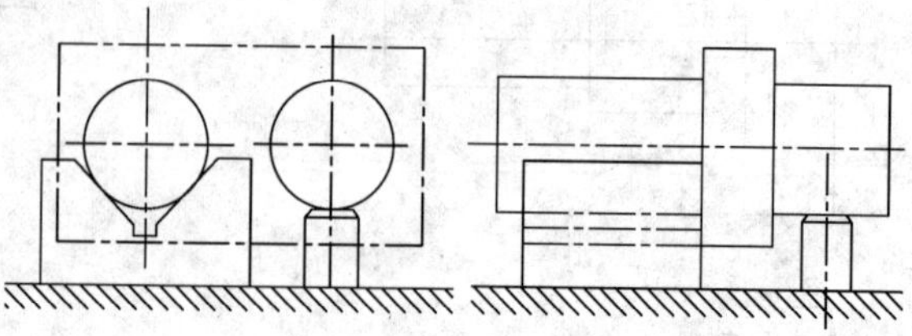

(o)

题 6-7 图

6-8 如题 6-8 图所示的定位方式铣削连杆的两个侧面，计算加工尺寸 $12^{0}_{-0.20}$ 的定位误差。

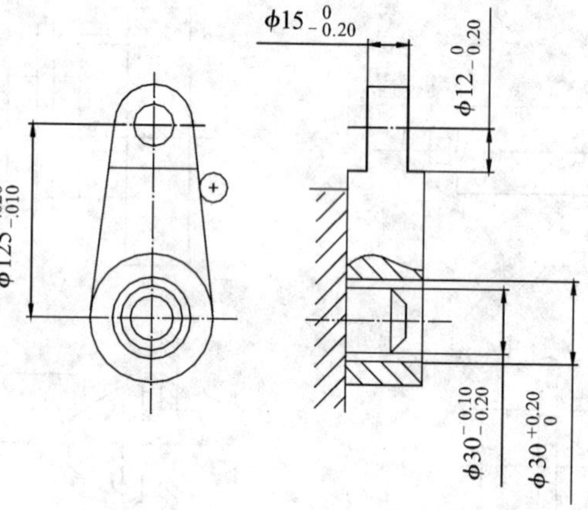

题 6-8 图

参考文献

[1] 孙光华:《工装设计》,机械工业出版社,1998 年.

[2] 李云:《机械制造工艺学》,机械工业出版社,1995 年.

[3] 杜君文:《机械制造技术装备及设计》,天津大学出版社,1998 年.

[4] 李旦:《机械制造工艺学》,哈尔滨工业大学出版社,2000 年.

[5] 吉卫喜:《机械制造技术》,机械工业出版社,2001 年.

[6] 刘守勇:《机械制造工艺与夹具》,机械工业出版社,1994 年.

[7] 倪森寿:《机械制造工艺与装备》,化学工业出版社,2003 年.

[8] 肖继德:《机床夹具设计》,机械工业出版社,1998 年.

[9] 于大国:《机械制造技术基础与机械制造工艺学课程设计教程》,国防工业出版社出版,2011 年.

[10] 周益军:《机械加工工艺编制与专用夹具设计》,高等教育出版社,2012.

[11] 顾崇衔,等:《机械制造工艺学》(第 3 版),机械工业出版社,1999.

[12] 王启平:《机械制造工艺学》(第 5 版),哈尔滨工业大学出版社,2002.

[13] 李华:《机械制造技术》,高等教育出版社,2005 年.